Laborpraxis Band 3: Trennungsmethoden

aprentas
Herausgeber

Laborpraxis Band 3: Trennungsmethoden

6. Auflage

Springer

Herausgeber
aprentas
Muttenz, Schweiz

ISBN 978-3-0348-0969-6 ISBN 978-3-0348-0970-2 (eBook)
DOI 10.1007/978-3-0348-0970-2

Die Deutsche Nationalbibliothek verzeichnet diese Publikation in der Deutschen Nationalbibliografie; detaillierte bibliografische Daten sind im Internet über http://dnb.d-nb.de abrufbar.

Gedruckt auf säurefreiem und chlorfrei gebleichtem Papier.

Springer ist Teil von Springer Nature
Die eingetragene Gesellschaft ist Springer International Publishing AG Switzerland

Vorwort zur 6. Auflage

Die LABORPRAXIS hat sich seit ersten Anfängen Mitte der Siebzigerjahre des letzten Jahrhunderts immer grösserer Beliebtheit bei der Ausbildung von Laborpraktikern in chemischen Labors erfreut. Ursprünglich war sie als Lehrmittel zur Laborantenausbildung in der Werkschule der Firma Ciba-Geigy AG konzipiert. Sie gilt heutzutage vielerorts als Standardwerk für die grundlegende praktische Arbeit im chemisch-pharmazeutischen Labor. Als Nachfolgeinstitution der Werkschule Ciba-Geigy AG gibt der Ausbildungsverbund aprentas die LABORPRAXIS in der 6. völlig neu überarbeiteten Auflage heraus.

Die vierbändige LABORPRAXIS mit Schwerpunkten bezüglich organischer Synthesemethoden, Chromatographie und Spektroskopie, dient Berufseinsteigern als sehr breit angelegtes Lehrmittel und erfahrenen Fachkräften als Nachschlagewerk mit übersichtlich dargestellten theoretischen Grundlagen und konkreten, erprobten Anwendungsideen.

Die theoretischen Grundlagen für jedes Kapitel sind für Personen mit allgemeiner Vorbildung verständlich abgefasst. Sie zeigen theoretische Hintergründe von praktischen Arbeiten auf und erläutern Gerätefunktionen. Zu jedem Kapitel gibt es Hinweise auf vertiefende und weiterführende Literatur. Arbeitssicherheit und -hygiene sowie die zwölf Prinzipien der nachhaltigen Chemie finden neben den entsprechenden Kapiteln in der ganzen LABORPRAXIS Beachtung. Die im Buch erwähnten praktischen, theoretischen und rechtlichen Grundlagen gründen auf Gegebenheiten bei Kunden von aprentas aus der chemisch-pharmazeutischen Industrie in der Schweiz, haben aber meist allgemeine Gültigkeit. Wenn spezifisch schweizerische Gegebenheiten vorkommen, ist das ausdrücklich erwähnt. Die LABORPRAXIS findet zudem Anwendung in Labors von verwandten Arbeitsgebieten wie biochemischen, klinischen, werkstoffkundlichen oder universitären Einrichtungen.

Die LABORPRAXIS eignet sich für den Einsatz in der Grund- und in der Weiterbildung von Fachpersonal. Der Inhalt entspricht den aktuellen Anforderungen der Bildungsverordnung und des Bildungsplanes zum Beruf Laborantin / Laborant mit eidgenössischem Fähigkeitszeugnis (EFZ), welche vom Staatssekretariat für Bildung, Forschung und Innovation (SBFI) in Bern verordnet wurden.

Inhaltsübersicht

Inhaltsübersicht Band 1

Inhaltsübersicht Band 2

Inhaltsübersicht Band 3

Inhaltsübersicht Band 4

- **UV-VIS Spektroskopie**

Grundlagen, UV-VIS Spektrophotometer, Geräteparameter, Gerätetests, Probenvorbereitung, Lösemittel, Küvetten, Messmethoden, Qualitative Interpretation von Spektren organischer Verbindungen

- **IR-Spektroskopie**

Physikalische Grundlagen, IR-Spektrometer, Aufnahmetechniken, Das IR Spektrum, Auswerten eines Spektrums, Interpretation eines Spektrums

- **1H-NMR-Spektroskopie**

Einführung in die 1H-NMR-Spektroskopie, Zur Geschichte der NMR-Spektroskopie, Grundlagen, Das NMR-Gerät, Spektreninterpretation, Probenvorbereitung, Kriterien zur Auswertung von Spektren, Gehaltsbestimmungen, Interpretationshilfen

- **Massenspektroskopie**

Grundlagen, Begriffe und Erklärungen, Ionen-Erzeugung, Analysatoren, Detektoren, Kopplungen MS mit anderen Methoden, Aufbau und Aussagen eines Massenspektrums, Isotopen-Verhältnis bei Chlor und Brom, Verzeichnis von charakteristischen Massendifferenzen

Inhaltsverzeichnis

Filtrieren

aprentas (Hrsg.), *Laborpraxis Band 3: Trennungsmethoden*, DOI 10.1007/978-3-0348-0970-2_1

Unter Filtrieren wird das Trennen von Stoffgemischen aufgrund der *unterschiedlichen Teilchengrösse der Komponenten* mit Hilfe eines Filters und eines Druckunterschieds verstanden. Dabei passieren die Flüssigkeits- oder Gasmoleküle die Poren des Filters und die gröberen Feststoffteilchen werden zurückgehalten.

Beispiele aus dem Alltag:
- Kaffeefilter
- Luftfilter in Klimaanlagen, Motoren und Schutzmasken
- Spezialfilter zur Reinigung von Abgasen

Beispiele aus der Chemie:
- Filtration einer Suspension
- Klärfiltration von Flüssigkeiten zum Entfernen von Schmutz, Rost, Schlamm
- Abfiltrieren von entstandenen festen Nebenprodukten
- Entfernen von Schwebstoffen aus Verbrennungsgasen
- Entfernen von Mikroorganismen aus Wasser und Luft

1.1 Allgemeine Grundlagen

Ein Filter ist ein *durchlässiges Material*, das von einer Flüssigkeit oder einem Gas durchströmt wird und Feststoffteilchen an der Oberfläche oder im Inneren des Filtermaterials festhalten kann. Voraussetzung für das Filtrieren ist stets ein Druckunterschied zwischen Zu- und Ablaufseite des Filters. Im organisch-präparativen oder in analytischen Labors ist die Filtration von Suspensionen von grosser Bedeutung.

Dieses Kapitel beschränkt sich auf die Filtration von Suspensionen.

1.2 Filtrationsmethoden

In Tab. 1.1 sind drei Möglichkeiten zur Filtration von Suspensionen aufgeführt.

Tab. 1.1 Drei Möglichkeiten zur Filtration von Suspensionen

Filtration bei Normaldruck	Filtration bei vermindertem Druck	Filtration mit Überdruck
Die Filtration bei Normaldruck wird angewendet bei gut filtrierbaren Flüssigkeiten mit relativ grobkörnigem Niederschlag.	Grosse Mengen an Flüssigkeit oder schlecht filtrierbare Suspensionen werden bei vermindertem Druck filtriert.	Die Filtration mit Überdruck erlaubt das Arbeiten unter Ausschluss von Luft, indem die zu filtrierende Flüssigkeit z. B. mit einem inerten Gas durch den Filter gedrückt wird.

1.2.1 Wahl der Filtrationsmethode

Bei den Filtrationsmethoden unterscheidet man zwischen der *Klärfiltration*, bei der das Filtrat gebraucht wird, und Methoden, bei welchen das *Nutschgut*, das auch Filterkuchen genannt wird, benötigt wird, das Filtrat wird in diesem Fall als Mutterlauge bezeichnet. In speziellen Fällen wird beides benötigt.

Die Wahl der Filtrationsmethode richtet sich nach folgenden Kriterien:

- Filtrationsgeschwindigkeit
- Konzentration der Lösung
- Viskosität und Dichte der Lösung
- chemische Beständigkeit des Filters und des Filtermaterials
- zu filtrierende Menge
- Art des Lösemittels
- Partikelgrösse des Nutschguts (je grösser desto besser filtrierbar)
- Konzentration der Partikel im Nutschgut
- chemische und physikalische Eigenschaften des Nutschguts

1.2.2 Allgemeines zur Filtrationspraxis

Filtrationen können äusserst mühsam verlaufen, wenn die Filter verstopfen. In diesem Fall besteht vielleicht die Möglichkeit mit einem Spatel das feine Nutschgut von der Filterfläche zu schieben.

Werden folgende Punkte beachtet, kann ein *Verstopfen des Filters verhindert* werden:

- Je grösser die Kristalle sind, desto weniger verstopfen sie den Filter.
- Je grösser die Filterfläche ist, desto weniger können sich dicke undurchdringliche Rückstände bilden. Im Zweifelsfall soll besser eine eher zu grosse Nutsche verwendet werden.
- Zuerst wird die überstehende flüssige Phase über den Filter abdekantiert. Der Feststoffanteil von Suspensionen soll zuletzt auf die Nutsche gebracht werden.

1.2.3 Nachwaschen

Das Nachwaschen mit Mutterlauge ist nutzlos, ausser sie wird verwendet um an den Geräten anhaftende Teilchen auf die Nutsche zu schwemmen. Das kann die Ausbeute massiv erhöhen.

Das Nutschgut muss vor und während des Nachwaschens möglichst gut zusammengepresst werden, damit an allen Feststoffteilchen allfällige, anhaftende Verunreinigungen gleichmässig weggewaschen werden. Andernfalls fliesst die Waschflüssigkeit durch Kanäle im Nutschkuchen wirkungslos ab.
Das Nachwaschen mit *reiner Waschflüssigkeit* wäscht allfällige, anhaftende Verunreinigungen effizient von den Feststoffteilchen.

Das Nachwaschen mit möglichst *kalter Waschflüssigkeit* verhindert, dass Nutschgut gelöst und in die Mutterlauge geschwemmt wird.
Es ist in Anlehnung an das Nernst'sche Verteilungsgesetz wesentlich effektiver, *mehrmals mit kleinen Portionen* als, einmal mit einer grossen Portion Waschflüssigkeit nachzuwaschen.

1.2.4 Endpunktkontrolle

Wird das Nutschgut nachgewaschen, stellt sich die Frage wann genügend gewaschen wurde. Das Nachwaschen ist beendet, wenn eine Kontrolle des Auslaufs ergibt, dass zum Beispiel:

- der Aspekt stimmt,
- der pH-Wert den Anforderungen entspricht,
- bestimmte Ionen nicht mehr nachgewiesen werden können,
- ein DC, der von der Nutsche abtropfenden Waschflüssigkeit, kein Nebenprodukt mehr anzeigt.

1.3 Filterarten

1.3.1 Tiefenfilter (Filterpapiere)

Wie die ◘ Abb. 1.1 zeigt, bestehen Tiefenfilter aus verschiedenen *Faserschichten* wie Cellulose, Glas oder Baumwolle. Diese halten die Feststoffteilchen an der Oberfläche und im Innern des Filters zurück.

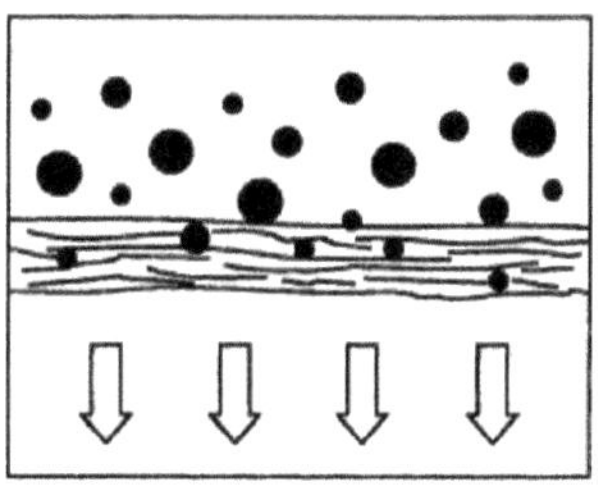

◘ **Abb. 1.1** Ein schematisch dargestellter Tiefenfilter

1.3.2 Oberflächenfilter (Sinterplatten und Membranfilter)

Wie die ◘ Abb. 1.2 zeigt, bestehen Oberflächenfilter aus Kunststofffolien oder gesinterten Platten aus Glas, Metall oder Mineralien. Ihre *Oberfläche hat Poren* mit einem genau definierten Porengrössenbereich. Sie halten Feststoffteilchen zurück, die grösser sind als die Poren. Oberflächenfilter verhalten sich wie Siebe.

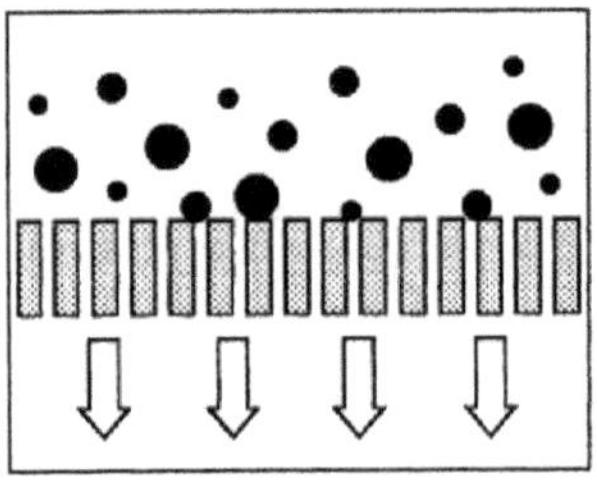

Abb. 1.2 Ein schematisch dargestellter Oberflächenfilter

1.4 Filtermaterialien

Die Wahl des Filtermaterials richtet sich nach
- den physikalischen und chemischen Eigenschaften der zu filtrierenden Flüssigkeit
- der Korngrösse des Niederschlags,
- der Filtrierbarkeit der Flüssigkeit,
- der Verwendung eines Filterhilfsmittels,
- der Chemikalienbeständigkeit,
- der Reinheit und dem Aschegehalt des Papierfilters für die Analytik.

Wie die Abb. 1.3 zeigt, kann die Wirksamkeit eines Filterpapiers mittels einer Tüpfelprobe geprüft werden. Dazu wird mit einem Glasstab oder einer Pasteurpipette ein Tropfen der zu filtrierenden Suspension auf ein Filterpapier getupft und der Auslauf bewertet.

Abb. 1.3 Beurteilung, ob sich ein Filtermaterial für eine Filtration eignet

In Tab. 1.2 sind Filtermaterialien und ihre Anwendungsmöglichkeiten aufgeführt.

Tab. 1.2 Filtermaterialien und ihre Anwendungsmöglichkeiten

Filter	Material, Eigenschaften	Anwendungsmöglichkeiten
Papierfilter (Rundfilter, Faltenfilter)	Cellulosefasern	Filtration von gebräuchlichen Lösemittel, verdünnte Säuren und Laugen
Normalpapiere	Chemisch nicht behandelte Cellulose	Für präparative Arbeiten und für quantitative Analysen
Hartfilter	Reissfester und beständiger gegen stark saure und alkalische Lösungen als unbehandelte Filterpapiere	Abfiltrieren von feinen Niederschlägen, da Hartfilter oft geringere Porengrössen aufweisen, als die unbehandelten Filterpapiere
Aschefreie Filter	Geringer Mineralstoffgehalt Aschefreie Filter verbrennen fast ohne Rückstand (0,01 %)	Quantitative Analysen

Tab. 1.2 (*Fortsetzung*) Filtermaterialien und ihre Anwendungsmöglichkeiten

Filter	Material, Eigenschaften	Anwendungsmöglichkeiten
Hyflo-/Aktivkohlepapier	Mit Hyflo oder Aktivkohle imprägniertes Papier	Abfiltrieren von sehr feinen Niederschlägen
Baumwolle	Cellulose	Gegen Laugen gut beständig (meist zum Schutz des Papierfilters) in Form von Watte benützt man Baumwolle zum Klärfiltrieren einer Flüssigkeit
Kunststoff	Hohe Reissfestigkeit und gute chemische Beständigkeit	Zum Beispiel Teflonfilter sind sehr gut beständig gegen Oleum oder konzentrierte Schwefelsäure.
Glas	Glas	Für präparative und analytische Arbeiten, eignen sich gut zum Filtrieren von starken Säuren
Metalle	Verschiedene Legierungen werden zu Metallsinterplatten verarbeitet	Mechanisch sehr belastbar und werden vor allem für Filtrationen bei hohen Drücken und meistens als Einbaufilter eingesetzt (zum Beispiel HPLC)
Mineralfilter	Ton, Quarz, Kieselgur, Kohle, Graphit etc.	Durch Zugabe von Bindemitteln oder durch Sintern können Platten bestimmter Porengrösse hergestellt werden. Mineralfilter sind gegen heisse Säuren gut beständig

1.5 Filterhilfsmittel

Beim Abfiltrieren von *sehr feinen Niederschlägen* beziehungsweise Trübstoffen, die zum Teil strukturlos, schleimig oder kolloidal sind, können Filterporen rasch verstopfen und somit das Filtrieren verunmöglichen. Wenn die Niederschläge nicht benötigt werden, können deshalb, an Stelle von Membranfiltern oder Fritten, Celite oder ähnlich wirkende Filterhilfsmittel eingesetzt werden.

1.5.1 Celite

Celite sind feinpulverisierte, reinste Kieselalgen welche im Handel *Kieselgur* heissen. Diese entstehen durch Ablagerung der Gerüste von Kieselalgen und bestehen zu 80 % aus amorpher Kieselsäure. Sie besitzen viele feine Rillen und Vertiefungen und dadurch eine sehr grosse Oberfläche. Dadurch haben sie eine gute Filtrierwirkung. Sie sind gut chemikalienbeständig und ermöglichen hohe Filtrationsgeschwindigkeiten.

Sie eignen sich besonders zur Filtration von feinen Niederschlägen oder feinstverteilten Trübungen. Auch schleimige und kolloidale Niederschläge können mit Celite herausfiltriert werden.

Im Handel sind Celite in verschiedenen Korngrössen und unter verschiedenen Handelsnamen, beispielsweise Hyflo Super Cel, erhältlich, die je nach Filtriergut eine unterschiedliche Durchflussleistung aufweisen.

1.6 Filtrationsgeräte

▪ Tab. 1.3 zeigt eine Auswahl an Filtrationsgeräten.

▪ **Tab. 1.3** Eine Auswahl an Filtrationsgeräten

	Material	**Anwendung**	**Filtermaterial**
Trichter 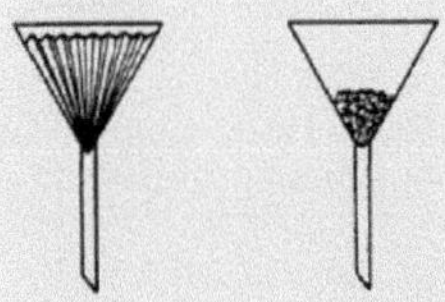	Glas oder Kunststoff	Filtrieren bei Normaldruck	Filter aus Papier (Faltenfilter, Spitzfilter), Glaswolle oder Watte
Büchner-Trichter (Nutschen) 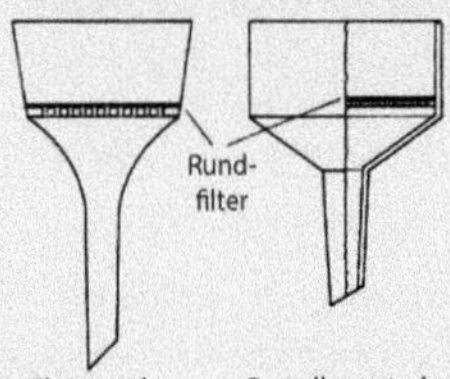 Glasnutsche Porzellannutsche	Glas oder Porzellan	Filtrieren unter vermindertem Druck	Rundfilter aus Papier und Baumwolle
Fritten  Glasfilter-nutsche Glasfilter-röhrchen Glasfilter-tiegel Porzellan-filtertiegel	Sinterplatten aus Glas oder Porzellan mit verschiedenen Porengrössen	Filtrieren unter vermindertem Druck, Porzellan-filtertiegel können geglüht werden z. B. für Rück-standsanalysen	Hyflo, Aktivkohle und andere sehr feine Stoffe verstopfen mit der Zeit die Poren; aus diesem Grund dürfen solche Stoffe nicht über Fritten abfiltriert werden
	Gebrauchte Fritten sind durch Rückspülung zu reinigen. Dazu wird die Fritte umgekehrt aufgesetzt und mit der Reinigungs-flüssigkeit gespült. Bei verstopften Poren werden am besten orga-nische Lösemittel oder heisse konzentrierte Säuren verwendet.		

1.6.1 Auffanggefässe für Filtration bei vermindertem Druck

▪ Tab. 1.4 zeigt eine Auswahl an Auffanggeräten.

▪ **Tab. 1.4** Eine Auswahl an Auffanggeräten

Saugflaschen 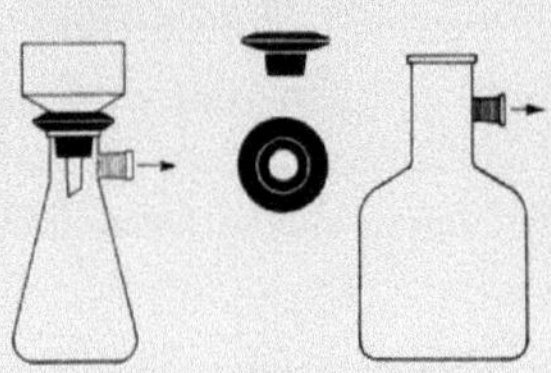	Saugflaschen aus dickwandigem Glas werden bei Filtrationen unter vermindertem Druck als Auffanggefässe eingesetzt. Die Nutsche wird dazu in den aufgesetzten Nutschenring aus Gummi gestellt. Die Öffnung des Trichterrohres zeigt gegen den Ansaugstutzen, dies verhindert das Ansaugen von abfliessenden Tropfen.

Tab. 1.4 (*Fortsetzung*) Eine Auswahl an Auffanggeräten

Rundkolben 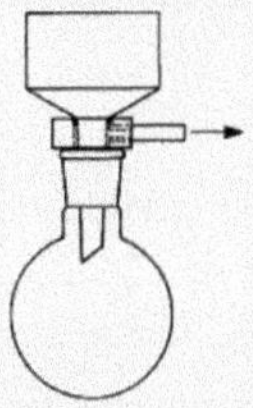	Rundkolben werden als Auffanggefässe vor allem dann eingesetzt, wenn das Filtrat nach der Filtration eingedampft werden soll. Die Filtration kann bei Normaldruck oder unter Einsatz eines Absaugstückes bei vermindertem Druck erfolgen.
Saugrohre 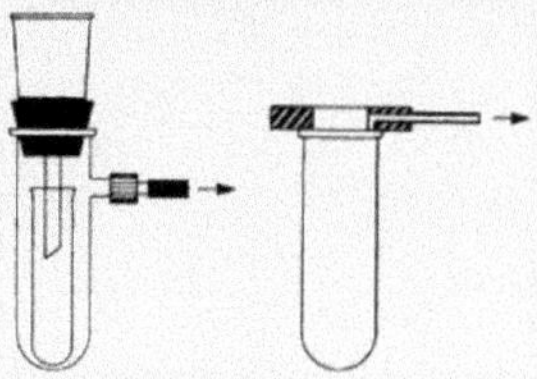	Saugrohre dienen als Auffanggefässe bei der Filtration unter vermindertem Druck. Es können nur kleine Mengen filtriert werden. Die Nutsche oder Fritte wird in einer Gummimanschette festgehalten.

1.6.2 Drucknutschen

Drucknutschen sind aus Glas oder Stahl gefertigt. Sie sind auch mit Doppelmantel zum Heizen oder Kühlen erhältlich. Die zu filtrierende Flüssigkeit wird mit Luft oder einem inerten Gas wie Stickstoff oder Kohlenstoffdioxid *durch den Filter gepresst.* In diesen Filtriergeräten können alle Filtermaterialien verwendet werden. Drucknutschen werden oft auch in abgeänderter Form als Durchflussfilter für Membranfiltrationen verwendet. ◘ Abb. 1.4 zeigt zwei Beispiele von Drucknutschen.

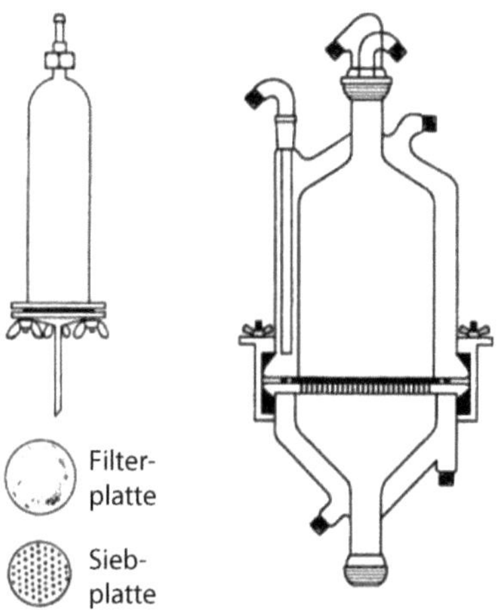

Abb. 1.4 Zwei Beispiele für Drucknutschen

1.7 Filtration bei Normaldruck

Bei Normaldruck können alle Flüssigkeiten filtriert werden, die von einem gut filtrierbaren, das heisst von einem relativ grobkörnigen, Niederschlag getrennt werden müssen. Meist wird dabei, wie das bei einer Klärfiltration der Fall ist, nur das Filtrat benötigt. Die Filtration kann heiss oder kalt erfolgen.

Wie die ◘ Abb. 1.5 zeigt, entsteht der zur Filtration benötigte Druckunterschied durch den *hydrostatischen Druck* der Flüssigkeit. Er ist abhängig von der Höhe (a) und der Dichte der Flüssigkeit. Zusätzlich erzeugt die Flüssigkeitssäule (b) im Trichterrohr eine Sogwirkung.

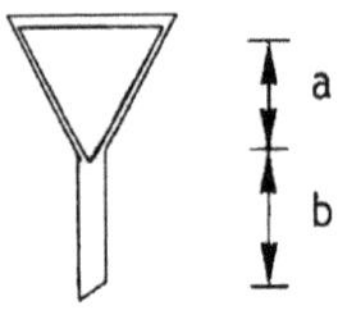

◘ **Abb. 1.5** Filtration über einen Papierfilter

1.7.1 Klärfiltration mit Flüssigkeitstrichter

In ◘ Tab. 1.5 ist das Arbeitsschema für die Klärfiltration schrittweise aufgeführt.

◘ **Tab. 1.5** Arbeitsschema für die Klärfiltration

Vorbereitung	Je nach Filtrationstemperatur kann der Filter vorgewärmt oder mit einem Heizmantel versehen werden. Der Spitzfilter wird so in den Trichter eingelegt, dass er den Trichterrand nicht überragt. Der Filter wird mit wenig Lösemittel angefeuchtet und an die Trichterwand angepresst, wodurch Luftblasen zwischen Filter und Glas verdrängt werden (bessere Filtriergeschwindigkeit).	
Aufgiessen	Muss nur wenig Feststoff, aber viel Flüssigkeit filtriert werden, lässt man die festen Teilchen absetzen. Die überstehende Flüssigkeit wird (wenn nötig portionenweise) vorsichtig auf den Filter dekantiert. Danach wird die restliche Flüssigkeit mit dem Bodensatz aufgegossen Dieses Vorgehen beschleunigt die Filtration. Im Gefäss zurückbleibende Feststoffteilchen werden mit Filtrat wieder angeschlämmt und ebenfalls filtriert. Der Filter wird zu höchstens 2/3 mit Flüssigkeit gefüllt, damit der obere Papierrand sauber bleibt (besseres Nachwaschen des Filters).	
Nachwaschen	Ist die Filtration beendet, wird der Rückstand im Filter mit wenig kaltem Lösemittel in kleinen Portionen gewaschen. Der Rückstand darf dabei nicht in Lösung gehen!	

1.8 Filtration bei vermindertem Druck

Die Filtration bei vermindertem Druck wird hauptsächlich bei Raumtemperatur ausgeführt, wenn grosse Flüssigkeitsmengen oder schlecht filtrierbare Suspensionen filtriert werden müssen.

Es dürfen nur *vakuumfeste Gefässe* wie Saugflaschen oder Rundkolben als Auffanggefässe verwendet werden.

Erlenmeyerkolben können implodieren und sind deshalb als Auffanggefäss völlig ungeeignet.

1.8.1 Filtration mit Nutschen

Wird mit Nutschen filtriert, richtet sich ihre Grösse nach der Menge des Niederschlags. Die Art des Auffanggefässes (Saugflasche, Rundkolben, Saugrohr) richtet sich nach der Aufarbeitungsmethode und die Grösse des Gefässes nach der Filtratmenge. Je nachdem, ob das Filtrat oder der Rückstand weiterverarbeitet wird, kombiniert man Papier- und Stofffilter wie in ◘ Tab. 1.6 aufgezeigt.

◘ **Tab. 1.6** Einsatz von Papier- und Stofffiltern

Weiterverarbeitung des Filtrats	Weiterverarbeitung des Rückstands und evtl. des Filtrats

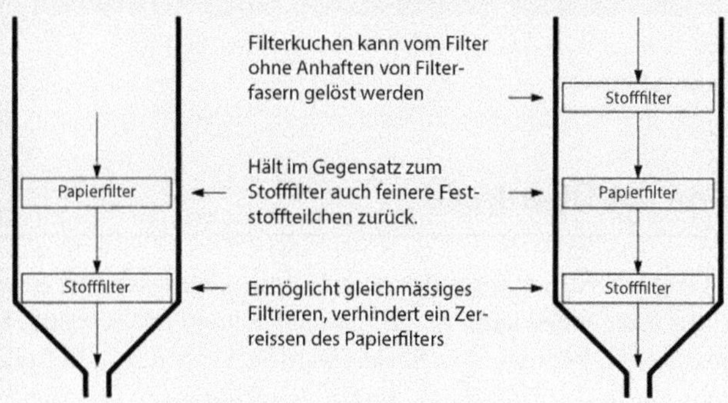

1.8.2 Klärfiltration mit Eintauchfilter

Wie die ◘ Abb. 1.6 zeigt, werden als Eintauchfilter *Fritten oder Membranfilter* eingesetzt. Die Filtration erfolgt bei vermindertem Druck. Wenn das Vorratsgefäss unter Druck gesetzt werden kann, ist auch ein Abdrücken des Nutschguts möglich.

Um grössere Flüssigkeitsmengen von Feststoffanteilen zu klären, lässt man den Niederschlag absetzen und saugt die darüberstehende Flüssigkeit durch einen Eintauchfilter.

Bei dieser Methode kann sich kaum ein Filterkuchen an der Sinterglasplatte absetzen, es lassen sich deshalb grosse Filtriergeschwindigkeiten erreichen.

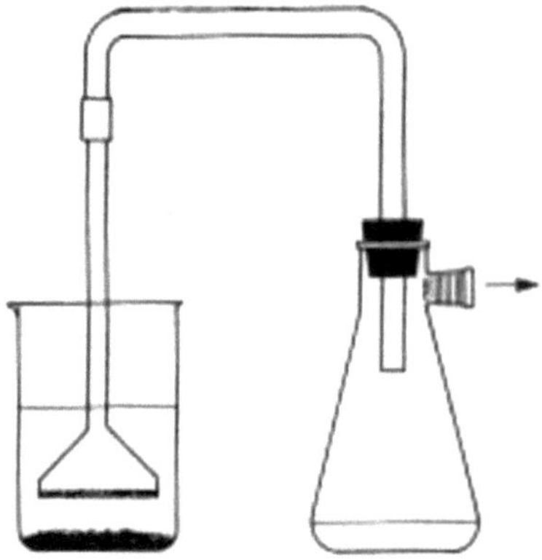

Abb. 1.6 Absaugen einer überstehenden Mutterlauge

Wie die Abb. 1.7 zeigt, eignet sich für enghalsige Gefässe eine Filterkerze aus Glas oder Metall. Sie wird zum Beispiel eingesetzt zum Klärfiltrieren von Lösemitteln für HPLC, wobei die Filterkerze am Ansaugschlauch der Pumpe direkt in die Lösemittelflasche taucht.

Abb. 1.7 Beispiel einer Filterkerze

1.9 Filtration mit Überdruck

Bei der Filtration mit Überdruck wird die zu filtrierende Flüssigkeit mit einem Gas durch den Filter gedrückt. Auf diese Weise kann durch Ausschluss von Luftsauerstoff, Kohlenstoffdioxid oder Wasser unter inerten Bedingungen filtriert werden. Es wird zum Beispiel Stickstoff eingesetzt. Die Apparatur *muss den Druckbedingungen standhalten* und den Sicherheitsvorschriften entsprechend gebaut sein.

Tiefsiedende oder heisse Lösemittel werden mit Überdruck filtriert, weil das Lösemittel dabei weniger verdunstet.

1.9.1 Klärfiltration mit Glasdrucknutsche nach Trefzer

Wie die Abb. 1.8 zeigt, werden oft Drucknutschen zum Klärfiltrieren von sehr feinen Niederschlägen wie beispielsweise Aktivkohle über Hartfilter oder Hyflopapiere verwendet, weil die Filtrationszeit kürzer ist als bei Normaldruck und weniger Lösemittel verdampft als bei der Filtration bei vermindertem Druck. Die Grösse der Drucknutsche richtet sich nach der Menge des Niederschlags.

Um eine korrekte Filtration zu gewährleisten, sind folgende Punkte zu beachten:

- die Glasteile dürfen keine Defekte aufweisen,
- Teflon ummantelte O-Ringdichtungen dürfen nicht zerkratzt sein oder Risse in der Hülle aufweisen,
- zwischen den Metallteilen und den Glasteilen ist immer ein Zwischenring einzusetzen,
- O-Ringdichtungen müssen genau in die Vertiefung des Bodens passen,
- Filterpapiere, die grösser sind als der Dichtungsring, können darüber eingelegt werden,
- die Flügelmuttern müssen gleichmässig und über Kreuz angezogen werden,
- das Auffanggefäss darf mit der Nutsche nicht dicht verbunden sein,
- der maximale Arbeitsdruck muss eingehalten werden.

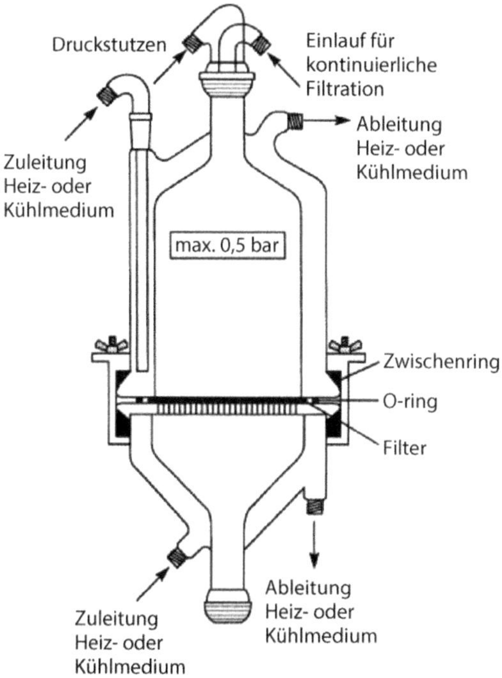

Abb. 1.8 Drucknutsche nach Trefzer

1.10 Filtration mit Filterhilfsmitteln

Sehr feine Niederschläge beziehungsweise Trübstoffe, die zum Teil strukturlos, schleimig oder kolloidal sind, lassen sich schlecht filtrieren. Müssen Flüssigkeiten von solchen Teilchen geklärt werden, wird unter vermindertem Druck oder bei Überdruck über einen Filter, der mit Filterhilfsmittel belegt ist, filtriert. Der Rückstand im Filterkuchen kann nach der Filtration nicht mehr verwendet werden.

1.10.1 Klärfiltration mit Celite

In ◘ Tab. 1.7 ist das Arbeitsschema für die Klärfiltration mit Celite schrittweise aufgeführt.

◘ **Tab. 1.7** Arbeitsschema für die Klärfiltration mit Celite

Vorbereiten des Hyflo Super Cel-Filters	
Trocken	**Nass**
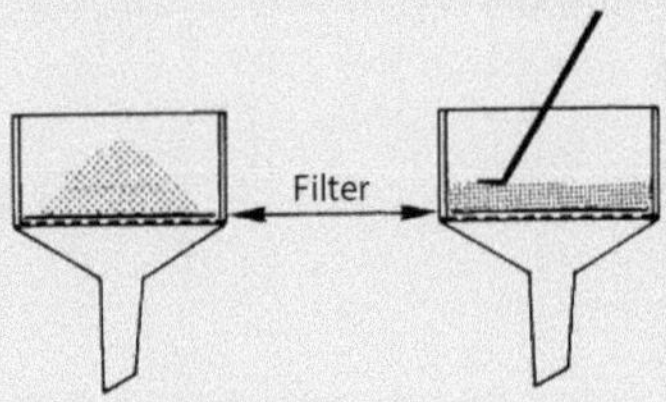	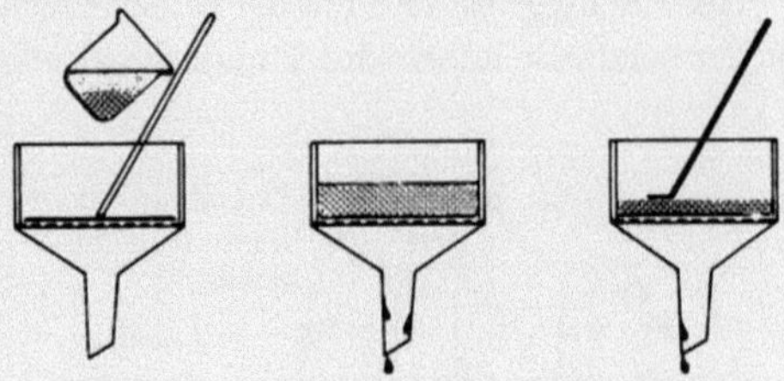
Trockenes Hyflo auf Filter geben, evakuieren und mit Spatel glattstreichen	1) Hyflo-Suspension vorsichtig auf das Filter giessen (Saugflasche leicht evakuiert) 2) absetzen lassen 3) glattstreichen (abpressen) ohne austrocknen zu lassen
Damit feinste Hyfloteilchen herausgewaschen werden, wird mit Lösemittel nachgewaschen. Man verwendet dazu sinnvollerweise das gleiche Lösemittel, das auch bei der nachfolgenden Filtration verwendet wird. Es muss sorgfältig darauf geachtet werden, dass im Hyflo keine Risse entstehen. Um den Filterkuchen bei schlecht zu filtrierenden Suspensionen porös zu halten, kann der zu filtrierenden Flüssigkeit noch Hyflo zugefügt werden. Durch Erhöhen des Hyflozusatzes kann die Filtriergeschwindigkeit verbessert werden.	
Aufgiessen	
Nach dem Wechseln des Auffanggefässes wird die Suspension aufgegossen. Muss nur wenig Feststoff aber viel Flüssigkeit filtriert werden, lässt man den Niederschlag absetzen und giesst – bei nur schwachem Unterdruck – von der überstehenden Lösung in die Nutsche. Sobald Feststoff aufgegossen wird, öffnet man in der Regel den Vakuumhahn ganz. Bei schlecht filtrierbaren Suspensionen lässt man einige Zeit stehen, damit sich die Feststoffteilchen setzen können. Während der Filtration darf nie trockengesaugt werden, damit sich im Hyflo keine Risse bilden. Die Rückstände im Gefäss werden mit Filtrat angeschlämmt und auf die Nutsche gespült	
Nachwaschen	
Der Nutschenrand und das Nutschgut werden mit kleinen Portionen Lösemittel gewaschen.	

1.11 Arbeiten mit Membranfiltern

Membranfilter werden aus Cellulosederivaten oder andern Polymerstoffen wie zum Beispiel Polytetrafluorethylen gefertigt. Sie verhalten sich wie *engmaschige, vielschichtige Siebe*, sind absolut faserfrei, zeigen praktisch keine Adsorptionseffekte und werden in verschiedenen Porengrössen zwischen 0,02 und 12 µm hergestellt. Membranfilter gelangen als Rundfilter für die Filtration bei vermindertem oder bei erhöhtem Druck zur Anwendung. Je nach verwendetem Material haben sie unterschiedliche chemische und thermische Beständigkeiten. Ihre Verwendung erstreckt sich auf praktisch alle Bereiche der Chemie, Physik, Biologie, Medizin und Technik.

Membranfilter werden mit Vorteil dann eingesetzt, wenn geringe Partikelmengen von Flüssigkeiten oder Gasen abzutrennen sind.

Beispiele:

- Klärfiltration von Säuren, Laugen, Infusionslösungen
- Ultrareinigung von Lösemitteln oder Fotolacken
- Sterilfiltration von hitzeempfindlichen Arzneimitteln
- Herstellung von partikelfreien und sterilen Gasen
- Gewinnung von keimfreiem Wasser
- Abtrennen von kolloidalen Stoffen

1.11.1 Filterwahl

Für die Wahl eines Membranfilters sind die chemische Beständigkeit und die Porengrösse massgebend. Die eingesetzte Porengrösse ist abhängig von der Grösse der kleinsten zu erfassenden Partikel. Vorversuche dienen für die Wahl von geeigneten Filtermaterialien.

Neben der Porengrösse und der chemischen Beständigkeit sind noch folgende Kriterien von Bedeutung:

Durchflussleistung

Die Durchflussleistung steigt proportional zur Filterfläche und dem Differenzdruck. Sie sinkt umgekehrt proportional zur Viskosität des zu filtrierenden Mediums. Der Filterdurchmesser richtet sich somit nach der gewünschten Durchflussleistung bei einer bestimmten Porengrösse.

Standzeit

Als Standzeit eines Filters bezeichnet man die Zeit vom Beginn des Filtrierens bis zur Verstopfung des Filters. Sie ist abhängig von der Art des Filtrationsguts und kann durch Verwendung von Vorfiltern erheblich verlängert werden.

Hitzebeständigkeit

Membranfilter sind je nach Material bis maximal 200 °C beständig. Bei der Verwendung von Membranfiltern für biologische Arbeiten muss das Filtermaterial den Anforderungen entsprechend vorgängig sterilisierbar sein.

1.11.2 Klärfiltration bei Unter-/Überdruck

■ Tab. 1.8 zeigt Methoden zur Klärfiltration mit Membranfiltern.

■ **Tab. 1.8** Methoden zur Klärfiltration mit Membranfiltern

Filtration bei vermindertem Druck	**Druckfiltration**
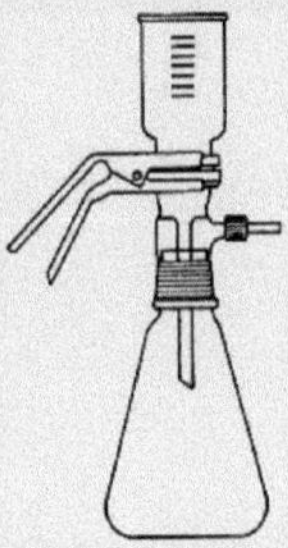	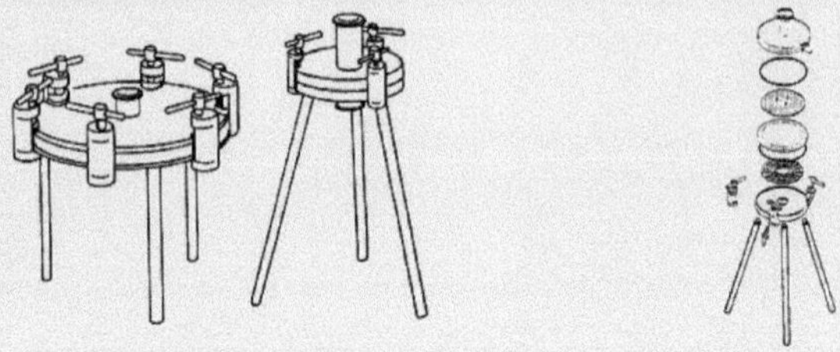
Lösungen oder Flüssigkeiten bis zu einem Volumen von ca. 1 Liter, werden bei vermindertem Druck filtriert.	Zum Schäumen neigende Flüssigkeiten und grössere Mengen werden durch ein Druckfiltrationsgerät aus Chromstahl oder Kunststoff bei Überdruck in ein entsprechendes Auffanggefäss filtriert. Für noch grössere Mengen, oder für kontinuierliches Filtrieren, gibt es ausserdem Geräte, die direkt in Leitungen eingebaut werden können. Neben diesen Standardgeräten sind auch Geräte für spezifische Probleme im Handel erhältlich.

1.11.3 Filtration für Rückstandsanalysen

Bei der Membranfiltration für Rückstandsanalysen werden die auf dem Filter verbleibenden Partikel benötigt. Für diese Arbeiten werden spezielle Nutschen aus Chromstahl oder Glas für Über- oder Unterdruckfiltration eingesetzt.

Der Filterrückstand wird je nach Problemstellung ausgewertet. Es eignet sich dazu zum Beispiel

- visueller Farbvergleich,
- mikroskopische Auswertung,
- gewichtsanalytische Bestimmung,
- mikrobiologische Auswertung.

1.11.4 Einmalfilter für Spritzen

Wie die ■ Abb. 1.9 zeigt, kann für die Filtration kleiner Flüssigkeitsmengen von zirka 1–10 mL eine Spritze mit Einmalfilter verwendet werden.

Die Filtration erfolgt entweder beim Aufsaugen oder beim Ausstossen der Flüssigkeit.

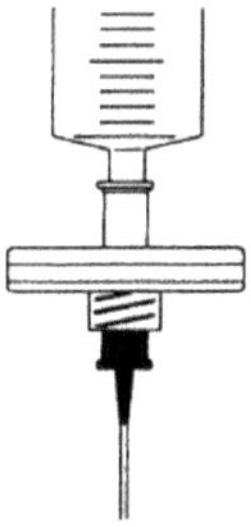

Abb. 1.9 Zwischen Spritze und Kanüle befestigter Einmalfilter

1.12 Zusammenfassung

Filtration ist ein rein *physikalisches Trennverfahren* meistens für Suspensionen und Aerosole. In diesem Kapitel wird hauptsächlich auf das möglichst effiziente Nutschen von Suspensionen mit geeignetem Material bei Umgebungsdruck, bei erhöhtem Druck und unter Vakuum eingegangen.

Weiterführende Literatur

Schwister K (2007) Taschenbuch der Verfahrenstechnik. Hanser, München, S 105
Becker HG et al (2009) Organikum, 23. Aufl. Wiley-VCH, Weinheim, S 57

Trocknen

aprentas (Hrsg.), *Laborpraxis Band 3: Trennungsmethoden*, DOI 10.1007/978-3-0348-0970-2_2

Das Trocknen ist ein physikalisches Verfahren zur Stofftrennung, bei dem der *Feuchtigkeitsgehalt eines Stoffes* (fest, flüssig oder gasförmig) bis zu einer bestimmten Grenze *verringert* werden kann.

Bei flüssigen Stoffen versteht man unter Feuchtigkeit Wasser, bei gasförmigen und festen Stoffen kann es sich auch um andere Lösemittel handeln.

Das Trocknen von Stoffen wird zum Beispiel angewendet zur:
- Erhöhung der Reinheit,
- Konservierung,
- Verringerung des Gewichts,
- Verbesserung der Dosierbarkeit von Feststoffen,
- Verbesserung beziehungsweise Veränderung der Reaktionsfähigkeit.

Wie in der ◘ Tab. 2.1 dargestellt, müssen vor dem Trocknen eines Stoffes dessen Eigenschaften bekannt sein.

◘ **Tab. 2.1** Physikalische und chemische Eigenschaften

Physikalische Eigenschaften	Chemische Eigenschaften
Schmelzpunkt	Brennbarkeit
Siedepunkt	Explosionsfähigkeit
Dampfdruck	Hygroskopie
Flüchtigkeit	Luftempfindlichkeit
Sublimationspunkt	Korrosivität
	pH-Wert
	Zersetzbarkeit
	Toxizität

2.1 Feuchtigkeitsformen

2.1.1 Feuchtigkeitsformen bei Feststoffen

Oberflächenflüssigkeit

Wie die ◘ Abb. 2.1 zeigt, können Feststoffe Feuchtigkeit aufgrund der *Adhäsionskraft* als Oberflächenflüssigkeit anlagern. Die Trocknung ist einfach, da sich die Flüssigkeit durch Wärmezufuhr entfernen lässt.

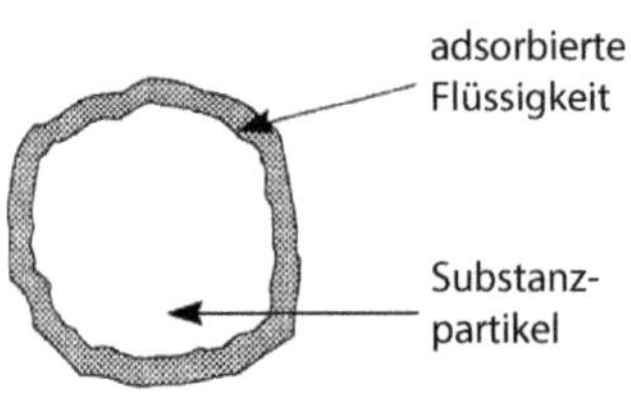

◘ **Abb. 2.1** Oberflächenflüssigkeit

Quell- oder Kapillarflüssigkeit

Wie die ◘ Abb. 2.2 zeigt, kann die Feuchtigkeit auch als Quell- oder Kapillarflüssigkeit vorhanden sein. Die Trocknung gestaltet sich wesentlich schwieriger, da die Flüssigkeit nur nach Überwinden der *Kapillarkräfte* (Adhäsion in den Kapillaren) aus den Kapillaren entfernt werden kann.

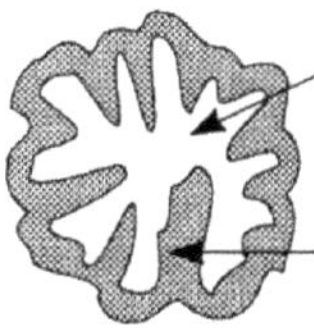

◘ **Abb. 2.2** Quell- oder Kapillarflüssigkeit

Kristallwasser

Lässt man eine Salzlösung, die *hydratbildende Ionen* enthält, durch Verdunsten des Lösemittels auskristallisieren, so verdunsten nur die freien, nicht zur Hydration notwendigen, Wassermoleküle. Man erhält ein kristallisiertes, wasserhaltiges Salz, in dem Wassermoleküle als sogenanntes Kristallwasser in das Kristallgitter eingelagert sind. Beispiele dazu siehe ◘ Tab. 2.2.

◘ **Tab. 2.2** Beispiele Kristallwasser

	Kobaltchlorid	$CoCl_2 \cdot H_2O$
Beispiele:	Natriumsulfat	$Na_2SO_4 \cdot 10\,H_2O$
	Calciumchlorid	$CaCl_2 \cdot 6\,H_2O$

Trocknungsvorgang

Die an Feststoffen anhaftende Feuchtigkeit wird durch Temperaturerhöhung und/oder Druckerniedrigung in die *Dampfphase* überführt. Der Dampf wird entweder an ein Trockenmittel adsorbiert oder absorbiert. Er kann auch mit Hilfe einer Vakuumpumpe in einem Kondensor aufgefangen werden.

2.1.2 Feuchtigkeitsformen bei Flüssigkeiten und Gasen

Bei Flüssigkeiten ist Wasser als Feuchtigkeit entweder in der Flüssigkeit gelöst oder es bildet mit ihr eine Emulsion.

In gasförmigen Stoffen kann die Feuchtigkeit als Dampf oder Nebel vorliegen.

Trocknungsvorgang

Bei Flüssigkeiten wird das Wasser durch Zusatz eines *Trockenmittels* adsorbiert oder absorbiert. In gasförmigen Stoffen wird die Feuchtigkeit ausgefroren, durch Überleiten über ein Adsorbens oder durch Einleiten in ein Trockenmittel entfernt.

2.2 Trockenmittel

Trockenmittel sind Substanzen, welche *anderen Stoffen Wasser entziehen* und dieses aufgrund eines chemischen oder physikalischen Vorganges selbst aufnehmen.

Trockenmittel sollen

- mit dem zu trocknenden Stoff, gleich ob fest, flüssig oder gasförmig, nicht reagieren,
- den zu trocknenden Stoff nicht einschliessen beziehungsweise adsorbieren,
- in vorhandenen Lösemitteln nicht löslich sein,
- eine möglichst grosse Kapazität beziehungsweise Intensität aufweisen,
- gut vom Lösemittel abtrennbar sein,
- regeneriert oder umweltgerecht entsorgt werden können.

Trockenmittel, welche bei der Wasseraufnahme an der Oberfläche eine undurchlässige Schicht bilden, sollen gelegentlich umgerührt werden.

Die *Trocknung* hängt ab von der:

- Trocknungskapazität: Das ist ein Mass für die maximale Wasseraufnahme.
- Trocknungsintensität: Das ist die Kraft oder Stärke, mit der Wasser aufgenommen wird. Sie wird durch den Wasserdampfpartialdruck des Trockenmittels bestimmt.

Wie die ◘ Abb. 2.3 zeigt, wird die *Geschwindigkeit* des Trocknungsvorganges beeinflusst durch die

- Korngrösse und Oberfläche des Trockenmittels und der zu trocknenden Substanz,
- Desaktivierung der Oberfläche während des Trocknungsvorganges,
- Temperatur,
- Versuchsanordnung.

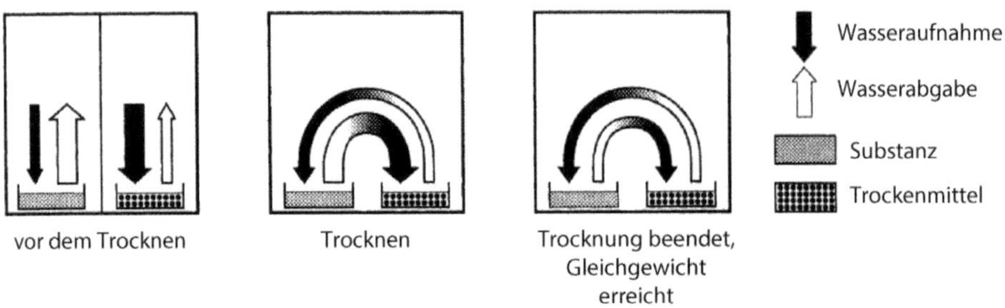

◘ **Abb. 2.3** Geschwindigkeit des Trocknungsvorganges

2.2.1 Regenerierbare Trockenmittel

Trockenmittel können zum Beispiel Wasser als Kristallwasser binden, welches durch Erhitzen wieder freigesetzt werden kann. Sie werden in der Regel entsorgt.

Beispiele sind *Calciumchlorid, Natriumsulfat oder Magnesiumsulfat.*

Diese Trockenmittel weisen eine grosse Trocknungskapazität bei einer kleinen Trocknungsintensität auf.

Wasser kann aber auch durch Adsorption an der Oberfläche und in den Poren des Trockenmittels festgehalten und durch Erwärmen oder unter vermindertem Druck wieder entfernt werden.

Beispiele sind *Kieselgel, Aluminiumoxid oder Molekularsieb.*

Regenerierbare Trockenmittel wirken *physikalisch.*

2.2.2 Nicht regenerierbare Trockenmittel

Trockenmittel können mit Wasser zu einer neuen Verbindung reagieren.

Beispiele sind *Phosphorpentoxid, Calciumoxid oder Calciumhydrid.*

Diese Trockenmittel weisen eine grosse Trocknungsintensität bei einer kleinen Trocknungskapazität auf.

Nicht regenerierbare Trockenmittel wirken *chemisch.*

2.2.3 Trockenmittel, Übersichtstabelle

Tab. 2.3 zeigt eine Übersicht diverser Trockenmittel.

Tab. 2.3 Übersicht diverser Trockenmittel

Trockenmittel	Anwendung für	Chemisches Verhalten	Intensität	Wasseraufnahme pro 10 g Trockenmittel	Aufnahmefähig bis	Regenerierbar
NATRIUMSULFAT	Flüssigkeiten ungeeignet für niedrige Alkohole	Neutral	Klein	Ca. 12 g	30 °C	Bei 200 °C
CALCIUMCHLORID	Feststoffe, Flüssigkeiten, Gase ungeeignet für Alkohole, Phenole, Amine	Schwach sauer	Klein	Ca. 10 g	29 °C	Bei 250 °C
CALCIUMSULFAT (Sikkon)	Feststoffe, Flüssigkeiten, Gase	Neutral	Mittel	Ca. 1,5 g	100 °C	Bei 190–230 °C
SCHWEFELSÄURE (Sicacide)	Feststoffe, Gase ungeeignet für Basen	Sauer	Mittel	Ca. 3 g	100 °C	Nein
NATRONKALK [NaOH/ $Ca(OH)_2$]	Gase ungeeignet für saure Gase	Basisch	Klein	Ca. 1,5 g	100 °C	Nein
PHOSPHORPENTOXID (Sicapent)	Feststoffe, Flüssigkeiten ungeeignet für Alkohole, Ester, Amine, Ketone, Aldehyde	Sauer	Klein	Ca. 10 g	100 °C	Nein

Tab. 2.3 (*Fortsetzung*) Übersicht diverser Trockenmittel

Trockenmittel	Anwendung für	Chemisches Verhalten	Intensität	Wasseraufnahme pro 10 g Trockenmittel	Aufnahmefähig bis	Regenerierbar
CALCIUMOXID	Flüssigkeiten, Gase ungeeignet für Phenole, Säuren	Basisch	Klein	Ca. 3 g	100 °C	Bei 240 °C und vermindertem Druck
ALUMINIUMOXID	Flüssigkeiten ungeeignet für sehr polare und leicht oxidierbare Substanzen	Neutral, sauer, basisch	Mittel	Je nach Aktivitätsstufe	100 °C	Bei 170–250 °C nur, wenn peroxidfrei!
KIESELGEL	Feststoffe, Gase	Neutral	Mittel	Ca. 4 g	20–25 °C	Bei 120–170 °C
MOLEKULARSIEB	Flüssigkeiten, Gase	Neutral	Mittel bis gross	Je nach Sorte verschieden	100 °C	Bei 300 °C und vermindertem Druck

2.2.4 Ergänzungen zur Trockenmitteltabelle

Schwefelsäure (Sicacide)

Zum Trocknen von Feststoffen in Exsikkatoren werden anstelle von konzentrierter Schwefelsäure sogenannte Sicacide verwendet. Dies ist ein Granulat, bestehend aus Schwefelsäure, welche an ein Trägermaterial adsorbiert ist, und einem Indikator. In wasserfreien Zustand ist das Granulat rot-violett, bei einem Wassergehalt von 33 % blass-gelb bis farblos.

Phosphorpentoxid (Sicapent)

Phosphorpentoxid zerfliesst unter der Einwirkung von Wasser. Dabei bildet sich schnell eine dickflüssige Schicht von Polymetaphosphorsäure über unverbrauchtem Phosphorpentoxidpulver. Durch diese Schicht wird der Trocknungsvorgang verlangsamt.

Durch die Verwendung von Sicapent, was mit oder ohne Indikator erhältlich ist, kann man dies umgehen. Sicapent enthält 25 % Trägermaterial und bleibt dadurch rieselfähig. Die Farbe des Indikators gibt den Grad der Wasseraufnahme an. In wasserfreiem Zustand ist das Sicapent farblos, bei einem Wassergehalt von > 33 % blau.

Kieselgel (Orange-Gel)

Kieselgel ist ein grobkörniges Silikat mit Ammoniumeisen-III-sulfat als Indikator. Es ist im wasserfreien Zustand orange, bei einem Wassergehalt > 27 % farblos.

2.2.5 Molekularsiebe

Wie die ◘ Abb. 2.4 zeigt, sind Molekularsiebe kristalline, hydratisierte, feldspatähnliche Aluminiumsilikate.

Beispiel: *Zeolith A* besteht aus $Na_{12}[(AlO_2)_2(SiO_2)_{12}] \cdot 27\ H_2O$.

Ihre Kristallgitter bilden Strukturen mit *Poren von genau definiertem Durchmesser.* Die im Handel erhältlichen Molekularsiebe besitzen Porenöffnungen von 0,3–1,0 nm (3–10 Å). Bei einem Wassergehalt von zirka 20 % ist die Aufnahmekapazität erreicht.

Beispiele:

Zeolith A

Porenöffnung
4,1 Å = 0,41 nm

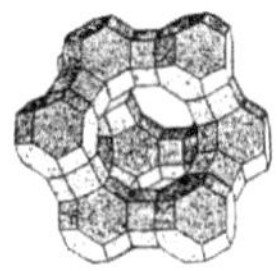

Zeolith Y

Porenöffnung
7,4 Å = 0,74 nm

◘ **Abb. 2.4** Molekularsiebe

Wird durch Erhitzen das in den Hohlräumen und Poren enthaltene Wasser entfernt, erhält man äussert aktive Adsorbentien, die sich zum Trocknen von organischen Lösemitteln eignen.

Der an die Molekülgrösse angepasste Porendurchmesser beeinflusst die Trocknung, wie das in der ◘ Tab. 2.4 zu sehen ist. Da die Hohlräume, in denen die Adsorption stattfindet, nur durch genau dimensionierte Poren zugänglich sind, können nur Moleküle adsorbiert werden, deren Durchmesser kleiner als der Porendurchmesser ist.

So besitzt zum Beispiel Ethanol eine Molekülgrösse von 0,44 nm während Wasser eine solche von 0,26 nm hat. Bei Verwendung eines Molekularsiebes von 0,30 nm Porengrösse kann das Wasser eindringen, während dies für Ethanol nicht möglich ist. Auf diese Art lässt sich Ethanol von Wasser befreien. Für diese Trennungsart eines Stoffgemisches ist somit die Molekülgrösse massgebend.

◘ **Tab. 2.4** Molekülgrössen

	Wasserstoff	0,24 nm	Ammoniak	0,38 nm
Beispiele:	Wasser	0,26 nm	Ethanol	0,44 nm
	Kohlenstoffdioxid	0,28 nm	Cyclohexan	0,61 nm

Folgende Faktoren spielen beim Trocknen mit Molekularsieben ebenfalls eine Rolle:

- Polarität: Polare Moleküle werden stärker adsorbiert als unpolare, wobei Moleküle mit vergleichbarem Durchmesser in der Reihenfolge zunehmender Polarität adsorbiert werden.
- Bindungscharakter: Ungesättigte Kohlenwasserstoffverbindungen können eher adsorbiert werden als gesättigte Verbindungen.
- Molare Masse: Innerhalb einer homologen Reihe werden Kohlenwasserstoffverbindungen mit höherer molarer Masse etwas bevorzugt adsorbiert.

Die Trocknungsmethode mit Molekularsieben, vorzugsweise mit den Typen 3 Å und 4 Å, ist einfach, zeitsparend und sehr leistungsfähig. Je nach Temperatur, Aktivität des Molekularsiebes und Wassergehalt der zu trocknenden Flüssigkeit kann der Restwassergehalt bis auf $1 \cdot 10^{-5}$ % reduziert werden.

Die nutzbare Kapazität der Molekularsiebe ist je nach zu trocknender Substanz sehr unterschiedlich. Sie beträgt zum Beispiel für Diethylether zirka 14 %, für Ethylacetat zirka 6 % und für Dioxan zirka 4 %.

Ein gleichzeitiges Entfernen von Peroxiden und anderen organischen Verunreinigungen lässt sich durch kombinierte Trocknung mit Molekularsieben und aktiven Aluminiumoxiden erzielen.

Regenerierung von Molekularsieb

Molekularsiebe können, ohne wesentliche Verminderung ihrer Adsorptionskapazität, fast beliebig oft regeneriert werden.

Vor der Regenerierung wird das gebrauchte Molekularsieb in einer grösseren Menge Wasser geschüttelt, um mitadsorbiertes Lösemittel zu verdrängen. Diese Massnahme ist besonders bei brennbaren Lösemitteln unerlässlich. Das lösemittelfreie Molekularsieb wird bei 200–250 °C im Trockenschrank vorgetrocknet. Verbleibendes Wasser (3–5 %) wird anschliessend im Muffelofen bei zirka 300 °C unter vermindertem Druck entfernt.

Wegen der raschen Wasseraufnahme muss das regenerierte und aktivierte Molekularsieb schnell abgefüllt und möglichst unter Feuchtigkeitsausschluss aufbewahrt werden.

Das im Handel erhältliche Molekularsieb enthält noch 1–2 % Wasser, was im Allgemeinen nicht stört. Gelten wegen schwierig zu trocknenden polaren Lösemitteln erhöhte Anforderungen, empfiehlt es sich das Molekularsieb auch vor dem ersten Gebrauch zu aktivieren.

2.3 Trocknen von Feststoffen

2.3.1 Trocknungsmethoden, Übersicht

Je nach den chemischen und physikalischen Eigenschaften der zu trocknenden Substanz wird eine der folgenden Methoden in der ◘ Tab. 2.5 gewählt.

◘ Tab. 2.5 Übersicht der Trocknungsmethoden für Feststoffe

Eigenschaften der zu trocknenden Substanz	Hinweis Erkennung	Trocknungsmethode Geräte
Tiefschmelzend Leichtflüchtig Mit Wasserdampf flüchtig Thermisch unbeständig	Oftmals starker Eigengeruch. Bei der Schmelzpunktbestimmung Sublimatbildung, Verfärbung oder Zersetzung	Exsikkator mit Trockenmittel Tonteller (zum Vortrocknen kleiner Mengen) Gefriertrocknung bei wasserfeuchten Substanzen Trockenpistole
Schwer flüchtig Thermisch stabil Höher schmelzend		Trockenpistole Heizbarer Vakuumtrockenschrank Rotationsverdampfer
Explosiv	Oftmals erkennbar aufgrund der chemischen Struktur (zum Beispiel Nitroverbindungen), Literaturhinweis	Nur nach Abklärung mit einer Fachstelle trocknen!
Leicht oxidierbar	Verfärbung an der Oberfläche bei Kontakt mit der Luft	*Je nach Feuchtigkeit oder Schmelzpunkt:* Exsikkator mit Trockenmittel Heizbarer Vakuumtrockenschrank mit Inertgasanschluss Rotationsverdampfer

Tab. 2.5 (*Fortsetzung*) Übersicht der Trocknungsmethoden für Feststoffe

Eigenschaften der zu trocknenden Substanz	Hinweis Erkennung	Trocknungsmethode Geräte
Klebrig Hygroskopisch	Kristalle haften aneinander, Klumpenbildung	In einem Lösemittel lösen, mit Trockenmittel versetzen, filtrieren und Lösemittel eindampfen. Rückstand wenn nötig nachtrocknen

Neben den erwähnten Eigenschaften sind noch folgende Punkte zu beachten:
- wässrige Suspensionen sind vor dem Trocknen zu filtrieren oder zu lyophilisieren (s. ► Abschn. 2.6.5),
- grobkörnige Substanzen sind zu pulverisieren und möglichst grossflächig in einer Trockenschale zu verteilen,
- die Trocknungstemperatur ist so zu wählen, dass sie etwa dem Siedepunkt des zu entfernenden Lösemittels entspricht, jedoch unterhalb des Schmelzpunkts der feuchten Substanz liegt und ein Sublimieren verhindert wird,
- der Endpunkt einer Trocknung ist erreicht, wenn Gewichtskonstanz vorliegt.

2.3.2 Exsikkator

Die Trocknung im Exsikkator, wie ihn die ◘ Abb. 2.5 zeigt, erfolgt bei Raumtemperatur *über einem Trockenmittel.*

Diese Methode eignet sich besonders zur Trocknung von temperaturempfindlichen, flüchtigen oder tiefschmelzenden Substanzen. Der Exsikkator eignet sich auch zum *Aufbewahren von hygroskopischen Stoffen* über einem Trockenmittel.

Die Trocknung kann bei Normaldruck oder bei vermindertem Druck erfolgen:
- nur solche Substanzen gleichzeitig trocknen, die nicht miteinander reagieren können,
- Substanz in einer Schale gut verteilen und mit einem Stofffilter abdecken,
- der Planschliff des Deckels ist zu fetten oder mit einem Gummiring abzudichten,
- bei Bedarf Exsikkator evakuieren, Hahn schliessen und Pumpe abstellen,
- den evakuierten Exsikkator wegen der Implosionsgefahr nicht herumtragen oder schieben,
- nach beendeter Trocknung Exsikkator nur langsam belüften, um ein Herumwirbeln der Substanz zu vermeiden.

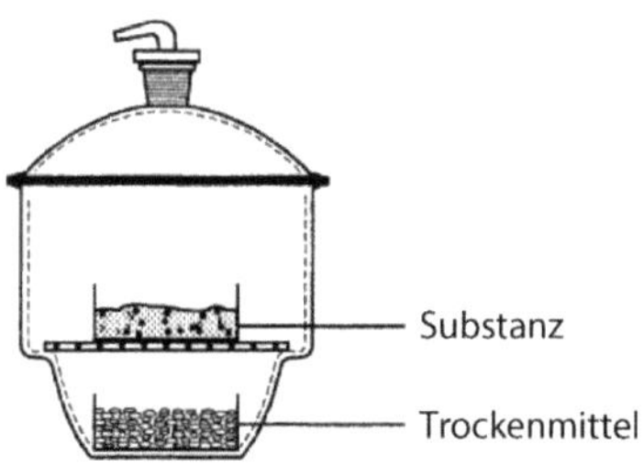

◘ **Abb. 2.5** Exsikkator

2.3.3 Exsikkator-Schrank

In einem Exsikkator-Schrank, wie ihn die ◘ Abb. 2.6 zeigt, werden *feuchtigkeitsempfindliche Chemikalien* beispielsweise Urtitersubstanzen aufbewahrt. Dünnschichtchromatographie-Platten lassen sich ebenfalls trocken lagern. Die Trocknung erfolgt über feste Trockenmittel. Mittels eines eingebauten Hygrometers wird die Feuchtigkeit gemessen.

Aggressive oder leicht flüchtige Chemikalien dürfen darin nicht gelagert werden, da die Schrankwände nicht chemikalienbeständig sind.

◘ **Abb. 2.6** Exsikkator-Schrank. (Mit freundlicher Genehmigung von BOHLENDER GmbH, Grünsfeld, Deutschland)

2.3.4 Vakuumtrockenschrank

Der Vakuumtrockenschrank, die ◘ Abb. 2.7 zeigt ein Beispiel, eignet sich zum Trocknen von grösseren Substanzmengen unter vermindertem Druck bei Raumtemperatur oder erhöhter Temperatur. Diese Methode eignet sich besonders zur Trocknung von wasserfeuchten, wärmeunempfindlichen, höherschmelzenden oder schwerflüchtigen Stoffen.

- Nur solche Substanzen gleichzeitig trocken, die nicht miteinander reagieren können.
- Das Durchsaugen eines schwachen Luftstroms beschleunigt den Trocknungsvorgang und verhindert die Bildung von Kondensat an der Glastür. Oxidationsempfindliche Substanzen werden durch einen Inertgasstrom geschützt.
- Beim Trocknen muss die Tür des Trockenschranks aus Sicherheitsgründen immer entriegelt sein.

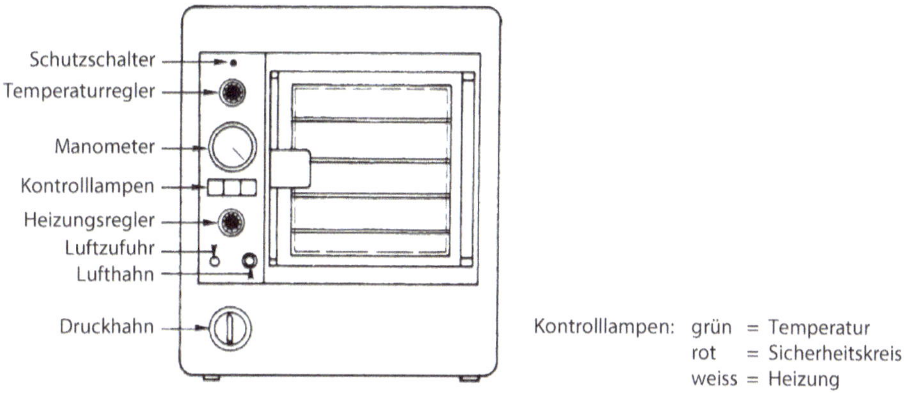

Abb. 2.7 Vakuumtrockenschrank

2.3.5 Trockenpistole

Die elektrisch beheizte Trockenpistole Abb. 2.8 und 2.9 zeigen je ein Beispiel – eignet sich zum Trocknen von kleinen Feststoffmengen im Fein- und Hochvakuumbereich und zum Trocknen von Feststoffen bei einer ganz bestimmten Temperatur, die nicht überschritten werden darf.

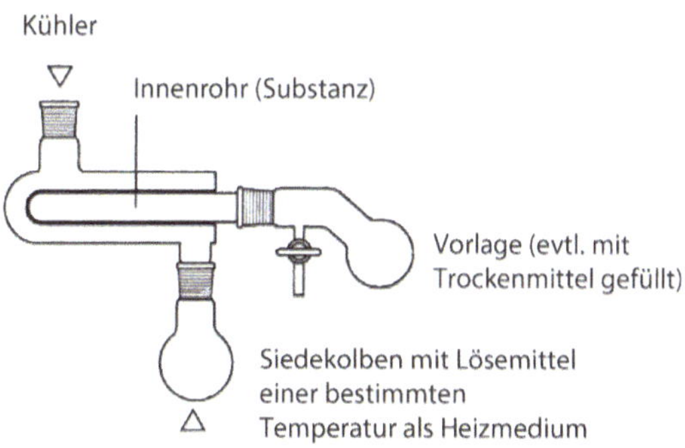

Abb. 2.8 Trockenpistole

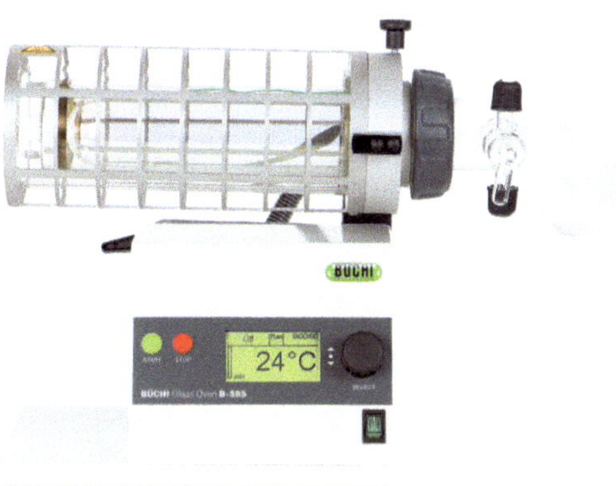

Abb. 2.9 Trockenpistole Büchi. (Mit freundlicher Genehmigung von BÜCHI Labortechnik AG, Flawil, Schweiz)

2.3.6 Rotationsverdampfer

Am Rotationsverdampfer ◘ Abb. 2.10 und 2.11 zeigen je ein Beispiel dazu – lassen sich feuchte Substanzen bei Grob- oder Feinvakuum rasch trocken.

Beim Trocken von Suspensionen wird immer zuerst das Lösemittel abdestilliert.

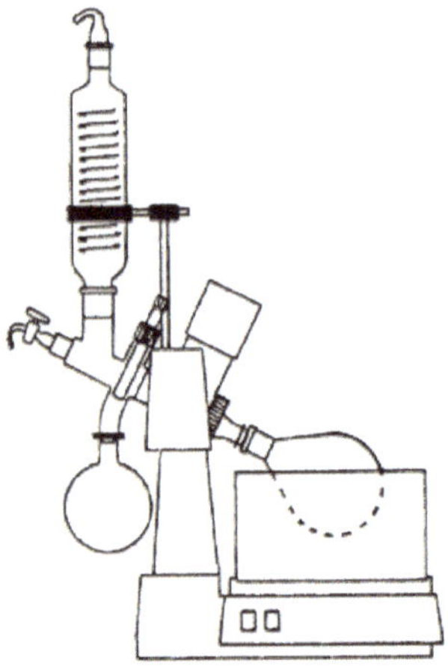

◘ **Abb. 2.10** Rotationsverdampfer

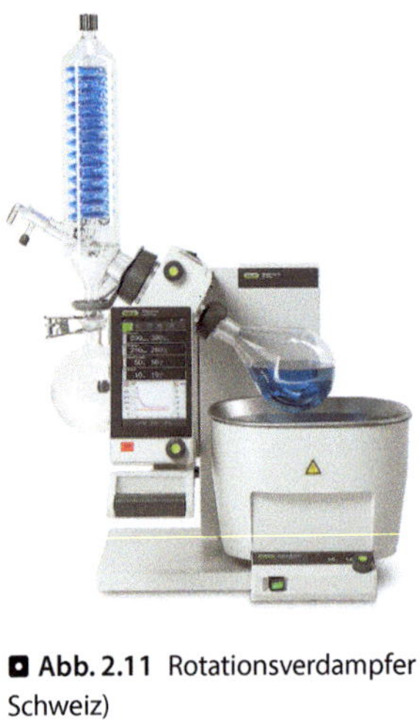

◘ **Abb. 2.11** Rotationsverdampfer Büchi. (Mit freundlicher Genehmigung von BÜCHI Labortechnik AG, Flawil, Schweiz)

2.3.7 Muffelofen

Ein Muffelofen, wie die ◘ Abb. 2.12 zeigt, dient zum Glühen, Veraschen, Schmelzen und für andere Arbeiten welche Temperaturen bis 1100 °C erfordern. Am Ofen hat es einen Temperaturregler und je nach Gerätetyp einen Anschluss für eine Vakuumpumpe.

Abhängig vom Fabrikat und der eingestellten Heizleistung muss eine bestimmte Wartezeit bis zum Erreichen der Solltemperatur berücksichtigt werden. Als Überhitzungsschutz ist eine Schmelzsicherung eingebaut, welche die Heizung des Ofens bei Erreichen von 1200 °C unterbricht.

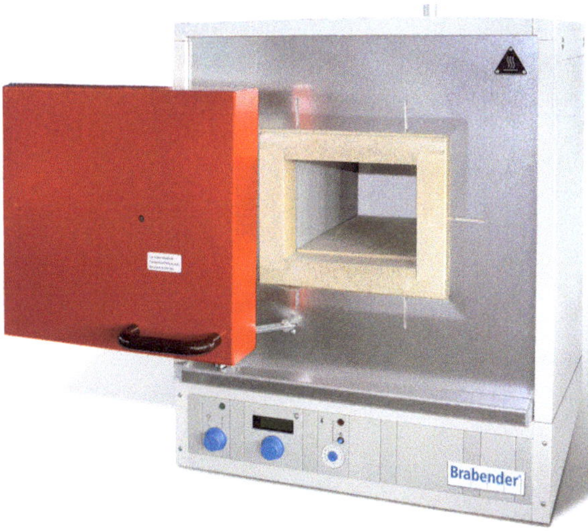

◘ **Abb. 2.12** Muffelofen. (Mit freundlicher Genehmigung der Brabender GmbH & Co. KG, Duisburg, Deutschland)

2.4 Trocknen von Flüssigkeiten

Entsprechend ihrer Eigenschaften können Flüssigkeiten direkt durch Zugabe von *Trockenmitteln* in einem Rund- oder Erlenmeyerkolben getrocknet werden. Nach erfolgter Trocknung wird das Trockenmittel abfiltriert.

Vor dem Trocknen wird die organische Substanz möglichst gut vom sichtbaren Wasser abgetrennt.

2.4.1 Organische Flüssigkeiten

- In die zu trocknende organische Flüssigkeit das Trockenmittel portionenweise zugeben bis dieses nicht mehr zusammenklebt und körnig schwebt.
- Zur vollständigen Trocknung wird es unter gelegentlichem Schütteln oder Rühren verschlossen eine Zeit lang stehen gelassen.
- Trockenmittel abfiltrieren und Lösungen mit dem gleichen, wasserfreien Lösemittel nachwaschen.

2.5 Trocknen von Gasen

Gase werden zum Trocknen mit möglichst *geringer Strömungsgeschwindigkeit* durch ein festes grobkörniges oder durch ein flüssiges Trockenmittel geleitet. Das Trockenmittel muss sich dem Gas gegenüber inert verhalten und darf dieses nicht oder nur sehr wenig lösen.

Zur Wahl des Trockenmittels stehen die Gaskenndaten in Band 1 zur Verfügung.

2.5.1 Gaswaschflasche

Gaswaschflaschen, wie ein Beispiel in der ◘ Abb. 2.13 zu sehen ist, können mit festem grobkörnigem oder mit flüssigem Trockenmittel gefüllt werden.

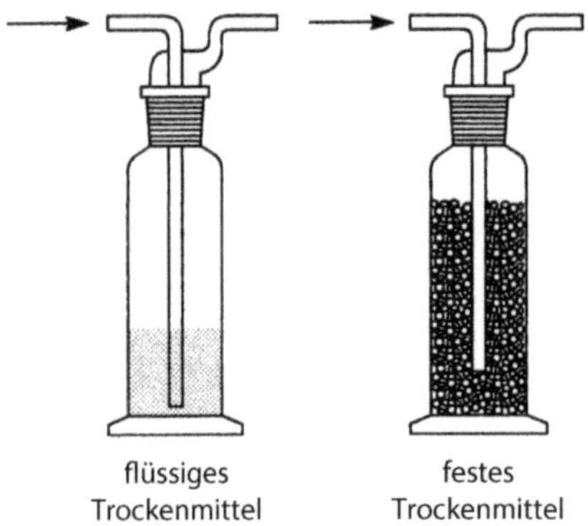

◘ **Abb. 2.13** Gaswaschflasche

Gaswaschflaschen mit Glasfritte verteilen das durchströmende Gas. Der Trocknungsvorgang wird dadurch verbessert.

2.5.2 Sicherheitsgaswäscher nach Trefzer

Der Sicherheitsgaswäscher nach Trefzer in der ◘ Abb. 2.14 eignet sich zum Trocknen von Gasen und ist einfach in der Anwendung. Er enthält ein Sicherheitsgefäss mit einer Öffnung für Über- und Unterdruck. Die eingebaute Glasfritte verteilt das durchströmende Gas sehr fein und erlaubt eine intensive Trocknung. Zum Trocknen können *nur flüssige* Trockenmittel verwendet werden.

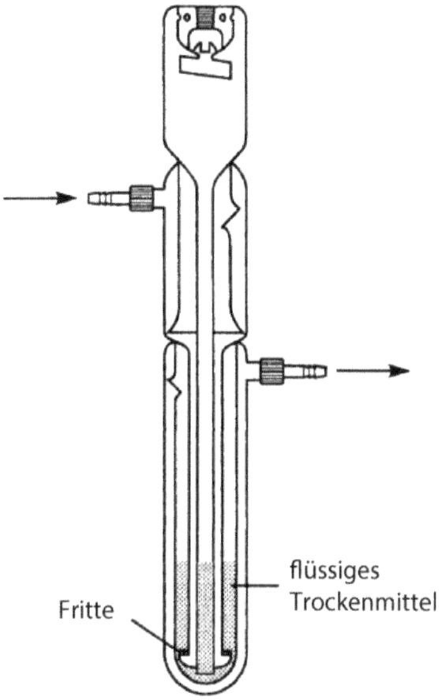

Abb. 2.14 Sicherheitsgaswäscher nach Trefzer

2.6 Spezielle Techniken

2.6.1 Absolutieren von Lösemitteln

Viele organische Lösemittel enthalten Wasser oder nehmen dieses auf, wenn sie hygroskopisch sind. Absolutieren bedeutet das *nahezu restlose Entfernen von Wasser* aus einem vorgetrockneten Lösemittel. Wasser kann den Ablauf vieler Reaktionen in unerwünschter Weise beeinflussen, was das Absolutieren von Lösemitteln notwendig macht. Verunreinigte Lösemittel müssen vor dem Absolutieren durch Reinigungsmethoden wie Ausschütteln oder Destillieren gereinigt werden.

Mittels Wasserbestimmung nach Karl-Fischer kann der Restwassergehalt bestimmt werden.

2.6.2 Absolutieren mit Molekularsieben

Das Trocknen von organischen Lösemitteln mit Molekularsieben kann auf zwei Arten erfolgen. Durch statische oder durch dynamischen Trocknung. Die dynamische Trocknung ist der statischen vorzuziehen, da sie wirksamer und insgesamt zeitsparender ist. Infolge der raschen Aufnahme von Luftfeuchtigkeit durch Molekularsiebe ist schnelles Arbeiten erforderlich.

Statische Trocknung

Das zu trocknende Lösemittel wird etwa 24 Stunden über Molekularsieb aufbewahrt und dabei gelegentlich geschüttelt oder man siedet das Lösemittel unter Rückfluss. Im Allgemeinen sind für 1 Liter Lösemittel, mit einem Wassergehalt von zirka 1 %, 100 g Molekularsieb erforderlich.

Dynamische Trocknung

Das feuchte Lösemittel lässt man durch eine mit Molekularsieb gefüllte Säule tropfen. Es empfiehlt sich, Säulen von zirka 25 mm Durchmesser und 60 cm Länge mit rund 250 g Molekularsieb zu füllen. Die vorteilhafte Durchflussgeschwindigkeit beträgt 2–3 Liter pro *Stunde*.

2

Mit dieser intensiveren Methode sind im Allgemeinen für 5 Liter Lösemittel, mit einem Wassergehalt von zirka 1 % etwa 100 g Molekularsieb erforderlich. Die getrockneten Lösemittel werden über Molekularsieb aufbewahrt (pro Liter zirka 10 g).

Die ◘ Tab. 2.6 zeigt die Trocknung verschiedener Lösemittel über Molekularsieb.

◘ **Tab. 2.6** Trocknen über Molekularsieb

Lösemittel		Anfangswassergehalt	Restwassergehalt	Molekularsieb	Lösemittelmenge
		w in %	w in %	(250 g) Å	in Liter
Chloroform	Wassergesättigt	0,09	0,002	4	> 10
Cyclohexan	Wassergesättigt	0,009	0,002	4	> 10
Dichlormethan	Wassergesättigt	0,17	0,002	4	> 10
Diethylether	Handelsüblich	0,12	0,001	4	10
Diethylether	Wassergesättigt	1,20	0,004	4	3
Dimethylformamid	Handelsüblich	0,06–0,3	0,006	4	4–5
1,4-Dioxan	Handelsüblich	0,08–0,28	0,002	4	3–10
Ethylacetat	Handelsüblich	0,015–0,2	0,004	4	8–10
Pyridin	Handelsüblich	0,03–0,3	0,004	4	2–10
Tetrahydrofuran	Handelsüblich	0,04–0,2	0,002	4	7–10
Toluen	Wassergesättigt	0,05	0,003	4	> 10
Xylen	Wassergesättigt	0,045	0,002	4	> 10
Acetonitril	Handelsüblich	0,05–0,2	0,003	3	3–4
Ethanol		0,04	0,003	3	10
Methanol		0,04	0,005	3	10

2.6.3 Absolutieren mit Aluminiumoxid

Beim Absolutieren mit Aluminiumoxid abgekürzt *Alox* wird das Lösemittel durch eine mit dem entsprechenden Alox gefüllte Säule filtriert. Das Alox wird als Pulver oder als Suspension eingefüllt. Die Säule darf nie trockenlaufen. Der Vorlauf kann wieder oben auf die Säule gegeben werden.

Über Alox getrocknete Ether sind peroxidfrei.

Die ◘ Tab. 2.7 zeigt die Trocknung über Alox von Ethylacetat und Diethylether.

◘ **Tab. 2.7** Trocknen über Alox

Lösemittel wassergesättigt	Anfangswassergehalt w in %	Filtration über Alox, Aktivitätsstufe I			Restwassergehalt w in %	Maximalmenge in mL
		Menge	Art	Säulen Ø		
Ethylacetat	3,25 %	250 g	Neutral	37 mm	0,01 %	200 mL
Diethylether	1,20 %	100 g	Basisch	22 mm	0,01 %	400 mL

2.6.4 Absolutieren mit Alkalimetallen und Metallhydriden

Vorgetrocknete Kohlenwasserstoffe und Ether können mit Alkalimetallen und Metallhydriden absolutiert werden. Im Handel erhältliche Metallhydrid-Dispersionen in Paraffinöl eignen sich gut für tiefsiedende Lösemittel. Bei der Anwendung von Alkalimetallen und Metallhydriden ist auf folgende Punkte zu achten:

- trockene Geräte und Glasteile verwenden,
- bei Rückfluss einen Metallkühler verwenden,
- die Entzündbarkeit des frei werdenden Wasserstoffs beachten,
- niemals bis zur vollständigen Trockenheit destillieren,
- unverbrauchte Alkalimetalle und Metallhydride gemäss internen Sicherheitsweisungen vernichten und entsorgen.

2.6.5 Gefriertrocknung, Lyophilisation

Die Gefriertrocknung, auch Lyophilisation genannt, ist eine schonende Methode um wärmeempfindlichen Stoffen Feuchtigkeit zu entziehen. Diese Trocknungsart verhindert strukturelle oder chemische Veränderungen des Trockengutes.

Es werden zum Beispiel Blutseren, Antibiotika, Fruchtsäfte, Milch, oder Kaffee nach dieser Methode getrocknet. Dadurch werden sie in eine stabilere Form übergeführt (konserviert) und können durch Lösemittelzusatz wieder in den ursprünglichen Zustand gebracht werden.

Wie die ◘ Abb. 2.15 zeigt, werden Lösungen oder Suspensionen eingefroren um anschliessend das Lösemittel im *Feinvakuum zu sublimieren*. Die angeschlossene Pumpe dient zum Erzeugen der geeigneten Sublimationsbedingungen und nicht zum Absaugen des Dampfes. Den Entzug des Lösemittels übernimmt der Kondensor. Je niedriger der Arbeitsdruck ist, desto tiefer muss die Temperatur des Kondensors gehalten werden.

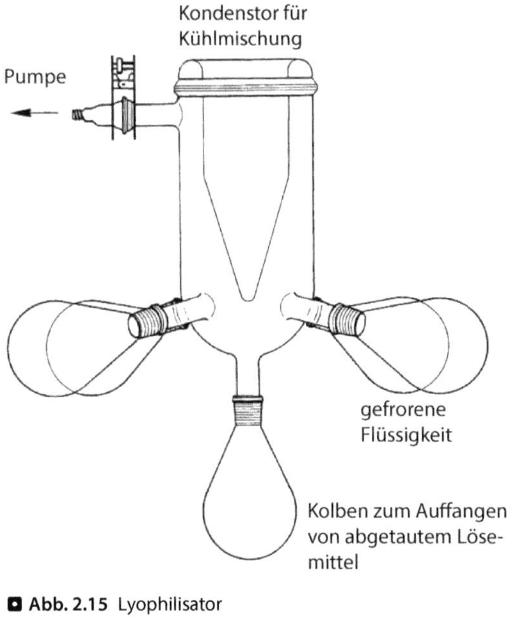

◘ **Abb. 2.15** Lyophilisator

Arbeitstechnische Merkpunkte:

- Kühlfallen der Pumpe und Kondensor mit Kühlmittel füllen
- Kühlbad zum Einfrieren der Proben vorbereiten
- Tarierter Birnenkolben maximal zu einem Viertel mit Flüssigkeit oder Feststoff füllen
- Gefüllte Kolben möglichst schräg in das Kühlbad halten und den Inhalt unter ständigem Drehen des Kolbens an der Kolbenwand festfrieren lassen
- Kolben rasch an die Apparatur anschliessen und diese sofort evakuieren

Endpunkt: An der Kolbenaussenwand bildet sich kein Eis mehr, die Substanz ist flockig und löst sich von der Kolbenwand ab.

Zum Abschluss muss die Anlage vorsichtig belüftet werden. Das Lyophilisat muss nach dem sofortigen Abfüllen trocken und verschlossen aufbewahrt werden.

2.6.6 Azeotrope Destillation

Mit dem Wasserabscheider – ein Beispiel ist in der ▪ Abb. 2.16 zu sehen – kann Wasser nach Zusatz eines Schleppmittels aus einem Reaktionsgemisch abdestilliert werden. Das Schleppmittel, z. B. Dichlormethan, Cyclohexan oder Toluen, welches *mit Wasser ein azeotropes Gemisch bildet*, darf sich mit Wasser nicht mischen, damit dieses gut abgetrennt werden kann.

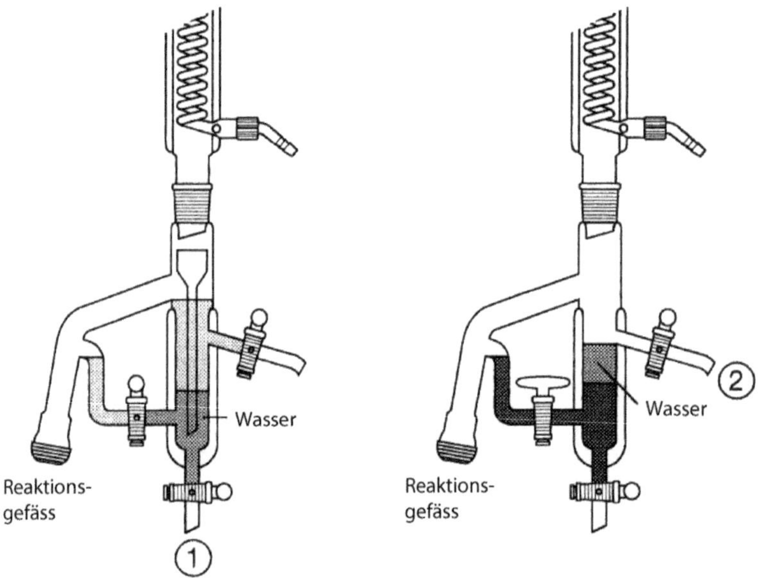

▪ **Abb. 2.16** Wasserabscheider

Ist die Dichte des Wasser grösser als die Dichte des Schleppmittels, wird es durch den unteren Hahn (1) abgelassen. Ist die Dichte des Wassers kleiner, wird es durch den oberen Hahn (2) entfernt.

Die Kühlung des Wasserabscheiders verbessert die Phasentrennung.

Endpunkt: Die azeotrope Destillation ist beendet, wenn sich kein Wasser mehr abscheidet oder wenn der Siedepunkt des reinen Schleppmittels erreicht ist.

Es gibt auch einfachere Geräte wie zum Beispiel Dean-Stark Apparaturen auf dem Markt.

2.6.7 Luftfeuchtigkeit in Apparaturen

Um Luftfeuchtigkeit aus Apparaturen auszutreiben, kann die leere Apparatur mit einem Heissluftgebläse getrocknet werden. Dazu wird das Heizgerät langsam vom Kolbenboden bis hinauf zum leeren Kühler geführt.

Eine weitere Methode ist das Verdrängen der feuchten Luft mittels Durchleiten von inertem Gas.

Trockenrohr

Ein Trockenrohr, wie eines in der ◘ Abb. 2.17 zu sehen ist, wird verwendet, wenn bei Reaktions- oder Destillationsapparaturen das Eindringen von Luftfeuchtigkeit auszuschliessen ist. Es eignen sich nur grobkörnige, feste Trockenmittel. Die Glaswatte und das Trockenmittel sollen so eingefüllt sein, dass ein rascher Druckausgleich möglich ist.

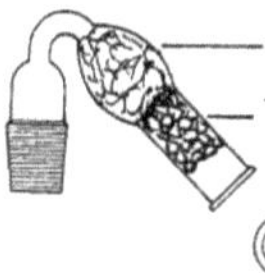

◘ **Abb. 2.17** Trockenrohr

Blasenzähler

Die ◘ Abb. 2.18 zeigt ein Beispiel für einen Blasenzähler. Er verhindert den Zutritt von Luftfeuchtigkeit zur Reaktionsapparatur, dient zur Gasflussüberwachung und gewährleistet einen Druckausgleich.

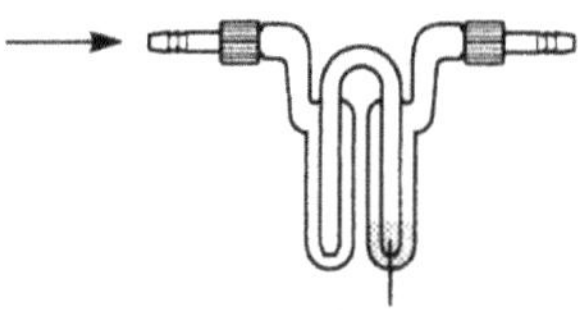

◘ **Abb. 2.18** Blasenzähler

2.7 Zusammenfassung

Feuchte Substanzen vermindern die Qualität, Haltbarkeit, Dosierbarkeit, Reaktionsfähigkeit und können auch unerwünschte Nebenreaktionen begünstigen. Beim Trocknen wird festen, flüssigen oder gasförmigen Substanzen Wasser oder andere Lösemittel entzogen. Dies geschieht in der Regel mit Trockenmittel oder durch Erhitzen bei Normaldruck oder vermindertem Druck.

Weiterführende Literatur

Becker HG et al (2009) Organikum, 23. Aufl. Wiley-VCH, Weinheim, S 57

Extrahieren

aprentas (Hrsg.), *Laborpraxis Band 3: Trennungsmethoden*, DOI 10.1007/978-3-0348-0970-2_3

3.1 Allgemeine Grundlagen

Wie die ◘ Abb. 3.1 zeigt, versteht man im organisch-chemischen Labor unter Extrahieren meistens das *Herauslösen einzelner Stoffe aus einem Extraktionsgut*, welches als flüssiges oder festes Gemisch vorliegen kann, mit Hilfe eines geeigneten Extraktionsmittels. Das kann ein organisches Lösemittel oder Wasser sein.

Das Extrahieren eines Stoffes ermöglicht

- in der pharmazeutischen Forschung das Isolieren von Wirkstoffen aus Naturprodukten, wie beispielsweise Penicillin aus Schimmelpilzen,
- in der Analytik das Isolieren der gesuchten Bestandteile aus Proben, wie beispielsweise Schadstoffe in Bodenproben oder Lebensmitteln, Wirkstoffe in Tabletten etc,
- in der Synthese das Trennen des gewünschten Produkts von Edukten und Nebenprodukten.

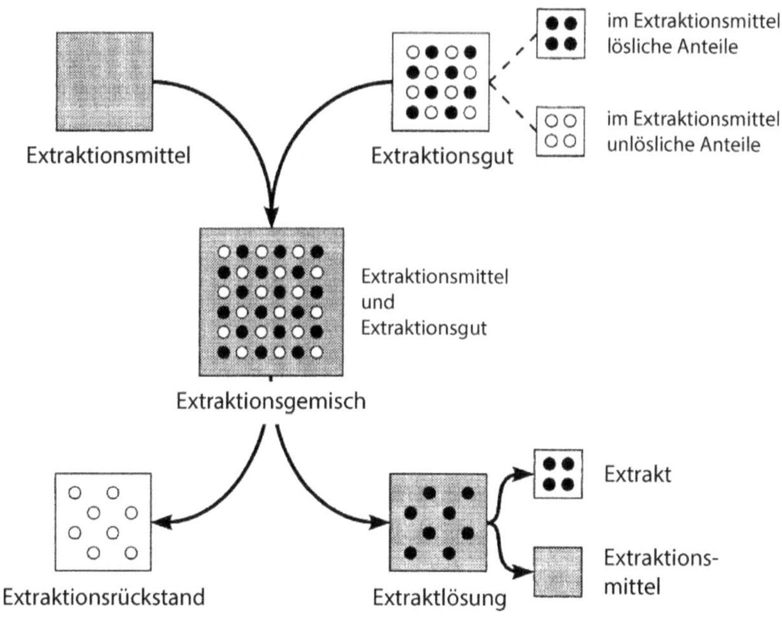

◘ **Abb. 3.1** Allgemeine schematische Darstellung einer Extraktion

3.2 Extraktionsmittel

Muss ein Stoff aus einer Lösung herausextrahiert werden, darf sich das Extraktionsmittel mit dem Lösemittel des Extraktionsguts nicht mischen und das Extraktionsmittel muss sich inert verhalten. Zudem muss zwischen dem Extraktionsmittel und dem Extraktionsgut ein Dichteunterschied vorhanden sein, um die beiden Phasen voneinander abtrennen zu können.
Die Dichte des Extraktionsmittels wird mit der Dichte von Wasser verglichen. Ist die Dichte > 1 g/mL verwendet man den Begriff spezifisch schwerer, ist sie < 1 g/mL den Begriff spezifisch leichter.

Der quantitative Erfolg respektive der *Wirkungsgrad einer Extraktion* ist abhängig von:
- der Löslichkeit der zu extrahierenden Anteile im gewählten Extraktionsmittel,
- der Löslichkeit der zu extrahierenden Anteile im Extraktionsgut,
- der Durchmischung des Extraktionsguts mit dem Extraktionsmittel,
- der Grösse und der Anzahl der Extraktionsmittelportionen.

3.3 Löslichkeit

Für die Löslichkeit der zu extrahierenden Stoffe im Extraktionsmittel sind primär die ähnlichen *Polaritäten* des Extraktionsmittels und der Stoffe, sowie sekundär die Temperatur massgebend.

Die Geschwindigkeit einer Extraktion ist abhängig von der Teilchengrösse der zu extrahierenden Substanz, der Durchmischung von Extraktionsgut und Extraktionsmittel und der Temperatur.

Wie die ◘ Abb. 3.2 zeigt, nimmt während des Extraktionsvorgangs die Konzentration an löslichen Anteilen im Extraktionsgut laufend ab. Wird dieser Vorgang mehrmals wiederholt, so verringert sich die Menge an Extrakt im Extraktionsgut soweit, dass in der Praxis ein weiteres Extrahieren nicht mehr sinnvoll ist.

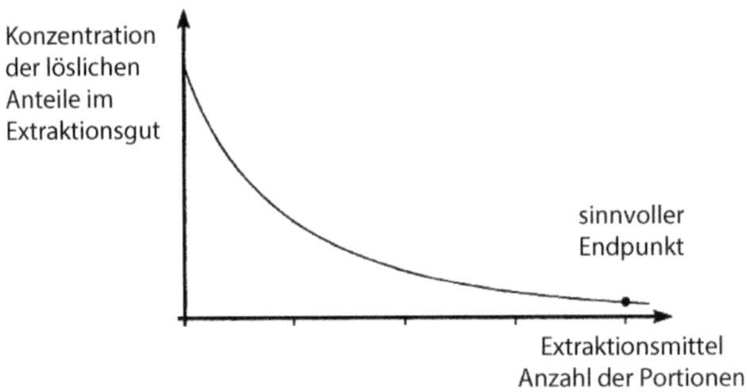

◘ **Abb. 3.2** Löslichkeitskurve

Die zur Extraktion bis zum *Endpunkt* benötigte Extraktionsmittelmenge ist abhängig von der Menge des zu extrahierenden Stoffes und dessen Löslichkeit.

3.4 Verteilungsprinzip

Beim Extrahieren von gelösten Stoffen entsteht aufgrund der Löslichkeit der Stoffe in den beiden miteinander nicht mischbaren flüssigen Phasen eine Verteilung. Bei gleichen Volumina des Extraktionsgutes und des Extraktionsmittels ergibt sich ein bestimmter, *konstanter Verteilungskoeffizient* (K).

Ein Verteilungskoeffizient von K = 1,0 bedeutet, dass sich der Stoff im Extraktionsmittel und im Extraktionsgut gleich gut löst. Wird das Mengenverhältnis der beiden Phasen verändert, verschiebt sich auch der Verteilungskoeffizient im entsprechenden Mass.

$$K = \frac{c \text{ im Extraktionsmittel}}{c \text{ im Extraktionsgut}}$$

c = Stoffmengenkonzentration (mol/L) des Stoffes in der Lösung, bei gleichbleibender Temperatur.

3.4.1 Auswirkung der Portionenanzahl

Beispiel mit mehreren, gleich grossen Portionen und gutem Verteilungsverhältnis

Wie die ◘ Tab. 3.1 zeigt, sind 10 g eines Stoffes in 100 mL Extraktionsgut gelöst und werden mit einem Extraktionsmittel extrahiert, welches bei gleichem Volumen (100 mL) die Substanz neunmal besser löst als das Extraktionsgut. Es ergibt sich bei gleichen Volumina ein Verteilungsverhältnis von 1:9.

◘ **Tab. 3.1** Tabelle mit Verteilungsverhältnis 1:9

Extraktion	1	2	3	4	5
Extraktions-mittel	**9 g**	**0,9 g**	**0,09 g**	**0,009 g**	**0,0009 g**
Extraktions-gut	**1 g**	**0,1 g**	**0,01 g**	**0,001 g**	**0,0001 g**
Wirkungs-grad η Total	0,9	0,99	0,999	0,9999	0,99999

Mit jedem Extraktionsschritt werden 90 % des verbleibenden zu extrahierenden Stoffes im Extraktionsmittel verteilt.

Beispiel mit mehreren gleich grossen Portionen und schlechtem Verteilverhältnis

Die ◘ Tab. 3.2 zeigt ein Beispiel mit gleicher Stoffmenge und gleichen Volumina wie im Beispiel 1, aber mit einem Verteilungsverhältnis 1:1.

◘ **Tab. 3.2** Tabelle mit Verteilungsverhältnis 1:1

Extraktion	1	2	3	4	5
Extraktions-mittel	**5 g**	**2,5 g**	**1,25 g**	**0,625 g**	**0,3125 g**
Extraktions-gut	**5 g**	**2,5 g**	**1,25 g**	**0,625 g**	**0,3125 g**
Wirkungs-grad η Total	0,5	0,75	0,875	0,9375	0,96875

Mit jedem Extraktionsschritt werden 50 % des verbleibenden zu extrahierenden Stoffes im Extraktionsmittel verteilt.

Beispiele mit mehreren gleich grossen Portionen und verschiedenen K-Werten

Die ◘ Tab. 3.3 zeigt Beispiele mit gleicher Stoffmenge und gleichen Volumina wie im Beispiel 1, aber mit verschiedenen K-Werten.

Tab. 3.3 Tabelle mit unterschiedlichen K-Werten

Jeweils 10 g Extraktionsgut			1. Extraktion	2. Extraktion	3. Extraktion	4. Extraktion	η nach 3. Extr.	η nach 4. Extr.
K-Wert	n in %	Extraktionsmittel	2,00	1,60	1,28	1,02	48,8 %	59,0 %
0,25	20,00 %	Extraktionsgut	8,00	6,40	5,12	4,10		
K-Wert	n in %	Extraktionsmittel	3,33	2,22	1,48	0,99	70,4 %	80,2 %
0,50	33,33 %	Extraktionsgut	6,67	4,44	2,96	1,98		
K-Wert	n in %	Extraktionsmittel	4,29	2,45	1,40	0,80	81,3 %	89,3 %
0,75	42,86 %	Extraktionsgut	5,71	3,27	1,87	1,07		
K-Wert	n in %	Extraktionsmittel	5,00	2,50	1,25	0,63	87,5 %	93,8 %
1,00	50,00 %	Extraktionsgut	5,00	2,50	1,25	0,63		
K-Wert	n in %	Extraktionsmittel	6,00	2,40	0,96	0,38	93,6 %	97,4 %
1,50	60,00 %	Extraktionsgut	4,00	1,60	0,64	0,26		
K-Wert	n in %	Extraktionsmittel	6,67	2,22	0,74	0,25	96,3 %	98,8 %
2,00	66,67 %	Extraktionsgut	3,33	1,11	0,37	0,12		
K-Wert	n in %	Extraktionsmittel	7,14	2,04	0,58	0,17	97,7 %	99,3 %
2,50	71,43 %	Extraktionsgut	2,86	0,82	0,23	0,07		
K-Wert	n in %	Extraktionsmittel	8,33	1,39	0,23	0,04	99,5 %	99,9 %
5,00	83,33 %	Extraktionsgut	1,67	0,28	0,05	0,01		

3.4.2 Auswirkung der Grösse der Extraktionsmittelportionen

Beispiel einer Extraktion mit vier kleinen Portionen im Vergleich zu einer grossen Portion

In der Tab. 3.4 ist ein Beispiel in dem 10 g eines Stoffes in 100 mL Extraktionsgut gelöst und mit einer Portion von 100 mL Extraktionsmittel extrahiert werden. Das Verteilungsverhältnis beträgt 1:9.

Tab. 3.4 Tabelle mit gleichen Volumina und Extraktion in einer Portion

Gleiche Volumina		
Extraktionsmittel 100 mL	**9 g**	Verteilungsverhältnis 1:9
Extraktionsgut 100 mL	**1 g**	
Wirkungsgrad η	0,9	

Der Wirkungsgrad η über alles beträgt 0,9.

In Tab. 3.5 und 3.6 ist ein Beispiel in dem 10 g eines Stoffes in 100 mL Extraktionsgut gelöst und 4-mal mit Portionen von 25 mL Extraktionsmittel extrahiert werden. Das Verteilungsverhältnis beträgt 1:9.

Tab. 3.5 Berechnung des Wirkungsgrades der ersten Portion

Die erste 25 mL Portion		
Extraktionsmittel 25 mL	**6,92 g**	
		Verteilungsverhältnis 4:9
Extraktionsgut 100 mL	**3,08 g**	$\frac{10\,g \cdot 9}{13} = 6{,}92\,g$
Wirkungsgrad η	0,692	

Tab. 3.6 Berechnung des Wirkungsgrades mit allen vier Extraktionen

Extraktion	1	2	3	4
Extraktions-mittel 25 mL	**6,92 g**	**2,13 g**	**0,658 g**	**0,202 g**
Extraktionsgut 100 mL	**3,08 g**	**0,95 g**	**0,292 g**	**0,09 g**
Wirkungsgrad η total	0,692	0,905	0,971	0,991

Der Wirkungsgrad η über alles beträgt 0,991.

Solche Berechnungen gelten nur bei stark verdünnten Lösungen. Wenn eine Sättigung der einen Phase eintritt können sich die Verhältnisse verschieben.

Faustregel: Ist die Löslichkeit im Extraktionsgut < 5 %, reichen drei Extraktionsdurchgänge in der Regel aus.

> **Ist die Löslichkeit > 5 % im Extraktionsgut muss der sinnvolle Endpunkt der Extraktion mit einer Endpunktkontrolle ermittelt werden.**

3.5 Extraktionsmethoden

3.5.1 Diskontinuierliche Extraktion im Scheidetrichter

Beim Scheidetrichter-Verfahren wird das *Extraktionsgut* zwischen einer Lösemittelphase und meistens einer anorganischen Wasserphase *verteilt*, wie die ◘ Abb. 3.3 zeigt.

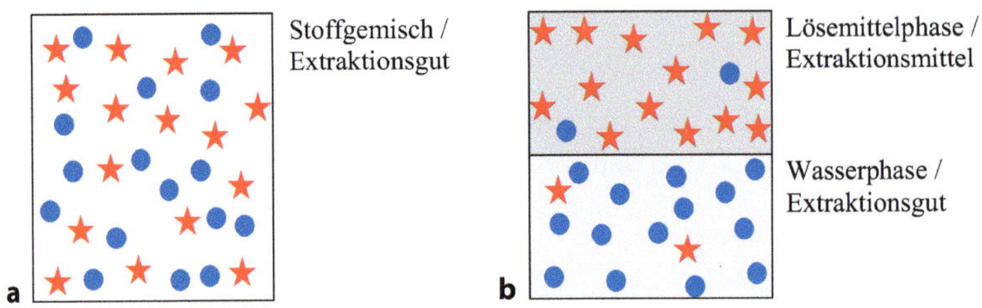

◘ **Abb. 3.3** **a** Schematische Darstellung des Extraktionsguts, **b** Schematische Darstellung der Situation im Scheidetrichter

Je nach Löslichkeit, Verteilungsverhältnis und gewünschter Ausbeute kann eine Extraktion im Ein-Scheidetrichterverfahren oder im Drei-Scheidetrichterverfahren sinnvoll sein.

Löst sich das Extraktionsmittel kaum im Extraktionsgut, so genügt ein Scheidetrichter für ein den Anforderungen erwünschtes Resultat.

Entsprechend dem Verteilungsverhältnis müssen mehrere Extraktionsmittelportionen eingesetzt werden um ein quantitativ maximales Resultat zu erzielen (siehe ◘ Tab. 3.6).

Alle Extraktionsmittel lösen sich in der wässrigen Phase, wie sich auch Wasser im Extraktionsmittel löst. Dieser Umstand führt zu zusätzlicher Verteilung von zu extrahierenden Stoffen.

So lösen sich bei Raumtemperatur zirka 48 g Tertiär-Butyl-Methylether (TBME oder MTBE) in einem Liter Wasser. Umgekehrt lösen sich zirka 14 g Wasser in TBME.

Für Ethylacetat beträgt der Wert 86 g pro Liter Wasser. Umgekehrt lösen sich 33 g Wasser in einem Liter Ethylacetat.

Muss ein Stoff aus einem wässrigen Zweikomponentengemisch möglichst quantitativ herausgelöst werden, ergibt auch mehrmaliges Ausschütteln in nur einem Scheidetrichter keine gute Ausbeute. Aus diesem Grund kann nur durch das Zurückwaschen nach dem Drei-Scheidetrichterverfahren eine beinahe quantitative Trennung erreicht werden.

3.5.2 Kontinuierliche Extraktion

Wie die ◘ Abb. 3.4 zeigt, ist die kontinuierliche Extraktion eine Weiterführung der portionenweisen Extraktion. Dabei wird Extraktionsmittel eingespart, indem dieses aus der Extraktlösung verdampft, kondensiert und dem Extraktionsgut erneut zugeführt wird. Dieser Vorgang wird bis zu einem sinnvollen Endpunkt wiederholt.

Die kontinuierliche Extraktion gelangt vor allem dort zur Anwendung, wo der zu extrahierende Stoff im Extraktionsmittel nur schlecht löslich ist, was ca. ab K-Wert < 1,5 der Fall ist.

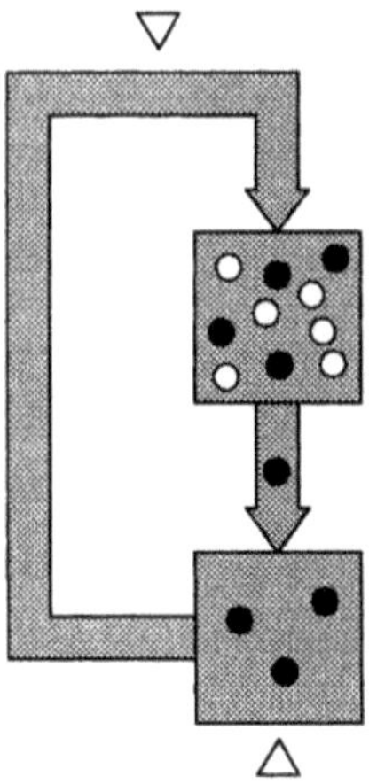

Abb. 3.4 Schematische Darstellung einer kontinuierlichen Extraktion

3.5.3 Übersicht über die Extraktionsmethoden

Beim Extrahieren liegen je nach Aufgabe verschiedene Ausgangssituationen vor. Wie die Abb. 3.5 zeigt, wählt man zur Durchführung der Extraktion eine geeignete Methode.

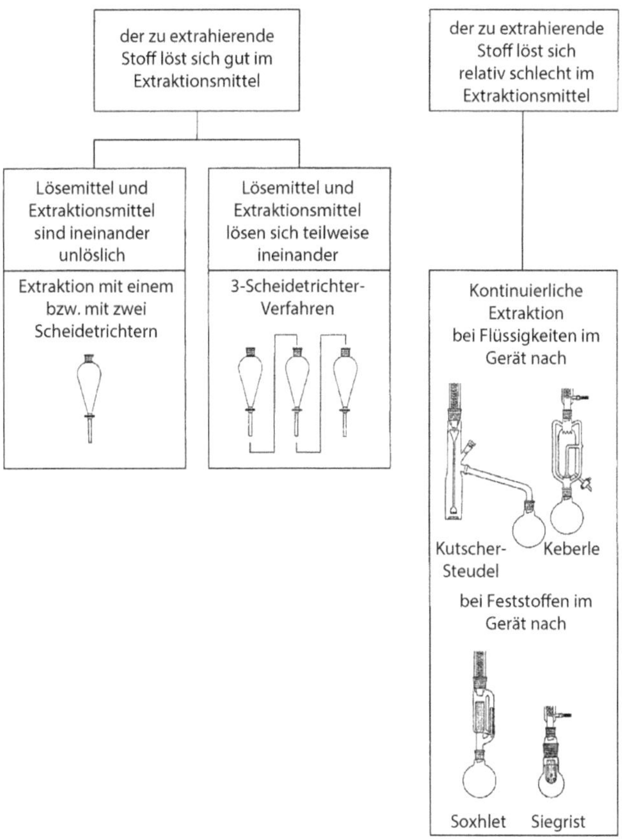

Abb. 3.5 Welche Extraktionsmethode passt?

3.6 Endpunktkontrolle

Wird mehrfach oder gar kontinuierlich extrahiert, stellt sich die Frage nach dem optimalen Endpunkt. Dieser kann beispielsweise durch folgende Methoden ermittelt werden:

- pH-Wert Kontrolle der wässrigen Extraktlösung (pH-Indikator, pH-Meter),
- spezifische chemische Kontrolle der abfliessenden Extraktlösung auf Anwesenheit resp. Abwesenheit des extrahierten Stoffes durch Anfärben mit Reagenzien und eventuell Betrachten unter UV-Licht,
- Vergleich verschiedener Proben der Extraktlösungen mittels Dünnschichtchromatographie, DC-Tüpfelprobe, Gaschromatographie oder HPLC,
- Rückstandskontrolle einer Probe der abfliessenden Extraktlösung nach dem Trocknen und Eindampfen (Uhrglastest),
- Extrahieren, bis sich der Brechungsindex der Extraktlösung nicht mehr verändert (Refraktometer).

3.7 Extrahieren von Extraktionsgutlösungen in Portionen

Das portionenweise Extrahieren von Extraktionsgut-Lösungen wird angewendet zum Herauslösen eines Stoffes aus einer wässrigen Lösung mit einem Extraktionsmittel. Voraussetzung dabei ist eine *gute Löslichkeit* des zu extrahierenden Stoffes *im Extraktionsmittel.* Das Lösemittel Wasser und die in der Lösung vorhandenen Verunreinigungen sollen im Extraktionsmittel möglichst unlöslich sein.

Mit dieser Methode wird bei dreimaligem Ausschütteln im Scheidetrichter in der Regel eine gute Ausbeute erreicht.

3.7.1 Handhabung des Scheidetrichters

Beim Schütteln des Scheidetrichters Stopfen und Hahn festhalten. Je nach Dampfdruck und Temperatur des organischen Lösemittels (Extraktionsgut oder Extraktionsmittel) entsteht beim Schütteln zusammen mit der Luft im Scheidetrichter ein Überdruck. Während des Ausschüttelns wird allfällig aufgebauter Druck im Scheidetrichter *mehrmals durch Öffnen des Hahns* abgelassen. Dazu wird das Ablaufrohr nach oben gehalten und der Hahn vorsichtig geöffnet. Die Lösemitteldämpfe müssen unbedingt *in den Abzug* abgelassen werden.

Wie die ◼ Abb. 3.6 zeigt, ist der Scheidetrichter ein sehr einfaches Gerät, welches sich für Extraktionen vorzüglich bewährt hat.

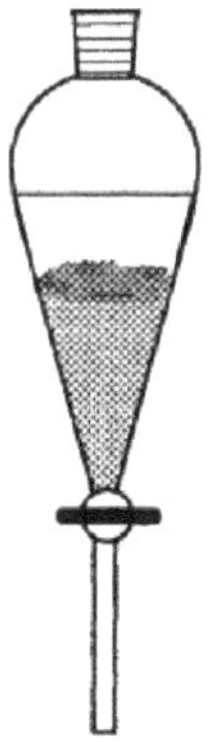

Abb. 3.6 Scheidetrichter

Entstehen beim Ausschütteln durch eine chemische Reaktion Gase (beispielsweise Kohlenstoffdioxid beim Waschen einer sauren Extraktlösung mit Natriumcarbonatlösung), darf bis zur beendeten *Gasentwicklung nur im offenen Scheidetrichter* gemischt werden.

Aus Sicherheitsgründen gehört unter jeden gefüllten Scheidetrichter eine *Auffangvorrichtung*, beispielsweise ein Becherglas oder ein Kunststoffbecken.

3.7.2 Massnahmen bei schlechter Phasentrennung

Oft trennen sich die beiden Phasen nur schlecht. Die Ursache dafür ist ein zu kleiner Dichteunterschied zwischen dem Extraktionsmittel und der Extraktlösung. Manchmal wird eine schlechte Trennung durch Emulgatoren oder durch sehr hohe Konzentrationen im Extraktionsgemisch verursacht.

Folgende Massnahmen können zu einer besseren Phasentrennung führen:

- Emulgatoren vor der Extraktion möglichst gut entfernen oder gar nicht einsetzen.
- Die obere Phase wird verdünnt um deren Dichte zu senken.
- Ist die wässrige Phase unten, kann deren Dichte durch die Zugabe von festem oder von gelöstem Natriumchlorid erhöht werden.
- Ist eine schlechte Phasentrennung zu erwarten, muss ein Scheidetrichter mit genügend Leervolumen gewählt werden. Damit lässt sich das Extraktionsgemisch nach Bedarf verdünnen.

3.7.3 Massnahmen bei schlecht erkennbarer Phasentrennung

Manchmal lässt sich die Grenze zwischen den beiden Phasen nur schlecht erkennen. Die Ursache dafür sind Phasen, welche durch Schwebstoffe getrübt oder stark dunkel gefärbt sind.

- Entstehen Konzentrationsfällungen, können diese durch Verdünnen mit dem Lösemittel gelöst werden.
- Die Trennlinie zwischen zwei stark dunkel gefärbten Phasen lässt sich eventuell im Durchlicht besser erkennen.
- Durch Schwebstoffe getrübte Phasen werden vor dem Abtrennen durch eine Filtration geklärt. Dazu eignen sich beispielsweise Hyflofilter oder Glasfritten.

3.7.4 Extrahieren mit spezifisch schwereren Extraktionsmitteln (Dichte > 1 g/mL)

Das wässrige Extraktionsgut und das organische Extraktionsmittel werden in einem Scheidetrichter, wie ihn die ◘ Abb. 3.7 zeigt, gut geschüttelt. Nachdem die Phase vollständig getrennt ist, wird die untere Extraktlösung in ein Auffanggefäss abgelassen.

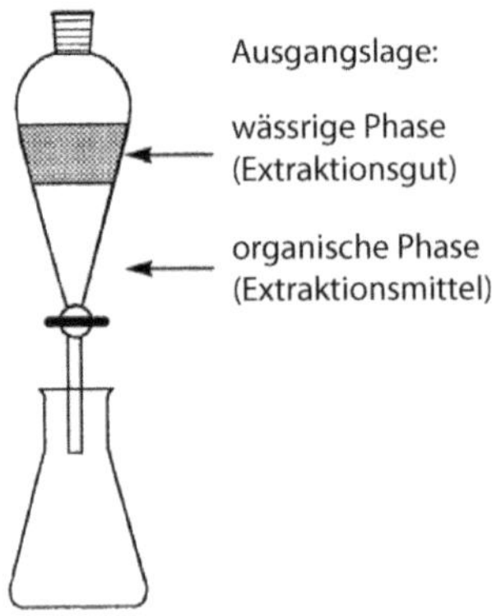

◘ **Abb. 3.7** Scheidetrichter mit spezifisch schwererem Extraktionsmittel

Dieser Vorgang kann so oft wie nötig mit frischem Extraktionsmittel wiederholt werden. Zum Schluss werden die vereinigten organischen Phasen getrocknet und eingedampft.

3.7.5 Extrahieren mit spezifisch leichteren Extraktionsmitteln (Dichte < 1 g/mL)

Das wässrige Extraktionsgut und das organische Extraktionsmittel werden in einem ersten Scheidetrichter gemäss ◘ Abb. 3.8 gut geschüttelt. Nachdem die Phase vollständig getrennt ist, wird die untere wässrige Phase in einen zweiten Scheidetrichter mit vorgelegtem Extraktionsmittel überführt und erneut extrahiert. In weiteren Scheidetrichtern kann mit frischem Extraktionsmittel weiter extrahiert werden, bis der Endpunkt erreicht ist.

Zum Schluss werden die organischen Phasen vereinigt, getrocknet und eingedampft.

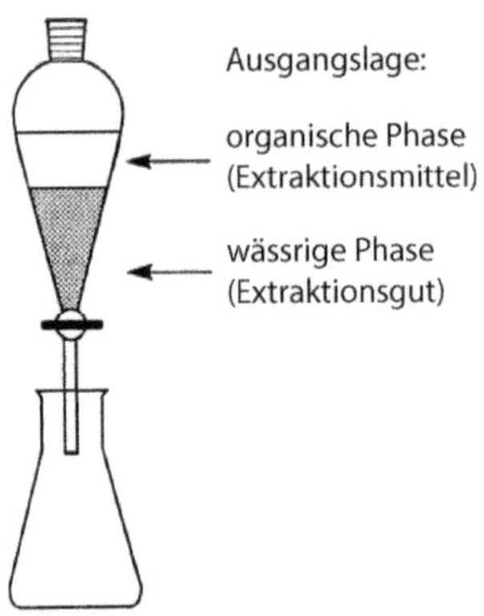

◘ **Abb. 3.8** Scheidetrichter mit spezifisch leichterem Extraktionsmittel

3.8 Extrahieren mit spezifisch leichteren Extraktionsmitteln nach dem Drei-Scheidetrichterverfahren

3.8.1 Extrahieren

Das Extraktionsgut wird im ersten Scheidetrichter mit dem Extraktionsmittel gut geschüttelt. Manchmal ist es hilfreich, oder vom Arbeitsablauf her geschickter, wenn das Extraktionsgut zusammen mit dem Extraktionsmittel in einem Reaktor oder in einem Erlenmeyerkolben gut verrührt werden, und erst danach in den Scheidetrichter transferiert werden.

Wie die ◘ Abb. 3.9 zeigt, wird nach der Phasentrennung die untere, wässrige Phase in den zweiten Scheidetrichter, in dem bereits frisches Extraktionsmittel vorliegt, abgelassen.

Nach erneutem Ausschütteln und der Phasentrennung wird die wässrige Phase in den dritten Scheidetrichter, in dem ebenfalls frisches Extraktionsmittel vorliegt, abgetrennt.

Nun wird nochmals ausgeschüttelt und die wässrige Phase in ein Auffanggefäss abgelassen.

Die organischen Extraktlösungen verbleiben jeweils im Scheidetrichter und werden nicht zusammengegeben.

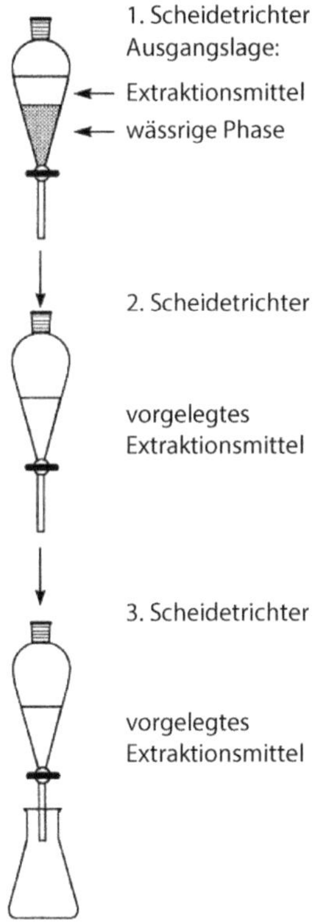

◘ **Abb. 3.9** Drei-Scheidetrichterverfahren mit spezifisch leichterem Extraktionsmittel

3.8.2 Rückwaschen der organischen Phasen

Die organischen Extraktlösungen können mit einer wässrigen Waschflüssigkeit der Reihe nach ausgeschüttelt werden.

Als wässrige Waschflüssigkeit können verdünnte Reagenzien wie Carbonat-, Natriumhydrogensulfit- oder Salzsäurelösung dienen. Wenn es wichtig ist, dass anorganische Anteile entfernt werden sollen, verwendet man entmineralisiertes Wasser.

Nach dem Ausschütteln im ersten Scheidetrichter wird die Waschflüssigkeit in die Extraktlösung 2 im zweiten Scheidetrichter abgelassen. Ist auch diese Extraktlösung gewaschen, wiederholt man den Vorgang mit der Extraktlösung 3 im dritten Scheidetrichter. Zum Schluss wird die Waschflüssigkeit in ein Auffanggefäss abgelassen.

Wird zum Schluss mit Sole nachgewaschen, entzieht diese dem organischen Extraktionsmittel Wasser. Damit wird das Trocknen der organischen Extraktlösung erleichtert.

Die gewaschenen organischen Extraktlösungen (1, 2 und 3) werden vereinigt, getrocknet und eingedampft.

Wenn eine Endpunktkontrolle das anzeigt, muss der Waschvorgang mit mehreren Portionen und eventuell unterschiedlichen Waschflüssigkeiten wiederholt werden.

▪ Abb. 3.10 zeigt die Rückwaschung der organischen Phase.

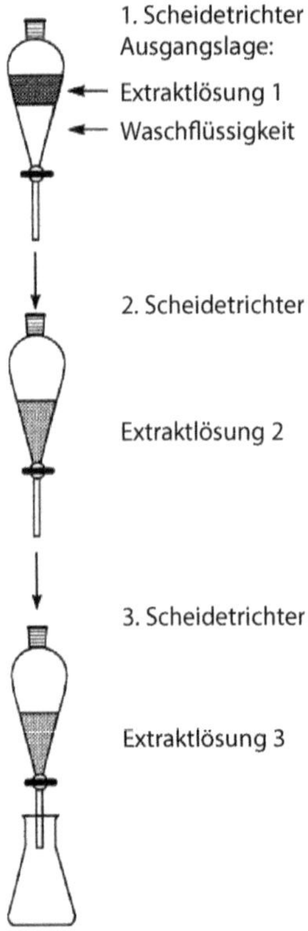

▪ **Abb. 3.10** Rückwaschung der Organischen Phase im Drei-Scheidetrichterverfahren

3.9 Extrahieren mit spezifisch schwereren Extraktionsmittel nach dem Drei-Scheidetrichterverfahren

3.9.1 Extrahieren und Rückwaschen

Die wässrige Lösung wird in einem ersten Scheidetrichter mit dem organischen Extraktionsmittel geschüttelt.

Wie die ◘ Abb. 3.11 zeigt, wird nach der Phasentrennung die untere organische Extraktlösung in einen zweiten Scheidetrichter, in dem bereits die wässrige Waschflüssigkeit vorliegt, abgelassen.

Nach dem Ausschütteln mit der Waschflüssigkeit wird die untere Phase in einen dritten Scheidetrichter, in dem eine frische Portion Waschflüssigkeit vorliegt, abgelassen.

Nach dem Ausschütteln wird die organische Phase abgetrennt und gesammelt.

Wenn eine Endpunktkontrolle das anzeigt, muss die Extraktlösung in einem vierten Scheidetrichter nochmals mit Waschflüssigkeit geschüttelt werden.

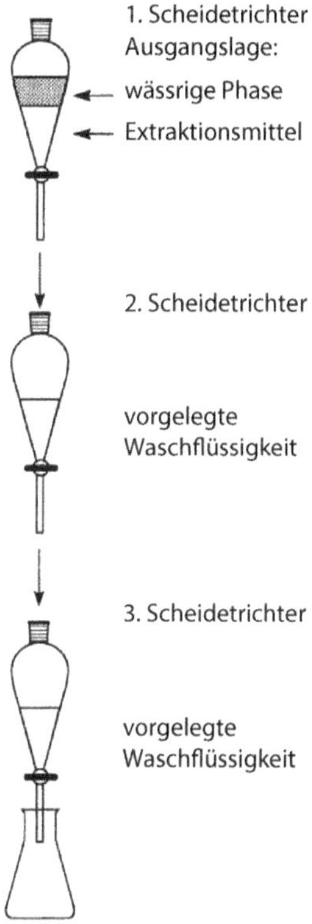

◘ **Abb. 3.11** Drei-Scheidetrichterverfahren mit spezifisch schwererem Extraktionsmittel

Der Extraktions- und Waschvorgang wird nun mit zwei bis drei weiteren, frischen Portionen an organischem Extraktionsmittel wiederholt (Endpunktkontrolle). Zum Schluss werden die im Auffanggefäss vereinigten organischen Extraktlösungen getrocknet und eingedampft.

3.10 Kontinuierliches Extrahieren von Extraktionsgut-Lösungen

Mit Hilfe von kontinuierlich arbeitenden Extraktionsgeräten, so genannten *Perforatoren*, können Extraktionsgut-Lösungen mit sehr geringen Mengen an Extraktionsmittel extrahiert werden. Das Extraktionsmittel wird dabei in einem Kolben ständig verdampft und in einem Rückflusskühler kondensiert. Das Kondensat durchströmt fein verteilt die zu extrahierende Lösung und fliesst durch einen Überlauf in den Kolben zurück. Auf diese Weise lassen sich auch Stoffe extrahieren, die einen kleinen Verteilungskoeffizienten aufweisen.

3.10.1 Extrahieren mit spezifisch leichteren Extraktionsmittel

Die wässrige Phase kann, sofern sie nach der Extraktion nicht mehr benötigt wird, mit Natriumchlorid gesättigt werden. Dadurch wird die Extraktion beschleunigt.

Die wässrige Extraktionsgut-Lösung wird in den Perforator nach Kutscher-Steudel, die ◘ Abb. 3.12 zeigt die entsprechende Apparatur, eingefüllt. Dann wird das Extraktionsmittel vorsichtig zugegeben. Die Menge Extraktionsmittel wird so gewählt, dass während der Extraktion immer genügend im Kolben verbleibt. Das Niveau des Heizbades soll unterhalb des Niveaus im Kolben sein. Die Temperatur des Heizmediums muss hoch genug gewählt sein, damit immer starker Rückfluss herrscht und die Extraktion rasch beendet ist.

Zur Beschleunigung der Extraktion wird das Extraktionsgemisch mit einem Magnetrührer gerührt.

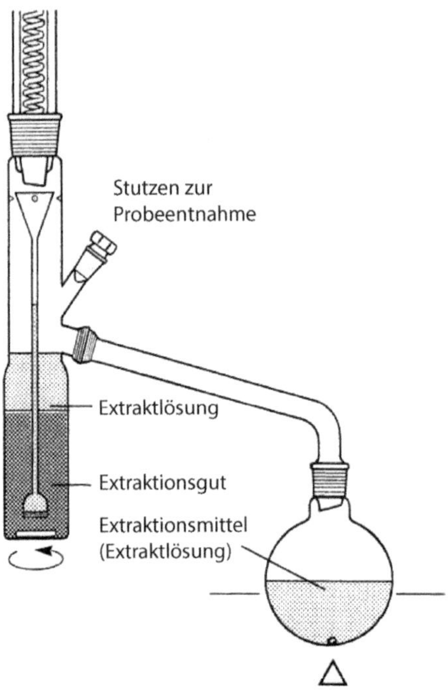

◘ **Abb. 3.12** Perforator nach Kutscher-Steudel

Zur Kontrolle der Extraktion wird der seitliche Stutzen geöffnet und mit einer Pipette eine Probe der überstehenden Extraktlösung entnommen. Nach beendeter Extraktion wird die abgekühlte Extraktlösung getrocknet und eingedampft. Erfolgt dabei eine Kristallisation wird über eine Nutsche abfiltriert und anschliessend getrocknet.

3.10.2 Extrahieren mit spezifisch schwereren Extraktionsmitteln

Zuerst wird ein wenig Extraktionsmittel im Perforator nach Keberle, die ◘ Abb. 3.13 zeigt ein Beispiel dafür, vorgelegt. Dann wird dieses mit der leichteren meist wässrigen Extraktionsgutlösung vorsichtig überschichtet. Dabei fliesst ein Teil des Extraktionsmittels in den Kolben. Das Niveau des Heizbades soll unterhalb des Niveaus im Kolben sein. Die Temperatur des

Heizmediums muss hoch genug gewählt sein, damit immer starker Rückfluss herrscht und die Extraktion rasch beendet ist.

Zur Kontrolle der Extraktion wird der seitliche Hahn geöffnet und eine Probe der Extraktlösung entnommen.

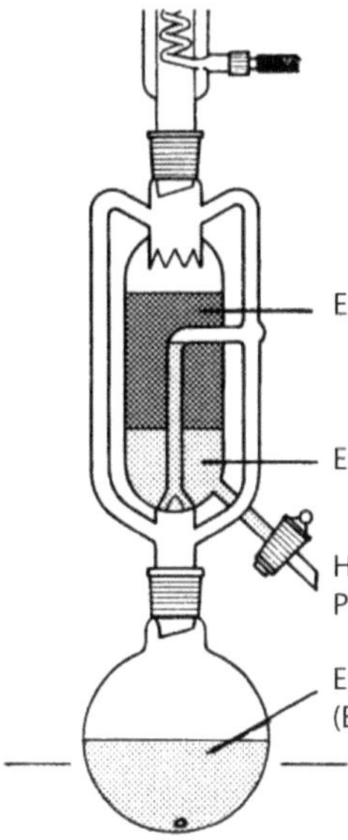

Abb. 3.13 Perforator nach Keberle

Nach beendeter Extraktion wird die abgekühlte Extraktlösung getrocknet und eingedampft. Ist das Extrakt auskristallisiert, wird dieses über eine Nutsche abfiltriert und anschliessend getrocknet. Das Filtrat wird getrocknet und eingedampft.

3.11 Kontinuierliches Extrahieren von Feststoffgemischen

Müssen Feststoffgemische kontinuierlich extrahiert werden, verwendet man dazu Geräte, die aus einem Kolben, einem Extraktionsaufsatz und einem Rückflusskühler bestehen. Das Extraktionsmittel im Kolben wird verdampft und in einem Kühler oberhalb des Extraktionsgutes kondensiert. Das Kondensat tropft auf das Feststoffgemisch, welches sich in einer Extraktionshülse aus Papier oder Glasfasern befindet. Anschliessend wird es in den Siedekolben zurückgeführt.

3.11.1 Extrahieren mit niedersiedenden Extraktionsmitteln

Anwendung mit Extraktionsmitteln bis zu einem Siedepunkt von zirka 110 °C

Bei der Extraktion im Gerät nach Soxhlet, die Abb. 3.14 zeigt ein Beispiel dafür, wird das Feststoffgemisch in eine tarierte Papierhülse eingewogen. Ist das Feststoffgemisch aggressiv, muss eine Glasfaserhülse verwendet werden. Die Hülse wird zu maximal 3/4 gefüllt und der Inhalt mit Glaswatte oder einem Papierfilter abgedeckt. Die gefüllte Hülse wird so in den Aufsatz gestellt, dass sie den Überlauf im Dampfrohr überragt. Dazu können Raschigringe unterlegt werden. Das Extraktionsmittel wird in den Kolben gegeben. Die Menge muss so gewählt werden, dass während der Extraktion immer genügend im Kolben verbleibt.

Auf den Rückflusskühler wird ein Trocknungsrohr montiert, um den Zutritt von Luftfeuchtigkeit zu verhindern.

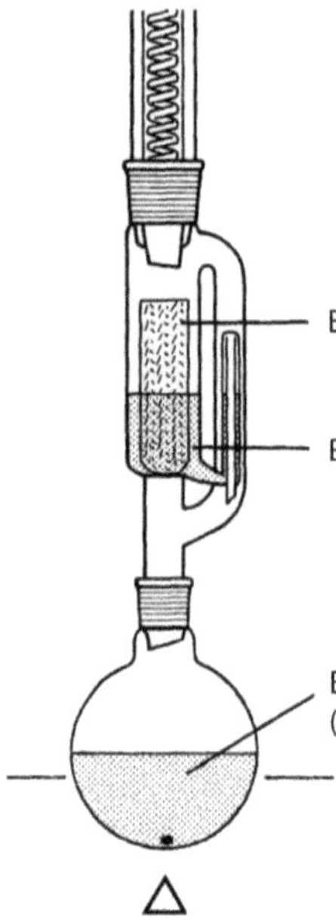

Abb. 3.14 Komplette Soxhlet-Apparatur

Das Niveau des Heizbades soll unterhalb des tiefsten Flüssigkeitsstandes im Kolben sein. Die Temperatur des Heizmediums muss hoch genug gewählt sein, damit immer starker Rückfluss herrscht und die Extraktion somit rasch beendet ist.

Zur Endpunktkontrolle wird die Soxhlet-Apparatur geöffnet und mit einer Pasteurpipette eine Probe der Extraktlösung neben der Hülse entnommen. Nach beendeter Extraktion wird die abgekühlte Extraktlösung getrocknet und eingedampft.

3.11.2 Extrahieren mit niedersiedenden oder hochsiedenden Extraktionsmittel

Anwendung mit Extraktionsmitteln mit einem Siedepunkt von zirka 80 °C bis zirka 200 °C

Bei der Extraktion im Gerät nach Siegrist, die Abb. 3.15 zeigt ein Beispiel dafür, wird das Feststoffgemisch in eine tarierte Papierhülse eingewogen. Liegen aggressive Substanzen vor, oder sollen hochsiedende Extraktionsmittel zur Anwendung kommen, muss eine Glasfaserhülse verwendet werden. Die Hülse wird zu maximal 3/4 gefüllt und der Inhalt beispielsweise mit Glaswatte oder einem Papierfilter abgedeckt. Die gefüllte Hülse wird in den Einsatz gestellt.

Das Extraktionsmittel wird in den Kolben gegeben. Die Menge muss so gewählt werden, dass während der Extraktion genügend im Kolben verbleibt und die Hülse nicht eintaucht. Auf den Rückflusskühler wird ein Trocknungsrohr montiert, um den Zutritt von Luftfeuchtigkeit zu verhindern.

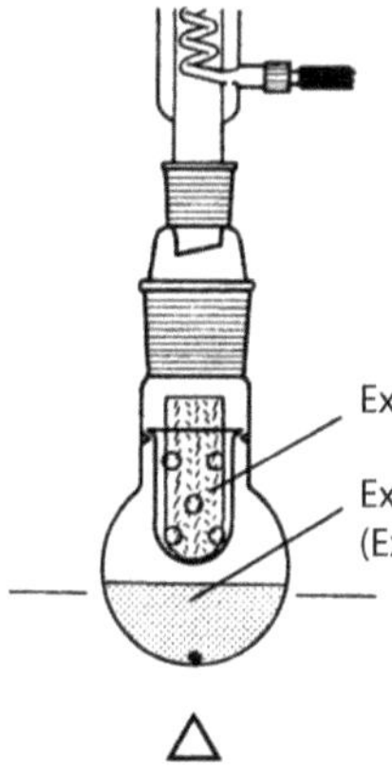

Abb. 3.15 Komplette Siegrist-Apparatur

Das Niveau des Heizbades soll unterhalb des Flüssigkeitsstandes im Kolben sein. Die Temperatur des Heizmediums muss hoch genug gewählt sein, damit immer starker Rückfluss herrscht und die Extraktion somit rasch beendet ist. Zur Kontrolle der Extraktion wird das Gerät geöffnet und mit einer Pasteurpipette eine Probe der zurückfliessenden Extraktlösung entnommen.

Nach beendeter Extraktion wird die abgekühlte Extraktlösung getrocknet und eingedampft.

Wurde mit einem hochsiedenden Extraktionsmittel extrahiert, empfiehlt es sich, die Extraktlösung zu kühlen und den ausgefallenen Extrakt vor dem Trocknen mit einem inerten und tiefsiedenden Lösemittel auszuwaschen.

3.12 Zusammenfassung

Nebst einer Übersicht über die Grundlagen der Verteilung in heterogenen Flüssigkeitsgemischen werden verschiedene Extraktionsmethoden mit der Anwendung in der Praxis beschrieben.

Weiterführende Literatur

Becker HG et al (2009) Organikum, 23. Aufl. Wiley-VCH, Weinheim

Umfällen

aprentas (Hrsg.), *Laborpraxis Band 3: Trennungsmethoden*, DOI 10.1007/978-3-0348-0970-2_4

Die Umfällung ist eine Reinigungsmethode für in Wasser schwerlösliche Säuren oder Basen. Dazu gehören zum Beispiel:
- Carbonsäuren Ar–COOH,
- Phenole Ar–OH,
- Amine Ar–NH_2 und deren Derivate.

Als Reinigungsmethode wird Umfällung angewendet *zum Isolieren von sauren oder basischen organischen Stoffen* aus Reaktionsgemischen oder aus Rohprodukten.

Wie die ◘ Abb. 4.1 zeigt, werden die verunreinigten Stoffe in ein wasserlösliches Salz überführt und üblicherweise durch Filtration von unlöslichen Verunreinigungen getrennt. Anschliessend wird aus der Salzlösung durch Zugabe von Säure oder Base die schwerlösliche Verbindung wieder ausgefällt und isoliert. Wasserlösliche Verunreinigungen bleiben dabei gelöst in der Mutterlauge zurück.

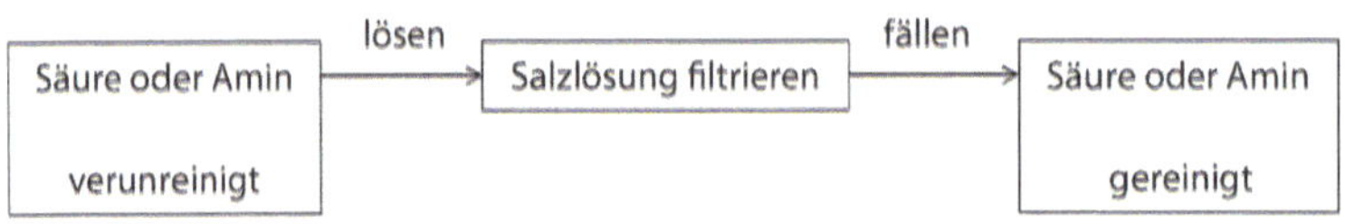

◘ **Abb. 4.1** Allgemeines Schema Umfällung

4.1 Theoretische Grundlagen

4.1.1 Löslichkeit

Die funktionellen Gruppen von Carbonsäuren, Sulfonsäuren, Phenolen und Aminen sind polar. Organischen Verbindungen, welche diese Gruppen tragen und einen geringen Kohlenstoffanteil im Molekül aufweisen, sind gut wasserlöslich und deshalb durch Umfällung in Wasser nicht zu reinigen.

Sind im Molekül mehr als sechs Kohlenstoffatome enthalten, nimmt die Wasserlöslichkeit mit zunehmender Anzahl Kohlenstoffatomen stark ab. Solche, in Wasser unlösliche Stoffe, sind zum Umfällen gut geeignet. Phenole weisen tendenziell eine bessere Löslichkeit in Wasser auf als Carbonsäuren.

4.1.2 Salzbildung von Säuren

Carbonsäuren bilden mit Basen wasserlösliche Salze, Phenole bedürfen starker Basen.

Carbonsäuren

Die ◘ Abb. 4.2 zeigt die allgemeine Satzbildung einer Carbonsäure.

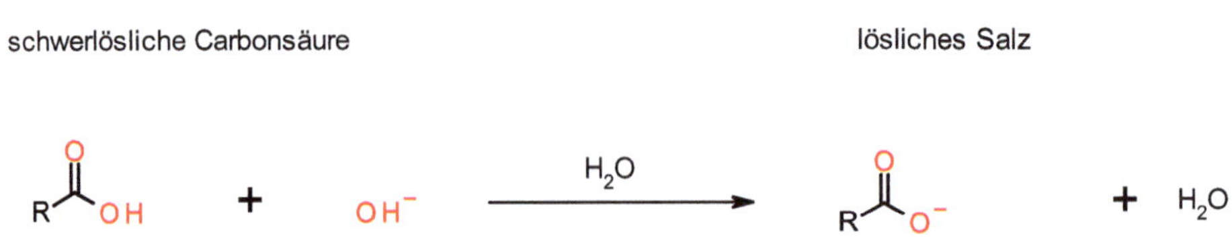

◘ **Abb. 4.2** Allgemeine Salzbildung einer Carbonsäure

Die ◘ Abb. 4.3 zeigt ein Beispiel einer Satzbildung von einer Carbonsäure.

Beispiel:

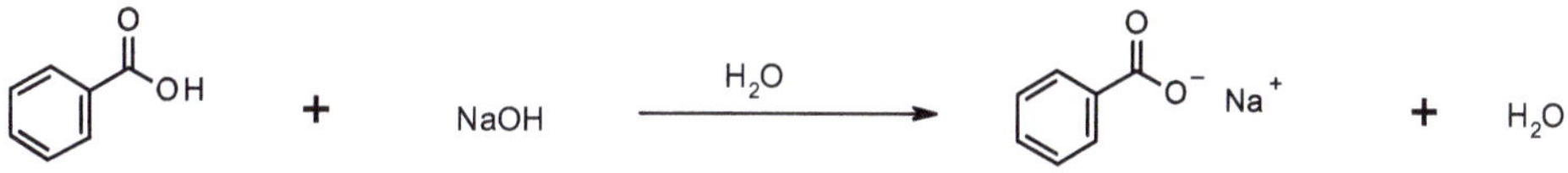

Benzencarbonsäure
Löslichkeit = 0.34 g / 100 g Wasser bei 25°C

Natriumbenzoat
Löslichkeit = 56.3 g / 100 g Wasser bei 25°C

◘ **Abb. 4.3** Beispiel Salzbildung von Benzencarbonsäure

Phenole

Die ◘ Abb. 4.4 zeigt die allgemeine Satzbildung eines Phenols.

schwerlösliches Phenol → lösliches Salz

$$\text{Ar-OH} + OH^- \xrightarrow{H_2O} \text{Ar-O}^- + H_2O$$

◘ **Abb. 4.4** Allgemeine Salzbildung eines Phenols

Die ◘ Abb. 4.5 zeigt ein Beispiel einer Satzbildung eines Phenols.

Beispiel:

2,4-Dibromphenol
Löslichkeit = 0.19 g / 100 g Wasser bei 15°C

2,4-Dibrom-natriumphenolat
Löslichkeit = löslich in Wasser

◘ **Abb. 4.5** Beispiel Salzbildung von 2,4-Dibromphenol

4.1.3 Salzbildung von Basen

Primäre, sekundäre und tertiäre Amine bilden mit starken Säuren wasserlösliche Salze.

Die ◘ Abb. 4.6 zeigt die allgemeine Satzbildung eines primären Amins.

$$\text{R-NH}_2 + H_3O^+ \xrightarrow{H_2O} \text{R-NH}_3^+ + H_2O$$

primäres Amin
schwerlöslich in Wasser

Aminhydrochlorid
löslich in Wasser

◘ **Abb. 4.6** Allgemeine Salzbildung eines primären Amins

Die ▪ Abb. 4.7 zeigt ein Beispiel einer Satzbildung eines primären Amins.

Beispiel:

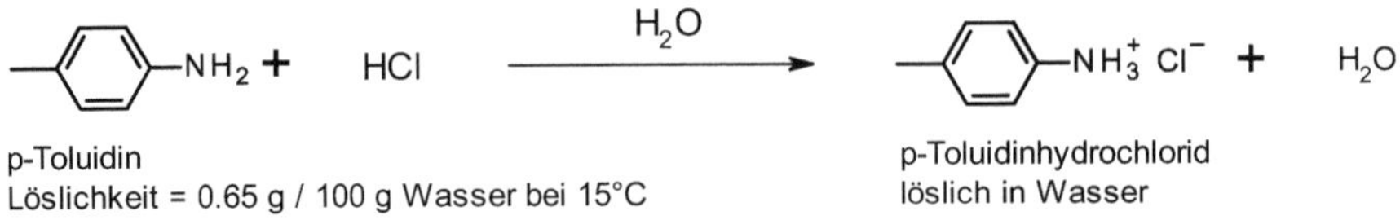

▪ **Abb. 4.7** Beispiel Salzbildung von 4-Methylanilin

Die ▪ Abb. 4.8 zeigt die allgemeine Satzbildung eines sekundären Amins.

$$R_2\text{-NH} \quad + \quad H_3O^+ \xrightarrow{H_2O} R_2\text{-}NH_2^+ \quad + \quad H_2O$$

sekundäres Amin
schwerlöslich in Wasser

Salz
löslich in Wasser

▪ **Abb. 4.8** Allgemeine Salzbildung eines sekundären Amins

Die ▪ Abb. 4.9 zeigt ein Beispiel einer Satzbildung eines sekundären Amins.

Beispiel:

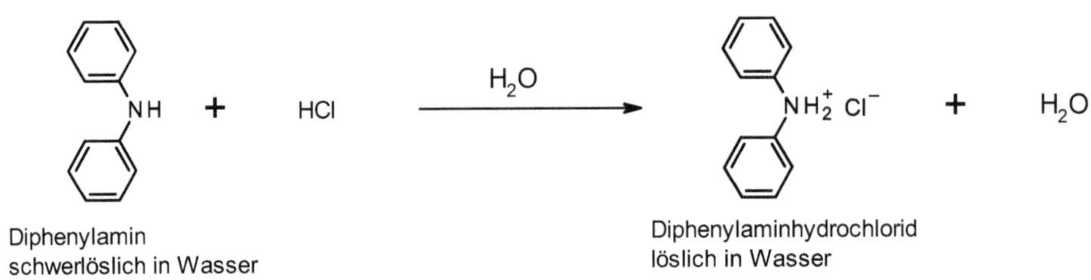

▪ **Abb. 4.9** Beispiel Salzbildung von Diphenylamin

Die ▪ Abb. 4.10 zeigt die allgemeine Satzbildung eines tertiären Amins.

$$R_3\text{-N} \quad + \quad H_3O^+ \xrightarrow{H_2O} R_3\text{-NH}^+ \quad + \quad H_2O$$

Tertiäres Amin
schwerlöslich in Wasser

Aminhydrochlorid
löslich in Wasser

▪ **Abb. 4.10** Allgemeine Salzbildung eines tertiären Amins

Die ◘ Abb. 4.11 zeigt ein Beispiel einer Satzbildung eines tertiären Amins.

Beispiel:

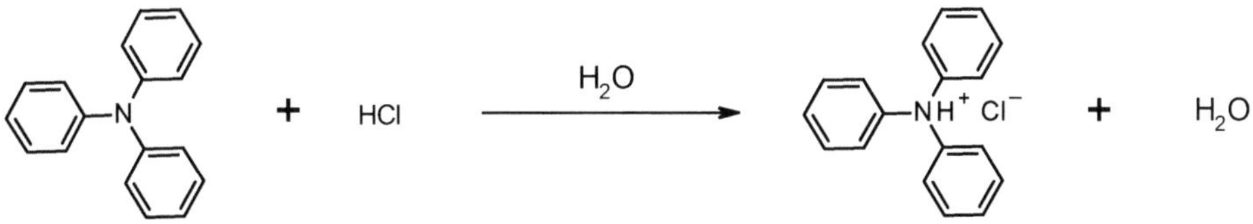

Triphenylamin
unlöslich in Wasser

Triphenylaminhydrochlorid
löslich in Wasser

◘ **Abb. 4.11** Beispiel Salzbildung von Triphenylamin

4.1.4 Fällungen

Wie die Beispiele in der ◘ Abb. 4.12 zeigen, lassen sich aus der Salzlösung die anfänglich eingesetzten Substanzen durch Ansäuern mit starken Säuren oder durch basisch stellen mit starken Basen wieder ausfällen.

Beispiele:

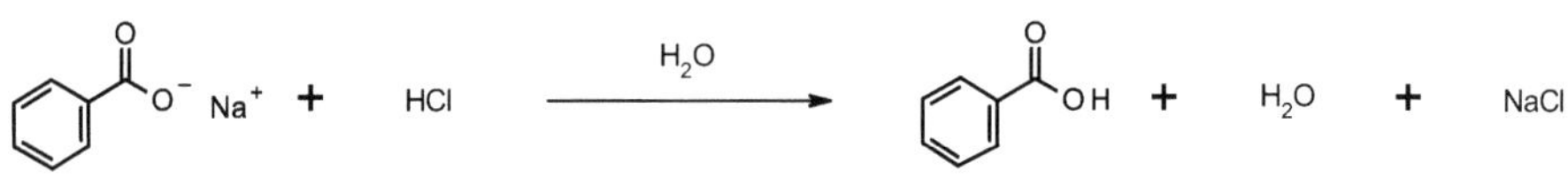

Natriumbenzoat
löslich in Wasser

Benzencarbonsäure
schwerlöslich in Wasser

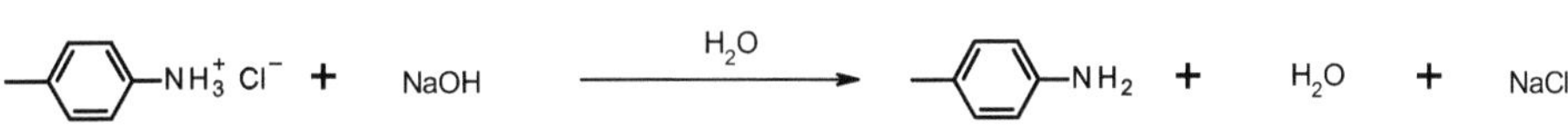

p-Toluidinhydrochlorid
löslich in Wasser

p-Toluidin
schwerlöslich in Wasser

◘ **Abb. 4.12** Beispiele Fällungen

> Die Reaktion erfolgt nur dann mit guter Ausbeute, wenn die zur Fällung verwendete Säure stärker protolysiert als die zu fällende Carbonsäure, die Sulfonsäure oder das Phenol. Die zur Fällung eines Amins verwendete Base muss ebenfalls stärker sein als das eingesetzte Amin. Salzbildung und Fällung verlaufen nur quantitativ in die gewünschte Richtung, wenn das Lösereagenz oder das Fällungsreagenz im Überschuss zugegeben wird.

4.1.5 Substanzen mit sauren und basischen Eigenschaften

In der Chemie gibt es Substanzen, die sowohl saure, als auch basische funktionelle Gruppen enthalten. Dazu gehören zum Beispiel:

- Amino-Phenole $H_2N–Ar–OH$,
- Amino-Carbonsäuren $H_2N–R–COOH$.

Das Lösen und Fällen solcher Substanzen kann Probleme bieten, je nachdem, welche Eigenschaft überwiegt.

Umfällung von Aminosäuren

Aminosäuren mit der allgemeinen Formel $H_2N–CHR–COOH$ besitzen sowohl basische, als auch saure Eigenschaften. In wässriger Lösung bilden sie mit Mineralsäuren und mit Basen Salze.

Wie die ◘ Abb. 4.13 zeigt, kommen in Wasser Aminosäuren als inneres Salz respektive Zwitterion vor. Für jede Aminosäure gibt es einen bestimmten pH-Wert, bei welchem die Carboxylgruppe und die Aminogruppe gleich stark protolysiert sind. Dieser Punkt ist der *isoelektrische Punkt* (pH_i), bei dem eine Aminosäure *ein Minimum an Wasserlöslichkeit* zeigt.

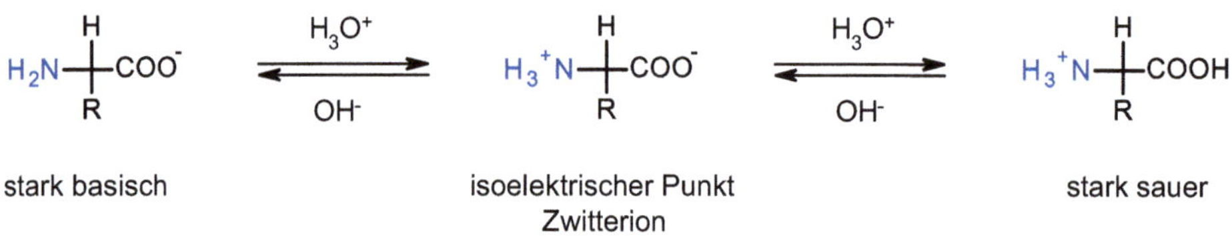

◘ **Abb. 4.13** Aminosäuren

> Die Umfällung einer Aminosäure erfordert deshalb das Ende der Zugabe des Fällungsreagenz genau beim Erreichen des isoelektrischen Punkts. Der betreffende pH-Wert kann der Literatur entnommen werden.

4.2 Allgemeine Grundlagen

Vor einer Umfällung müssen die folgenden Eigenschaften der Substanz abgeklärt werden:

- Aspekt,
- chemische Eigenschaften mit der Stabilität gegenüber den eingesetzten Löse- und Fällungsreagenzien,
- Schmelzpunkt, Sublimationspunkt,
- Löslichkeit der Substanz in Wasser,
- eventuell Löslichkeit der Verunreinigungen in Wasser,
- Löslichkeit des Salzes in Wasser.

4.2.1 Wahl des Löse- und des Fällungsreagenz

Die Wahl des geeigneten Löse- und Fällungsreagenz richtet sich nach den chemischen Eigenschaften der Substanz, der Löslichkeit der Substanz und, wenn möglich, nach der Löslichkeit der Verunreinigungen. Ungewünschte Nebenreaktionen, wie zum Beispiel eine Verseifung eines Esters, müssen verhindert werden.

4.2.2 Chemische Eigenschaften der Substanz

Die chemischen Eigenschaften der Substanz, welche die Wahl des Löse- oder Fällungsreagenz beeinflussen, werden bestimmt durch die funktionellen Gruppen im Molekül.

4.2.3 Löslichkeit der Substanz

Die zu reinigende Substanz soll in Wasser möglichst wenig löslich sein. Für viele Substanzen können Angaben über deren Löslichkeit der Literatur entnommen werden.

Zum Lösen der Substanz werden verdünnte Reagenzien mit Massenkonzentrationen von zirka 10 % oder Stoffmengenkonzentrationen von 1 bis 2 mol/L eingesetzt. Ist die Konzentration der Reagenzlösung zu hoch, können so genannte Konzentrationsfällungen auftreten. In diesem Fall hilft die Zugabe von mehr Wasser. Es ist empfehlenswert zuerst mit einem kleinen Muster die Löslichkeit zu testen.

Beim Lösen von Säuren ist zu beachten dass deren Kaliumsalze in der Regel in Wasser besser löslich sind als die Natriumsalze.

4.2.4 Zurückfällung

Eine gelöste Salzlösung soll mit 25 bis 30 prozentiger Reagenzlösung zurückgefällt werden um das Wasservolumen möglichst klein zu halten. Das ist einerseits handlicher, anderseits resultieren kleinere Substanzverluste.

4.2.5 Löslichkeit der Verunreinigungen

Unlösliche Verunreinigungen können durch Filtration entfernt werden. Lösliche Verunreinigungen sollen während der Umfällung in Lösung bleiben; sie befinden sich zuletzt in der Mutterlauge.

Verunreinigungen können auch an Aktivkohle adsorbiert und anschliessend filtriert werden.

4.2.6 Schema einer Umfällung

Die folgende ◘ Abb. 4.14 zeigt das allgemeine Schema einer Umfällung.

◘ **Abb. 4.14** Schema einer Umfällung

4.3 Durchführung einer Umfällung

4.3.1 Vorprobe

Die ◘ Abb. 4.15 zeigt das Schema einer Vorprobe. Sie soll Klarheit schaffen, ob eine Umfällung im vorgesehenen Fall die richtige Reinigungsmethode darstellt. Sie soll Aufschluss geben über die Bedingungen zur Durchführung der Umfällung, über die quantitativen Verhältnisse und über die erzielte Reinheit der Substanz.

Eine kleine Menge des Rohproduktes soll man mit wenig Wasser anschlämmen und tropfenweise mit der berechneten Menge Säure oder Base versetzen. Entstehen Konzentrationsfällungen, kann durch weitere Zugabe von Wasser das Salz vollständig in Lösung gebracht werden. Die benötigte Menge Lösereagenz und den pH-Wert der Lösung soll man notieren.

Eventuell gelöste farbige Verunreinigungen an Aktivkohle adsorbieren und zusammen mit allfällig vorhandenen ungelösten Verunreinigungen abfiltrieren.

Die klare, oder die durch Filtration gereinigte, Lösung tropfenweise mit dem Fällungsreagenz versetzen und den notwendigen Überschuss durch pH-Kontrolle ermitteln.

Das Ausgefallene Produkt bei Raumtemperatur isolieren, die Ausbeute bestimmen und die Reinheit prüfen.

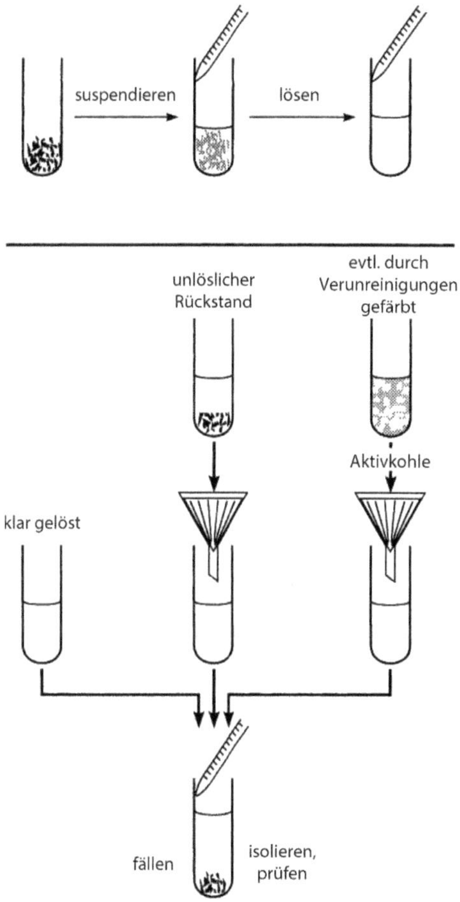

■ **Abb. 4.15** Schema der Vorprobe

4.3.2 Umfällung der Hauptmenge

Nach einer erfolgreichen Reinheitskontrolle wird die gesamte Menge des festen Rohstoffes zur Umfällung eingesetzt.

Lösen

Die ■ Abb. 4.16 zeigt eine geeignete Rührapparatur in der die gesamte Menge des pulverisierten Rohmaterials und die aus der Vorprobe ermittelte Menge Wasser suspendiert werden.

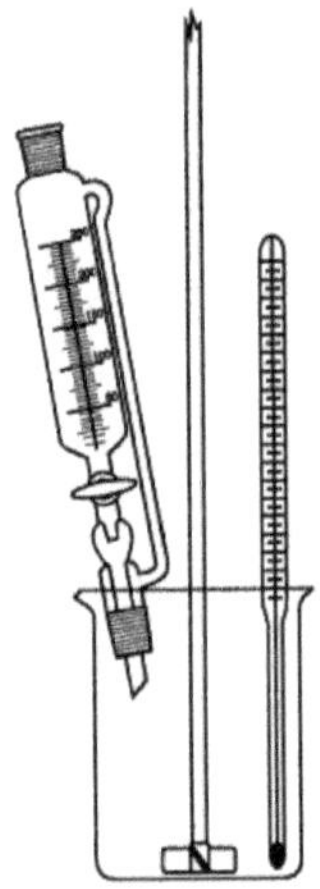

Abb. 4.16 Apparatur für eine Umfällung

Unter gutem Rühren soll man die berechnete Menge Säure oder Base und einen kleinen Überschuss bei Raumtemperatur zutropfen.

Wenn alles gelöst ist, muss der pH-Wert der Lösung mit Indikatorpapier oder mit dem pH-Meter kontrolliert werden.

Heterogene Gemische sollen 10 Minuten nachgerührt und der pH-Wert noch einmal kontrolliert werden.

Klären oder Entfärben

Ist die entstandene Lösung klar, muss nicht filtriert werden. Trübe Lösungen oder ungelöste Verunreinigungen werden abfiltriert. Gefärbte Lösungen können eventuell durch Zusatz eines Adsorptionsmittels und Klärfiltration gereinigt werden. Die Lösung soll beim Nachspülen von Glasgefäss und Filter möglichst wenig verdünnt werden. Deshalb soll nur ein minimales Volumen an Waschflüssigkeit verwendet werden.

Fällen

Zur gereinigten Lösung wird unter gutem Rühren das Fällungsreagenz bis zur vollständigen Fällung zugetropft; die Fällungsreagenzmenge kann durch Berechnen anhand des verbrauchten Lösereagenz etwa ermittelt werden. Um die Löslichkeit des Produktes im Wasser klein zu halten, wird das Fällungsreagenz bei 0 bis 5 °C zugetropft. Beim Fällen ist eine gleichzeitige Kontrolle des pH-Wertes notwendig. Nach dem Fällen wird noch einige Zeit ausgerührt und der pH-Wert der Lösung soll sich nicht mehr verändern.

Isolieren des Produkts

Die ausgefällte Substanz kann durch Filtration oder durch Extraktion isoliert werden.

Beim Filtrieren oder Abnutschen wird das Nutschgut mit kaltem Wasser portionenweise nachgewaschen, bis das ablaufende Filtrat kein Fällungsreagenz und keine gelösten Salze mehr enthält. Eine pH-Kontrolle oder ein Ionennachweis kann diese Information liefern. Anschliessend wird das gewaschene Nutschgut getrocknet.

Die ausgefällte Substanz kann auch mit einem organischen Lösemittel gelöst, und im Scheidetrichter durch Waschen mit Wasser vom restlichen Fällungsreagenz und Salz befreit werden. Nach dem Waschen wird die organische Phase getrocknet und zur Trockene eingedampft.

Ausbeute und Reinheit

Die erhaltene Ausbeute wird durch eine Massenbilanz bestimmt.

Die Reinheit der Substanz wird analytisch durch das Messen der physikalischen Konstanten, durch chromatographische und/oder spektroskopische Methoden geprüft. Wenn eine organische Substanz von einem anorganischen Salz getrennt wurde, kann das auch durch Ionennachweis der gelösten Kristalle beispielsweise mit einem Chlorid- oder Sulfat-Nachweis erfolgen.

4.4 Zusammenfassung

Nebst einer Übersicht über die Grundlagen und der Anwendung in der Praxis gibt es eine ausführliche Beschreibung über das praktische Vorgehen bei der Umfällung.

Weiterführende Literatur

Becker HG et al (2009) Organikum, 23. Aufl. Wiley-VCH, Weinheim

Chemisch-physikalische Trennung

aprentas (Hrsg.), *Laborpraxis Band 3: Trennungsmethoden*, DOI 10.1007/978-3-0348-0970-2_5

5.1 Allgemeine Grundlagen

Unter einer chemisch-physikalischen Trennung versteht man ein Trennverfahren, bei dem eine *chemische Umsetzung mit einem physikalischen Verfahren kombiniert* ist. Als physikalische Methoden eignen sich beispielsweise die Extraktion oder die Wasserdampfdestillation.

Häufig fallen bei chemischen Reaktionen Gemische an, die nicht in einem Arbeitsgang isoliert und gereinigt werden können. Diese Gemische können aus neutralen Anteilen und solchen mit unterschiedlicher Säure- oder Basenstärke bestehen. Der neutrale Teil kann auch das bei der Reaktion verwendete Lösemittel sein.

Bevor eine chemisch-physikalische Trennung durchgeführt wird, müssen die für die Trennung wichtigen chemischen und physikalischen Eigenschaften aller Komponenten bekannt sein. Beispielsweise sind das:
- Löslichkeit,
- Säure- respektive Basenstärke,
- Chemische Stabilität der Stoffe gegenüber den Lösereagenzien (beispielsweise Ester, Aldehyde, Ketone, Alkene oder Alkine sind gegenüber starken Basen wie NaOH und KOH instabil),
- Schmelzpunkt, Siedepunkt,
- Wasserdampfflüchtigkeit,
- isoelektrischer Punkt bei Aminosäuren.

Gibt es mehrere parallel zu extrahierende Substanzen, richtet sich die Reihenfolge, in der sie extrahiert werden, zuerst nach der Wasserlöslichkeit und dann nach der Giftigkeit.

5.1.1 Löslichkeit und Wasserdampfflüchtigkeit

Substanzen, die saure oder basische funktionelle Gruppen enthalten, lassen sich in ihre *wasserlöslichen Salze* überführen. In Gemischen welche saure oder basische Komponenten enthalten, wird durch Neutralisation von nur einer Komponente ein grosser Unterschied in deren Wasserlöslichkeit und Wasserdampfflüchtigkeit geschaffen. Die durch Neutralisation gebildeten Salze sind nicht wasserdampfflüchtig.

5.1.2 Lösereagenzien

Sowohl für die Trennung der Komponenten mittels Extraktion, wie auch durch eine Wasserdampfdestillation, muss ein Teil der Komponenten mit einer anorganischen Säure oder Base in *wasserlösliche Salze* umgesetzt werden. Zum Lösen der organischen Säuren werden alkalisch reagierende Reagenzien, wie Natronlauge, Natriumcarbonat- oder Natriumhydrogencarbonatlösungen eingesetzt, während die organischen Basen mit Salzsäure gelöst werden. Das Lösereagenz soll ausschliesslich zur gewünschten Salzbildung führen und keine Nebenreaktionen wie Verseifung, Halogenabspaltung, und so weiter eingehen.

Üblicherweise werden zur Extraktion von sauren oder basischen Komponenten starke Basen wie verdünnte wässrige NaOH respektive Säuren wie verdünnte wässrige HCl verwendet.

Liegen im Gemisch mehrere Basen oder Säuren unterschiedlicher Stärke nebeneinander vor und sollen sie durch Extraktion getrennt werden, wird das Extraktionsmittel gezielt ermittelt. Eine starke Säure wird dann beispielsweise zuerst mit einer schwachen Base extrahiert, die zurückbleibende schwache Säure anschliessend mit einer starken Base.

5.1.3 Säure- oder Basenstärke

Die Einteilung organischer Säuren und Basen nach ihrer Säure- oder Basenstärke kann nach den pK_S- respektive den pK_B-Werten vorgenommen werden (siehe ◘ Tab. 5.1).

◘ Tab. 5.1 Tabelle Säure- oder Basenstärke

Säurestärke		**Beispiel**	
$pK_S < 1$	sehr starke Säuren	Trichloressigsäure	pK_S 0,70
pK_S 1–4	starke Säuren	2-Chlorbenzoesäure	pK_S 2,92
pK_S 4–8	mittelstarke Säuren	Benzencarbonsäure	pK_S 4,19
pK_S 8–13	schwache Säuren	Phenol	pK_S 9,95
Basenstärke		**Beispiel**	
$pK_B > 13$	sehr schwache Basen	N-Diphenylamin	pK_B 13,2
pK_B 13–10	schwache Basen	4-Nitroanilin	pK_B 13,0
pK_B 10–6	mittelstarke Basen	Anilin	pK_B 9,37
pK_B 6–1	starke Basen	n-Butylamin	pK_B 3,23

5.2 Trennen durch Extraktion

Ein organisches Substanzgemisch, bestehend aus Säure, Base und Neutralteil, wird in einem organischen Lösemittel gelöst oder suspendiert. Diese organische Phase wird nach dem Dreischeidetrichter-Verfahren mit wässriger anorganischer Base oder Säure extrahiert.

5.2.1 Übersicht: Trennen durch Extraktion

Liegt ein Gemisch aus einer organischen Säure, einer organischen Base und einem Neutralteil vor, können die Komponenten nach dem Schema in der ◘ Abb. 5.1 getrennt werden:

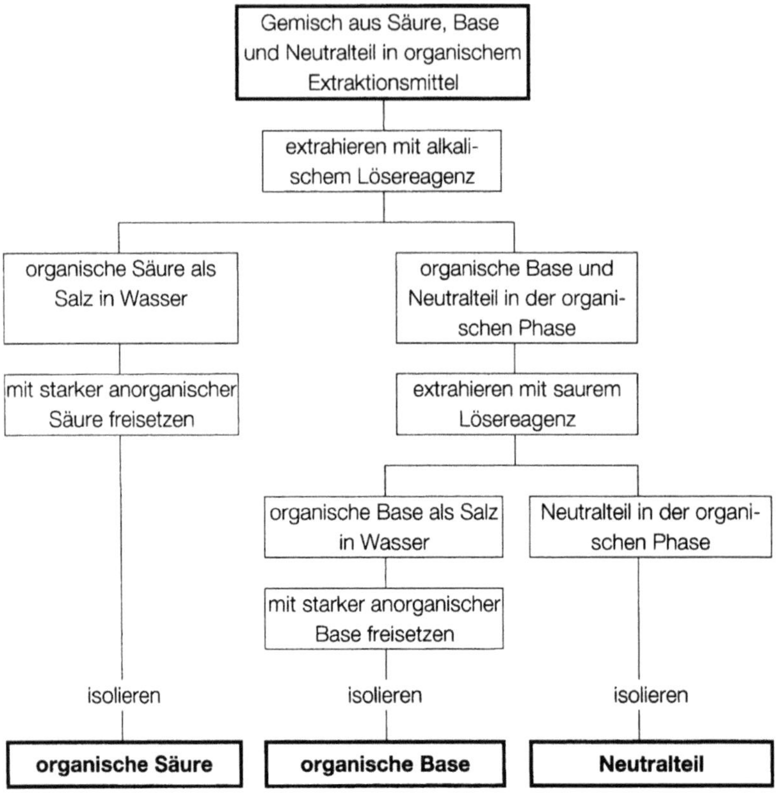

◘ **Abb. 5.1** Schema: Trennung durch Extraktion

5.2.2 Extrahieren der organischen Säure

Ist im Gemisch nur eine organische Säure vorhanden, und ist das chemische Verhalten gegenüber dem Lösereagenz inert, verwendet man zum Lösen meist Natronlauge mit $w(\mathrm{NaOH}) \approx 0{,}1\ \mathrm{g/g}$. Sollen mehrere organische Säuren mit unterschiedlichen Säurestärken (Carbonsäuren, Phenole) getrennt werden, geschieht dies durch gezieltes Lösen in unterschiedlich starken Basen.

- Starke bis mittelstarke organische Säuren (aromatische Carbonsäuren) werden in Natriumcarbonatlösung mit $w(\mathrm{Na_2CO_3}) \approx 0{,}1\ \mathrm{g/g}$ gelöst.
- Schwache organische Säuren (Phenole) werden in Natronlauge mit $w(\mathrm{NaOH}) \approx 0{,}1\ \mathrm{g/g}$ gelöst.

> Um eine vollständige Versalzung aller Säuren zu verhindern, muss zwingend zuerst die starke Säure mit der entsprechenden schwachen Base extrahiert werden.

Zum Gemisch wird so viel anorganische Base gegeben, dass die zu extrahierende Säure nach intensivem Schütteln im Scheidetrichter *vollständig in ihr Salz* umgesetzt ist (pH-Kontrolle). Ist die ungefähre Säuremenge bekannt, kann die berechnete Basenmenge mit einem Überschuss von zirka 10 % eingesetzt werden.

Im Falle von Lösereagenzien welche Carbonat enthalten, entsteht wegen dem sich dabei bildenden Kohlenstoffdioxidgas ein Überdruck.

Die organische Phase wird mit einer bis zwei weiteren kleinen Portionen anorganischer Base nachextrahiert. Die einzelnen wässrigen Phasen werden zurückgewaschen und vereinigt.

5.2.3 Freisetzen und isolieren der organischen Säure

Eine organische Säure, welche als Natriumsalz in Wasser gelöst ist, wird unter Rühren und Kühlen mit konzentrierter chemisch reiner Salzsäure *stark sauer* gestellt. Eine pH-Kontrolle ist dabei notwendig. Im Falle von Salzlösungen, welche Carbonat enthalten, bildet sich Kohlenstoffdioxidgas, was durch Schaumbildung sichtbar werden kann. Ist die freie Säure sehr wenig löslich, kann sie direkt *abfiltriert* und mit kaltem Wasser chloridfrei gewaschen werden. Weist sie eine gewisse Wasserlöslichkeit auf, wird sie mit einem geeigneten organischen Extraktionsmittel nach dem Prinzip des Dreischeidetrichter-Verfahrens *extrahiert* und gewaschen. Eine Endpunktkontrolle zeigt eine allfällige unvollständige Extraktion an.

Die Schaumbildung von carbonathaltigen Salzlösungen kann minimiert werden, wenn das Extraktionsmittel vor dem Ansäuern zugegeben wird.

Nach der Extraktion der Säure enthalten die organischen Phasen in den drei Scheidetrichtern die gelöste organische Base und den Neutralteil. Aus diesen Lösungen wird nun die organische Base mit Salzsäure mit $w(HCl) \approx 0{,}1\,g/g$ nach dem Prinzip des Dreischeidetrichter-Verfahrens extrahiert und gewaschen.

5.2.4 Extrahieren der organischen Base

Zur Lösung wird so viel Salzsäure mit $w(HCl) \approx 0{,}1\,g/g$ gegeben, dass die zu extrahierende Base nach intensivem Schütteln im Scheidetrichter vollständig als Hydrochlorid umgesetzt wird. Eine Endpunktkontrolle zeigt eine allfällige unvollständige Extraktion an. Ist die ungefähre Basenmenge bekannt, kann die berechnete Säuremenge mit einem Überschuss von zirka 10 % eingesetzt werden. Die organische Phase wird mit einer bis zwei weiteren kleinen Portionen Salzsäure nachextrahiert. Die einzelnen wässrigen Phasen werden zurückgewaschen und vereinigt.

5.2.5 Freisetzen und isolieren der organischen Base

Die als Hydrochlorid in Wasser gelöste Base wird unter Rühren und Kühlen mit Natronlauge mit $w(NaOH) \approx 0{,}3\,g/g$ *stark alkalisch* gestellt. Die freie Base wird anschliessend mit einem geeigneten organischen Extraktionsmittel nach dem Prinzip des Dreischeidetrichter-Verfahrens extrahiert und gewaschen. Eine Endpunktkontrolle zeigt eine allfällige unvollständige Extraktion an. Bei wasserlöslichen Basen wird mit Vorteil mit Sole (gesättigter Natriumchloridlösung) gewaschen. Ist die freie Base sehr wenig wasserlöslich, kann sie direkt *abfiltriert* und mit Wasser chloridfrei gewaschen werden. Weist sie eine gewisse Wasserlöslichkeit auf, wird sie mit einem geeigneten organischen Extraktionsmittel nach dem Prinzip des Dreischeidetrichter-Verfahrens *extrahiert* und gewaschen. Die nach dem Extrahieren vereinigten organischen Phasen werden getrocknet, filtriert und eingedampft.

Nach der Extraktion der Base verbleibt in der organischen Phase nur noch der Neutralteil.

5.2.6 Isolieren des Neutralteils

Die in den Scheidetrichtern verbleibenden organischen Phasen werden mit Wasser oder Sole neutral gewaschen. Eine pH-Kontrolle zeigt ein allfälliges unvollständiges Nachwaschen an.

Ist der Neutralteil wasserlöslich, wird mit Vorteil mit Sole gewaschen. Die gewaschenen organischen Phasen werden vereinigt, getrocknet und filtriert. Aus dem getrockneten Filtrat wird anschliessend das *organische Extraktionsmittel* beispielsweise am Rotationsverdampfer *abdestilliert.*

5.2.7 Beispiel einer Trennung durch Extraktion

In einer Sandmeyer-Reaktion (siehe ◘ Abb. 5.2) wurde das Edukt nicht vollständig umgesetzt. Ausserdem ist ein Nebenprodukt entstanden.

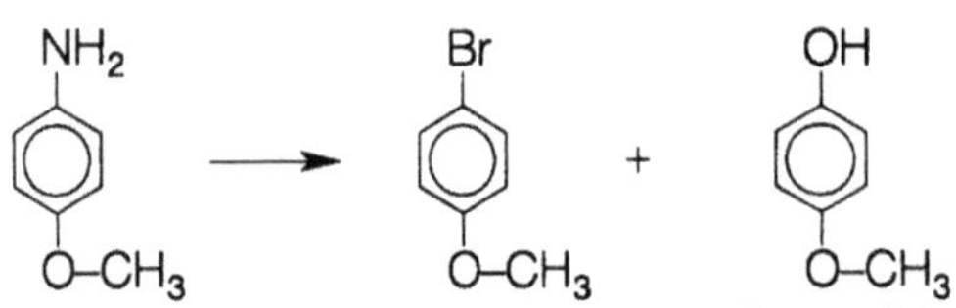

◘ **Abb. 5.2** Sandmeyer-Reaktion

◘ Tab. 5.2 zeigt ein Trennungsbeispiel mittels Extraktion

◘ **Tab. 5.2** Trennungsbeispiel

Das Gemisch wird in einem geeigneten organischen Lösemittel gelöst oder suspendiert (Vorprobe).	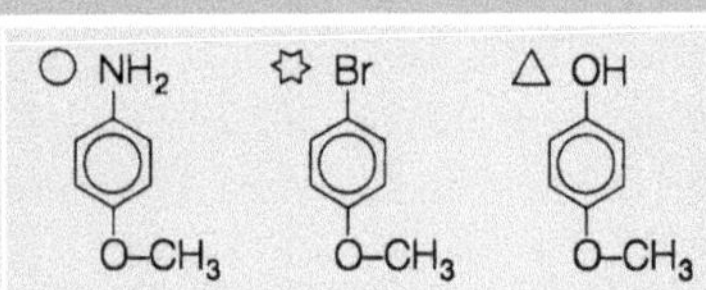	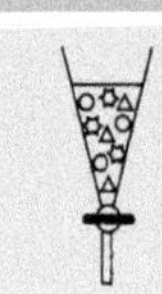
Extrahieren der organischen Säure		
Die organische Säure wird portionenweise mit Natronlauge mit $w(NaOH) \approx 0{,}1$ g/g vollständig in das wasserlösliche Salz überführt (Endpunktkontrolle mittels pH-Messung). Die aus dem 1. Scheidetrichter abgetrennten wässrigen Phasen werden in den beiden folgenden mit dem organischen Lösemittel zurückgewaschen. Die organische Base und der Neutralteil bleiben in der organischen Phase zurück.	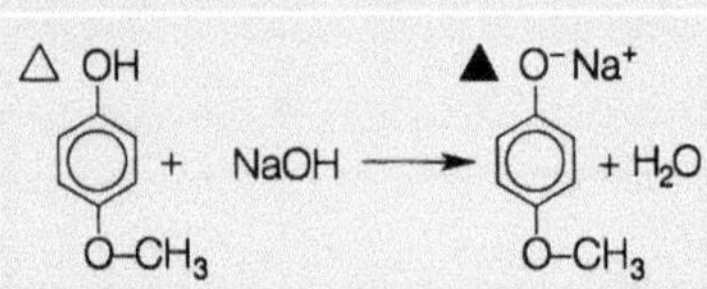	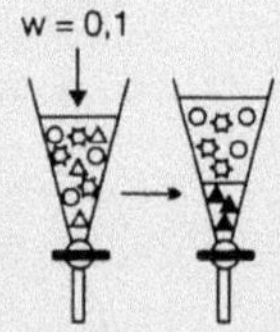

Tab. 5.2 (*Fortsetzung*) Trennungsbeispiel

Extrahieren der organischen Base		
Die organische Base wird portionenweise mit Salzsäure mit $w(HCl) \approx 0{,}1$ g/g vollständig in das wasserlösliche Salz überführt (Endpunktkontrolle mittels pH-Messung). Die aus dem 1. Scheidetrichter abgetrennten wässrigen Phasen werden in den beiden folgenden mit dem organischen Lösemittel zurückgewaschen. Der Neutralteil bleibt in der organischen Phase zurück.	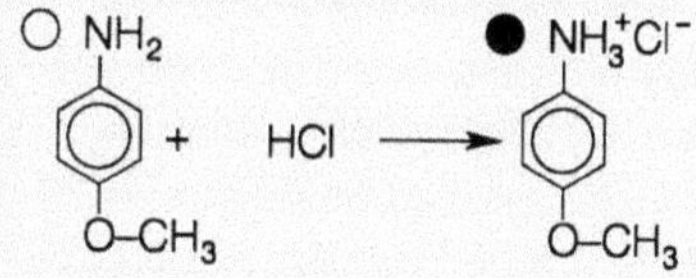	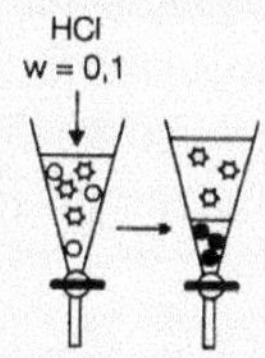
Waschen des Neutralteils		
Die in den Scheidetrichtern zurückbleibenden organischen Phasen werden mit Wasser neutral gewaschen (pH-Kontrolle), vereinigt und getrocknet.	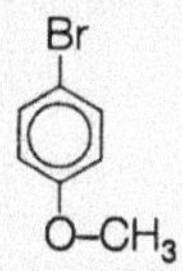	
Isolieren der organischen Säure		
Die organische Säure wird durch Ansäuern mit Salzsäure mit $w(HCl) \approx 0{,}32$ g/g freigesetzt. Die ausgeschiedenen Kristalle werden abfiltriert, chloridfrei gewaschen und getrocknet.	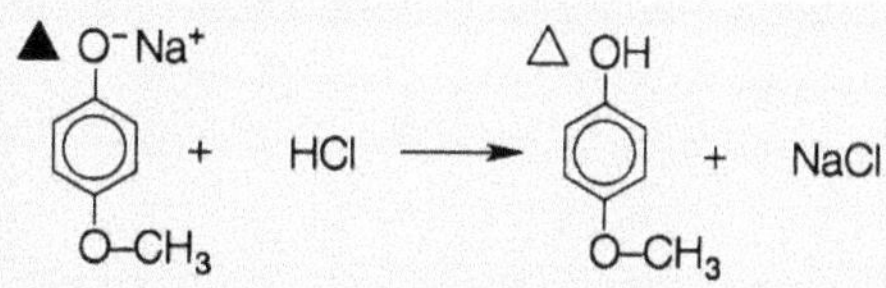	
Isolieren der organischen Base		
Die organische Base wird durch alkalisch stellen mit Natronlauge mit $w(NaOH) \approx 0{,}3$ g/g freigesetzt. Die ausgeschiedenen Kristalle werden abfiltriert, chloridfrei gewaschen und getrocknet.	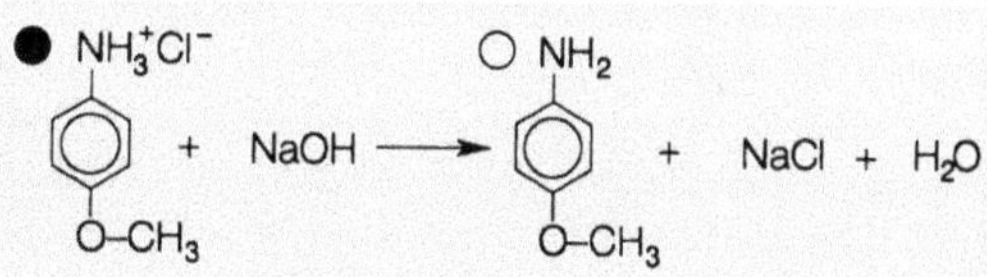	
Isolieren des Neutralteils		
Die gewaschenen und getrockneten organischen Phasen mit dem Neutralteil werden bei vermindertem Druck vom Lösemittel befreit.	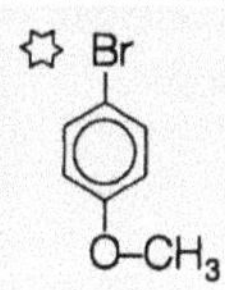	

5.3 Trennen durch Wasserdampfdestillation

Diese Methode gelangt vor allem dann zur Anwendung, wenn bei Synthesen das Gemisch nebst Säure, Base und Neutralteil noch Stoffe enthält, die beim Trennen durch Extraktion mit der entsprechenden Lauge oder Säure störende Fällungen bilden, wie beispielsweise Zinkhydroxid nach einer Reduktion mit Zink, Kupferhydroxid nach einer Sandmeyer-Reaktion oder Eisenhydroxid nach einer Béchamp-Reduktion mit Eisen.

Mit Wasserdampf können Produkte beispielsweise aus Suspensionen abdestilliert werden.

5

5.3.1 Wasserdampfflüchtigkeit

Wasserdampfflüchtige Anteile destillieren als azeotropes Gemisch. Wie die ◘ Abb. 5.3 zeigt, kann die Wasserdampfflüchtigkeit von organischen Säuren und Basen durch Überführen in die Salze verändert werden.

Beispiele:

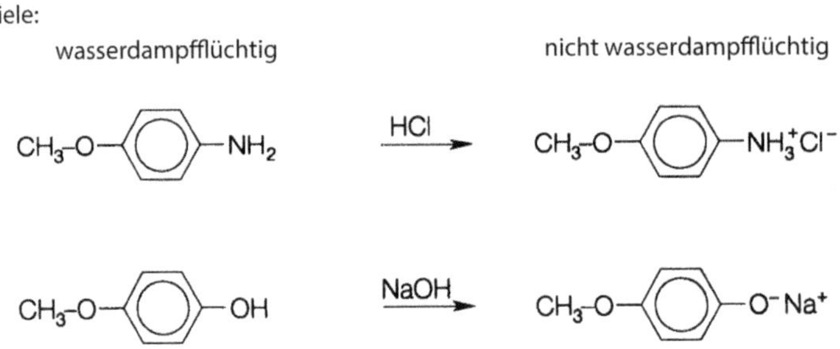

◘ **Abb. 5.3** Verschiebung der Wasserdampfflüchtigkeit durch Salzbildung

5.3.2 Übersicht: Trennen durch Wasserdampfdestillation

Liegt ein Gemisch aus einer organischen Säure, einer organischen Base und einem Neutralteil vor, können die Komponenten, sofern sie wasserdampfflüchtig sind, nach dem Schema in der ◘ Abb. 5.4 getrennt werden:

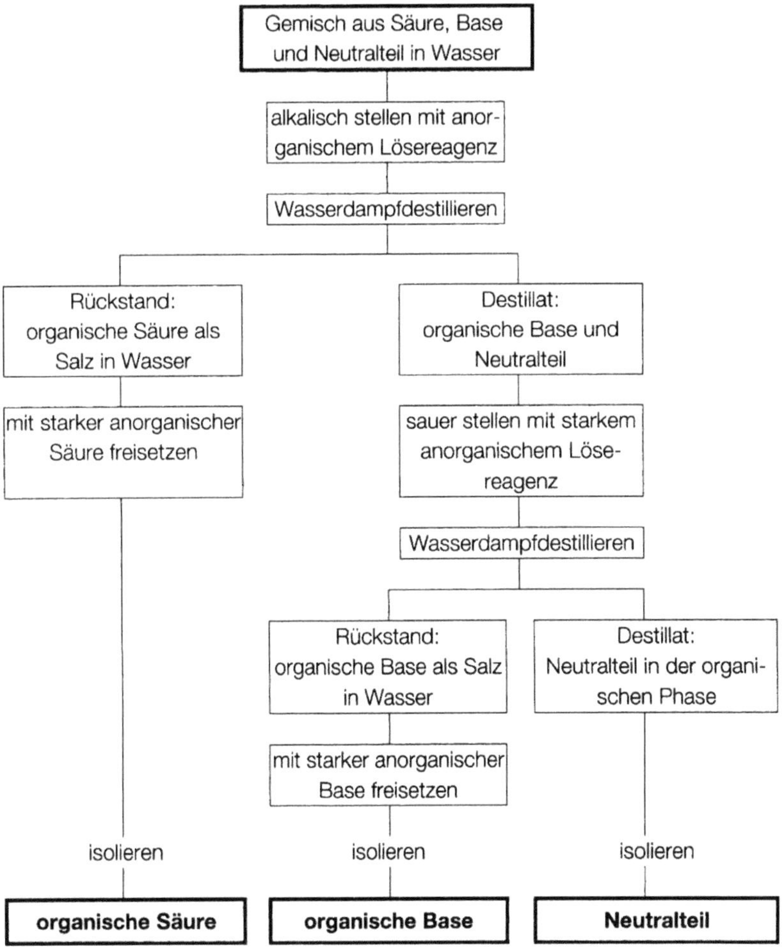

Abb. 5.4 Schema: Trennen durch Wasserdampfdestillation

5.3.3 Beispiel einer Trennung durch Wasserdampfdestillation

Ein Substanzgemisch, beispielsweise bestehend aus einer organischen Säure, einem wasserdampfflüchtigen Amin und einem wasserdampfflüchtigen Neutralteil kann auch durch Destillation mit Wasserdampf getrennt werden (siehe Tab. 5.3).

Tab. 5.3 Beispiel einer Trennung durch Wasserdampfdestillation

Isolieren der organischen Säure	
Das organische Gemisch wird im Destillierkolben mit wenig deionisiertem Wasser suspendiert und mit Natronlauge mit $w(NaOH) \approx 0{,}3$ g/g stark alkalisch gestellt. Durch Einleiten von Wasserdampf wird die organische Base und der Neutralteil abdestilliert.	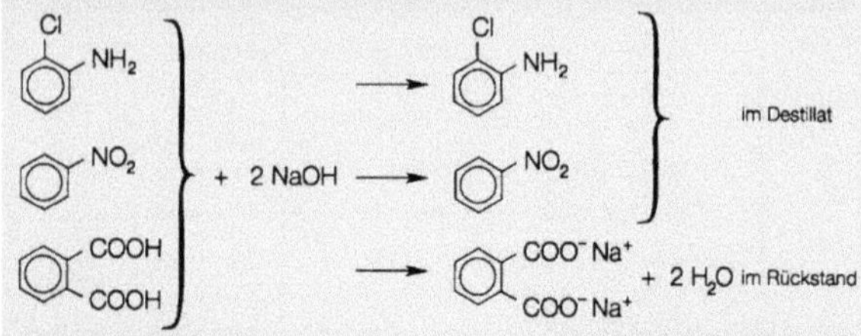
Der Destillationsrückstand wird unter Eiskühlung mit Salzsäure mit $w(HCl) \approx 0{,}32$ g/g auf pH 1–2 gestellt und auf 5 °C gekühlt. Die ausgeschiedenen Kristalle werden abfiltriert, chloridfrei gewaschen und getrocknet.	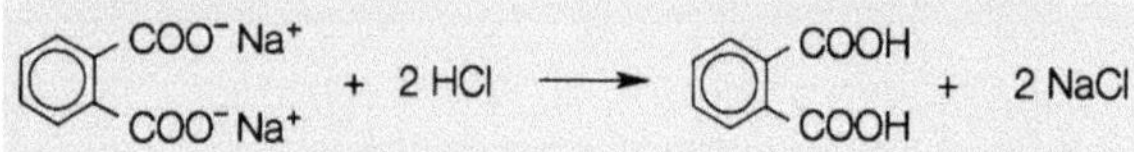
Isolieren der organischen Base	
Das wässrige Destillat mit der organischen Base und dem Neutralteil wird im Destillierkolben mit Salzsäure $w(HCl) \approx 0{,}32$ g/g auf pH 1–2 gestellt. Durch Einleiten von Wasserdampf wird der Neutralteil abdestilliert.	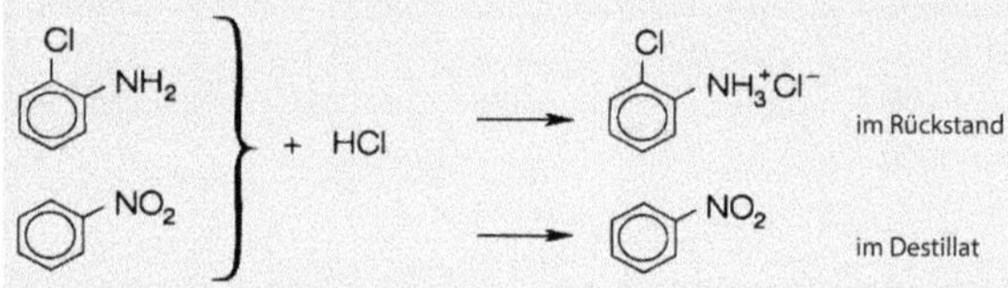
Der Destillationsrückstand wird unter Eiskühlung mit Natronlauge $w(NaOH) \approx 0{,}3$ g/g auf pH 13–14 gestellt. Im Scheidetrichter wird portionenweise mit einem geeigneten Lösemittel extrahiert. Die organischen Phasen werden getrocknet, filtriert und bei vermindertem Druck vom Lösemittel befreit.	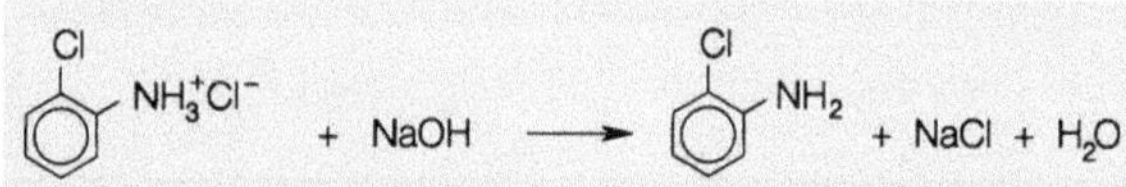
Isolieren des Neutralteils	
Das wässrige Destillat mit dem Neutralteil wird im Scheidetrichter portionenweise mit einem geeigneten Lösemittel extrahiert. Die organischen Phasen werden getrocknet, filtriert und bei vermindertem Druck vom Lösemittel befreit.	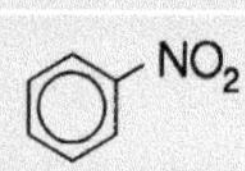

5.4 Zusammenfassung

Nebst einer Übersicht über die Grundlagen werden die verschiedenen Möglichkeiten der chemisch-physikalischen Trennungen erläutert.

Weiterführende Literatur

Becker et al (2009) Organikum, 23. Aufl. Wiley-VCH, Weinheim

Umkristallisation

aprentas (Hrsg.), *Laborpraxis Band 3: Trennungsmethoden*, DOI 10.1007/978-3-0348-0970-2_6

Feste Stoffe sind meist kristallin aufgebaut.

Die Umkristallisation ist eine Methode, um kristalline Feststoffe zu *reinigen*. Dabei wird der Feststoff in einem Lösemittel gelöst und anschliessend kristallisiert.

6.1 Physikalische Grundlagen

6.1.1 Fester Aggregatzustand

Amorph

Stoffe, deren Teilchen im festen Aggregatzustand ungeordnet vorliegen, nennt man *amorph*, was in der Umgangssprache *gestaltlos* bedeutet. Man kann diese Stoffe als erstarrte Flüssigkeiten betrachten.

Beispiele sind Glas, Plexiglas oder Quarzglas, was die amorphe Form von Siliziumdioxid ist

Amorphe Stoffe können in den kristallinen Zustand übergehen. Glas kann langsam kristallin werden, was durch Trübungen sichtbar wird. Entglasen ist der Fachbegriff dafür.

Kristalline Stoffe können durch spezielle Bearbeitung amorphe Gestalt annehmen.

Kristallin

Bei den meisten Feststoffen sind die kleinsten Teilchen zu einem Kristallgitter geordnet, die Lage jedes Teilchens ist genau definiert.

Beispiele: Eis, Kochsalz, Benzencarbonsäure, Harnstoff, Zucker.

6.1.2 Aufbau von Kristallen

Kristallform

Die *äussere Erscheinung* eines Kristalls, also seine aus ebenen Flächen und geraden Kanten zusammengesetzte Gestalt, wird Kristallform genannt. Diese wird ohne Rücksicht auf den inneren Bau des Kristalls nach dem optischen Eindruck benannt. Beispiele: Stäbchen, Kuben, Nadeln, Blättchen

Kristallsystem

Stoffe, die sehr verschiedene äussere Formen haben, können dem gleichen Kristallsystem angehören. Das Kristallsystem ist also nicht ohne weiteres erkennbar. Wie die ◼ Abb. 6.1 zeigt, sind Kristallsysteme beispielsweise triklin, monoklin, orthorhombisch, tetragonal, trigonal, hexagonal oder kubisch geformt.

Kristallstruktur

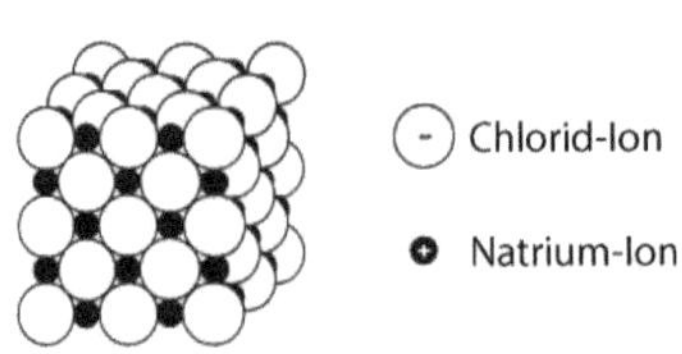

◼ **Abb. 6.1** Natriumchlorid als Beispiel für ein kubisch geformtes Kristallsystem

Beim Aufbau eines Kristalls nehmen die kleinsten Teilchen eines Stoffes, das sind Atome, Ionen oder Moleküle, eine bestimmte, für den jeweiligen Stoff charakteristische Stellung untereinander ein. Dies geschieht in Form eines *Kristallgitters.*

Die Kristallstruktur beschreibt die Anordnung der Teilchen im Kristallgitter. Die einfachste Kombination der am Aufbau des Gitters beteiligten Teilchen wird Elementarzelle genannt. Siehe dazu ◘ Abb. 6.2.

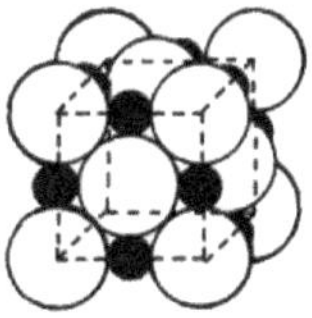

◘ **Abb. 6.2** Beispiel einer kristallinen Elementarzelle

Die Kantenlänge einer solchen Natriumchlorid-Elementarzelle beträgt 0,56 Nanometer. Unzählige zusammengefügte Elementarzellen bilden schliesslich den grossen, sichtbaren Kristall.

Werden Kristalle pulverisiert, wird zwar ihre äussere Form verändert, sie behalten jedoch ihre kristalline Struktur bei. Das feinste Kristallstaubpartikel besteht immer noch aus einer Ansammlung von Millionen von Elementarzellen. Das Kristallgitter einer Elementarzelle kann durch mechanische Zerkleinerungsmethoden nicht zerstört werden; dies ist nur durch Schmelzen oder Lösen möglich.

Kristalle, die einzeln und in ausgeprägter Kristallform vorliegen, werden Einkristalle genannt. Beispiele dafür sind Bergkristalle, Diamanten oder Silizium in der Halbleitertechnik.

Wie die Beispiele in der ◘ Abb. 6.3 zeigen, liegen Kristalle oft in einer Vielzahl miteinander verwachsener Einkristalle als polykristallines Material vor.

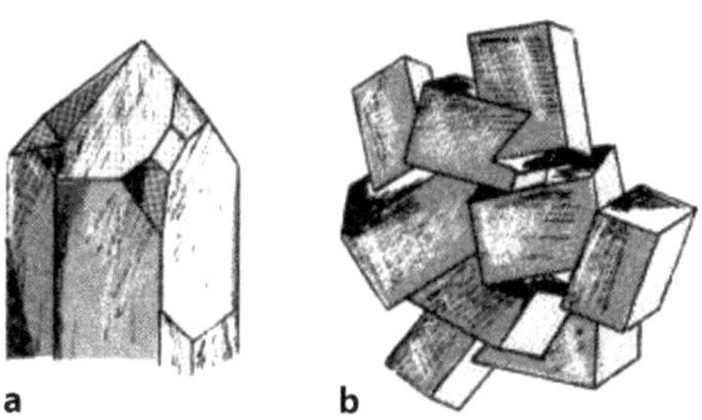

◘ **Abb. 6.3** In (a) ist ein Bergkristall als Beispiel für einen Einkristall, in (b) Pyrit als Beispiel für einen Polykristall abgebildet

6.1.3 Solvate, Hydrate

Moleküle oder Ionen, die entsprechende Anziehungskräfte besitzen, können beim Aufbau eines Kristallgitters Lösemittel- oder Wassermoleküle *in das Gitter einbauen.* Es entstehen Solvate, welche im Falle von Wasser Hydrate heissen.

Beispielsweise enthalten Gipskristalle im Kristallgitter zwei Moleküle Wasser auf jedes Calciumsulfat-Ionenpaar.

Wird ein solcher Kristall genügend aufgeheizt, gibt er das eingebaute Lösemittel oder Wasser wieder ab. Dabei zerfällt das Kristallgitter und wird nun ohne Lösemittel oder Wasser in einer andern Form wieder aufgebaut. Dieser Vorgang ist meist umkehrbar.

6.1.4 Einschlüsse

Wie die ◘ Abb. 6.4 zeigt, können durch Erschütterungen oder zu rasches Abkühlen während der Kristallisation Fremdstoffe wie Lösemittel zwischen den einzelnen Kristallschichten, welche aus den Elementarzellen bestehen, eingeschlossen werden.

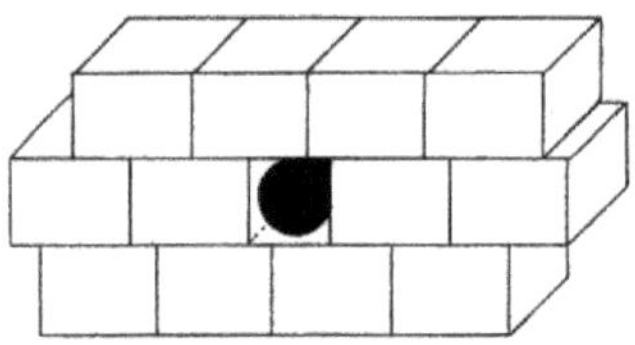

◘ **Abb. 6.4** Ein Einschluss in Kristallschichten

6.1.5 Mischkristalle

Wie ◘ Abb. 6.5 und 6.6 zeigen, kann sich ein Kristallgitter unter Beteiligung unterschiedlicher Substanzen aufbauen. In diesem so genannten Mischkristall werden einige Gitterplätze von Fremdteilchen besetzt.

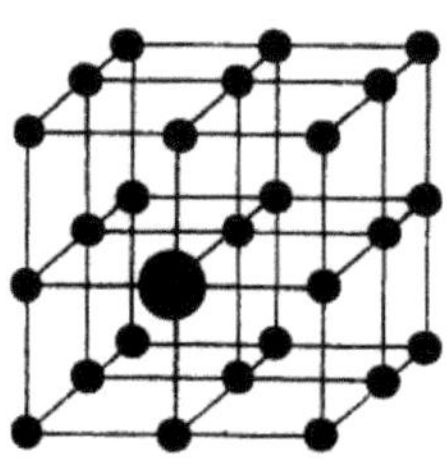

◘ **Abb. 6.5** Ein Mischkristall mit unterschiedlich grossen Elementarzellen

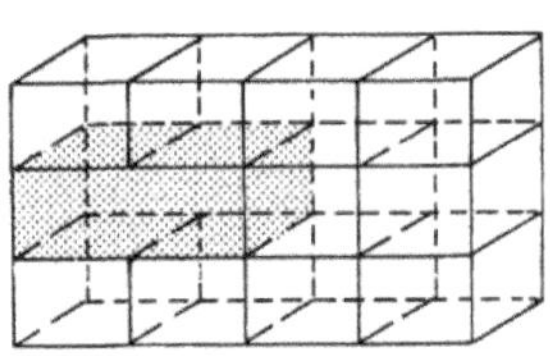

◘ **Abb. 6.6** Ein Mischkristall, welcher eine genau doppelt so grosse Elementarzelle eingebaut enthält

Je langsamer der Aufbau der Kristalle erfolgt, umso weniger bilden sich Mischkristalle.

6.2 Allgemeine Grundlagen

6.2.1 Umkristallisieren

Umkristallisieren bedeuten das Zerstören des Kristallgitters beim Lösen in einem Lösemittel und der anschliessende Wiederaufbau des Gitters beim Auskristallisieren.

Um *möglichst reine Kristalle* zu erhalten kann fraktioniert kristallisiert werden. Die erste Kristallfraktion entsteht in der Regel beim Abkühlen der Lösung auf Raumtemperatur. Weitere Fraktionen werden durch weiteres Abkühlen oder teilweises Eindampfen der Lösung gewonnen. Dabei kann bereits Verunreinigung mit dem Produkt auskristallisieren.

Für eine erfolgreiche Umkristallisation müssen über die zu reinigende Substanz und, falls das möglich ist, über die enthaltenen Verunreinigungen folgende Eigenschaften bekannt sein:
- Chemische Eigenschaften oder Stabilität,
- Polarität,
- Löslichkeit,
- Schmelzpunkt oder Zersetzungspunkt.

6.2.2 Lösemittelwahl

Die Wahl des geeigneten Lösemittels richtet sich im Wesentlichen *nach den chemischen Eigenschaften und der Löslichkeit*. Stehen mehrere Lösemittel zur Auswahl, stehen folgende Punkte im Fokus:
- Siedepunkt: Einerseits soll das eingesetzte Lösemittel nach dem Trocknen der Kristalle wieder vollständig zu entfernen sein und andererseits soll eine möglichst grosse Temperaturdifferenz zwischen Raumtemperatur und Lösetemperatur erreicht werden können,
- Giftigkeit: Weniger toxische Lösemittel sind zu bevorzugen,
- Brennbarkeit: Weniger brandgefährliche Lösemittel sind zu bevorzugen,
- Preis,
- Möglichkeit des Regenerierens.

Als Lösemittel kann auch ein Gemisch zweier, ineinander mischbaren Lösemittel eingesetzt werden. Gemische aus Ethanol und Wasser sind ein häufig angewandtes Beispiel.

6.2.3 Chemische Eigenschaften und Stabilität

Das zum Lösen der Substanz benötigte Lösemittel muss sich *inert* verhalten. Es darf beim Lösen keine chemische Reaktion zwischen der Substanz und dem Lösemittel erfolgen. Dabei gilt es zu beachten, dass saure oder basische Spuren in Rohprodukten deren chemischen Eigenschaften stark beeinflussen können.

6.2.4 Löslichkeit der Substanz

Die Löslichkeit der Substanz in einem bestimmten Lösemittel ist von der Temperatur abhängig. Die Substanz soll im gewählten Lösemittel bei Raumtemperatur schwerlöslich, bei erhöhter Temperatur gut löslich sein.

Wie die ◘ Abb. 6.7 zeigt, spielt bei einer Umkristallisation der Verlauf der temperaturabhängigen Löslichkeit eine grosse Rolle.

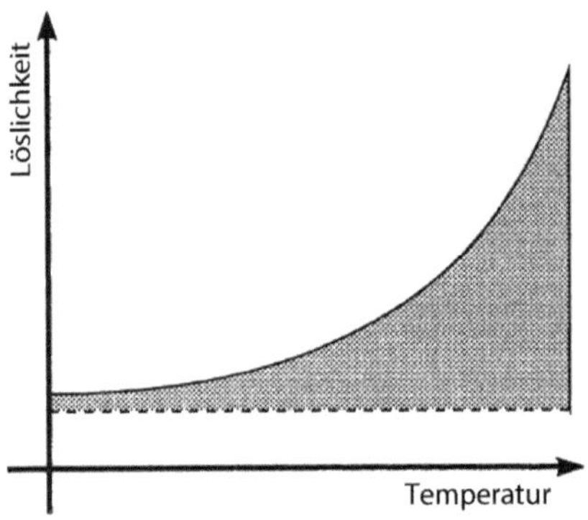

◘ **Abb. 6.7** In der Regel nimmt die Löslichkeit eines kristallinen Feststoffs exponentiell zur Temperatur des Lösemittels zu

Ist die Löslichkeitsdifferenz zwischen heissem und kaltem Lösemittel gross, kristallisiert beim Abkühlen der Lösung viel Substanz aus und es bleibt wenig in Lösung. Dies ergibt *optimale Ausbeuten.*

Ist die Löslichkeitsdifferenz zwischen heissem und kaltem Lösemittel gering (siehe ◘ Abb. 6.8), kristallisiert beim Abkühlen der Lösung nur wenig Substanz aus und es bleibt viel in Lösung.

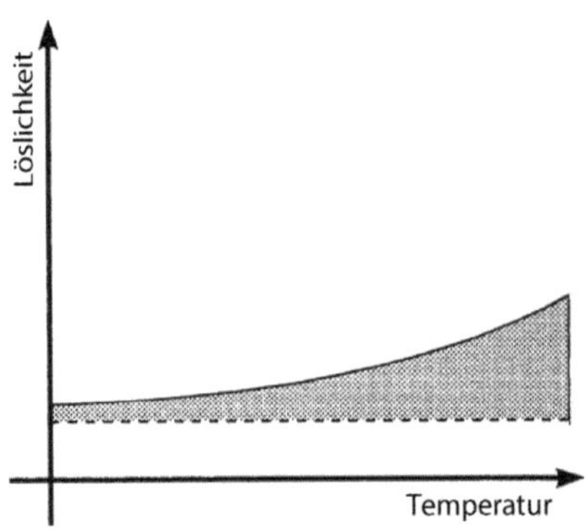

◘ **Abb. 6.8** Diese Löslichkeitskurve ist im Vergleich zum obigen Diagramm für eine Umkristallisation ungünstiger

6.2.5 Löslichkeit der Verunreinigung

Die durch Umkristallisieren zu entfernenden chemischen Verunreinigungen müssen gegenüber der zu reinigenden Substanz eine unterschiedliche Löslichkeit aufweisen. Dabei sind zwei Varianten möglich:

- Die Verunreinigung ist in der vorliegenden Konzentration in kaltem Lösemittel löslich. Beim Abkühlen der Lösung kristallisiert nur die reine Substanz aus, die Verunreinigung bleibt in Lösung.
- Die Verunreinigung ist in heissem Lösemittel unlöslich und kann durch Klärfiltration von der Lösung abgetrennt werden.

6.2.6 Lösetemperatur

Unter der Lösetemperatur versteht man die Temperatur bei welcher die Substanz im Lösemittel *vollständig* gelöst ist.

Um das Lösungsvermögen eines Lösemittels möglichst vollständig auszunützen, wird dieses bis zum Siedepunkt erhitzt. Der Siedepunkt des Lösemittels muss in diesem Fall *unterhalb des Schmelzpunkts* oder Zersetzungspunkts der Substanz liegen.

Wird eine Substanz beim Lösen über deren Schmelzpunkt erhitzt, so wird sie beim Abkühlen aus der Lösung ausschmelzen und erstarren anstatt aus der Lösung zu kristallisieren. In diesem Fall wird bei einer Temperatur gelöst, die tiefer ist als die Schmelztemperatur. Zum Lösen der gleichen Menge Substanz wird mehr Lösemittel benötigt, beim Abkühlen kristallisiert weniger Substanz aus und es entstehen Verluste.

Die Lösetemperatur bei einer Umkristallisation sollte somit immer unter dem Schmelzpunkt der Substanz liegen.

6.3 Praktische Durchführung einer Umkristallisation

6.3.1 Vorproben

Ist ein geeignetes Lösemittel und das Verhältnis von Substanz zu Lösemittel bekannt, wird keine Vorprobe benötig.

Ist ein geeignetes Lösemittel oder das Verhältnis von Substanz zu Lösemittel unbekannt, wird dies in einer Vorprobe ermittelt (siehe ◘ Abb. 6.9).

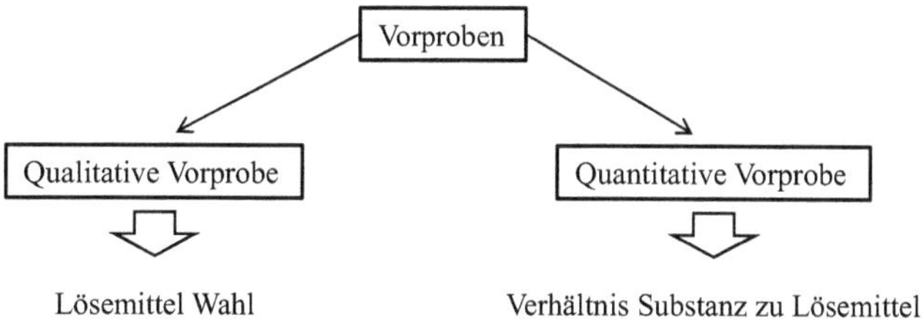

◘ **Abb. 6.9** Möglichkeiten für Vorproben für eine Umkristallisation

Die Vorproben liefern folgende Informationen:

- das geeignete Lösemittel,
- das Verhältnis der Masse der Substanz zum Volumen des Lösemittels,
- die Lösetemperatur,
- der Aspekt bei der Lösetemperatur,
- die Kristallisationstemperatur.

Qualitative Vorprobe

Mit einer qualitativen Vorprobe wird das geeignete Lösemittel ermittelt (siehe ▪ Tab. 6.1).

In einem geeigneten Lösemittel löst sich die Substanz kalt schlecht und heiss gut.
In einem geeigneten Lösemittel lösen sich Nebenprodukte kalt gut oder heiss nicht.

Löslichkeit der Substanz im Lösemittel:

▪ **Tab. 6.1** Übersicht zur Lösemittelwahl

Löslichkeit kalt	Löslichkeit heiss	Ergebnis
Schlecht	Gut	Lösemittel prinzipiell geeignet
Schlecht	Schlecht Verhältnis Substanz in g zu Lösemittel in mL > 1:20	Lösemittel nicht geeignet
Gut Verhältnis Substanz in g zu Lösemittel in mL > 1:3	Gut	Lösemittel nicht geeignet

Lösemittel, welche kalt und heiss gut lösen, oder heiss zu schlecht lösen sind ungeeignet.

Zur Prüfung des Reinigungserfolgs wird die Qualität der Kristalle mittels chromatographischen Methoden wie DC, HPLC oder GC, mit einer Schmelzpunktbestimmung und visuell mit dem Ausgangsprodukt verglichen.

Eine Abschätzung der Quantität kann durch chromatographische Überprüfung der entsprechenden Mutterlaugen oder durch das Trocknen und das Wägen der Kristalle vorgenommen werden.

Quantitative Vorprobe

Bei einer quantitativen Vorprobe wird das Verhältnis von der Substanz zum Lösemittel ermittelt.

Praktisches Vorgehen für eine Vorprobe:

- je nach vorhandener Substanzmenge 100 bis 500 mg Substanz abwägen,
- Lösemittel im Verhältnis 1:4 (Substanz in g : Lösemittel in mL) zugeben und erhitzen,
- Siedeverzüge vermeiden,
- heiss weiteres Lösemittel zugeben bis alles gelöst ist (Aspekt und Lösetemperatur notieren),
- Lösung abkühlen lassen, Kristallisationstemperatur notieren,
- die Kristallisationstemperatur sollte 10–15 °C unterhalb des Siedepunktes liegen,
- bei Raumtemperatur oder 0–5 °C abfiltrieren,
- Qualität der Kristalle überprüfen.

6.3.2 Umkristallisation der Hauptmenge

Die ◘ Abb. 6.10 zeigt den schematischen Ablauf einer Umkristallisation.

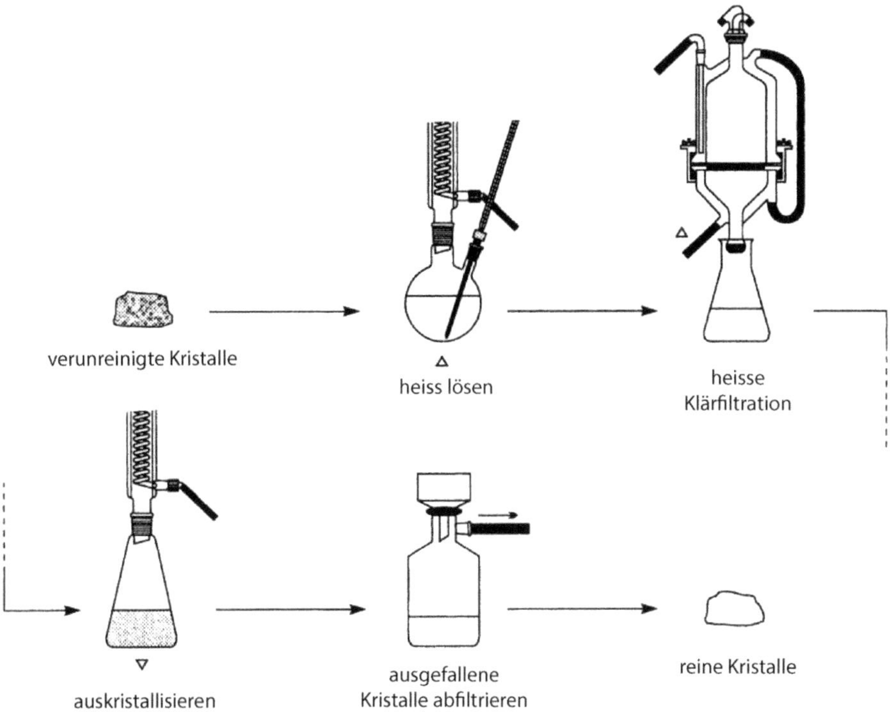

◘ **Abb. 6.10** Schema einer Umkristallisation

Die möglichst fein pulverisierte Substanz wird gewogen und die Lösemittelmenge aufgrund der Vorprobe berechnet. Es wird ein Vergleichsmuster zurückbehalten.

Apparatur

An die Apparatur werden folgende Anforderungen gestellt:
- das Gemisch ist rührbar,
- Siedeverzüge werden verhindert,
- Lösemitteldämpfe können kondensieren,
- bei Bedarf kann weiteres Lösemittel zudosiert werden,
- ist wasserfreies Arbeiten wichtig muss Luftfeuchtigkeit ausgeschlossen sein,
- Temperatur des Gemisches kann gemessen werden.

Lösen

Zum Lösen wird die Substanz vorgelegt und die ermittelte Menge an Lösemittel zugegeben. Das Gemisch zur Lösetemperatur erhitzen. Löst sich die Substanz nicht vollständig, wird bei der Lösetemperatur so viel Lösemittel zugetropft, bis alles in Lösung ist.

Eventuell enthaltene unlösliche Anteile sollten nicht mit ungelöster Substanz verwechselt werden.

Der ganze *Lösevorgang* soll *rasch* durchgeführt werden. Durch unnötig lange thermische Belastung könnte die Substanz chemisch verändern werden.

Ist die entstandene Lösung farblos, klar und frei von Schwebstoffen, kann sie direkt zur Kristallisation gebracht werden. Andernfalls muss die Lösung oder Suspension vorgängig gereinigt werden.

Reinigen der Lösung

Die Lösung wird mit einem geeigneten Adsorptionsmittel wie Aktivkohle bei polaren Lösemitteln oder Tonsil bei unpolaren Lösemitteln versetzt. Es werden 1 bis 3 % Adsorptionsmittel (Adsorbens), bezogen auf die gelöste Menge der Substanz, zugesetzt. Wird zu viel Adsorbens verwendet, besteht die Gefahr, dass nebst der Verunreinigung auch vermehrt Substanz adsorbiert wird und damit ein Verlust eintritt.

Wenn das Gemisch kocht, muss die Lösung vor der Zugabe des Adsorbens um zirka 5 °C abgekühlt werden um Siedeverzüge zu vermeiden.

Nach Zugabe des Adsorbens wird die Lösung maximal 10 min bei der Lösetemperatur gerührt.

Anschliessend wird das Adsorptionsmittel durch eine Klärfiltration der heissen Suspension abgetrennt.

- Wird beim Siedepunkt des Lösemittels gearbeitet sollte die Filtrationstemperatur zirka 5 °C unter dem Siedepunkt liegen.
- Die Filtrationstemperatur muss über der ermittelten Kristallisationstemperatur liegen.

Nach der Filtration werden Geräte und Filter mit möglichst wenig reinem, heissem Lösemittel nachgespült, da sonst nach dem Abkühlen zu viel Substanz in Lösung bleibt.

Sollte bei der Filtration durch Abkühlung im Auffanggefäss bereits Substanz kristallisiert sein, wird die Substanz durch nochmaliges Erhitzen wieder gelöst, da schockartig ausgefallene Kristalle oft Einschlüsse bilden.

Filtrationsmethoden

- Heissfiltration mittels Drucknutsche, Hartfilter verwenden
- Heissfiltration mittels vorgewärmten Geschirrs
- Überschussmethode:
  - Lösung so stark verdünnen, dass der Kristallisationspunkt nahe Raumtemperatur liegt. Aktivkohle über Hartfilter, Hyflo oder einen doppelten Faltenfilter filtrieren. Das überschüssige Lösemittel anschliessend durch eindampfen wieder vom Filtrat entfernen. Die so entstandene Suspension durch heizen noch einmal in Lösung bringen.

Kristallisieren aus der Lösung

Aus der gereinigten Lösung wird die Substanz unter leichtem Rühren durch Abkühlen kristallisiert. Dabei darf nicht schockartig abgekühlt werden, da bei schnellem Kristallisieren die Gefahr der Bildung von Einschlüssen gross ist.

Mögliche Massnahmen falls die Substanz nicht auskristallisiert:

Ankratzen

Mit einem Glasstab, Spatel oder Thermometer wird in der übersättigten Lösung an der Wand der Apparatur gekratzt. Das Ankratzen bewirkt auf der Kratzspur die Bildung von Kristallen.

Diese Kristalle nennt man Impfkristalle oder Kristallkeime. Diese Impfkristalle führen durch einen Dominoeffekt zur weiteren Kristallisation.

Zusetzen von Impfkristallen

Wenn die zu reinigende Substanz bereits in der reinen Form vorrätig ist, kann die übersättigte Lösung mit zusetzen von wenigen Kristallen angeimpft und somit zur Kristallisation gebracht werden.

Verdunsten am Thermometer

Ein Glasstab, ein Spatel oder ein Thermometer wird in die Lösung gehalten und herausgezogen. Durch das verdunsten des Lösemittels können sich Kristalle bilden. Das Wiedereintauchen bewirkt eine Kristallisation, wenn eine übersättigte Lösung vorliegt.

Eine alternative Möglichkeit ist das Ausstreichen der Lösung auf einer Glasfläche wie einem Uhrglas. Es werden sich verwendbare Kristalle bilden.

Isolieren der Kristalle

Die Kristalle werden durch Filtration bei vermindertem Druck von der Lösung abgetrennt. Die Gefässe können mit der Mutterlauge nachgespült werden. Die den Kristallen anhaftende Mutterlauge enthält gelöste Verunreinigungen, welche durch Waschen mit wenig kaltem Lösemittel in kleinen Portionen entfernt werden.

Hochsiedende Lösemittel, die sich bei der Trocknung schlecht entfernen lassen, können durch Waschen mit einem geeigneten tiefer siedenden Lösemittel entfernt werden. Dabei soll das tiefer siedende Lösemittel die Kristalle nicht lösen.

Um die Kristalle vor Feuchtigkeit, Sauerstoff und Schmutz zu schützen, soll nicht unnötig lang Luft durchgesaugt werden.

Die feuchten Kristalle werden getrocknet. Danach wird die Ausbeute bestimmt. Entspricht diese nicht den Erwartungen beispielsweise einem Literaturwert, muss die Mutterlauge zu einer zweiten und vielleicht sogar zu einer dritten Fraktion aufgearbeitet werden.

Aufarbeiten der Mutterlauge

Das Aufarbeiten der Mutterlauge kann durch weiteres Abkühlen bis zur erneuten Kristallisation in einer zweiten Fraktion geschehen. Erfolgt keine Kristallbildung mehr, kann die Mutterlauge am Rotationsverdampfer eingeengt werden, bis eine leichte Trübung sichtbar wird. Durch Abkühlen können nun weitere Kristalle gewonnen werden. Die Mutterlauge kann auch vollständig eingedampft und der Rückstand erneut umkristallisiert werden.

Qualitätsüberprüfung

Die erhaltenen Fraktionen werden mit dem Rohprodukt verglichen. Möglichkeiten dazu sind:

- Chromatographie,
- Schmelzpunktbestimmung,
- Spektroskopie,
- Elementaranalyse,
- Titration.

Fraktionen gleicher Qualität werden vereinigt.

Entspricht die Qualität der erhaltenen Kristalle nicht den gestellten Anforderungen, kann die Substanz einer erneuten Umkristallisation, womöglich aus einem anderen Lösemittel, unterzogen werden.

6.4 Alternative Umkristallisationsmethoden

In der Praxis müssen oft sehr kleine Substanzmengen, oder Produkte, welche *thermisch nicht belastet* werden sollen, kristallisiert werden. Daher haben sich viele verschiedene Umkristallisationsmethoden etabliert. Im Folgenden werden zwei Methoden mit Varianten beschrieben.

6.4.1 Umkristallisation durch Verdrängen

Die zu umkristallisierende Substanz wird in einem Lösemittel gelöst, in dem sie gut löslich ist (Lösemittel A). Danach wird ein Lösemittel zugegeben, in dem die Substanz nicht löslich ist (Lösemittel B). Die Substanz wird aus der Lösung verdrängt.

Dabei ist Wichtig:
- Vorproben und Hauptmenge immer analog bezüglich Temperatur und Lösemittelmengen durchführen.
- Die chromatographische Überprüfung der Vorproben.
- Bei sehr kleinen Mengen keine Vorprobe machen. Wenn kein Reinigungseffekt erzielt wird, wird die ganze Mischung wieder eingedampft und ein anderes Lösemittelsystem gesucht.

Variante 1, im Kühlschrank

Die Substanz wird bei Raumtemperatur mit Lösemittel A gelöst. Bei Bedarf mit Adsorbens behandeln und abfiltrieren. Danach wird Lösemittel B zugegeben bis zur Trübung. Anschliessend wird die trübe Lösung angekratzt und in den Kühlschrank gestellt. Nach erfolgter Kristallisation filtrieren.

Variante 2, getrübte Lösung erwärmen

Die Substanz wird unter dem Siedepunkt mit Lösemittel A gelöst. Bei Bedarf mit Adsorbens behandeln und abfiltrieren. Nun wird Lösemittel B bis zur Trübung zugegeben. Das Gemisch wird nun erhitzt bis sich alles wieder gelöst hat, und danach langsam abgekühlt. Nach erfolgter Kristallisation filtrieren.

Variante 3, warm Lösen

Die Substanz wird warm mit Lösemittel A gelöst, und bei Bedarf mit Adsorbens behandelt und abfiltriert. Danach wird die Lösung mit Lösemittel B zur Trübung gebracht. Unter ständigem Kratzen abkühlen und eventuell mit Eis kühlen. Nach erfolgter Kristallisation noch eine Weile kühlen, danach filtrieren.

Die ◘ Tab. 6.2 zeigt mögliche Lösemittel-Systeme für die Verdrängung.

◘ Tab. 6.2 Lösemittel-Systeme für die Verdrängung

Polare Systeme	Unpolare Systeme
Ethanol / Wasser	Diethylether / Hexan
Methanol / Wasser	Ethylacetat / Hexan
Methanol / Isopropanol	Toluen / Hexan

Tab. 6.2 (*Fortsetzung*) Lösemittel-Systeme für die Verdrängung	
Polare Systeme	**Unpolare Systeme**
Aceton / Wasser	Ethylacetat / Toluen
	Diethylether / Diisopropylether

6.4.2 Umkristallisation durch Aufkonzentration

Variante 4, überschüssiges Lösemittel eindampfen

Die Substanz wird mit einem Überschuss an Lösemittel gelöst. Bei Bedarf kann man die Lösung mit Adsorbens behandeln und abfiltrieren. Danach wird der Überschuss an Lösemittel am Rotavapor wieder abdestilliert. Die abdestillierte Lösemittelmenge soll abgemessen werden. Verhältnis von Substanz zu Lösemittel soll etwa der Vorprobe angepasst werden. Eventuell kann man die resultierende Suspension noch einmal heiss lösen, abkühlen und auskristallisieren lassen.

Diese Variante eignet sich gut wenn ein Adsorbens eingesetzt wird, da bei dieser Methodik das Adsorbens kalt abfiltriert werden kann.

Variante 5, eindampfen eines Gemisches bis zur Trübung

Die Substanz wird mit Lösemittel A gelöst. Danach wird ein *höher siedendes* Lösemittel zugegeben, welches das Produkt schlechter löst. Nun wird die Lösung bis zum Kristallisationspunkt eingedampft. Dabei dampft vorwiegend Lösemittel A ab, was zu einer Verdrängung führt. Der Kolben wird nun abgenommen und das Gemisch unter Rühren abkühlen lassen. Die abdestillierte Menge soll abgemessen werden.

Die ◘ Tab. 6.3 zeigt mögliche Lösemittel-Systeme für die Aufkonzentration.

Tab. 6.3 Tabelle mit Lösemittelsystemen für Umkristallisationen durch Aufkonzentration	
Polare Systeme	**Unpolare Systeme**
Methanol / Wasser	Diethylether / Diisopropylether
Aceton / Wasser	Diethylether / Hexan
Methanol / Isopropanol	Ethylacetat / Toluen
	Diethylether / Toluen
	Aceton / Toluen

6.5 Zusammenfassung

In diesem Kapitel wird die klassische Umkristallisation Methode genauer beschrieben, weiter werden die Methoden *Umkristallisation durch Verdrängung* und *Umkristallisation durch Aufkonzentration* beschrieben.

Weiterführende Literatur

Schwister K (2007) Taschenbuch der Verfahrenstechnik. Hanser, München, S 160

Becker HG et al (2009) Organikum, 23. Aufl. Wiley-VCH, Weinheim

Destillation, Grundlagen

aprentas (Hrsg.), *Laborpraxis Band 3: Trennungsmethoden*, DOI 10.1007/978-3-0348-0970-2_7

Die Destillation ist eine der ältesten *Trennungsmethoden* für flüssige oder geschmolzene Gemische. Dabei werden die einzelnen Komponenten verdampft und der wegströmende Dampf wieder kondensiert.

Die dazu benötigten Geräte wurden im Laufe der Zeit immer weiter entwickelt. Mit modernen Destillationsanlagen sind Gemische von Substanzen trennbar, deren Siedepunkte nur einige Grade auseinanderliegen.

7.1 Allgemeine Grundlagen

7.1.1 Aggregatzustand

Wie die ◘ Abb. 7.1 zeigt, werden die Moleküle eines Stoffes durch ihre *gegenseitige Anziehung* mehr oder weniger zusammengehalten. Von dieser Anziehung hängt es weitgehend ab, in welchem Aggregatzustand sich ein Stoff bei einer bestimmten Temperatur und einem bestimmten Druck befindet.

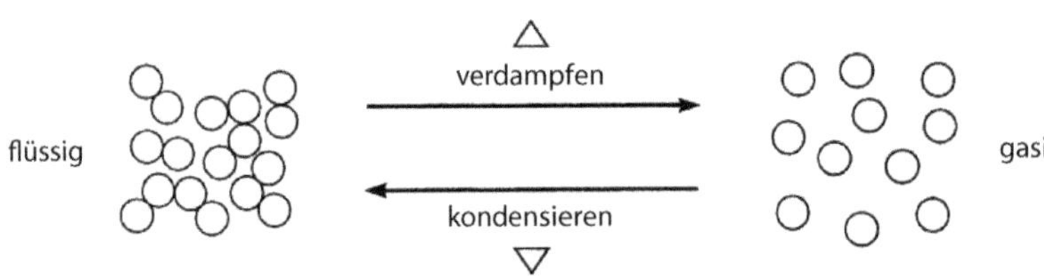

◘ **Abb. 7.1** Ein Stoff ist flüssig, wenn die Bewegungsenergie (kinetische Energie) der Teilchen etwa gleich gross ist wie ihre gegenseitige Anziehung: Die Teilchen können sich gegeneinander verschieben. Ein Stoff ist gasförmig, wenn die Bewegungsenergie (kinetische Energie) der Teilchen so gross ist, dass ihre gegenseitige Anziehung überwunden ist: Die Teilchen sind frei beweglich

7.1.2 Verdampfen und Kondensieren

Der Übergang vom flüssigen in den gasförmigen Aggregatzustand wird als Verdampfen bezeichnet. Er ist mit Zufuhr von Wärmeenergie verbunden. Diese Wärmeenergie wird in Bewegungsenergie umgewandelt. Dabei werden Teilchen frei beweglich und gehen aus der Flüssigkeit in den umgebenden Raum.

Den Übergang vom gasförmigen in den flüssigen Aggregatzustand bezeichnet man als Kondensieren. Dabei wird Energie frei.

7.1.3 Dampfdruck

Die Moleküle eines Stoffes haben bei jeder Temperatur eine bestimmte Teilchenbewegung; unter ihnen befinden sich solche, die infolge ihrer momentan grossen Bewegungsenergie die Oberfläche des Stoffes verlassen können. In einem geschlossenen System stellt sich über einer Flüssigkeit ein temperaturabhängiger Gleichgewichtszustand ein wie die ◘ Abb. 7.2 und 7.3 zeigen.

Es treten gleichviele Teilchen pro Zeiteinheit aus der Flüssigkeit aus, wie Dampfteilchen in die Flüssigkeit zurückkehren.

Moleküle die sich über der Flüssigkeit befinden, erzeugen gegen die Umgebung, bestehend aus der Gefässwand oder aus der Luft, einen Druck, der als Dampfdruck bezeichnet wird. Der Dampfdruck ist ein Mass für das Bestreben von Molekülen, aus dem flüssigen oder festen Zustand in den gasförmigen Aggregatzustand überzugehen.

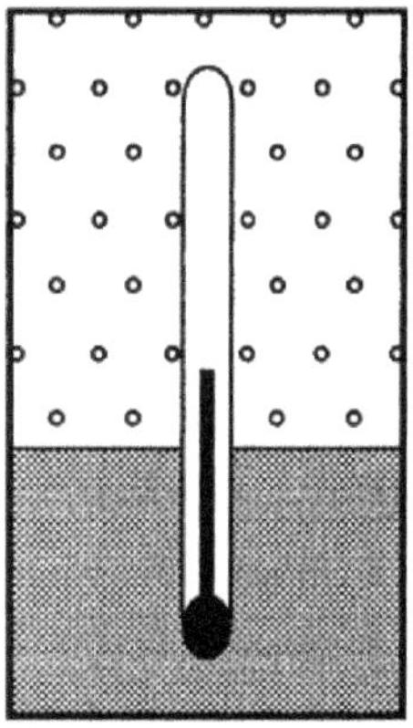

Abb. 7.2 Wenig Teilchen = geringer Dampfdruck

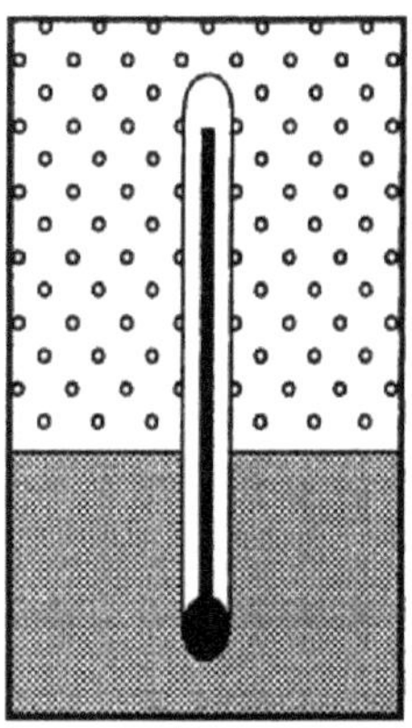

Abb. 7.3 Viele Teilchen = hoher Dampfdruck

Der Dampfdruck ist temperaturabhängig.

Beim *absoluten Nullpunkt* von 0 Kelvin ist der Dampfdruck gleich Null. Je höher die Temperatur ist, umso mehr Moleküle treten pro Zeiteinheit aus der Flüssigkeit aus und umso höher ist der Dampfdruck.

Anmerkung zu ◘ Abb. 7.4 und weitere: Früher wurde Toluen „Toluol" genannt und Benzen wurde „Benzol" genannt. Die verwendeten Grafiken sind teilweise mit den alten Begriffen angeschrieben.

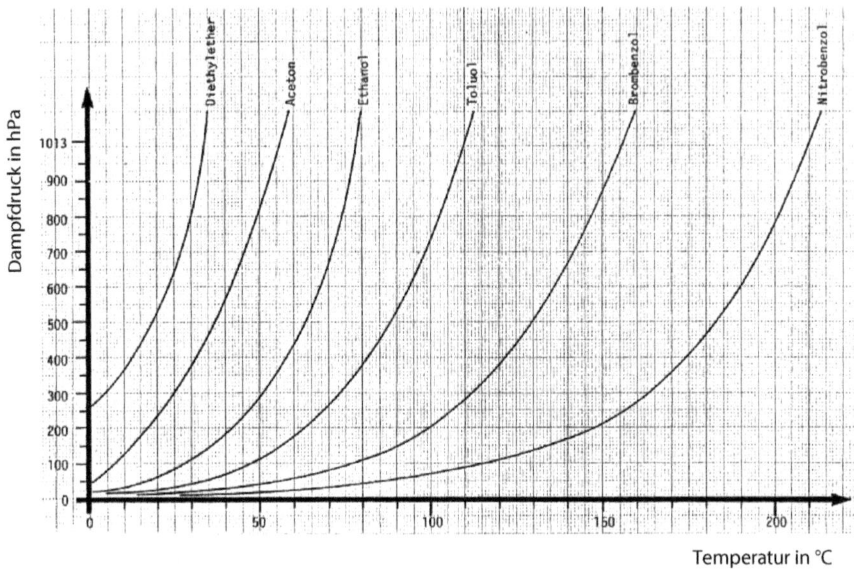

◘ **Abb. 7.4** Der Dampfdruck verhält sich mit zunehmender Temperatur nicht linear und jeder Stoff besitzt eine spezifische Dampfdruckkurve

7.1.4 Verdunsten

Verdunsten ist, wie die ◘ Abb. 7.5 zeigt, ein Vorgang *unterhalb der Siedetemperatur*.

- Der Dampfdruck der Flüssigkeit ist kleiner als der Umgebungsdruck.
- Pro Zeiteinheit treten wenig Teilchen aus der Flüssigkeit aus.
- Gasteilchen bilden sich nur an der Oberfläche.
- Die benötigte Wärmeenergie wird der Umgebung entzogen, die Flüssigkeit kühlt sich dabei ab.

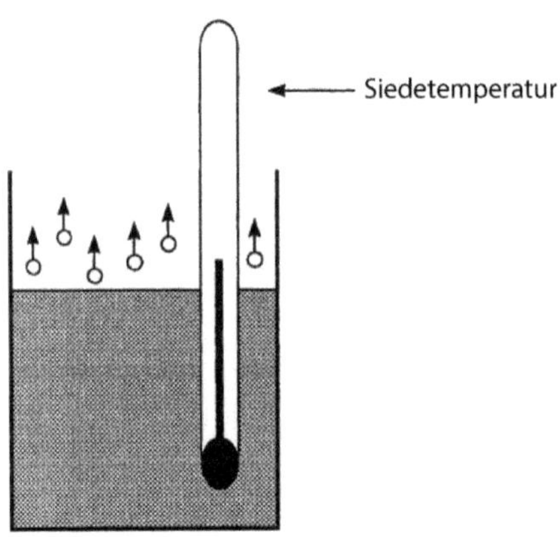

◘ **Abb. 7.5** Verdunsten

7.1.5 Sieden

Sieden ist, wie die ■ Abb. 7.6 zeigt, ein Vorgang *bei Siedetemperatur.*
- Der Dampfdruck der Flüssigkeit ist gleich dem Umgebungsdruck.
- Pro Zeiteinheit treten viele Teilchen aus der Flüssigkeit aus.
- Gasteilchen bilden sich in der ganzen Flüssigkeit.
- Die benötigte Wärmeenergie muss durch Heizen zugeführt werden.

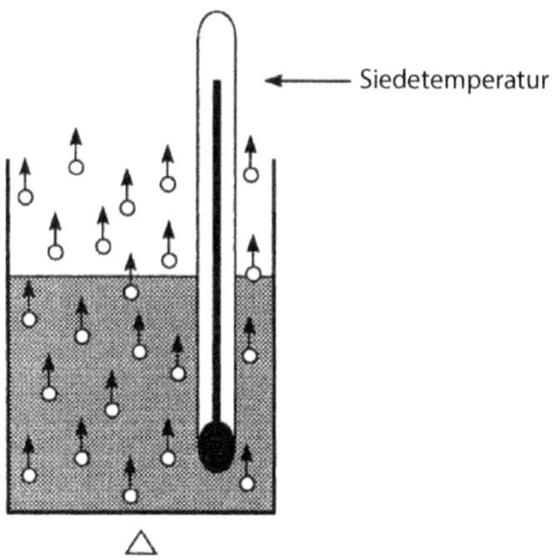

■ **Abb. 7.6** Sieden

7.1.6 Siedetemperatur

Die Siedetemperatur einer Flüssigkeit ist diejenige Temperatur, bei welcher ihr *Dampfdruck gleich gross wie der Umgebungsdruck* ist.

Die Siedetemperatur ist druckabhängig.

Wie die ■ Abb. 7.7 zeigt, steigt mit zunehmendem Umgebungsdruck die Siedetemperatur, mit abnehmendem Umgebungsdruck sinkt sie. Hochsiedende oder temperaturempfindliche Stoffe können dadurch unter vermindertem Druck bei tieferer Siedetemperatur destilliert werden.

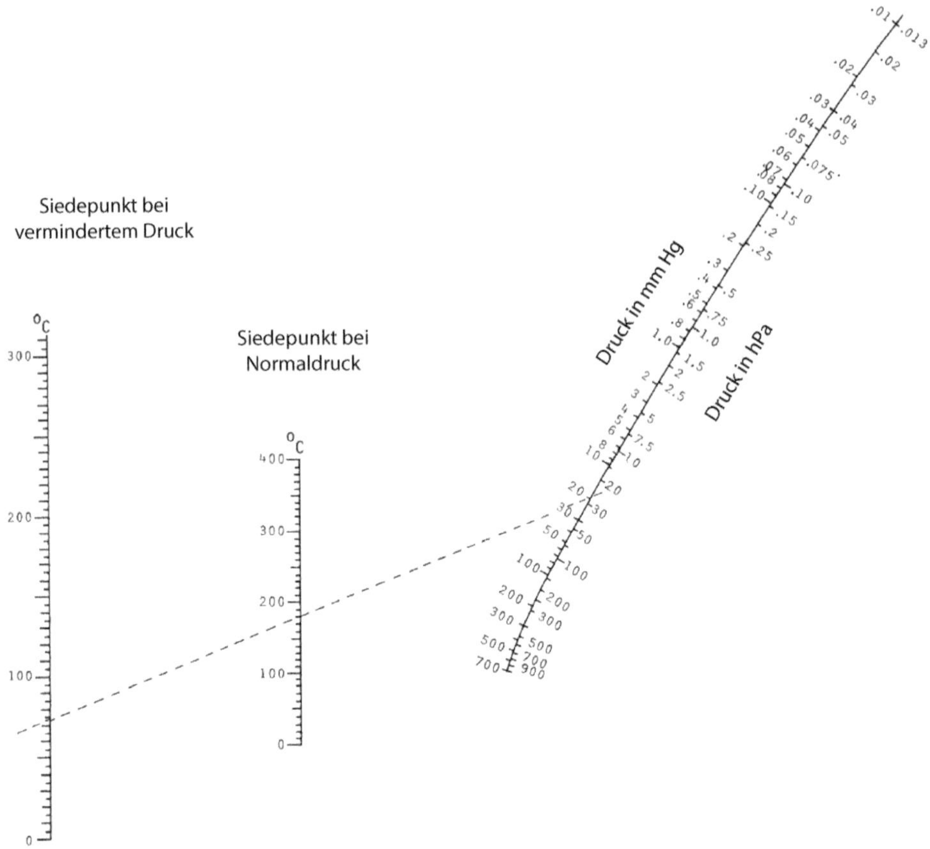

Abb. 7.7 Diagramm zum Ermitteln der Siedetemperatur

7.1.7 Verdampfungswärme

Hat eine Flüssigkeit ihre Siedetemperatur erreicht, dann verdampft sie, ohne dass die Temperatur weiter ansteigt.

Während des Verdampfens muss der Flüssigkeit *ständig Energie zugeführt* werden. Diese Verdampfungswärme dient, wie die Abb. 7.8 zeigt, zum Überwinden der Anziehungskräfte der Moleküle.

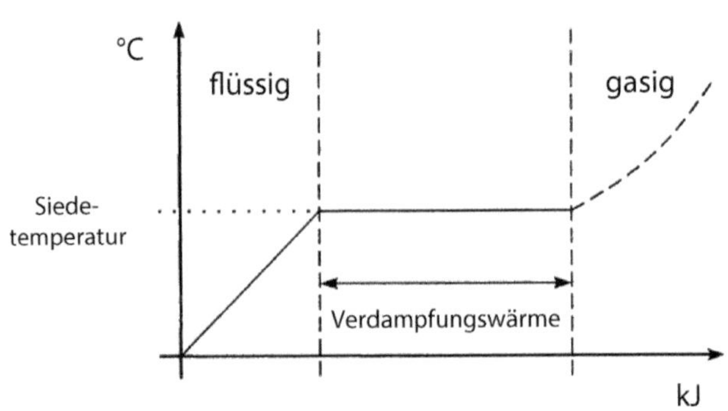

Abb. 7.8 Verdampfungswärme

7.1.8 Spezifische Verdampfungswärme

Die spezifische Verdampfungswärme ist die *Wärmemenge* in kJ, die nötig ist, um 1 kg Flüssigkeit ohne Temperaturänderung zu verdampfen. Die Einheit der spezifischen Verdampfungswärme ist kJ/kg.

Die Verdampfungswärme eines Stoffes ist gleich, ob die Flüssigkeit durch Sieden oder durch Verdunsten in den gasförmigen Zustand übergeht.

Alle Grundlagen betreffend Verdampfen und Verdampfungswärme gelten im umgekehrten Sinn auch für die Begriffe Kondensieren und Kondensationswärme.

7.2 Siedeverhalten von binären Gemischen

Ein siedendes binäres Gemisch besteht aus diesen beiden Komponenten, wie in ◘ Abb. 7.9 dargestellt.

◘ **Abb. 7.9** Sinnbild für zwei verschiedene Moleküle

Der Dampfdruck dieses Gemisches setzt sich zusammen aus den Dampfdrücken der einzelnen Komponenten. Im Siedeverhalten unterscheidet man zwischen idealen und azeotropen Gemischen.

7.2.1 Ideale Gemische

Ideale Gemische werden, wie in der ◘ Abb. 7.10 dargestellt, durch folgende Kriterien charakterisiert:

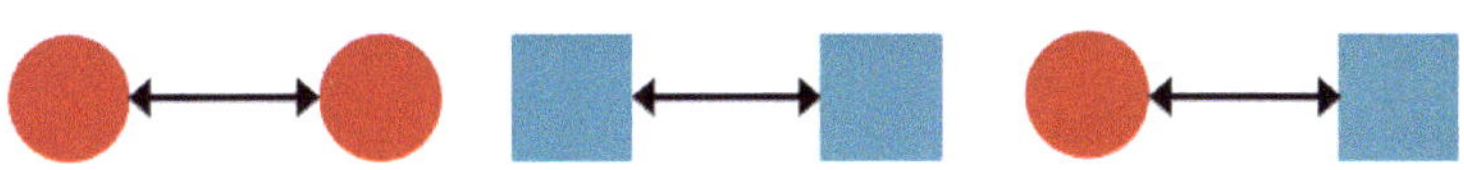

◘ **Abb. 7.10** Die Anziehungskräfte zwischen gleichartigen und verschiedenartigen Molekülen sind gleich gross

Die Siedetemperatur liegt zwischen dem Siedepunkt der niedersiedenden und der höhersiedenden Komponente:
- Bei einer Destillation erhält man ein Gemisch mit laufend ändernder Zusammensetzung, wobei die Siedetemperatur steigt.
- Die Konzentration im vorgelegten Gemisch ändert sich laufend.
- Das Gemisch ist durch Destillation trennbar.

Dampfdrücke der Komponenten

Die einzelnen Dampfdrücke sind von der molaren Konzentration der vorliegenden Komponenten im Gemisch abhängig.

Der Gesamtdampfdruck eines idealen binären Gemisches setzt sich somit zusammen aus der Summe der Dampfdrücke der beiden Komponenten bei der betreffenden Temperatur, multipliziert mit dem Stoffmengenanteil [Symbol = χ (*Chi*)] im Gemisch.

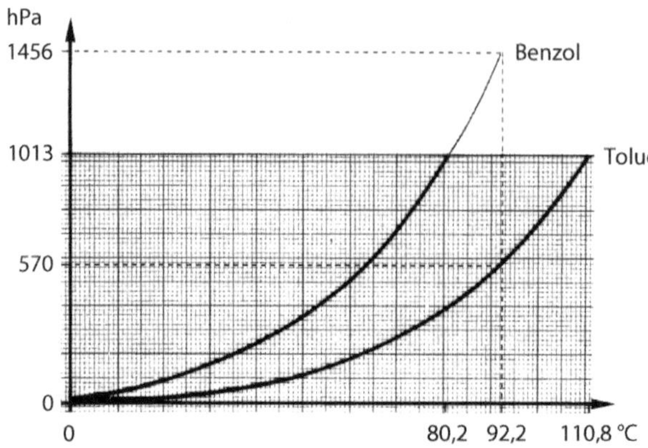

■ **Abb. 7.11** Beispiel: Benzen / Toluen; Stoffmengenanteil χ je 0,5; Siedepunkt 92,2°C

Wie die ■ Abb. 7.11 zeigt, hätte bei der Siedetemperatur des Gemisches (92,2 °C) Benzen theoretisch einen Dampfdruck von 1456 hPa, Toluen einen solchen von 570 hPa.

Stoffmengenanteil der Komponenten im Gemisch:
χ(Benzen) und χ(Toluen) je 0,5 mol/mol

Anteil der Dampfdrücke bei Siedetemperatur:
$p(\text{Benzen}) = 1456\,hPa \cdot 0{,}5 = 728\,\text{hPa}$
$p(\text{Toluen}) = 570\,hPa \cdot 0{,}5 = 285\,\text{hPa}$
$\text{Gesamtdampfdruck} = 1013\,\text{hPa}$

Siedetemperatur

Die Temperatur eines siedenden Gemisches befindet sich *zwischen den Siedetemperaturen* der reinen Komponenten. Je nach Mengenverhältnis und Einzeldampfdruck liegt sie näher beim Siedepunkt der einen oder der anderen Komponente. Die Siedetemperatur eines Gemisches ist somit abhängig vom Stoffmengenanteil und den Dampfdrücken der Komponenten.

Zusammensetzung des Dampfes

Die Zusammensetzung des Dampfes entspricht dem Dampfdruckverhältnis der beiden Komponenten. Im vorherigen Beispiel, ■ Abb. 7.11, haben Benzen 728 hPa und Toluen 285 hPa, dies ergibt eine Zusammensetzung von ungefähr 7 + 3 Teilen, was bei einer Siedetemperatur von 92,2 °C bedeutet dass der Stoffmengenanteil χ(Benzen) ≈ 0,7 mol/mol und der Stoffmengenanteil χ(Toluen) ≈ 0,3 mol/mol beträgt.

Durch das Abdestillieren des niedersiedenden Anteils nehmen die Konzentration des höhersiedenden Anteils im Gemisch und somit auch die Gemisch-Siedetemperatur laufend zu.

Je weiter die Siedetemperaturen beziehungsweise die Dampfdrücke der zu trennenden Komponenten auseinander liegen, umso grösser ist die Anreicherung von niedersiedendem Anteil im Dampf, das heisst umso besser lässt sich ein solches Gemisch mittels Destillation trennen.

Gleichgewichtsdiagramm

Mit Hilfe eines Gleichgewichtsdiagrammes, wie es die ■ Abb. 7.12 beispielsweise zeigt, kann festgestellt werden, ob die Trennung eines idealen Gemisches durch Destillation leicht oder nur mit grossem Aufwand möglich ist.

Das Diagramm zeigt bei einem bestimmten Druck die Konzentrationsverhältnisse der leichtflüchtigeren Komponente im Dampf und im Gemisch.

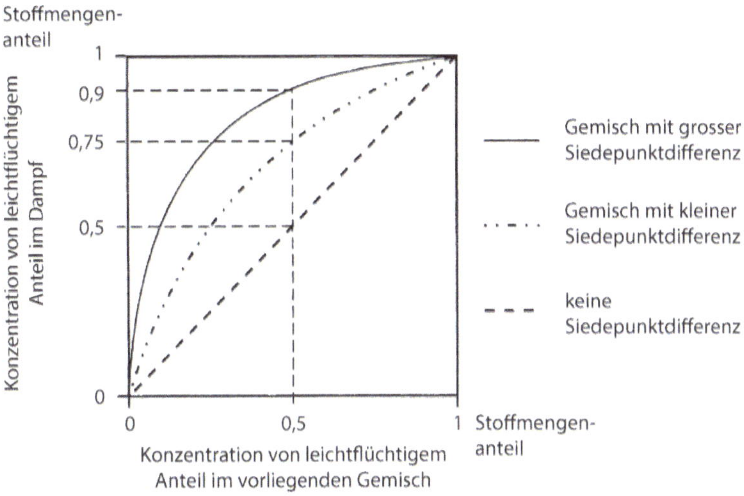

Abb. 7.12 Die stark gewölbte Kurve zeigt eine gute, die schwach gewölbte Kurve eine schlechte und die Gerade gar keine Trennbarkeit des Gemisches. Die einzelnen Messpunkte der Kurve lassen sich experimentell oder mathematisch ermitteln

7.2.2 Azeotrope Gemische

Azeotrope Gemische gibt es als Minimum- und Maximumazeotrop.

7.2.3 Minimumazeotrope Gemische

Minimumazeotrope werden, wie Abb. 7.13 zeigt, durch folgende Kriterien charakterisiert:

- Der Siedepunkt des abdestillierenden Gemisches liegt wegen der Dampfdruckaddition unterhalb des Siedepunkts der tiefersiedenden Komponente.
- Zuerst destilliert das azeotrope Gemisch in konstanter Zusammensetzung und bei konstanter Temperatur bis nur noch eine Komponente zurück bleibt.
- Die Konzentration des destillierenden Azeotropes ist nicht abhängig von der Zusammensetzung des Gemisches in der Vorlage.
- Das Azeotrop verhält sich wie eine reine Substanz und ist durch Destillation nicht trennbar.

Abb. 7.13 Die Anziehungskräfte zwischen verschiedenartigen Molekülen sind kleiner als zwischen gleichartigen

Beispiel: Ethanol-Wasser Gemisch

- Ethanol, Siedepunkt: 78,3 °C
- Wasser, Siedepunkt: 100,0 °C

- Siedetemperatur Gemisch: 78,2 °C
- Zusammensetzung Dampf: w(Ethanol) = 95,6 %, $w(H_2O)$ = 4,4 % Wasser

Beispiel: Toluen-Wasser Gemisch

- Toluen, Siedepunkt: 110,8 °C
- Wasser, Siedepunkt: 100,0 °C
- Siedetemperatur Gemisch: 85,0 °C
- Zusammensetzung Dampf: w(Toluen) = 79,8 %, $w(H_2O)$ = 20,2 %

Nach dem Kondensieren sind die beiden Komponenten praktisch nicht mehr mischbar und bilden 2 Phasen.

- Toluenphase: w(Toluen) = 99,95 %, $w(H_2O)$ = 0,05 %
- Wasserphase: $w(H_2O)$ = 99,94 %, w(Toluen) = 0,06 %

Dampfdrücke

Der Dampfdruck des siedenden Azeotrops bildet sich aus der *Summe der Dampfdrücke* der beiden Komponenten.

Die Zusammensetzung des Gesamtdampfdruckes wird durch Aufzeichnen der Dampfdruckkurven der Komponenten in einem Diagramm, wie es ◘ Abb. 7.14 zeigt, ermittelt. Beim Schnittpunkt der Kurven erhält man die Dampfdruckverhältnisse und die Siedetemperatur des Gemisches. Aus diesen Werten lässt sich die Zusammensetzung des azeotropen Gemisches berechnen.

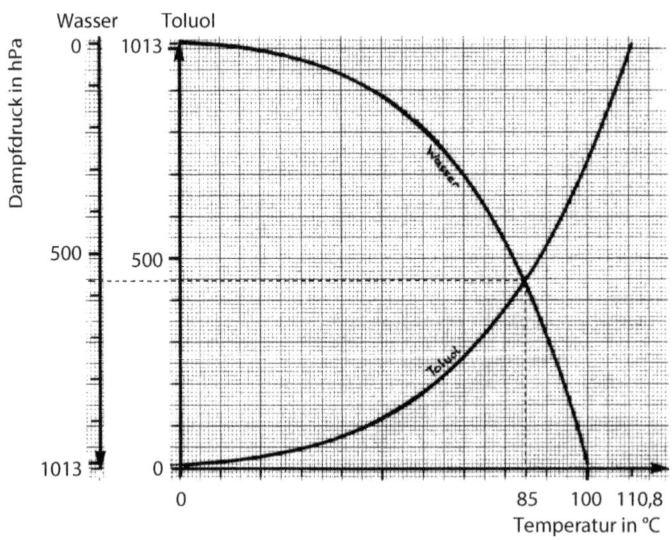

◘ **Abb. 7.14** Beispiel: Destillation eines Gemisches von Toluen / Wasser bei Normaldruck

Aus dem Diagramm sind folgende Daten ersichtlich:

- Siedepunkt des Gemisches: 85 °C
- Dampfdruck des Toluens: 446 hPa
- Dampfdruck des Wassers: 567 hPa
- Gesamtdampfdruck: 1013 hPa
- Zusammensetzung des Dampfes

Aus dem Dampfdruckverhältnis der beiden Komponenten lässt sich die molare Zusammensetzung des Dampfes ableiten.
Dampfdruckverhältnis: 446 hPa Toluen / 567 hPa Wasser
Molare Zusammensetzung: 4,46 mol Toluen / 5,67 mol Wasser

Für die Praxis lässt sich das Massenverhältnis des Destillates berechnen:

$$\frac{4{,}46\,\text{mol} \times 92\,\text{g/mol}}{5{,}67\,\text{mol} \times 18\,\text{g/mol}} = \frac{410{,}3\,\text{g Toluen}}{102{,}1\,\text{g Wasser}} = \text{ungefähr 4 g Toluen auf ungefähr 1 g Wasser}$$

Die Zusammensetzung des azeotropen Gemisches ist *druckabhängig*.

7.2.4 Maximumazeotrope Gemische

Maximumazeotrope werden, wie ◘ Abb. 7.15 zeigt, durch folgende Kriterien charakterisiert:
- Der Siedepunkt des abdestillierenden Gemisches liegt über dem Siedepunkt der höhersiedenden Komponente.
- Zuerst destilliert die überschüssige Komponente ab, bis die Konzentration des azeotropen Gemisches im Dampf und im Gemisch erreicht ist. Dann destilliert das Gemisch in konstanter Zusammensetzung bei konstanter Temperatur.
- Das Azeotrop verhält sich wie eine reine Substanz und ist durch Destillation nicht trennbar.

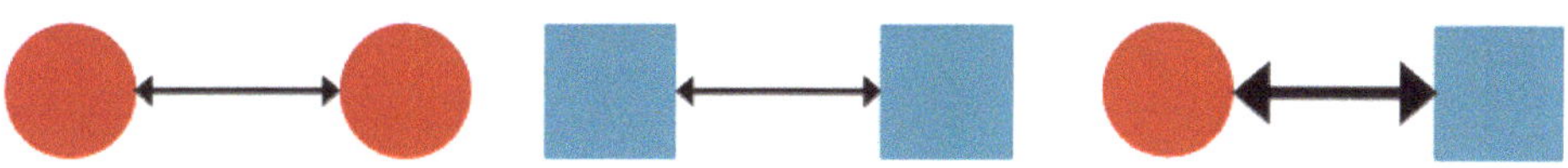

◘ **Abb. 7.15** Die Anziehungskräfte zwischen verschiedenartigen Molekülen sind grösser als zwischen gleichartigen

Beispiel: Chlorwasserstoff-Wasser (Salzsäurelösung)
- Chlorwasserstoff, Siedepunkt: −85 °C
- Wasser, Siedepunkt: 100,0 °C
- Siedetemperatur Gemisch: 108,6 °C
- Zusammensetzung Dampf: $w(\text{HCl}) = 20{,}2\,\%$, $w(\text{H}_2\text{O}) = 79{,}8\,\%$

Beim Destillieren einer Salzsäure mit $w(\text{HCl}) = 15\,\%$ destilliert zuerst Wasser ab, bis sich im Gemisch und im Dampf eine Konzentration von $w(\text{HCl}) = 20{,}2\,\%$ eingestellt hat.

Beispiel: Cyclohexanol-Phenol
- Cyclohexanol, Siedepunkt: 160,0 °C
- Phenol, Siedepunkt: 182,2 °C
- Siedetemperatur Gemisch: 183,0 °C
- Zusammensetzung Dampf: $w(\text{Cyclohexanol}) = 13{,}0\,\%$, $w(\text{Phenol}) = 87{,}0\,\%$

Die Zusammensetzung des azeotropen Gemisches ist *druckabhängig*.

7.3 Durchführen einer Destillation

Destillation ist ein physikalisches Verfahren zur Trennung von zwei oder mehreren Stoffen. Eine destillative Trennung beruht auf der Tatsache, dass Stoffe bei gleichen Bedingungen unterschiedliche Dampfdrücke und somit unterschiedliche Siedetemperaturen besitzen.

Beim Destillationsvorgang wird ein Stoff verdampft und der wegströmende Dampf wieder kondensiert.

Es können Flüssigkeiten und Feststoffe destilliert werden; die Destillation kann bei Normaldruck oder unter vermindertem Druck erfolgen.

7.3.1 Grundsätzlicher Aufbau einer Destillationsapparatur

Abb. 7.16 zeigt den grundsätzlichen Aufbau einer Destillationsapparatur.

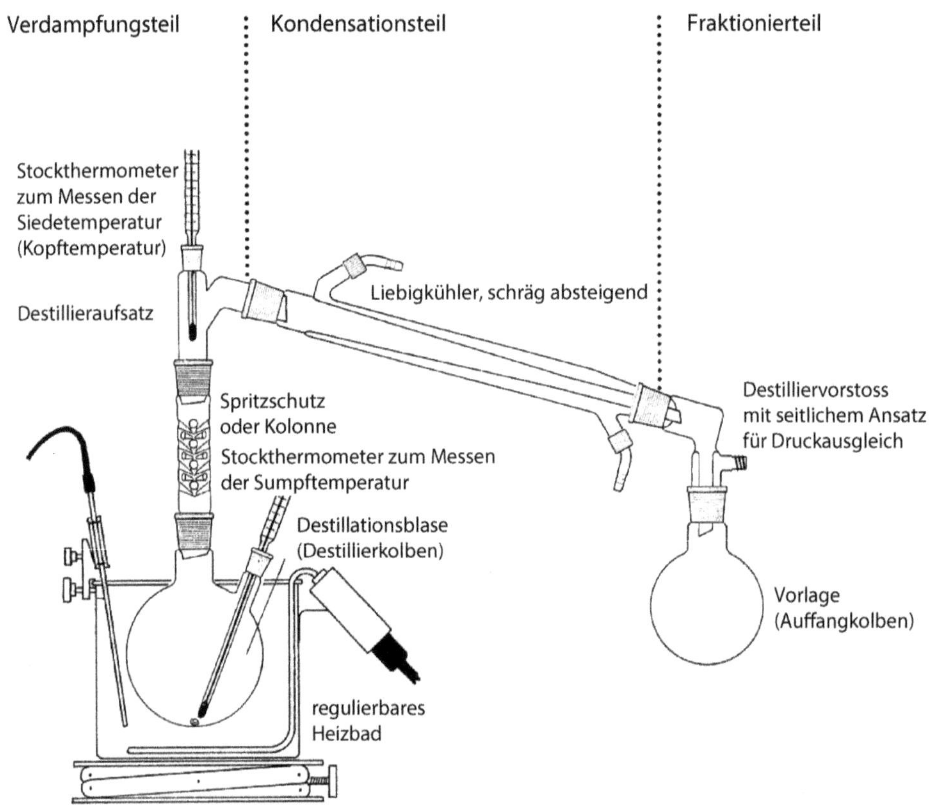

Abb. 7.16 Destillationsapparatur

7.3.2 Destillationsverlauf eines idealen binären Gemisches

Das folgende Diagramm in ◘ Abb. 7.17 zeigt einen möglichen Verlauf der Destillation eines gut trennbaren, idealen binären Gemisches.

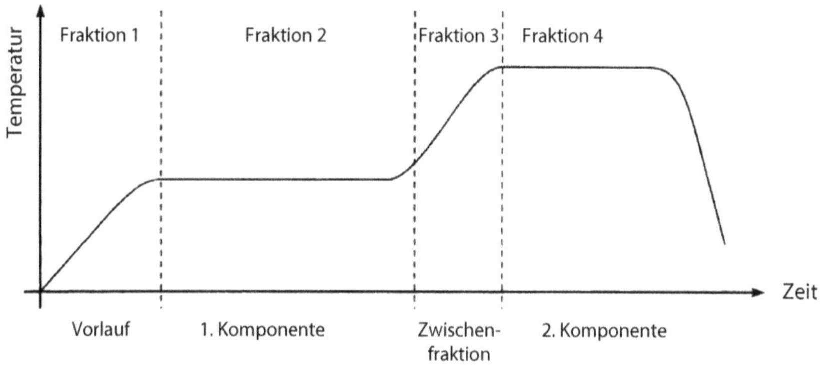

◘ **Abb. 7.17** Verlauf der Siedetemperatur (Kopftemperatur)

Die Destillationstemperatur steigt zunächst bis zur Siedetemperatur der niedersiedenden Komponente an. Die Kopftemperatur bleibt dann solange konstant, bis praktisch alle niedersiedenden Anteile abdestilliert sind. Danach erfolgt ein Temperaturanstieg bis zur Siedetemperatur der höhersiedenden Komponente, wobei ein Gemisch mit laufend ändernder Zusammensetzung destilliert (Zwischenfraktion). Zum Schluss destilliert die reine, höhersiedende Komponente bei konstanter Temperatur.

7.3.3 Heizen

Soll ein binäres Gemisch exakt getrennt werden, muss sorgfältig aufgeheizt werden. Die *Badtemperatur ist ständig* dem Verlauf der Destillation und der Destillationsgeschwindigkeit *anzupassen* (ungefähr 1 Tropfen Destillat/Sekunde), wie es die ◘ Abb. 7.18 zeigt. Grössere Temperaturschwankungen und Überhitzungen sind durch eine entsprechende Regelung des Heizbades zu vermeiden.

Die Destillationsblase soll während der ganzen Destillation möglichst tief in das Heizmedium eintauchen, um Wärmeverluste zu vermeiden.

Die Destillation ist beendet, wenn trotz Temperaturerhöhung im Heizbad die Destillationstemperatur sinkt.

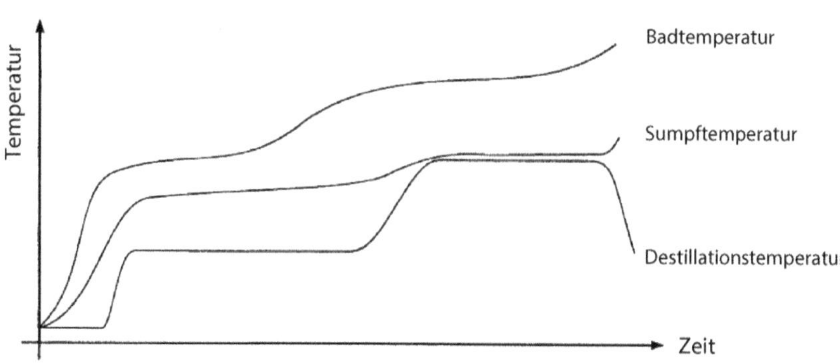

◘ **Abb. 7.18** Das Diagramm zeigt den Temperaturverlauf im Heizbad, in der Destillationsblase (Sumpftemperatur) und im Aufsatz (Destillationstemperatur)

Siedeverzug

Unter bestimmten Bedingungen beispielsweise im Falle einer schlechten Wärmeverteilung kann sich eine Flüssigkeit – ohne zu Sieden – einige Grade über ihre Siedetemperatur erhitzen. Dabei kann die geringste Erschütterung oder die Zugabe eines Siedeerleichterers, ein *plötzliches Verdampfen* auslösen. Die nun austretenden Dampfblasen können einen grossen Teil der Flüssigkeit mitreissen.

Ein sehr ähnlicher Vorgang ist das Stossen. Die Dampfbläschen steigen nicht einzeln zur Flüssigkeitsoberfläche empor, sondern vereinigen sich am Boden des Gefässes zu grossen Dampfblasen, die dann plötzlich unter kräftigem Stossen an die Oberfläche aufsteigen. Diesen Vorgang beobachtet man häufig bei Flüssigkeiten mit Bodensatz.

Verhindern eines Siedeverzugs

Durch *Rühren* oder durch den Einsatz eines *Siedeerleichterers* wird die Wärmeverteilung in der Destillationsblase so verbessert, dass kein Siedeverzug entsteht. Bei Normaldruckdestillationen können auch Siedesteine oder ein Siedeholz eingesetzt werden. Wurde der Siedevorgang unterbrochen, muss vor dem erneuten Aufheizen ein weiterer Siedeerleichterer zugegeben werden. Bei vermindertem Druck wird ein Siedeverzug durch das Rühren mit einem Magnetrührstäbchen oder durch das Einsetzen einer Siedekapillare verhindert.

7.3.4 Messen der Siedetemperatur

◼ Abb. 7.19 zeigt die korrekte Position für das Thermometer.

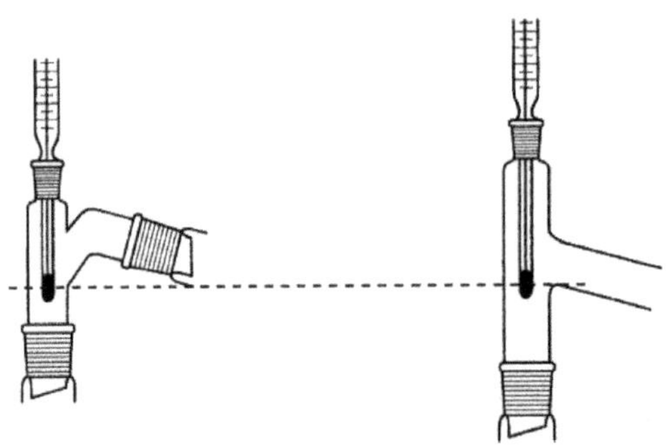

◼ **Abb. 7.19** Zur Messung der korrekten Siedetemperatur muss das Flüssigkeitsvorratsgefäss des Thermometers gerade noch im Dampfstrom liegen

7.3.5 Fraktionieren

Bei der Trennung eines binären Gemisches wird das Destillat in verschiedenen Kolben aufgefangen. Im Laboralltag nennt man das *fraktionieren.*

Zu Beginn der Destillation steigt die Siedetemperatur von Raumtemperatur an bis zur Siedetemperatur der niedersiedenden Komponente.

Das Destillat wird solange im ersten Kolben aufgefangen (Fraktion 1, Vorlauf), bis die Siedetemperatur konstant bleibt.

Dann erfolgt ein Fraktionswechsel. Die niedersiedende Komponente wird im zweiten Kolben (Fraktion 2) gesammelt.

Steigt die Siedetemperatur wieder an, wird der Kolben erneut gewechselt und das Destillat (Fraktion 3, Zwischenfraktion) solange gesammelt, bis die Siedetemperatur konstant ist.

Der Wechsel der Fraktionen wird nach dem beschriebenen Schema wiederholt, bis die Destillation beendet ist. Eine Farbänderung des Destillats beispielsweise durch Zersetzungsprodukte gegen Ende der Destillation verlangt ebenfalls einen Wechsel der Fraktion.

Prinzipiell gilt bei Destillationen: Lieber eine Fraktion zu viel als eine zu wenig.

Die Fraktionen werden fortlaufend nummeriert.

Reinheitskontrolle

Die Reinheit der erhaltenen Fraktionen kann durch Chromatographie, Spektroskopie oder weitere Analysemethoden ermittelt werden.

7.4 Zusammenfassung

Die Destillation ist eine der ältesten Trennungsmethoden für flüssige oder geschmolzene Gemische. Dabei werden die einzelnen Komponenten verdampft und der wegströmende Dampf wieder kondensiert.

Die dazu benötigten Geräte wurden im Laufe der Zeit immer weiter entwickelt. Mit modernen Destillationsanlagen sind Gemische von Substanzen trennbar, deren Siedepunkte nur Teile von Graden auseinanderliegen.

Weiterführende Literatur

Schwister K (2007) Taschenbuch der Verfahrenstechnik. Hanser Verlag, München

Meister E (2006) Grundpraktikum physikalische Chemie. UTB Hochschulverlag, Zürich

Becker HG et al (2009) Organikum, 23. Aufl. Wiley-VCH, Weinheim, S 57

Gleichstromdestillation

aprentas (Hrsg.), *Laborpraxis Band 3: Trennungsmethoden*, DOI 10.1007/978-3-0348-0970-2_8

8.1 Allgemeine Grundlagen

Bei der Gleichstromdestillation wird, wie die Abb. 8.1 zeigt, das zu trennende Gemisch durch *einmaliges Verdampfen und Kondensieren* getrennt.

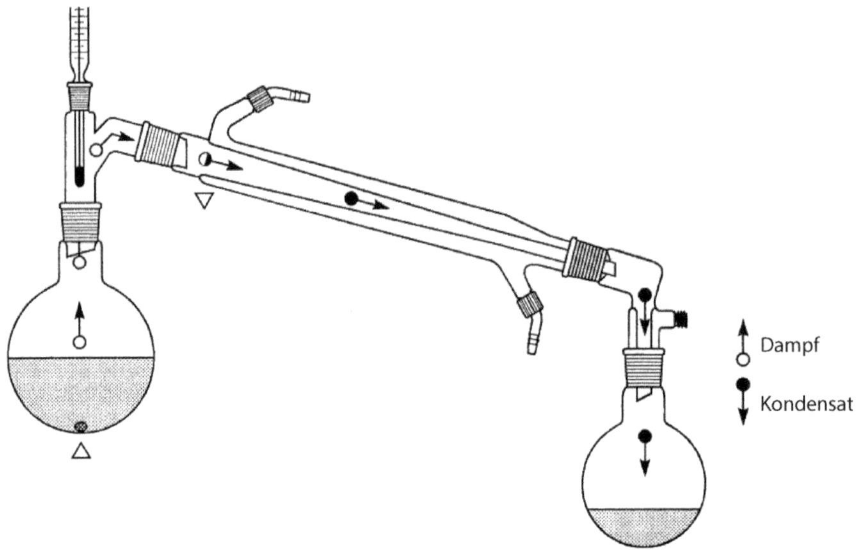

Abb. 8.1 Gleichstromdestillation

Ein binäres Flüssigkeitsgemisch wird so erhitzt, dass die tiefer siedende Substanz zu sieden beginnt. Die höher siedende Komponente verdampft infolge ihres niedrigen Dampfdruckes weniger stark.

Im entweichenden Dampf ist dadurch der niedersiedende Anteil (mit höherem Dampfdruck) angereichert. Beim Kondensieren erhält man somit eine Flüssigkeit mit erhöhtem Anteil an niedersiedender Substanz, bezogen auf das eingesetzte Gemisch.

Zeigen die zu trennenden Substanzen in ihren Siedetemperaturen nur kleine Unterschiede, so lassen sie sich durch eine Gleichstromdestillation nicht genügend trennen und müssen durch eine Gegenstromdestillation getrennt werden.

Zur Anwendung der Gleichstromdestillation gilt: Die Siedepunkt-Differenz der zu trennenden Substanzen soll grösser sein als zirka 100 °C.

8.1.1 Verdampfungsteil

Der Verdampfungsteil einer Destillationsapparatur besteht grundsätzlich aus einem Destillierkolben (Destillierblase), einem Spritzschutz und einem Destillieraufsatz.

Destillierkolben

Im Destillierkolben wird die zu destillierende Flüssigkeit von aussen – z. B. mit einem Heizbad – zum Sieden erhitzt.

Muss die Temperatur der Flüssigkeit im Kolben (Sumpftemperatur) gemessen werden, werden Kolben mit seitlichem Ansatz und ein Thermometer verwendet.

Beim Siedevorgang können mit dem aufsteigenden Dampf auch Flüssigkeitsteilchen mitgerissen werden, dadurch würde das Kondensat verunreinigt. Es empfiehlt sich deshalb, zwischen Destillierkolben und Destillieraufsatz einen Spritzschutz zu montieren.

Spritzschutz

Wie die ◘ Abb. 8.2 zeigt, eignen sich als Spritzschutz beispielsweise ein Destillieraufsatz nach Reitmeyer, ein Kurzwegaufsatz nach Normag oder – zweckentfremdet – eine Destillierkolonne nach Vigreux. Im Dampf mitgerissene flüssige Aerosole und Spritzer werden zurückgehalten und fliessen in den Destillierkolben zurück.

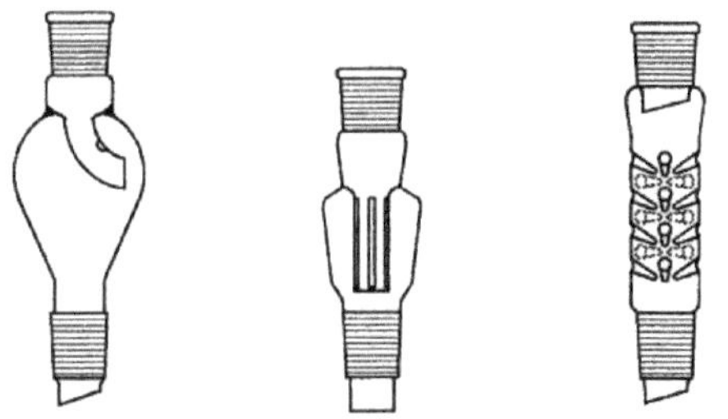

◘ **Abb. 8.2** Spritzschutz in drei Varianten

Destillieraufsatz

Der Destillieraufsatz dient zum Überleiten des Dampfes in den Kühler. Zum Messen der Temperatur des Dampfes (Kopftemperatur) wird ein Thermometer eingesetzt.

8.1.2 Kondensationsteil/Fraktionierteil

Der Kondensationsteil einer Destillationsapparatur besteht aus einem Liebig-Kühler, der den Dimensionen der restlichen Apparatur angepasst sein sollte. Der Fraktionierteil besteht aus einem Destilliervorstoss und einem Kolben (Vorlage) zum Auffangen des Kondensats (Destillat).

Destilliervorstoss

Der Destilliervorstoss mit seitlichem Anschluss sorgt für den Druckausgleich. An diesem Anschluss kann ein Trockenrohr angebracht oder eine Vakuumpumpe angeschlossen werden.

Vorlage

Die Vorlage dient zum Auffangen des Destillats und muss in der Grösse der zu erwartenden Menge angepasst sein. Wird ein leichtflüchtiges Destillat darin gesammelt, muss die Vorlage gekühlt werden.

8.2 Destillation von Flüssigkeiten bei Normaldruck

Die Destillation von Flüssigkeiten bei Normaldruck dient zum Abdestillieren von tiefsiedenden Substanzen. Ein Beispiel dafür ist das Andestillieren von Lösemitteln aus Gemischen oder zum Trennen von Gemischen mit Komponenten, welche hohe Siedepunktdifferenzen aufweisen.

8.2.1 Verdampfungsteil

◘ Abb. 8.3 zeigt den Verdampfungsteil.

◘ **Abb. 8.3** Verdampfungsteil. Von *oben* nach *unten*: Stockthermometer zum Messen der Kopftemperatur, Destillieraufsatz, Vigreuxkolonne als Spritzschutz, Rundkolben mit Siedeerleichterer oder Magnetrührstäbchen maximal zu 3/4 gefüllt

8.2.2 Kondensationsteil

◘ Abb. 8.4 zeigt den Kondensationsteil.

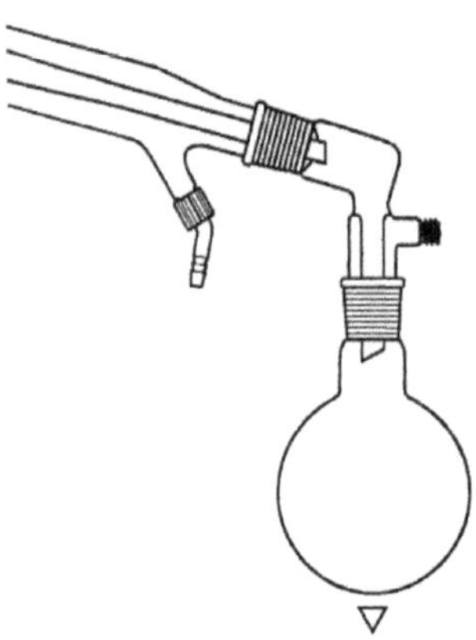

◘ **Abb. 8.4** Kondensationsteil. Von *oben* nach *unten*: Liebigkühler, Destilliervorstoss mit seitlichem Ansatz für Druckausgleich (es kann ein Trockenrohr angeschlossen werden), gekühlter Rundkolben als Vorlage

8.2.3 Durchführen der Destillation

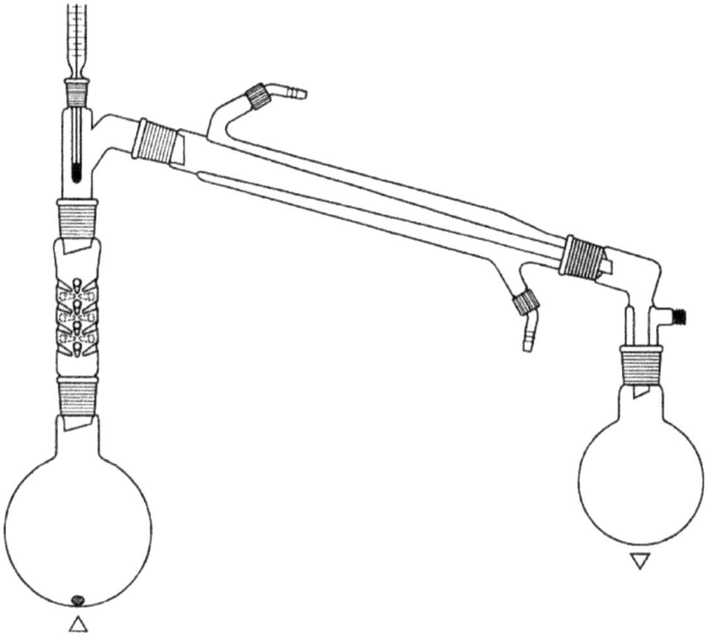

■ **Abb. 8.5** Komplette Destillationsapparatur für eine Gleichstromdestillation

Die in ■ Abb. 8.5 gezeigte Apparatur kann nach folgenden, chronologisch geordneten Punkten bedient werden.

- Alle zu verwendenden Kolben tarieren (Blase und alle Vorlagen)
- Substanz einfüllen
- Siedeerleichterer zusetzen
- Langsam aufheizen und Kühlwasser leicht laufen lassen
- Fraktionieren

8.3 Destillation von Flüssigkeiten bei vermindertem Druck

Die Destillation von Flüssigkeiten bei vermindertem Druck dient zum Reinigen, beziehungsweise Trennen von höhersiedenden (Siedepunkt ab zirka 130 °C) oder temperaturempfindlichen Substanzen.

Die Wahl des dazu verwendeten Arbeitsdrucks richtet sich nach der Siedetemperatur der Substanzen resp. nach dem gewünschten Siedebereich. Aus Sicherheitsgründen werden Destillationen bei vermindertem Druck in einer geschlossenen Kapelle oder hinter einem Schutzschild durchgeführt.

8.3.1 Verdampfungsteil

Um bei Vakuumdestillationen Siedeverzüge zu vermeiden, müssen Magnetrührstab oder eine Siedekapillare verwendet werden, siehe ◼ Abb. 8.6. Eine Siedekapillare ist ein Glas- oder Kapillarrohr, welches mit einem Gasgebläse zu einer hauchdünnen Glaskapillare ausgezogen wurde, so fein, dass unter Vakuum nur ganz kleine Luftblasen eingesaugt werden.

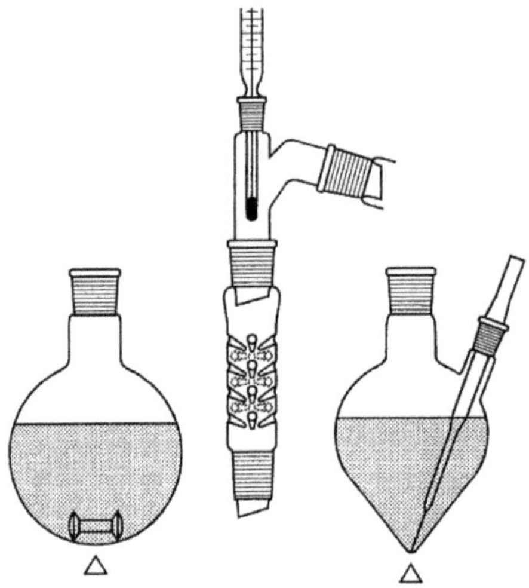

◼ **Abb. 8.6** Verdampfungsteil. Von *oben* nach *unten*: Stockthermometer zum Messen der Kopftemperatur, Destillieraufsatz, Vigreuxkolonne als Spritzschutz, Rundkolben mit Magnetrührstäbchen oder Spitzkolben mit Siedekapillare maximal zu 2/3 gefüllt

8.3.2 Kondensationsteil/Fraktionierteil

Variante mit Anschütz-Thiele Vorstoss

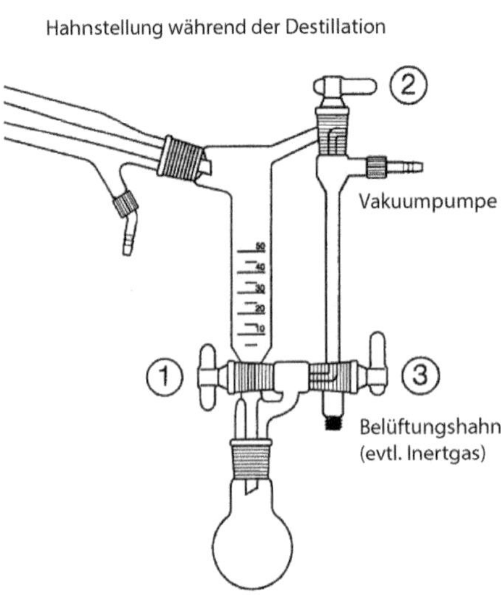

◼ **Abb. 8.7** Anschütz-Thiele-Vorstoss

Die ◘ Abb. 8.7 zeigt einen Anschütz-Thiele-Vorstoss abgewinkelt mit seitlichem Anschluss zum Anschliessen der Vakuumpumpe, sowie einem Belüftungshahn der auch der Inertgas-Belüftung dienen kann.

Dieser Vorstoss ermöglicht eine unbeschränkte Anzahl von Fraktionswechseln, ohne dass die Destillation unterbrochen werden muss.

Beim Wechseln des Vorlagekolbens wird das Destillat vorübergehend im Vorstoss gesammelt, während der Kolben belüftet und ausgetauscht wird.

Ist der neue Kolben wieder evakuiert, wird das gesammelte Destillat abgelassen. Beim Fraktionswechsel entsteht in der Apparatur kurzfristig ein geringer Druckanstieg.

Vorgehen beim Fraktionswechsel

- Hahn (1) schliessen
- Hahn (2) zur Apparatur hin öffnen, Apparatur bleibt evakuiert
- Hahn (3) nach unten drehen und Vorlage belüften
- Kolben wechseln
- Hahn (2) schliessen, dann Hahn (3) zurückdrehen und den neuen Kolben evakuieren
- Wenn der Kolben evakuiert ist, Hahn (1) öffnen und das ggf. gesammelte Destillat ablassen

Variante mit Spinne

◘ Abb. 8.8 zeigt den Fraktionierteil mit einer Spinne.

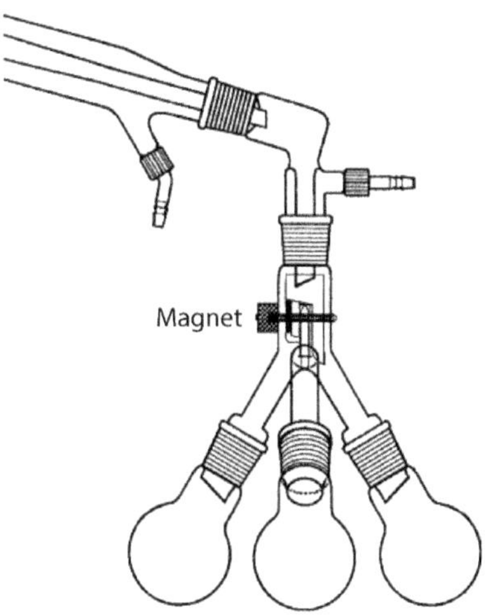

◘ **Abb. 8.8** Kondensationsteil mit Spinne. Von *oben* nach *unten*: Liebigkühler, Destilliervorstoss mit seitlichem Ansatz zum Anschliessen der Vakuumpumpe, Magnetspinne mit vier „Beinen", Dreheinsatz und Magnet zum Sammeln der einzelnen Fraktionen (maximal 4) in den Vorlagekolben. Der Fraktionswechsel erfolgt ohne die Destillation zu unterbrechen (die Apparatur bleibt evakuiert) durch Drehen des Einsatzes mit dem aussen angebrachten Magnet

8.3.3 Durchführen einer Destillation unter Vakuum

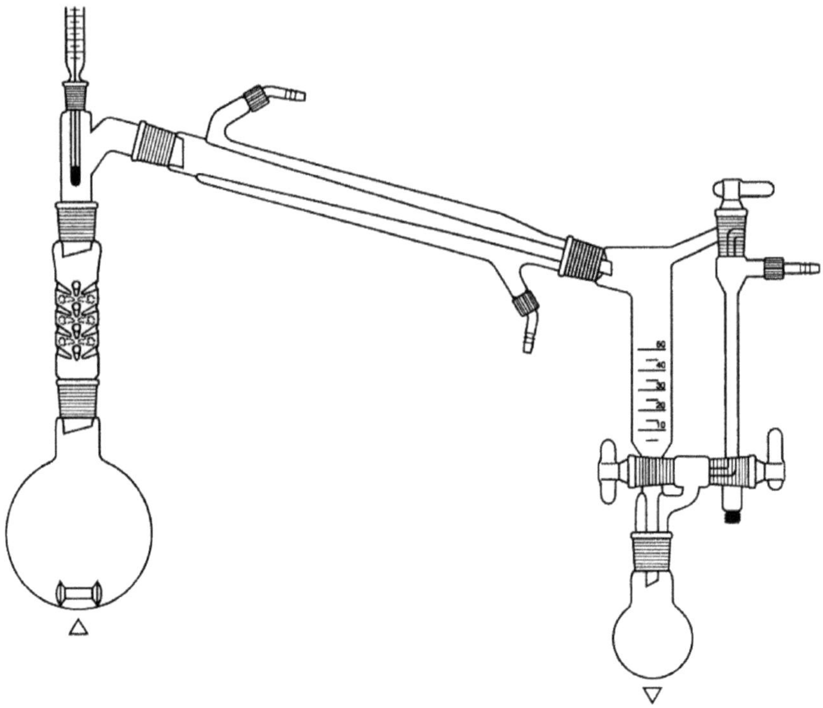

Abb. 8.9 Komplette Apparatur für die Gleichstromdestillation im Vakuum

Die in Abb. 8.9 gezeigte Apparatur kann nach folgenden, chronologisch geordneten Punkten bedient werden.

- Die zu verwendenden Kolben tarieren
- Schliffe fetten
- Leere Apparatur hinter Schutzschild oder in einer geschlossenen Kapelle evakuieren und auf Dichtheit prüfen
- Belüften und Substanz einfüllen
- Magnetrührkern oder Siedekapillare anbringen
- Rühren und vorsichtig evakuieren
- Langsam aufheizen und Kühlwasser leicht laufen lassen
- Fraktionieren

Bei Destillationen unter vermindertem Druck darf die Apparatur erst belüftet werden, wenn sie erkaltet ist. Die einströmende Luft kann mit dem Restdampf ein explosionsfähiges Gemisch bilden. Schnell einströmende Gase erzeugen elektrostatische Aufladung. Somit sind alle Bedingungen für eine mögliche Explosion gegeben.

8.4 Zusammenfassung

Die Gleichstromdestillation ist die einfachste Art des Destillierens. Sinnvolle Trennungen lassen sich nur erreichen, wenn die Siedepunktdifferenz der zu trennenden Komponenten grösser als 100 °C ist. Gleichstromdestillationen können sowohl unter Atmosphärendruck, als auch unter Vakuum durchgeführt werden.

Weiterführende Literatur

Schwister K (2007) Taschenbuch der Verfahrenstechnik. Hanser Verlag, München
Becker HG et al (2009) Organikum, 23. Aufl. Wiley-VCH, Weinheim, S 57
http://www.glastechnikrahm.ch/produkte/produkte.html

Abdestillieren

aprentas (Hrsg.), *Laborpraxis Band 3: Trennungsmethoden*, DOI 10.1007/978-3-0348-0970-2_9

9.1 Der Rotationsverdampfer

Im Labor besteht häufig die Notwendigkeit, überschüssiges Lösemittel zum Beispiel nach einer Reaktion oder nach einer Aufarbeitung *schnell und schonend* aus einem Gemisch zu *entfernen*. Weiter ist oft eine Lösung oder eine Suspension zum Beispiel nach einer Flash-Chromatographie oder nach einer Umkristallisation aufzukonzentrieren.

Hierzu verwendet man den Rotationverdampfer. Die ◘ Abb. 9.1 zeigt das erste Modell, welches 1957 von der Firma Büchi auf den Markt gebracht wurde. Heute vertreibt Büchi Rotationsverdampfer unter dem Namen „Rotavapor".

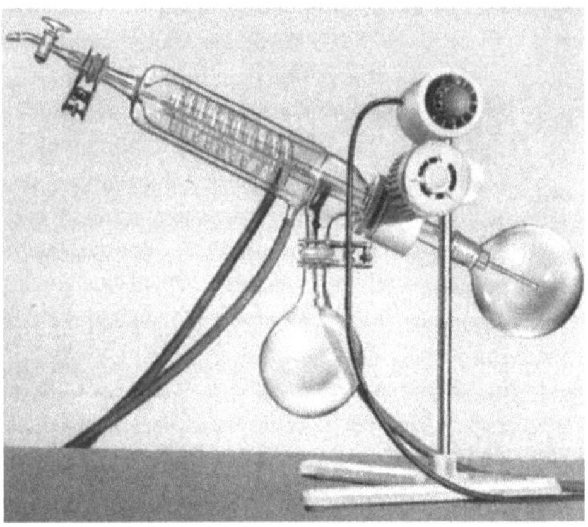

◘ **Abb. 9.1** Erster Rotationsverdampfer der Firma Büchi Labortechnik (1957)

Ein Rotationsverdampfer besteht aus folgenden Teilen: Die Ziffern in Klammern verweisen auf die ◘ Abb. 9.2.

Ein *Kühler* (1) kondensiert das Destillat. Er ist aus Sicherheitsgründen beispielsweise im Falle einer Implosion häufig mit einer Kunststofffolie überzogen oder mit einem Kunststoff-Netz umhüllt. Trockeneis-Kühlfallen dienen zum Auffangen von tief siedenden Lösemitteln.

Das Destillat wird im *Auffangkolben* (2), welcher auch Vorlage heissen kann, aufgefangen. Dieser ist im Idealfall ebenfalls mit einer Kunststofffolie überzogen.

Ein *Motor* (3) lässt den Kolben rotieren. Die Rotation gewährleistet eine grosse Oberfläche, eine gleichmässige Wärmeverteilung und verhindert so einen Siedeverzug. Die Drehzahl ist regulierbar.

Ein thermostatisiertes und regulierbares *Heizbad* (4), meist ist es ein Wasserbad, sorgt für die notwendige Verdampfungswärme.

Mithilfe einer *Hebevorrichtung* (5) wird die Eintauchtiefe des Kolbens ins Bad verstellt.

Im Inneren befindet sich das Dichtsystem. Dieses bildet die Verbindung zwischen den starren und den beweglichen Teilen.

Der Rotationsverdampfer wird in den meisten Fällen *unter vermindertem Druck* betrieben, um den Siedepunkt herabzusetzen.

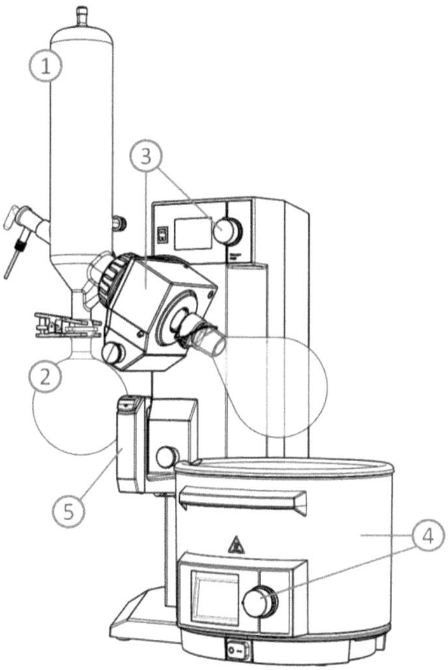

■ **Abb. 9.2** Aufbau eines Rotationsverdampfers

Rotationsverdampfer sind ebenfalls für die Durchführung von Reaktionen unter Rückfluss geeignet. Wie die ■ Abb. 9.3 zeigt, ist dies jedoch nur an Geräten möglich, bei denen zwischen Glasaufbau und Motor ein Absperrventil angebracht ist.

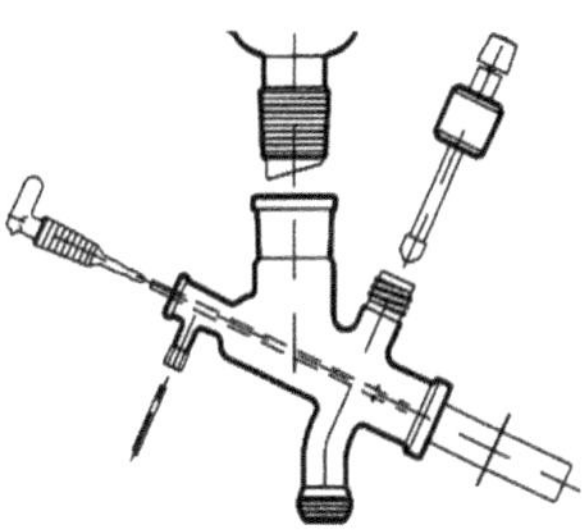

■ **Abb. 9.3** Absperrventil

Möchte man ein grösseres Volumen in einem kleinen Kolben eindampfen kann die Lösung über einen Nachspeise-Hahn, wie ein Beispiel in der ■ Abb. 9.4 zu sehen ist, nach und nach eingesaugt werden.

■ **Abb. 9.4** Nachspeise-Hahn

9.2 Abdestillieren

9.2.1 Gefahren

Bei der Destillation mit dem Rotationsverdampfer müssen folgende Gefahren beachtet werden:

- Vakuum,
- Heizbad,
- verwendete Chemikalien.

Hält ein Glasteil dem Unterdruck nicht stand, oder es geht durch mechanische Einwirkung von aussen zu Bruch, besteht die Gefahr einer *Implosion.* Kleinste Glassplitter fliegen dann mit sehr hoher Geschwindigkeit durch das Labor, und die Gefahr einer Verletzung ist gross. Gefässe, die nicht für den Betrieb unter vermindertem Druck geeignet sind, wie beispielsweise Erlenmeyerkolben, dürfen *niemals unter Vakuum* gesetzt werden. Gut geeignet sind Rund- und Birnenkolben.

> Alle Glasteile sind vor Gebrauch auf Ihre Unversehrtheit und auf ihre Eignung für den Betrieb unter vermindertem Druck zu überprüfen
> Nur gewölbte Glasteile halten dem Unterdruck sicher stand.

Je nachdem, wie hoch das Heizbad geheizt wird, kann sich der Bediener bei unsachgemässer Anwendung oder Unachtsamkeit thermische Verletzungen zuziehen. Verbrennungen sind schon ab einer Temperatur von 50 °C möglich.

> Vorsicht bei höheren Temperaturen, auch Glasteile können erhitzt sein.

Wie bei allen Arbeiten im Labor ist die Gefahr, bei fahrlässigem Umgang mit giftigen Chemikalien gesundheitliche Schäden zu erleiden, gross. Deshalb ist es wichtig, sich vor der Benutzung des Rotationsverdampfers über die Gefahren zu informieren, die von den verwendeten Chemikalien ausgehen.

Abgesehen von der Giftigkeit bestehen bei Destillationen weitere Gefahren. Explosive Stoffe, reibungs- und wärmeempfindliche Stoffe dürfen womöglich nicht destilliert werden. Bei der Destillation von Ethern, die mindestens ein α-CH_2 besitzen, besteht ausserdem die Gefahr der *Peroxid*-Bildung. Peroxide haben einen höheren Siedepunkt als die Ausgangsether, und reichern sich deshalb beim Abdestillieren im Verdampfungskolben an. Ist eine bestimmte Konzentration erreicht können sie spontan explodieren.

Peroxide lassen sich mit einem spezifischen Test qualitativ nachweisen.

Sind Peroxide vorhanden, müssen diese vor einer Destillation unbedingt entfernt werden oder es ist auf die Destillation zu verzichten (s. Band 1, ▶ Abschn. 3.6.17).

Beim Arbeiten mit sauerstoffempfindlichen Substanzen muss der Rotationsverdampfer mit Inertgas belüftet werden können.

9.2.2 Abdestillieren bei vermindertem Druck

Um Lösemittelemissionen möglichst klein zu halten, sind die optimalen Druck- und Temperaturrichtwerte einzuhalten. Ein Nachkühler ermöglicht das Nachkondensieren der Lösemitteldämpfe wenn eine Membranpumpe verwendet wurde, wie in ◘ Abb. 9.5 schematisch dargestellt.

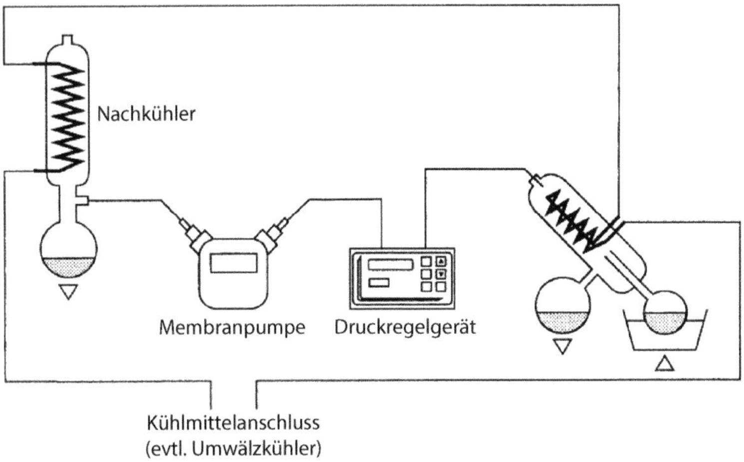

◘ **Abb. 9.5** Systemaufbau mit allen Peripheriegeräten

Die Öffnung des Nachkühlers ist mit einer Quellenabluft zu verbinden. Dies verhindert Geruchs- und gegebenenfalls Lösemittelkontaminationen der Laboratmosphäre.

Diese idealen Destillationsbedingungen sind in ◘ Tab. 9.1 zu entnehmen.

◘ **Tab. 9.1** Wahl des Arbeitsdrucks

Lösemittel	**Siedepunkt bei Normaldruck in °C**	**Druck in mbar für Siedepunkt bei 40 °C Sumpftemperatur**
Aceton	56	556
n-Amylalkohol (n-Pentanol)	137	11
Benzol	80	236
n-Butanol	118	25
tert-Butanol	82	130
Tert-Butyl-methylether (TBME)	55	ca. 570
Chlorbenzol	132	36
Chloroform	62	474
Cyclohexan	81	235
Diethylether	35	kein Vakuum
1,2-Dichlorethan	84	210
cis-1,2-Dichlorethen	60	479
trans-1,2-Dichlorethen	48	751

Tab. 9.1 (*Fortsetzung*) Wahl des Arbeitsdrucks

Lösemittel	Siedepunkt bei Normaldruck in °C	Druck in mbar für Siedepunkt bei 40 °C Sumpftemperatur
Diisopropylether	68	375
Dioxan	101	107
Dimethylformamid (DMF)	153	14
Essigsäure	118	44
Ethanol	79	175
Ethylacetat	77	240
Heptan	98	120
Hexan	69	335
Isopropanol	82	137
Isoamylalkohol (3-Methyl-1-butanol)	129	14
Methylethylketon (2-Butanon)	80	243
Methanol	65	337
Methylenchlorid (Dichlormethan)	40	Kein Vakuum
Pentan	36	Kein Vakuum
1-Propanol	97	67
Pentachlorethan	162	13
1,1,2,2-Tetrachlorethan	146	35
Tetrachlorkohlenstoff	77	271
Tetrachlorethylen	121	53
THF (Tetrahydrofuran)	67	374
Toluen	111	77
1,1,1-Trichlorethan	74	300
Trichlorethylen	87	183
Wasser	100	72
Xylen (Isomerengemisch)		25

9.2.3 Kühlmedium

Wichtig ist beim Kühlmedium, dass $\Delta\vartheta$ (Dampftemperatur zu Kühlwassertemperatur) > 20 °C beträgt. Die Grösse des Kühlers ist auf diese Differenz ausgelegt und vermag die Dämpfe bei kleineren Differenzen nicht schnell genug zu kondensieren.

Heute werden Umwälzkühler oder Kryostate eingesetzt. Kühlwasser ab dem Hahn ist aus ökologischen und ökonomischen Gründen kaum mehr anzutreffen.

9.2.4 Badtemperatur

Da man meist Wasser als Heizmedium verwendet, ist eine Badtemperatur von 40 bis 60 °C üblich. Bei Badtemperaturen > 60 °C, reduzieren Kunststoffkugeln auf der Oberfläche eine zu starke Verdunstung des Wassers. Bei Badtemperaturen > 80 °C kann als Heizmedium beispielsweise auch Carbowax 400 verwendet werden.

9.2.5 Rotation

Die Rotationsgeschwindigkeit spielt eine Rolle. Bei etwa 220 U/min ist die Destillationsgeschwindigkeit am höchsten.

> Sind die Destillationsbedingungen ideal, so kondensiert das Destillat bis auf 2/3 Höhe des Kühlers. Kondensiert Lösemittel auch im oberen Drittel so sind die Bedingungen anzupassen, da sonst Lösemittel in die Pumpe gelangt und deren Betriebsdauer verkürzt. Weiter gelangen so Lösemittel als flüchtige Kohlenwasserstoffe in die Atmosphäre.

9.2.6 Dichtigkeit

Das im Kolben erreichbare Vakuum ist nicht nur von der Vakuumpumpe abhängig, sondern auch von der Dichtigkeit des gesamten Rotationsverdampfer-Systems. Erfahrungsgemäss kann ein Unterdruck von zirka 10 mbar erreicht werden. Wird dieses Vakuum nicht mehr erreicht, muss man sich auf Fehlersuche begeben.

Zuerst wird die *Funktionsfähigkeit der Pumpe* überprüft. Dies geschieht indem man den Schlauch zwischen Vakuumregler und Rotationsverdampfer knickt. Bleibt das Vakuum unter kontinuierlichem Pumpen schlecht, ist die Ursache auf der Seite der Pumpe zu suchen. Wird das Vakuum besser, wird die undichte Stelle auf der Seite der Apparatur liegen.

Wahrscheinliche undichte Stellen auf Seiten der Apparatur:

- Bei den Gewinden ist darauf zu achten, dass sowohl Geräte mit RD14-, als auch Geräte mit GL14-Normierung verwendet werden.
- Man überprüft die Dichtungen auf ihr Vorhandensein, die genaue Einpassung und ihren einwandfreien Zustand.
- Man überprüft, ob die Überwurfmuttern angezogen sind.
- Aggressive Substanzen wie zum Beispiel Säurechloride schädigen die Dichtungen im Inneren. Diese muss man von Zeit zu Zeit ersetzen. Alle hierzu benötigten Informationen wie zum Beispiel Bestellnummer und Vorgehen befinden sich auf der Homepage des Herstellers oder im Bedienerhandbuch.
- Überprüfen, ob die Klammer, die zum Halten des Kolbens mit dem Destilliergut angebracht wurde, geeignet ist. In seltenen Fällen hält die Klammer den Schliff genau einen nicht wahrnehmbaren Spalt offen, anstatt ihn zu schliessen.

9.2.7 Destillation

Zuerst destilliert man den grössten Teil des Lösemittels ab und leert den Auffangkolben.

Bei Lösemittelmittelgemischen wird zuerst die *tiefersiedende* Komponente abdestilliert. Danach wird der Auffangkolben geleert, um anschliessend die *höhersiedende* Komponente grösstenteils einzudampfen.

Der Rückstand im Verdampfungskolben wird in einem letzten Schritt unter tieferem Vakuum so gut wie möglich abdestilliert. Dabei ist die Siedetemperatur insbesondere von flüssigen Produkten zu berücksichtigen. Allenfalls wird das Produkt ebenfalls destilliert, was nicht erwünscht ist.

Destilliert man einen gelösten Feststoff wird dieser ab einer bestimmten Konzentration *auskristallisieren*. Zur besseren Pulverisierung können Kolben mit Einbuchtungen verwendet werden. Destilliert man einen sehr feinen Feststoff, zum Beispiel wenn eine Substanz auf Kieselgel aufgezogen werden soll, muss man ein Zwischenstück verwenden, welches das verdampfte Lösemittel aber keinen Feststoff hindurch lässt, zum Beispiel ein Verlängerungsteil mit einer Glassinterplatte oder ein Reitmeyeraufsatz, da ansonsten die empfindlichen Dichtungen Schaden nehmen und Substanzverlust entsteht.

Ein eingedampftes Produkt wird, trotz völlig korrekter Arbeitstechnik, immer einen sehr kleinen Rückstand des abdestillierten Lösemittels enthalten.

9.3 Zusammenfassung

Rotationsverdampfer sind vielfältig einsetzbare Laborgeräte. Am meisten wird er zum abdestillieren oder eindampfen von Lösemitteln aus Gemischen verwendet. Für diese Anwendung gibt es in diesem Kapitel viele Hinweise aus der täglichen Laborpraxis.

Weiterführende Literatur

Portmann et al (1999) Der Laborassistent, 1. Aufl. Büchi Labortechnik AG, Flawil, S 32–50

http://www.buchi.com/ch-de Aufgerufen am 12.6.2015

Gegenstromdestillation

aprentas (Hrsg.), *Laborpraxis Band 3: Trennungsmethoden*, DOI 10.1007/978-3-0348-0970-2_10

10.1 Allgemeine Grundlagen

Zeigen zu trennenden Substanzen in ihren Siedetemperaturen nur kleine Unterschiede, lassen sie sich durch einmaliges Verdampfen und Kondensieren in einer Gleichstromdestillation nicht mit genügender Reinheit trennen. Dieser Vorgang muss deshalb *mehrmals wiederholt* werden. Durch Verwendung einer Destillationskolonne wird dies mit einer Gegenstromdestillation oder Rektifikation *in einem Arbeitsgang* realisiert.

Ist die Differenz der Siedepunkte der zu trennenden Substanzen kleiner als ungefähr 100 °C, werden sie durch eine Gegenstromdestillation getrennt. Ist die Differenz der Siedepunkte kleiner als ungefähr 50 °C, wird zusätzlich zur Destillationskolonne noch ein Kolonnenkopf oder Rücklaufteiler benötigt.

10.1.1 Destillationskolonnen

Ein Teil des aufsteigenden Dampfes kondensiert bereits in der Destillationskolonne und fliesst als Rücklauf in den Destillierkolben zurück, wie die ◘ Abb. 10.1 zeigt.

Bei diesem Vorgang bewegen sich somit zwei Phasen im Verdampfungsteil: Der *aufsteigende Dampf* und das dem Dampf entgegenfliessende Kondensat auch *Rücklauf* genannt.

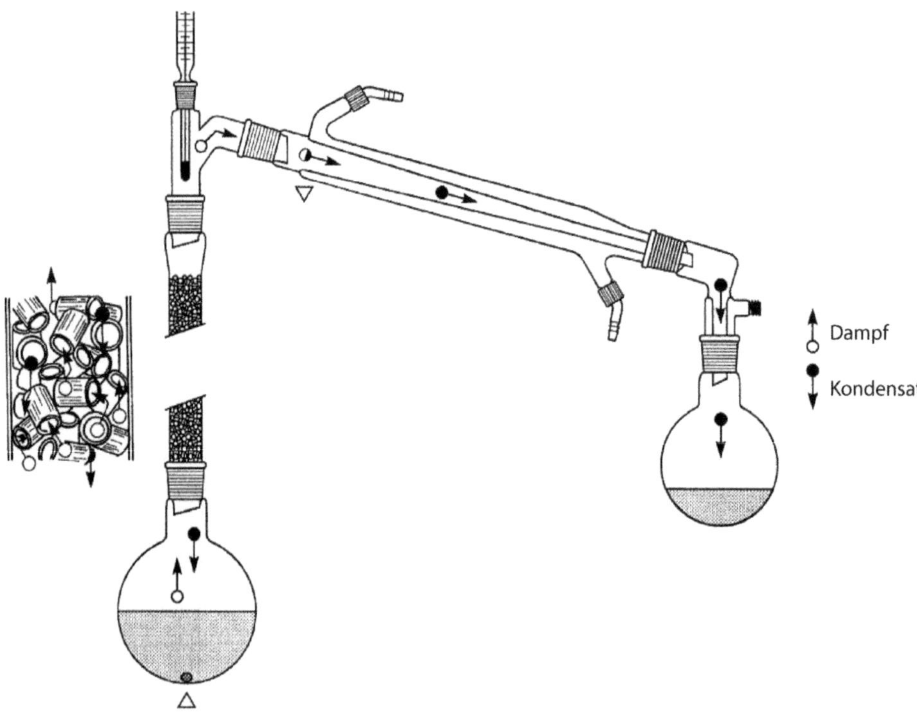

◘ **Abb. 10.1** Dampf und Kondensat in der Gegenstrom-Destillationsapparatur

10.1.2 Trennwirkung

Die Trennwirkung der Gegenstromdestillation beruht auf der Tatsache, dass aus einem siedenden binären Flüssigkeitsgemisch – bestehend aus niedersiedender und höhersiedender Komponente – beide Stoffe in einem Verhältnis verdampfen, das weitgehend durch die unterschiedlichen Dampfdrücke bestimmt wird. Der entweichende Dampf ist dadurch mit dem niedersiedenden Anteil angereichert. Dieser Vorgang entspricht dem Verdampfen bei der Gleichstromdestillation und der Trennung über eine einzige Trennstufe.

Dieses mit niedersiedendem Anteil angereicherte Dampfgemisch gelangt in die Destillationskolonne, die eine mehr oder weniger grosse Anzahl *Trennstufen* aufweist.

In einer solchen Trennstufe findet folgender Stoff- und Wärmeaustausch statt, wie ◘ Abb. 10.2 zeigt:

- aufsteigende Dämpfe werden durch den entgegenfliessenden Rücklauf etwas abgekühlt, wobei mehrheitlich höhersiedende Anteile kondensieren und so den Rücklauf vergrössern,
- die freigewordene Kondensationswärme und die aufsteigenden Dämpfe erwärmen den Rücklauf, dadurch verdampfen mitkondensierte niedersiedende Anteile erneut.

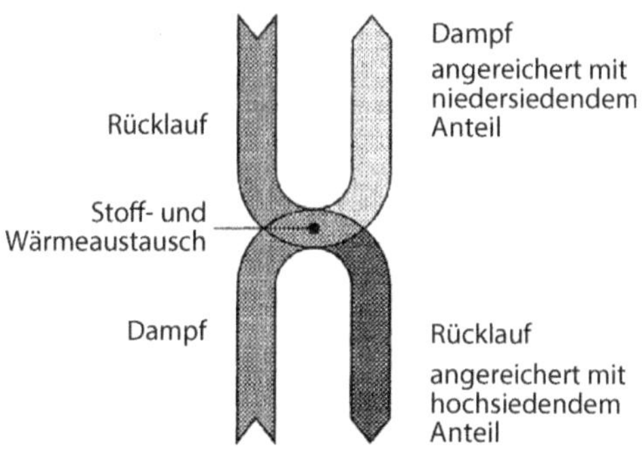

◘ **Abb. 10.2** Stoff- und Wärmeaustausch

Dieser Stoff- und Wärmeaustausch findet an den Grenzflächen der beiden Phasen statt. Je grösser die Grenzfläche ist, desto intensiver ist der Stoff- und Wärmeaustausch und somit die Trennwirkung. Dieser Austauschvorgang wiederholt sich in jeder Trennstufe, wie die ◘ Abb. 10.3 zeigt.

Unterschiedliche Füllkörper haben unterschiedliche Grenzflächen.

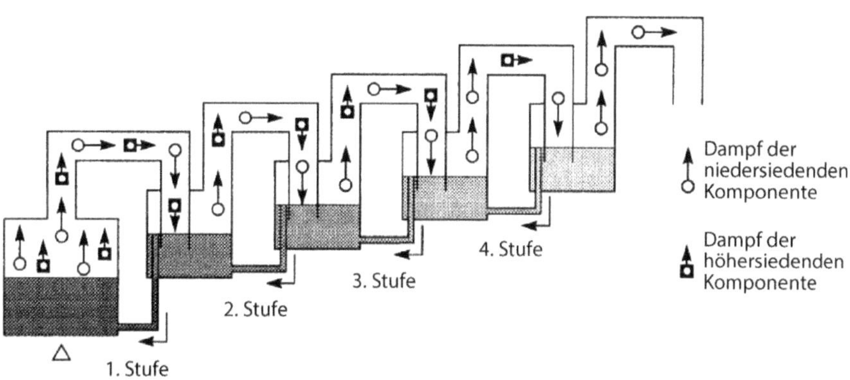

◘ **Abb. 10.3** Modell einer Destillation über mehrere Trennstufen

Dampf/Rücklauf-Gleichgewicht

In einer Kolonne stellt sich, wie dies ◘ Abb. 10.4 zeigt, auf jeder Trennstufe ein bestimmtes Gleichgewicht zwischen Dampf und Flüssigkeit ein.

Kolonne mit 4 Trennstufen:

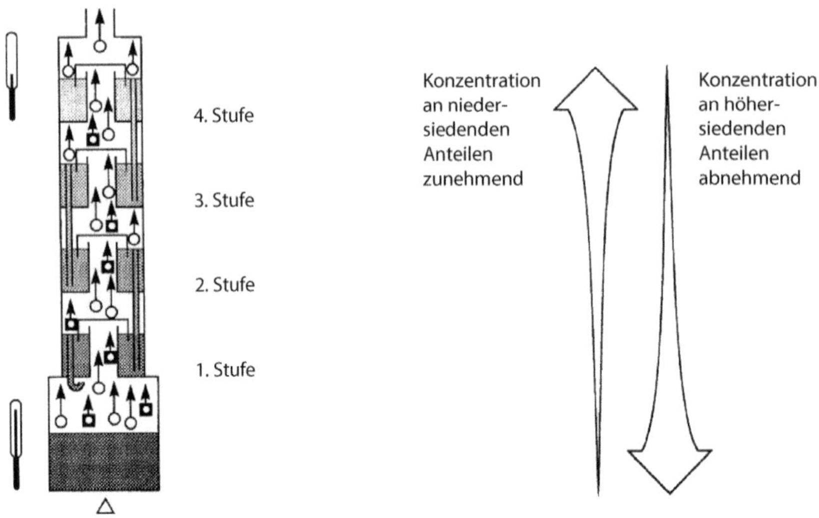

◘ **Abb. 10.4** Kolonne mit 4 Trennstufen

Damit das Dampf / Rücklauf-Gleichgewicht durch Wärmeverlust nicht gestört wird, ist die Kolonne zu isolieren.

Gleichgewichtskurve

Mit Hilfe einer Gleichgewichtskurve kann festgestellt werden, ob die Trennung eines idealen Gemisches einfach oder nur mit grossem Aufwand und über viele Trennstufen möglich ist.

Durch Einzeichnen der Trennstufen in der Kurve aus ◘ Abb. 10.5 kann die Anreicherung auf jeder Trennstufe ermittelt werden.

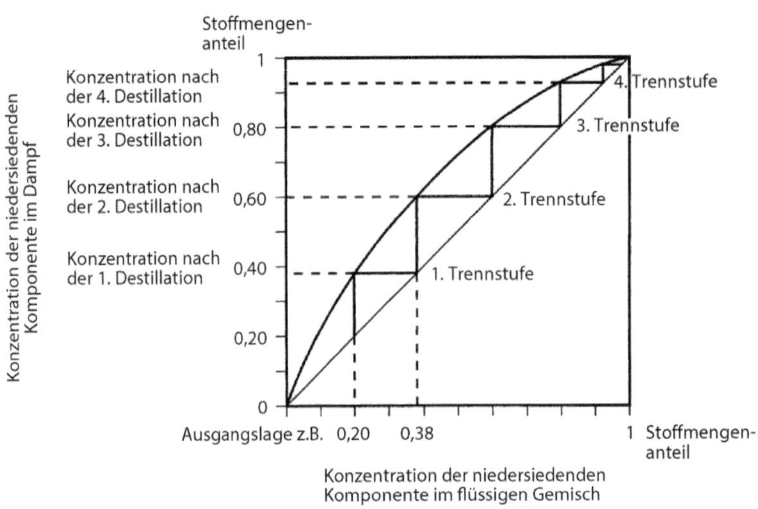

◘ **Abb. 10.5** Konzentration der niedersiedenden Anteile im Dampf und im Gemisch

Aus diesem Diagramm ist ersichtlich, dass mit nur einer Trennstufe beispielsweise aus einem Gemisch mit einem Stoffmengenanteil χ(niedersiedende Komponente) = 0,2 mol/mol eine Anreicherung im Dampf von ungefähr χ(niedersiedende Komponente) = 0,38 mol/mol erreicht wird.

Mit vier Trennstufen erreicht man eine Anreicherung von χ(niedersiedende Komponente) > 0,9 mol/mol.

Die ◘ Abb. 10.6 und 10.7 zeigen: Je flacher eine solche Gleichgewichtskurve verläuft, desto schwieriger wird eine saubere Auftrennung der Komponenten und umso mehr Trennstufen sind nötig.

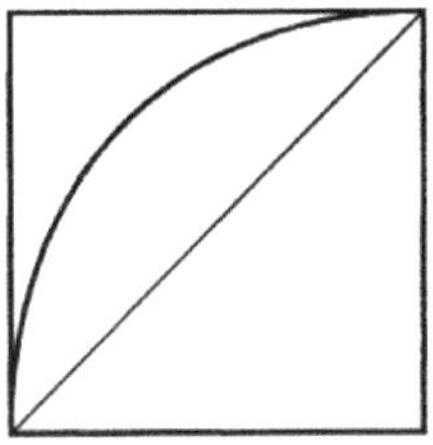

◘ **Abb. 10.6** Eine gute Auftrennung ist mit relativ wenigen Böden möglich

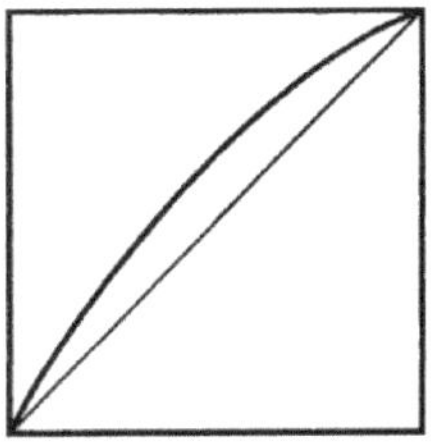

◘ **Abb. 10.7** Eine gute Auftrennung ist nur mit relativ vielen Böden möglich

10.1.3 Theoretischer Boden (Trennstufe)

In einer Destillationskolonne finden sozusagen mehrere Gleichstromdestillationen statt, was mehrmaliges Verdampfen und Kondensieren bedeutet. Ein theoretischer Boden entspricht dem Kolonnenabschnitt, der für das einmalige Verdampfen und Kondensieren innerhalb einer Kolonne benötigt wird. Dabei findet ein Wärme- und Stoffaustausch zwischen dem aufsteigenden Dampf des unteren Bodens und dem absteigenden Kondensat des oberen Bodens statt. In dieser Kolonneneinheit stellt sich ein *thermodynamisches Gleichgewicht* ein.

Trennstufenhöhe

Die Höhe eines solchen gedachten Kolonnenabschnitts wird als Trennstufenhöhe bezeichnet. Die Trennstufenhöhe ist abhängig von Durchmesser und Füllung der Kolonne, dem Druck, dem Betriebsinhalt, der Belastung und dem Rücklaufverhältnis. Die Trennstufenhöhe wird experimentell bei totalem Rücklauf bestimmt und wird in Zentimeter angegeben. Je kleiner die Trennstufenhöhe, desto besser ist die Trennwirkung.

10.1.4 Betriebsinhalt und Kolonnenbelastung

Der Betriebsinhalt einer Kolonne ist die Substanzmenge (Dampf und Flüssigkeit in Gramm), die sich in der arbeitenden Kolonne befindet.

Unter der Kolonnenbelastung versteht man die Substanzmenge, die pro Zeiteinheit als Destillat und als Rücklauf durchgesetzt wird. Der Durchsatz wird in mL pro h angegeben.

Bleibt das Kondensat durch den aufsteigenden Dampf in der Schwebe, so ist die Belastungsgrenze respektive der Staupunkt erreicht. Dieser Effekt ist auch unter dem Begriff Säulenfluten bekannt und lässt sich nur durch langsameres Aufheizen verhindern.

Druckverhältnisse während der Destillation

Das Kondensat in der Kolonne bietet dem aufsteigenden Dampf einen Widerstand. Dadurch erhöht sich der Druck im Verdampfungsteil und zwischen Verdampfungsteil und Kolonnenkopf kommt es zu einem Druckunterschied. Die Zunahme des Druckes im Verdampfungsteil bewirkt eine Siedepunkterhöhung des destillierenden Gemisches was eine Zersetzungsgefahr durch Überhitzung bedeutet. Der Druckunterschied oder Druckabfall zwischen Verdampfungs- und Kondensationsteil ist abhängig von der Kolonnenbelastung, der Bauart der Kolonne und der Füllkörper, der Anzahl Füllkörper, der Füllhöhe und dem Durchmesser der Kolonne. Der Druckabfall ist vor allem beim Destillieren bei vermindertem Druck von Bedeutung. Es ist zweckmässiger, Kolonnen mit grösserem Durchmesser zu verwenden.

10.1.5 Rücklaufverhältnis

Unter dem Rücklaufverhältnis versteht man die am Kolonnenkopf oder Rücklaufteiler in den Kühler zurückfliessende Menge Kondensat verglichen mit der Menge Destillat, die abgetrennt wird. Von diesem Rücklaufverhältnis ist die Trennstufenhöhe abhängig. So ergibt ein Verhältnis von $10 + 1$ (das heisst 10 Tropfen Kondensat fliessen zurück, 1 Tropfen Kondensat wird als Destillat abgetrennt) eine bessere Anreicherung des tiefersiedenden Anteils als ein Rücklaufverhältnis von $5 + 1$.

10.2 Destillationskolonnen

Eine Destillationskolonne soll einen intensiven Kontakt zwischen flüssiger Phase und Dampf bewirken, damit ein möglichst optimaler *Stoff- und Wärmeaustausch* stattfindet.

Ein leeres Glasrohr erfüllt diese Bedingungen nur schlecht, da die Berührungsoberfläche zwischen dem aufsteigenden Dampf und dem Rücklauf relativ klein ist. Durch das Einbauen verschiedenartiger Schikanen, wie sie in ◘ Abb. 10.8 zu sehen sind, wird der Weg des Dampfes und des Rücklaufs verlängert. Dies bewirkt eine Vergrösserung der Phasenaustauschoberfläche und damit eine Verkürzung der Trennstufenhöhe.

Damit die vielfältigen thermodynamischen Gleichgewichte in der Kolonne nicht durch zusätzliche Kondensation an der Glaswand gestört werden, ist jegliche Abkühlung der Kolonne durch Isolieren zu verhindern.

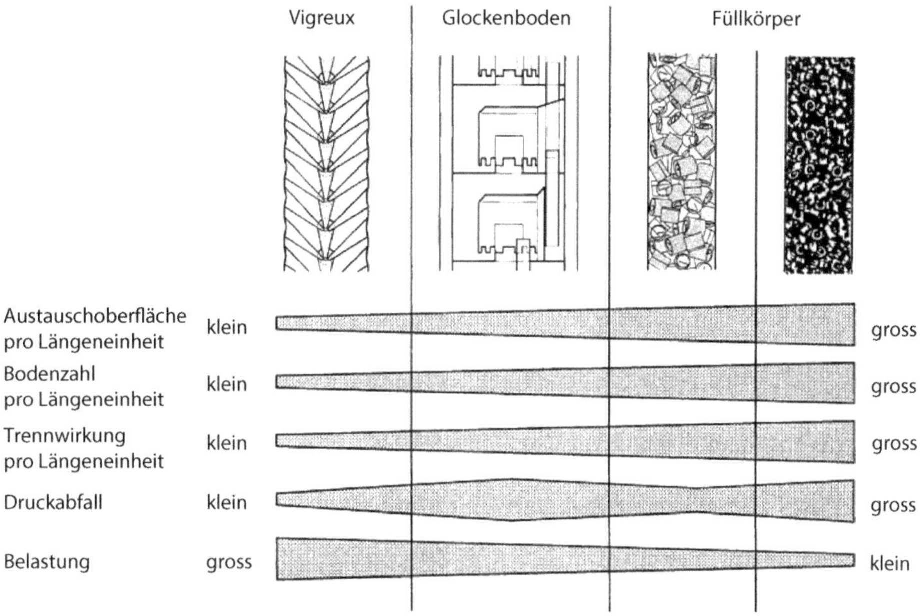

Abb. 10.8 Eigenschaften verschiedener Kolonnen

10.2.1 Füllkörper

Füllkörper sind Schikanen, die lose in leere Rohre eingefüllt werden und welche die Phasenaustauschoberfläche massiv erhöhen. Von ihrer Bauart gibt es zylindrische und nicht zylindrische Füllkörper.

An Füllkörper werden verschiedene Anforderungen gestellt:

- möglichst grosse wirksame Phasenaustauschoberfläche
- möglichst kleiner Widerstand gegenüber dem durchströmenden Dampf
- möglichst grosser Hohlraum (kleiner Druckverlust)
- inertes Verhalten gegenüber der zu destillierenden Substanz

Raschigring

Raschigringe, wie in Abb. 10.9 gezeigt, zählen zu den wenig wirksamen Füllkörpern. Sie sind erhältlich in verschiedenen Grössen und Materialien, beispielsweise Glas, Keramik, Kunststoff und Metall; in verschiedenen Grössen und mit unterschiedlichen Wandstärken. Masse: beispielsweise $4 \times 4 \times 0{,}2$

4 mm Höhe, 4 mm Länge, 0,2 mm Wandstärke

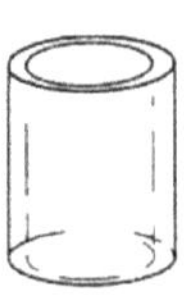

Abb. 10.9 Raschigring

Sattelkörper

Sattelkörper, wie in ■ Abb. 10.10 ersichtlich, zählen zu den hochwirksamen Füllkörpern. Sie sind aus Keramik und weisen sehr günstige strömungstechnische Eigenschaften auf. Masse: beispielsweise 6×6

6 mm Höhe, 6 mm Breite

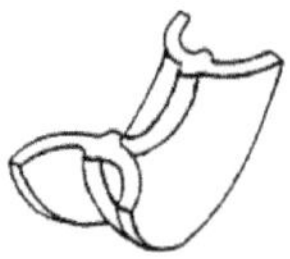

■ **Abb. 10.10** Sattelkörper

Drahtwendel

Drahtwendeln, wie in ■ Abb. 10.11 ersichtlich, zählen zu den hochwirksamen Füllkörpern. Sie können aus verschiedenen Metallen hergestellt werden. Masse: beispielsweise $5 \times 5 \times 0{,}2$

5 mm Höhe, 5 mm Breite, 0,2 mm Drahtdurchmesser

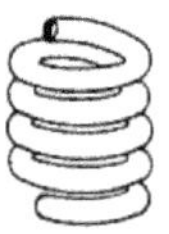

■ **Abb. 10.11** Drahtwendel

Maschendrahtring

Maschendrahtringe, wie in ■ Abb. 10.12 ersichtlich, zählen zu den hochwirksamen Füllkörpern. Sie sind aus Metall gefertigt und mit oder ohne Steg erhältlich. Sie unterscheiden sich auch in der Grösse und der Zahl der Maschen. Masse: beispielsweise $6 \times 6 = 2500 \frac{\text{Maschen}}{\text{cm}^2}$

6 mm Höhe, 6 mm Breite, $2500 \frac{\text{Maschen}}{\text{cm}^2}$

■ **Abb. 10.12** Maschendrahtring

Als Füllkörperunterlage verwendet man entweder grosse Raschigringe oder im Handel erhältliche Einsätze, wie in ■ Abb. 10.13 ersichtlich.

Glaswatte eignet sich nicht als Unterlage. Sie erzeugt Flüssigkeitsstau.

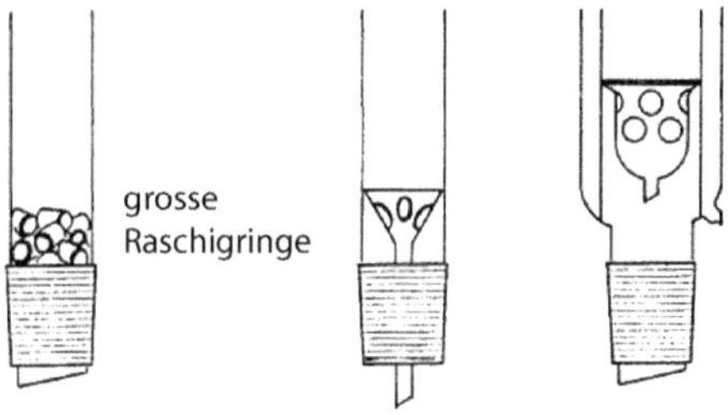

■ **Abb. 10.13** Verschiedene Unterlagen

Als wirksame Trennlänge wird die Höhe der locker aufgefüllten Füllkörper in Zentimeter gemessen. Daraus lässt sich die Anzahl Trennstufen der gemessenen Kolonne mit Hilfe der Angaben in der ■ Tab. 10.1 berechnen.

■ **Tab. 10.1** Trennwirkung verschiedener Kolonnenarten/Füllkörper

Kolonnenart Füllkörper	Füllkörper Masse (mm)	Durchmesser in mm	Maximale Belastung mL/Stunde	Trennstufenhöhe in cm	Bemerkungen
Leeres Rohr		24	500	20	Betriebsinhalt: gering
		6	100	15	Trennwirkung: gering, da kleine Belastung
		6	10	2	nur schwer realisierbar
					Druckabfall: gering
					Dest. bei vermindertem Druck: geeignet
Vigreux		24	500	12	Ähnliche Daten wie leeres Rohr, aber
		12	500	8	durch grössere Oberfläche etwas bessere
		12	50	5	Trennwirkung
					Dest. bei vermindertem Druck: geeignet
Raschigringe	5×5×0,4	24	500	8	Betriebsinhalt: gross
Glas	6×6×0,5	24	500	8,5	Druckabfall: relativ gross
	8×8×0,8	24	500	9	Dest. bei vermindertem Druck: schlecht

Tab. 10.1 (*Fortsetzung*) Trennwirkung verschiedener Kolonnenarten/Füllkörper

Kolonnenart Füllkörper	Füllkörper Masse (mm)	Durchmesser in mm	Maximale Belastung mL/Stunde	Trennstufenhöhe in cm	Bemerkungen
Porzellan	5×5×1,5	24	500	5	geeignet
Sattelkörper	6×6	24	500	8	Betriebsinhalt: gross
					Druckabfall: mässig
					Dest. bei Grobvakuum: geeignet
					Hohe Belastbarkeit
Maschendraht	3×3	24	500	3	Betriebsinhalt: gross
mit Steg	4×4	24	500	4	Druckabfall: mässig
	6×6	24	500	6	Dest. bei Grobvakuum: geeignet
					Trennstufenhöhe: abhängig von Maschenanzahl pro cm^2
Drahtwendeln	2×2×0,5	24	500	2	Betriebsinhalt: gross
V4A-Stahl	4×4×0,5	24	500	3	Druckabfall: gross
	5×5×0,5	24	500	3,5	Dest. bei Grobvakuum: schlecht geeignet
					Mässige Belastbarkeit bei Normaldruck

Die Angaben der Trennstufenhöhen sind nur Richtwerte, die mit einem bestimmten Gemisch und unter bestimmten Bedingungen *experimentell ermittelt* worden sind.

Das Diagramm in ◘ Abb. 10.14 zeigt die Beziehung zwischen Trennwirkung, Siedepunktdifferenz zwischen den Komponenten und der Anzahl der theoretischen Böden bei der Trennung eines binären, äquimolaren, idealen Gemisches auf.

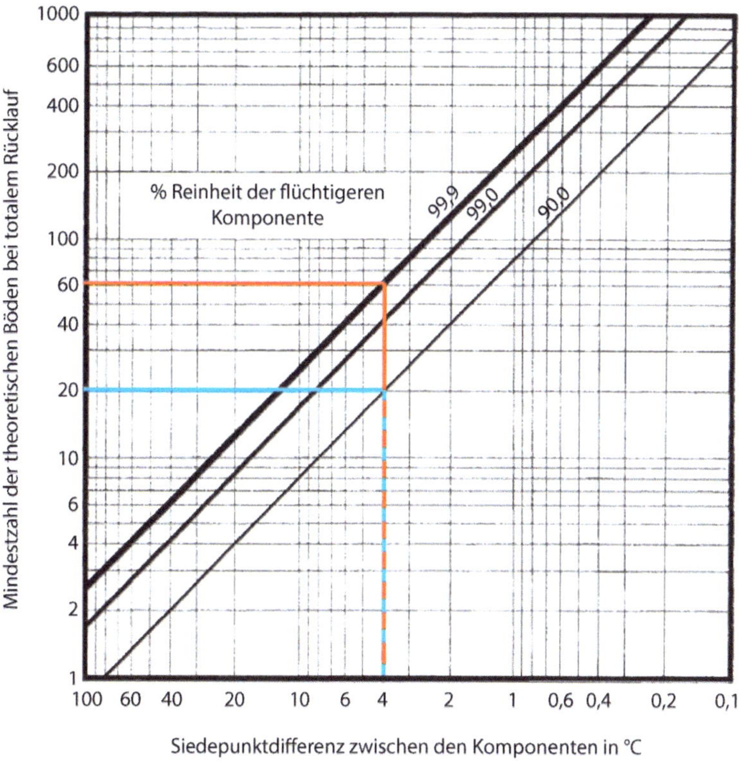

Abb. 10.14 Ablesebeispiel. Bei einer Siedenpunktdifferenz von 4°C und einer gewünschten Reinheit von 90 % sind 20 Böden nötig (*blau*). Um eine Reinheit von 99,9% zu erreichen werden 60 Böden benötigt (*orange*)

Die absolute Trennung eines Gemisches ist theoretisch nicht möglich, kann jedoch bei Einsatz zweckmässiger Apparaturen nahezu erreicht werden.

10.2.2 Wahl der Kolonne

Die Wahl der idealen Kolonne (beziehungsweise der Füllkörper) richtet sich nach
- der Menge des zu destillierenden Gemisches
- dem Druckbereich
- dem Schwierigkeitsgrad der Trennung (erforderliche, theoretische Bodenzahl)
- ungefähre Bodenzahl einer Kolonne $= \frac{\text{Länge der Kolonne in cm}}{\text{Trennstufenhöhe in cm}}$

Die ideale Kolonne und die idealen Bedingungen für jedes Destillationsproblem müssen experimentell ermittelt werden. Die Hinweise in der Literatur sind Richtwerte und gelten nur für spezifische Gemische und Bedingungen.

Schwierigkeitsgrad der Trennung

Der Schwierigkeitsgrad einer Trennung durch Gegenstromdestillation ist abhängig von der Differenz der Siedepunkte der Komponenten, der Konzentration der Komponenten im Gemisch und der gewünschten Reinheit des Destillats.

> Je kleiner die Differenz der Siedepunkte, je geringer die Konzentration der gewünschten Komponente und je höher die erforderliche Reinheit, desto mehr Trennstufen sind nötig.

Zur groben Ermittlung der nötigen Anzahl Böden gilt: $\frac{250}{\text{Siedepunktdifferenz in °C}}$ = Bodenzahl.

Menge des Destillationsgutes

Die über eine Kolonne zu destillierende Menge soll in einem sinnvollen Verhältnis zur Grösse der eingesetzten Kolonne stehen.

Als Praxisregel gilt: Die Menge jeder Komponente im Gemisch soll mindestens das zehnfache des Betriebsinhalts der Kolonne betragen.

Druckbereich

Die Kolonnen und die Füllkörper sind grundsätzlich so zu wählen, dass sie im angewendeten Druckbereich eine möglichst geringe Druckdifferenz erzeugen. Dies bedingt meistens einen Kompromiss auf Kosten der Trennwirkung. So kann unter Umständen im Feinvakuumbereich an Stelle einer hochwirksamen Füllkörperkolonne eine Vigreuxkolonne mit kleinem Druckabfall, jedoch schlechterer Trennwirkung verwendet werden.

10.3 Rektifikation ohne Kolonnenkopf

Die Rektifikation ohne Kolonnenkopf oder Rücklaufteiler wird zum Trennen von Substanzgemischen angewendet, wenn die Differenz der Siedepunkte der Komponenten ungefähr 50–100 °C beträgt.

10.3.1 Verdampfungsteil

Der Verdampfungsteil, wie ein Beispiel in ◘ Abb. 10.15 zeigt, umfasst:

- Stockthermometer zum Messen der Kopftemperatur
- Destillieraufsatz isoliert
- isolierte Füllkörperkolonne oder Kolonne mit evakuiertem und verspiegeltem Mantel
- Rundkolben (max. 2/3 gefüllt) mit Siedestein (bei Normaldruck) oder Magnetrührstab
- eventuell 2-Hals Rundkolben mit Thermometer zum Messen der Sumpftemperatur

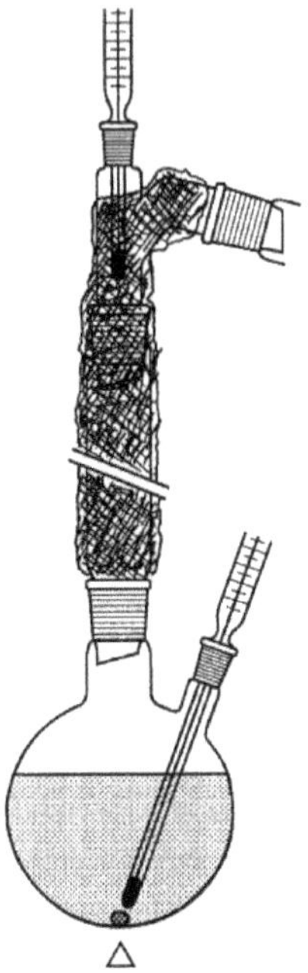

Abb. 10.15 Verdampfungsteil

Wird die Rektifikation bei vermindertem Druck ausgeführt, benützt man Rundkolben mit Magnetrührstäbchen oder einen Spitzkolben mit einer Siedekapillare.

10.3.2 Kondensationsteil oder Fraktionierteil

Wird die Rektifikation bei vermindertem Druck ausgeführt, benützt man einen Anschütz-Thiele-Vorstoss oder eine Spinne.

Die Abb. 10.16 zeigt ein Beispiel für einen Kondensationsteil, welcher unter Normaldruck betrieben wird. Er umfasst von oben nach unten:

- Liebigkühler
- Destilliervorstoss mit seitlichem Ansatz
- Rundkolben als Vorlage

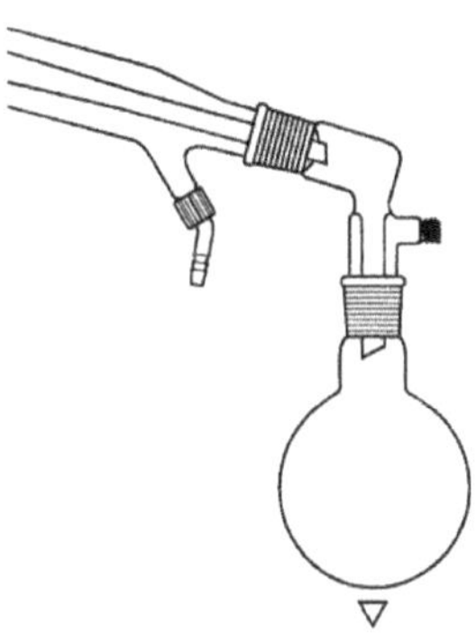

Abb. 10.16 Kondensationsteil

10.3.3 Durchführen der Rektifikation bei Normaldruck

- Die zu verwendenden Kolben tarieren
- Substanzgemisch einfüllen
- Heizbad unterstellen
- Kühlwasser laufen lassen
- Langsam aufheizen
- Kopftemperatur kontinuierlich überwachen
- Fraktionieren

Die Temperatur des Heizbades laufend so einstellen, dass die gewünschte Destilliergeschwindigkeit erreicht wird. In der Regel ist das ungefähr 1 Tropfen/Sekunde.

Nach beendeter Destillation soll man das Heizbad entfernen und den Rückstand im Kolben erkalten lassen.

10.3.4 Durchführen der Rektifikation bei vermindertem Druck

- Die zu verwendenden Kolben tarieren
- Schliffe fetten
- Leere Apparatur hinter Schutzschild oder in der geschlossenen Kapelle evakuieren und auf Dichtheit prüfen
- Belüften und Substanz einfüllen
- Evakuieren
- Heizbad unterstellen
- Kühlwasser laufen lassen
- Langsam aufheizen
- Kopftemperatur kontinuierlich überwachen
- Fraktionieren

Die Temperatur des Heizbades laufend so einstellen, dass die gewünschte Destilliergeschwindigkeit erreicht wird.

Nach beendeter Destillation soll man das Heizbad entfernen und den Rückstand im Kolben unter Vakuum erkalten lassen.

Erst nach dem vollständigen Abkühlen darf die Apparatur belüftet werden.

10.4 Rektifikation mit Kolonnenkopf

Für eine optimale Trennung ist die Einstellung des Dampf / Flüssigkeit-Gleichgewichts in einer Kolonne theoretisch ideal, wenn kein Destillat entnommen wird, sondern alles als Rücklauf in die Kolonne zurück fliesst. Dieser Zustand heisst Totalrücklauf. Um dieses Gleichgewicht nicht wesentlich zu stören, soll während der Destillation nur soviel Destillat entnommen werden, wie sich in der Kolonne laufend anreichert. Die Entnahme einer grösseren Menge würde sich im Vergleich zur Siedetemperatur bei Totalrücklauf im Ansteigen der Siedetemperatur äussern und eine unvollständige Trennung bewirken.

Das genaue Regeln der Destillatentnahme erfolgt mit einem Kolonnenkopf oder Rücklaufteiler.

Die Rektifikation mit Kolonnenkopf wird zum Trennen von Substanzgemischen angewendet, wenn die Differenz der Siedepunkte der Komponenten weniger als 50 °C beträgt.

10.4.1 Kolonnenkopf nach Rehn-Theilig

Die ◘ Abb. 10.17 zeigt einen Kolonnenkopf zur Rücklaufteilung.

Der aufsteigende Dampf kondensiert im Kühler.

Das Kondensat wird durch den Regelhahn im gewünschten Verhältnis in Rücklauf und Destillat aufgeteilt.

Der Rücklauf fliesst in die Kolonne zurück, während das Destillat in verschiedenen Fraktionen gesammelt werden kann, ohne die Destillation zu unterbrechen.

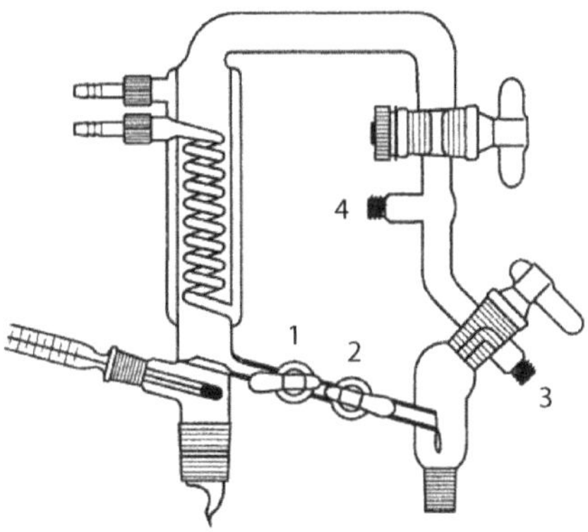

1 Regelhahn
2 Sperrhahn
3 Belüftung
4 Trockenrohr/Pumpe

◘ **Abb. 10.17** Kolonnenkopf nach Rhen-Theilig

Es gibt auch automatisch gesteuerte Kolonnenköpfe.

Bei automatischer Steuerung wird das Rücklaufverhältnis vorgewählt und im Betrieb elektronisch überwacht. Bei einem Temperaturanstieg von beispielsweise 0,1 °C wird die Kolonne automatisch auf Totalrücklauf umgestellt.

10.4.2 Verdampfungsteil, Kondensationsteil und Fraktionierteil

Eine gesamte Destillationsappartur mit Rücklaufteiler zeigt die ◘ Abb. 10.18. Sie umfasst:

- Stockthermometer zum Messen der Kopftemperatur
- Kolonne isoliert
- Kolonne nur soweit mit Füllkörpern gefüllt, dass die Tropfspitze nicht berührt wird und sichtbar ist
- Rundkolben mit Siedestein (bei ND), oder Magnetrührstab
- max. 2/3 gefüllt
- eventuell 2-Hals Rundkolben mit Thermometer zum Messen der Sumpftemperatur

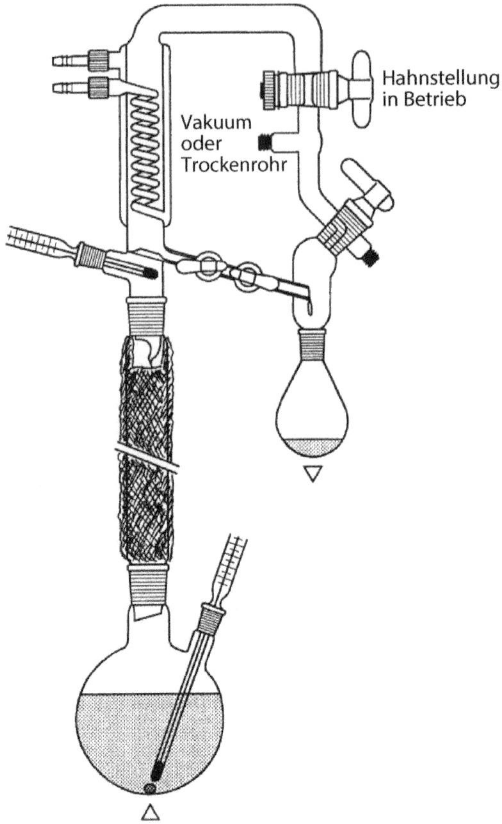

Abb. 10.18 Gesamte Destillationsapparatur mit Rücklaufteiler

Wird die Rektifikation bei vermindertem Druck ausgeführt, benützt man Rundkolben mit Magnetrührstäbchen oder einen Spitzkolben mit einer Siedekapillare.

10.4.3 Durchführen der Rektifikation bei Normaldruck

- Die zu verwendenden Kolben tarieren
- Substanzgemisch einfüllen
- Heizbad unterstellen
- Kühlwasser laufen lassen
- Langsam aufheizen unter Totalrücklauf, Badflüssigkeit rühren
- Kopftemperatur kontinuierlich überwachen
- Warten bis sich ein Dampf/Flüssigkeits-Gleichgewicht eingestellt hat
- Mit dem Regelhahn das gewünschte Rücklaufverhältnis einstellen
- Fraktionieren

Die Temperatur des Heizbades laufend so einstellen, dass die gewünschte Destilliergeschwindigkeit erreicht wird.

Nach beendeter Destillation Heizbad entfernen und Rückstand im Kolben erkalten lassen.

10.4.4 Durchführen der Rektifikation bei vermindertem Druck

- Die zu verwendenden Kolben tarieren
- Schliffe fetten
- Leere Apparatur hinter Schutzschild oder in der geschlossenen Kapelle evakuieren und auf Dichtheit prüfen
- Belüften und Substanzgemisch einfüllen
- Evakuieren
- Heizbad unterstellen
- Kühlwasser laufen lassen
- Langsam aufheizen unter Totalrücklauf, Badflüssigkeit rühren
- Kopftemperatur kontinuierlich überwachen
- Warten bis sich ein Dampf / Flüssigkeits-Gleichgewicht eingestellt hat
- Mit dem Regelhahn das gewünschte Rücklaufverhältnis einstellen
- Fraktionieren

Die Temperatur des Heizbades laufend so einstellen, dass die gewünschte Destilliergeschwindigkeit erreicht wird.

Nach beendeter Destillation Heizbad entfernen und Rückstand im Kolben unter Vakuum erkalten lassen – erst nach dem vollständigen Abkühlen darf die Apparatur belüftet werden (s. Band 3, ▶ Abschn. 8.3.3).

10.5 Zusammenfassung

Zeigen die zu trennenden Substanzen in ihren Siedetemperaturen nur kleine Unterschiede, lassen sie sich durch einmaliges Verdampfen und Kondensieren (Gleichstromdestillation) nicht mit genügender Reinheit trennen. Dieser Vorgang muss deshalb mehrmals wiederholt werden. Durch Verwendung von Destillationskolonnen wird dies bei der Gegenstromdestillation (Rektifikation) in einem Arbeitsgang realisiert.

Weiterführende Literatur

Schwister K (2007) Taschenbuch der Verfahrenstechnik. Hanser Verlag, München
Meister E (2006) Grundpraktikum physikalische Chemie. UTB Hochschulverlag, Zürich
Becker HG et al (2009) Organikum, 23. Aufl. Wiley-VCH, Weinheim, S 57

Destillation azeotroper Gemische

aprentas (Hrsg.), *Laborpraxis Band 3: Trennungsmethoden*, DOI 10.1007/978-3-0348-0970-2_11

Der Dampfdruck eines siedenden Gemisches setzt sich aus der Summe der Dampfdrücke der einzelnen Komponenten zusammen. In einem idealen binären Gemisch liegt der gemessene Dampfdruck zwischen den Dampfdrücken der beiden reinen Komponenten und ändert sich analog des Massenanteils dieser Komponenten.

Im Unterschied zu den idealen Gemischen bleibt bei der Destillation von azeotropen Gemischen die Zusammensetzung des Gesamtdampfdruckes konstant. Wenn sich die einzelnen Komponenten in der Dampfphase stark anziehen, machen die Komponenten dies in einem festen Verhältnis und es liegt ein *Maximumazeotrop mit einem klaren Siedepunkt höher als der Siedepunkt* der höher siedenden Komponente vor. Wenn sich die einzelnen Komponenten in der Dampfphase stark abstossen, machen die Komponenten dies in einem festen Verhältnis und es liegt ein *Minimumazeotrop mit einem klaren Siedepunkt unterhalb des Siedepunkts* der tiefer siedenden Komponente vor.

11.1 Maximumazeotrop-Destillation

Wird ein Gemisch, welches ein Maximumazeotrop bildet, zum Sieden erwärmt, destilliert zuerst die überschüssige Komponente ab, bis sich im vorgelegten Gemisch das azeotrope Verhältnis eingestellt hat. Dann destilliert das azeotrope Gemisch bei konstanter Temperatur im konstanten Verhältnis. Es *verhält sich wie eine reine Substanz* und ist durch Destillation nicht zu trennen.

So können Halogenwasserstoffsäuren durch Maximumazeotrop-Destillation auf eine ganz bestimmte Konzentration gebracht werden.

Beispiel

Das Gemisch Bromwasserstoff / Wasser siedet als Maximumazeotrop bei 126 °C und hat in der Dampfphase einen Massenanteil von $w(HBr) = 47{,}6\,\%$.

Liegt der Massenanteil in der Lösung von $w(HBr) > 47{,}6\,\%$, entweicht beim Erhitzen überschüssiges Bromwasserstoffgas, bis die azeotrope Zusammensetzung erreicht ist.

Ist der Massenanteil in der Lösung von $w(HBr) < 47{,}6\,\%$, destilliert bei 100 °C Wasser ab, bis die azeotrope Zusammensetzung erreicht ist.

11.2 Minimumazeotrop-Destillation

Wird ein Gemisch, welches ein Minimumazeotrop bildet, zum Sieden erwärmt, *destilliert zuerst das azeotrope Gemisch* bei konstanter Temperatur in einem konstanten Verhältnis ab, bis nur noch die überschüssige Komponente zurück bleibt.

Die Konzentration des destillierenden azeotropen Gemisches ist unabhängig von der Zusammensetzung des vorgelegten Gemisches.

Das Azeotrop verhält sich wie eine reine Substanz und ist durch Destillation nicht zu trennen.

Beispiel

Das Gemisch Toluen / Wasser siedet als Minimumazeotrop bei 85 °C und hat in der Dampfphase einen Massenanteil von $w(\text{Toluen}) = 79{,}8\,\%$.

Solange beide Komponenten vorliegen, wird das azeotrope Gemisch bei 85 °C abdestillieren, bis eine der beiden Komponenten entfernt ist. Danach wird die Siedetemperatur auf diejenige der verbliebenen Komponente steigen. Im Fall von Wasser auf 100 °C sonst auf 110,6 °C = Kp(Toluen).

11.2.1 Abdestillieren von Reaktionswasser

Das bei einer Reaktion entstehende Wasser wird azeotrop mit Hilfe eines wasserunlöslichen Lösemittels beispielsweise Toluen, Cyclohexan oder Dichlormethan abdestilliert und in einem Wasserabscheider abgetrennt. Dieses Löse- oder Schleppmittel läuft kontinuierlich in das Reaktionsgefäss zurück.

Das Abdestillieren von Reaktionswasser mit Hilfe eines Schleppmittels wird beispielsweise bei der Herstellung von Estern angewendet.

Die ◘ Abb. 11.1 und 11.2 zeigen unterschiedliche Wasserabscheider.

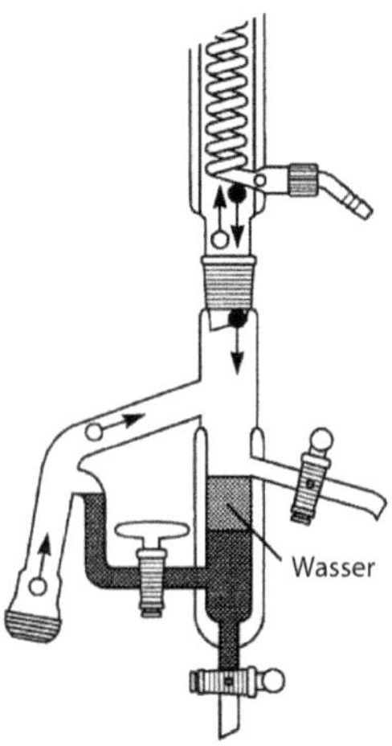

◘ **Abb. 11.1** Für ρ(Schleppmittel) > 1 g/mL

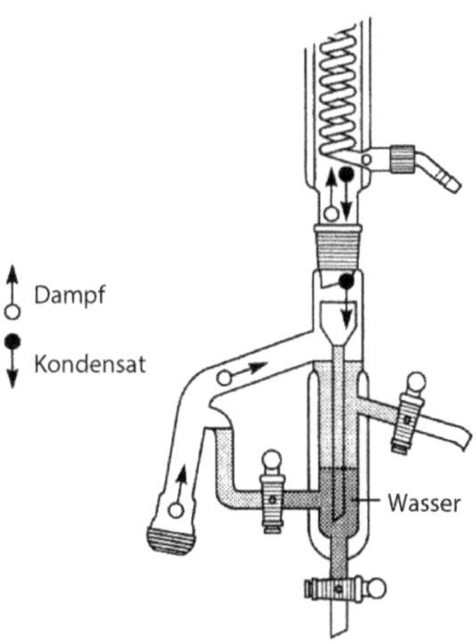

◘ **Abb. 11.2** Für ρ(Schleppmittel) < 1 g/mL

11.2.2 Entfernen von Wasser aus Lösemitteln

Lösemittel, die mit Wasser ein Azeotrop bilden, können durch Destillieren vom Wasser befreit werden.

Bei Beginn der Destillation destilliert zuerst ein Minimumazeotrop, bestehend aus Lösemittel und Wasser, ab. Destilliert wird solange, bis im Destillierkolben kein Wasser mehr vorhanden ist. Das heisst so lange, bis die Kopftemperatur dem Wert des Siedepunkts des reinen Lösemittels entspricht.

Dieser Effekt kann auch ausgenutzt werden, um wasserfeuchte Lösungen von organischen Lösemitteln, ohne sie vorgängig zu trocknen, mit Toluen oder Cyclohexan zu versetzen und am Rotationsverdampfer einzudampfen. Dabei werden die Rückstände wasserfrei. Diese Methode funktioniert nur, wenn allfällige gelöste Substanzen nachweislich nicht wasserdampfflüchtig sind.

11.2.3 Trennen von Gemischen mit kleiner Siedepunktdifferenz

Gemische von Substanzen, deren Siedepunkte nahe beisammen liegen, lassen sich durch übliche Destillationsmethoden schlecht trennen.

Durch Zugeben eines Stoffes, welcher mit einer der vorgelegten Komponenten oder mit beiden ein azeotropes Gemisch bildet, wird eine grössere Differenz der Siedepunkte erzielt. Die Abtrennung des azeotropen Gemisches erfolgt mit Hilfe einer Destillationskolonne.

Beispiel: Das Gemisch Indol / Diphenyl weist eine Siedepunktdifferenz von 0,6 °C auf.

Durch Zugeben von Diethylenglykol entstehen Azeotrope, die eine Siedepunktdifferenz von 12 °C aufweisen und sich über eine Destillationskolonne trennen lassen.

Mit geeigneten Aufarbeitungsmethoden lässt sich das zugesetzte Diethylenglykol aus den beiden Fraktionen entfernen.

11.2.4 Entfernen von Lösemitteln oder Produkten aus Reaktionsgemischen

Relativ hochsiedende Lösemittel oder Produkte können durch Bildung eines Minimumazeotrops bei einer Siedetemperatur von weniger als 100 °C aus dem Reaktionsgemisch abdestilliert werden. Dies geschieht meistens durch Einleiten von Wasserdampf.

11.3 Wasserdampfdestillation

Die Wasserdampfdestillation ist eine Trägerdampfdestillation. Dabei wird die wässrige Komponente als Dampf in die andere Komponente eingeleitet und bildet das azeotrope Gemisch. Auf diese Weise lassen sich temperaturempfindliche und hochsiedende wasserdampfflüchtige Substanzen von nicht wasserdampfflüchtigen Stoffen trennen. Substanzgemische, die sich stark in ihrer Wasserdampfflüchtigkeit unterscheiden, lassen sich sogar fraktionieren.

Meist sind organische Substanzen wasserdampfflüchtig, die in Diethylether gut löslich sind:

- gut wasserdampfflüchtig sind Substanzen mit einem hohen Dampfdruck
- schlecht wasserdampfflüchtig sind Substanzen mit einem niederen Dampfdruck

11.3.1 Verdampfungsteil

Die ◘ Abb. 11.3 und 11.4 zeigen mögliche Apparaturen zur Wasserdampfdestillation.

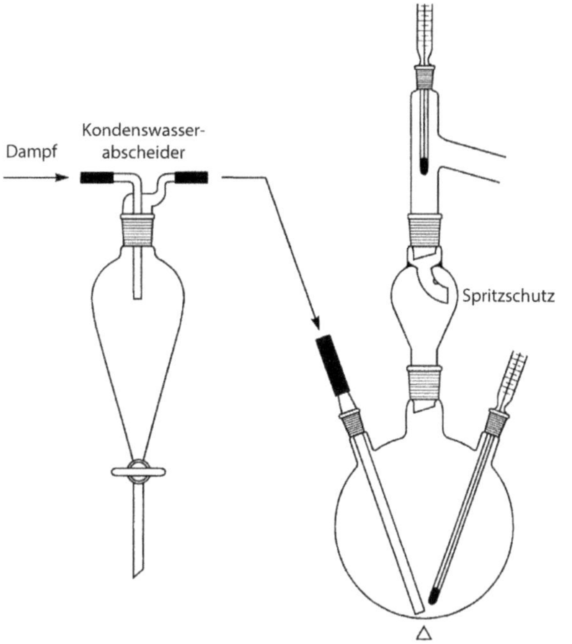

◘ **Abb. 11.3** Rundkolbenapparatur für die Wasserdampfdestillation

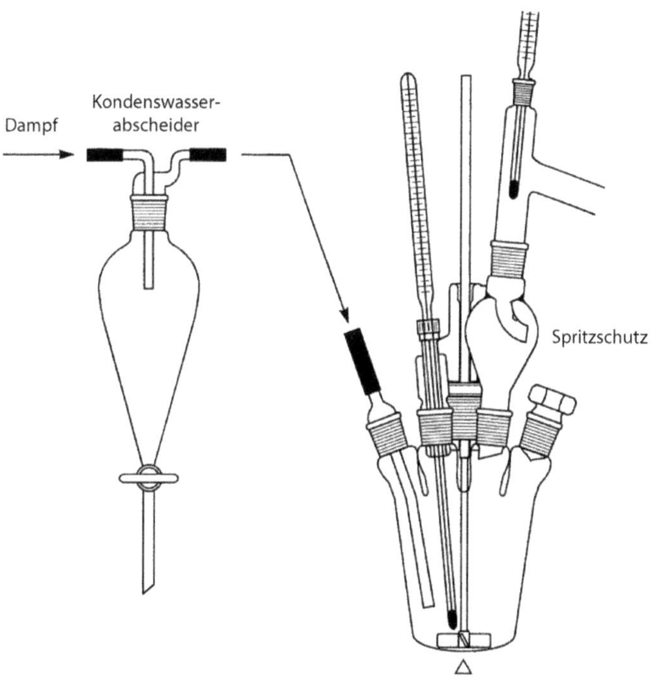

◘ **Abb. 11.4** Sulfierkolbenapparatur für die Wasserdampfdestillation

Apparative Hinweise:

- Die Grösse des Sulfierkolbens oder des Rundkolbens so wählen, dass er nach beendeter Reaktion und vor der Wasserdampfdestillation zu einem Drittel bis maximal zur Hälfte gefüllt ist.
- Das Dampfeinleitungsrohr soll möglichst tief in den Kolben eintauchen.
- Um ein Kondensieren von Wasserdampf im vorliegenden Gemisch und eine entsprechende Volumenzunahme zu vermeiden, wird mit einem Heizbad von 120 bis 130 °C geheizt und somit die Wasserdampfdestillation beschleunigt.
- Der Rührverschluss darf während der Wasserdampfdestillation nicht gekühlt und darin verbliebenes Wasser soll vorher entfernt werden.

Wird die Dampfzufuhr unterbrochen, entsteht durch die Kondensation ein Vakuum und es wird fast sofort Flüssigkeit in den Dampfgenerator gesogen. Als Unterdrucksicherung wird deshalb der Dampf mit einem kurzen Gaseinleitrohr durch einen Scheidetrichter geleitet. Am Schluss der Wasserdampfdestillation muss zuerst der Hahn des Scheidetrichters geöffnet werden, bevor die Dampfzufuhr unterbrochen wird um ein Zurückziehen zu verhindern.

11.3.2 Kondensationsteil für Flüssigkeiten

Zum Kühlen werden lange Intensivkühler verwendet, da infolge der hohen Kondensationswärme von Wasserdampf viel Wärmeenergie abgeführt werden muss, wie in ◘ Abb. 11.5 gezeigt.

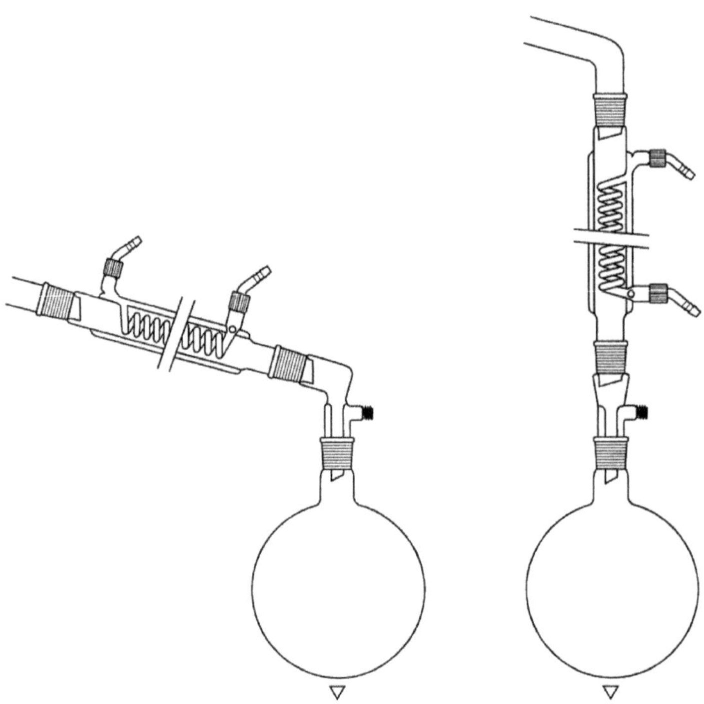

◘ **Abb. 11.5** Kondensationsteil für flüssige Substanzen

Als Vorlage dienen Rundkolben, Erlenmeyerkolben oder Scheidetrichter. Rundkolben und Erlenmeyerkolben können bei Bedarf gekühlt werden. Aus einem Scheidetrichter lässt sich das Produkt direkt durch Extraktion isolieren.

11.3.3 Kondensationsteil für Feststoffe

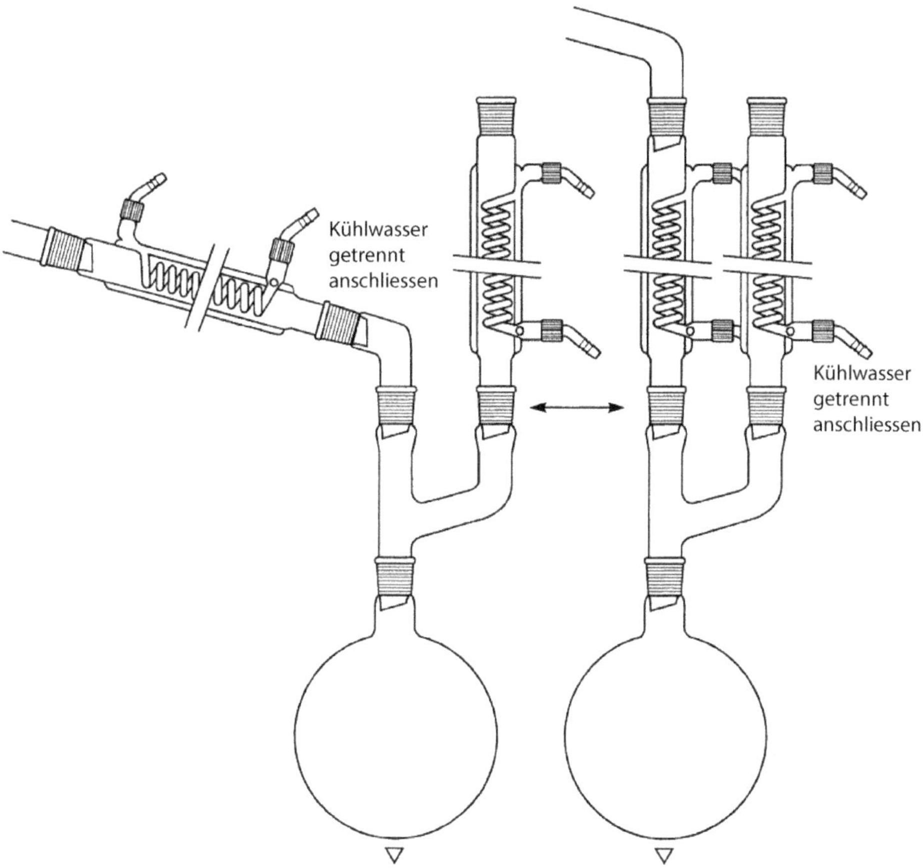

Abb. 11.6 Kondensationsteil für grössere Mengen flüssige oder tiefschmelzende Substanzen

Geeignet für Feststoffe mit Schmelzpunkt bis zirka 60 °C.

Wenn das Destillat im Kühler erstarrt, kann man die Kühlwasserzufuhr des 1. Kühlers unterbrechen, bis das Destillat wieder schmilzt und in den Vorlagekolben abläuft, wie in Abb. 11.6 gezeigt.

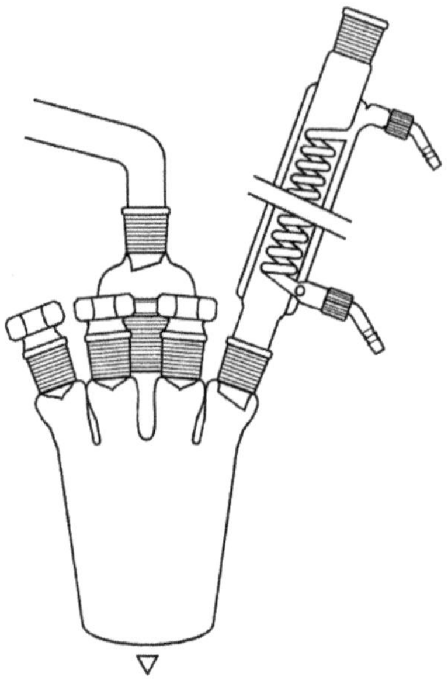

■ **Abb. 11.7** Kondensationsteil für feste Substanzen

Geeignet für Feststoffe mit Schmelzpunkt über zirka 60 °C.

Der feste Anteil des Destillats lässt sich durch die weite Öffnung des Sulfierkolbens besser entnehmen.

Der Sulfierkolben ist Bestandteil des Kondensationsteils und muss deshalb gut gekühlt werden, wie in ■ Abb. 11.7 gezeigt.

11.3.4 Durchführen einer Wasserdampfdestillation

- Substanz- oder Reaktionsgemisch mit Wasser vorlegen
- Heizbad unterstellen und Gemisch bis zum Sieden erwärmen
- Dampf unter Niveau einleiten bis der Endpunkt festgestellt wird

Endpunkt

Die Wasserdampfdestillation ist beendet, wenn die Kopftemperatur dem Siedepunkt von Wasser entspricht und das Destillat klar, farblos und homogen ist. Es destilliert nur noch Wasser.

Endpunktkontrolle

- Visuell: im Destillat sind keine öligen Tröpfchen oder Feststoffteilchen mehr sichtbar
- Dünnschichtchromatographie-Tüpfelprobe: im aufgetropften Destillat ist mit einem spezifischen Nachweis keine Substanz mehr festzustellen
- Refraktionsbestimmung: das Destillat hat den gleichen Brechungsindex wie Wasser

Aufarbeiten des Destillats

Die Substanz wird mit einem mit Wasser nicht mischbaren Lösemittel extrahiert. Nach dem Abtrennen wird die organische Phase sorgfältig – weil die Substanz wasserdampfflüchtig ist – getrocknet, filtriert und eingedampft.

11.4 Zusammenfassung

Die Destillation von nicht idealen Gemischen führt zum Phänomen der azeotropen Destillation. Es gibt minimum- und maximumazeotrope Gemische. Im vorliegenden Kapitel werden Anwendungen mit minimumazeotropen Gemischen wie Wasserabscheiden aus Reaktionen oder die Wasserdampfdestillation beschrieben.

Weiterführende Literatur

Schwister K (Hrsg) (2007) Taschenbuch der Verfahrenstechnik. Hanser, München
Meister E (2006) Grundpraktikum physikalische Chemie. UTB Hochschulverlag, Zürich

Spezielle Destillationen

aprentas (Hrsg.), *Laborpraxis Band 3: Trennungsmethoden*, DOI 10.1007/978-3-0348-0970-2_12

12.1 Destillation unter Inertgas

Oxidationsempfindliche Substanzen werden unter Ausschluss von Sauerstoff destilliert. Zum *Verdrängen des Luftsauerstoffs* wird als Inertgas meist Stickstoff, Argon oder Kohlenstoffdioxid verwendet. Die Wahl des Inertgases richtet sich nach den chemischen Eigenschaften der zu destillierenden Substanz. Die Destillation wird meist bei vermindertem Druck ausgeführt, wie die ◘ Abb. 12.1 zeigt.

12.1.1 Destillation von Flüssigkeiten bei vermindertem Druck

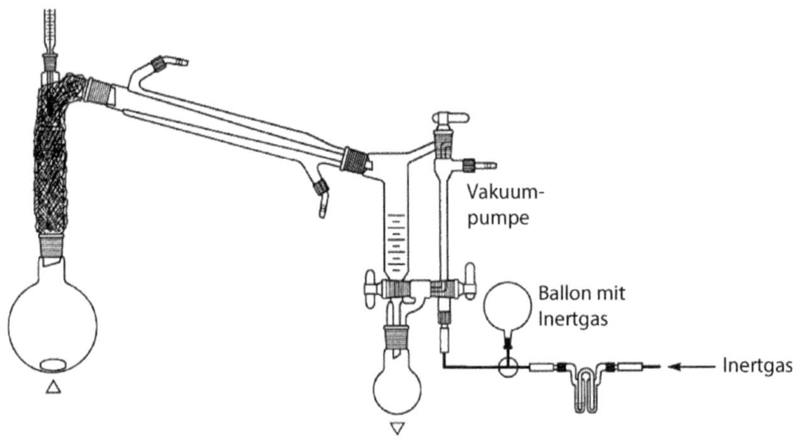

◘ **Abb. 12.1** Der Anschütz-Thiele Vorstoss ermöglicht sowohl den Betrieb unter Vakuum als auch das Belüften mit Inertgas

Folgendes Vorgehen empfiehlt sich für eine Inertgasdestillation:

- die zu verwendenden Kolben tarieren
- Schliffe fetten
- leere Apparatur hinter Schutzschild oder in der geschlossenen Kapelle evakuieren und auf Dichtheit prüfen
- belüften und Substanz einfüllen
- evakuieren und mit Inertgas wieder entlasten. Diesen Vorgang 2- bis 3-mal wiederholen
- erneut evakuieren
- langsam aufheizen
- Kopftemperatur kontinuierlich überwachen
- fraktionieren

Beim Wechsel des Vorlagekolbens muss der neue Kolben erneut 2- bis 3-mal mit Inertgas gespült werden.

Nach beendeter Destillation Heizbad entfernen und Rückstand im Destillierkolben erkalten lassen. Danach bis zum Druckausgleich Inertgas einströmen lassen. Das reine Destillat soll unter inerten Bedingungen abgefüllt werden.

12.1.2 Destillation von Feststoffen bei vermindertem Druck

Grundsätzlich lassen sich auch Feststoffe destillieren. Je näher der Siedepunkt bei Raumtemperatur ist, desto besser geht dies. Da die Siedepunkte von Feststoffen oft hoch sind, wird in der Regel eine Vakuumdestillation durchgeführt (s. Band 3, ▶ Abschn. 14.1.1). Es kann dieselbe Apparatur verwendet werden.

Zur Verhinderung eines Verstopfens durch kristallisierende Kondensate kann thermostatisiertes Wasser den Liebigkühler durchströmen. Eine andere Möglichkeit bildet die Verwendung von kalter oder warmer Luft als Kühlmedium des Liebigkühlers. Eine IR Lampe, ein Föhn oder ein Heissluftgebläse können helfen Kristalle in die Vorlage zu befördern.

Mit einem Föhn oder einem Heissluftgebläse ist Vorsicht geboten. Sie sind eine *gefährliche Zündquelle*. Zudem kann heisse Luft Glas zum *Zerspringen* bringen, wenn sie konstant und immer auf denselben Punkt gerichtet auftrifft. Das Glas muss immer gleichmässig von möglichst allen Seiten erwärmt werden.

Eine Alternative zum Erwärmen des Kühlers ist die Verwendung einer Wurstkolbenapparatur.

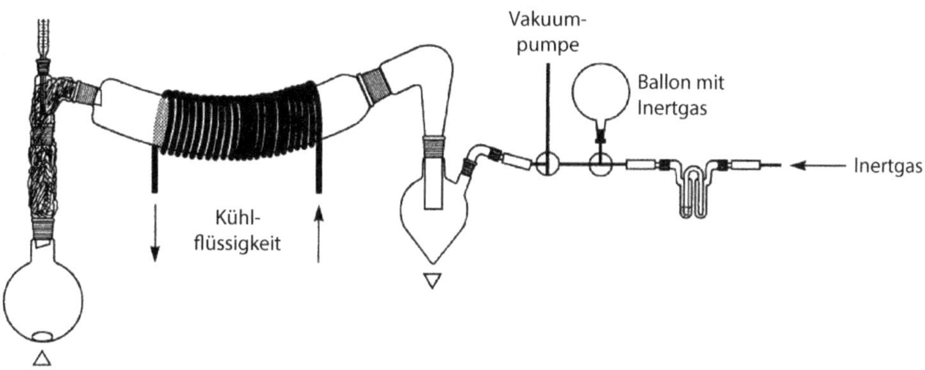

Abb. 12.2 Apparatur zur Destillation von Feststoff unter Vakuum und Inertgas

- die zu verwendenden Kolben (auch die Wurstvorlage) tarieren
- Schliffe fetten
- leere Apparatur hinter Schutzschild oder in der Kapelle evakuieren und auf Dichtheit prüfen
- belüften und Substanz einfüllen
- evakuieren und mit Inertgas „spülen“; diesen Vorgang 2–3 mal wiederholen
- langsam aufheizen
- Substanz bei Normaldruck schmelzen (nicht überhitzen!)
- erneut evakuieren
- weiter aufheizen
- Kopftemperatur kontinuierlich überwachen
- destillieren

Nach beendeter Destillation Heizbad entfernen und Rückstand im Destillierkolben *erkalten* lassen. Danach bis zum Druckausgleich Inertgas einströmen lassen.

Das erstarrte Destillat wird unter inerten Bedingungen aus der Wurstvorlage, wie sie ◘ Abb. 12.2 zeigt, geschmolzen und ohne zu pulverisieren (Oberfläche klein halten) immer noch unter inerten Bedingungen abgefüllt.

12.1.3 Abfüllen unter Inertgas

Um die Oxidation der gereinigten Substanz beim Abfüllen oder Lagern zu vermeiden, wird das Destillat unter inerten Bedingungen abgefüllt. Steht dazu keine fest installierte Vorrichtung zur Verfügung, dienen die Improvisationsmöglichkeiten, welche in ◘ Abb. 12.3 und 12.4 gezeigt sind.

CO_2 oder Argon dient als Schutzgas in einer Wanne oder etwas Ähnlichem.

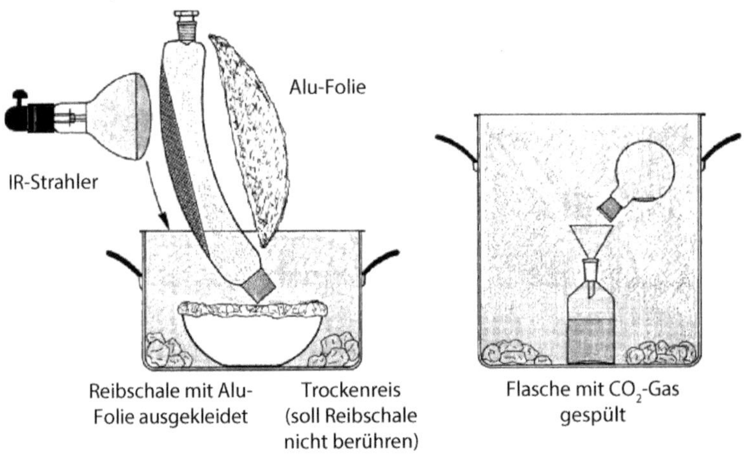

◘ **Abb. 12.3** Abfüllen unter Kohlenstoffdioxid oder Argon

Stickstoff dient als Schutzgas in einem Plastiksack.

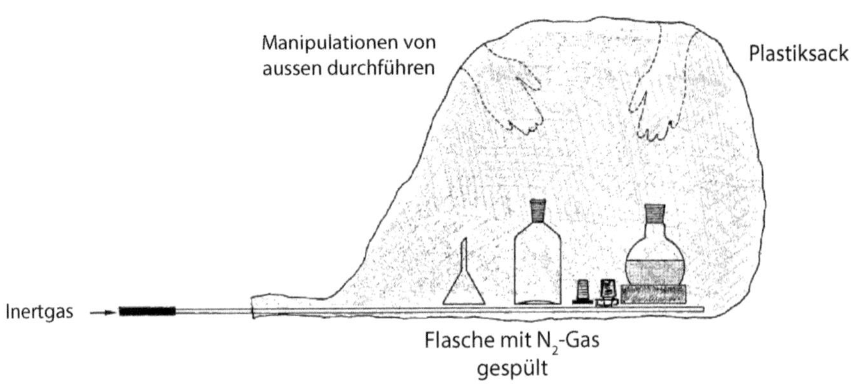

◘ **Abb. 12.4** Abfüllen unter Stickstoff

12.2 Destillation unter Feuchtigkeitsausschluss

Werden feuchtigkeitsempfindliche oder hygroskopische Substanzen destilliert, muss dies unter Ausschluss von Feuchtigkeit erfolgen. Der Zutritt von Feuchtigkeit wird durch das Anbringen eines Trockenrohrs oder Belüften mit trockenem Inertgas vermieden.

12.2.1 Destillation bei Normaldruck

Für die Destillation bei Normaldruck wird ein Trockenrohr an die Öffnung des Destilliervorstosses angebracht, wie die ◘ Abb. 12.5 zeigt.

Um einen Druckausgleich zu ermöglichen, wird *grobkörniges Trockenmittel* eingefüllt.

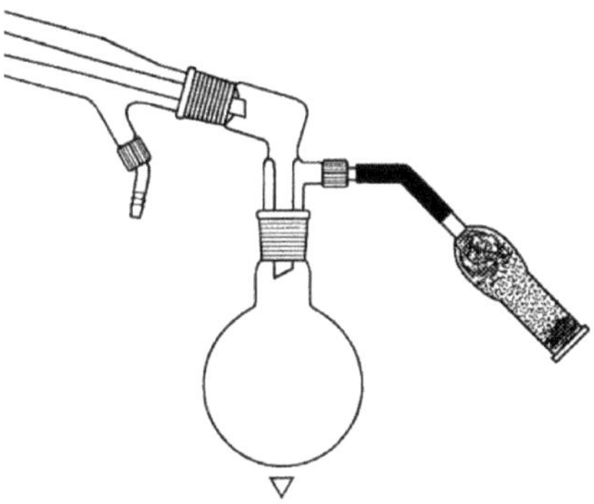

◘ **Abb. 12.5** Trocknungsmittel nimmt gegebenenfalls Feuchtigkeit auf

12.2.2 Destillation bei vermindertem Druck

Für die Destillation bei vermindertem Druck wird mit *trockenem Inertgas* belüftet, wie die ◘ Abb. 12.6 zeigt.

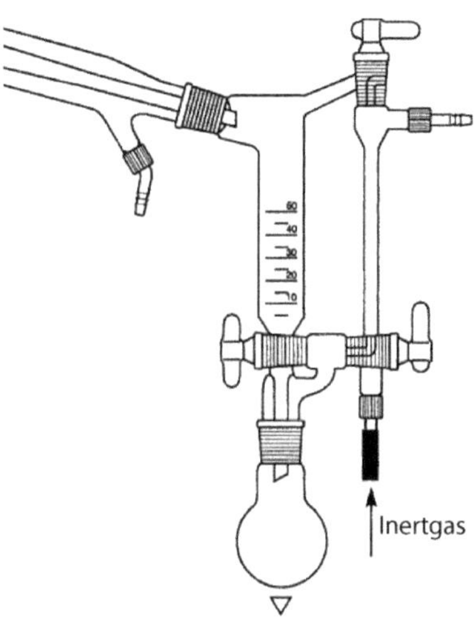

◘ **Abb. 12.6** Der Anschütz-Thiele Vorstoss ermöglicht sowohl den Betrieb unter Vakuum als auch das Belüften mit Inertgas

12.2.3 Aufbewahren unter Feuchtigkeitsausschluss

Muss das Destillat längere Zeit unter Feuchtigkeitsausschluss aufbewahrt werden, empfiehlt es sich, den Flaschenverschluss mit Parafilm oder Paraffin zu überziehen oder das Destillat in eine Glasampulle einzuschmelzen. Beim Aufbewahren von hygroskopischen Flüssigkeiten kann Molekularsieb als Trockenmittel direkt in die Flasche gegeben werden.

12.3 Abdestillieren aus dem Reaktionsgefäss

Soll während oder nach einer Reaktion das Lösemittel oder das Produkt abdestilliert werden, kann eine Destilliervorrichtung direkt auf den Reaktionskolben montiert werden, wie es das Beispiel in der ◘ Abb. 12.7 zeigt. Der Rückflusskühler wird entfernt, das Kühlwasser im Rührverschluss abgestellt und dieser entleert.

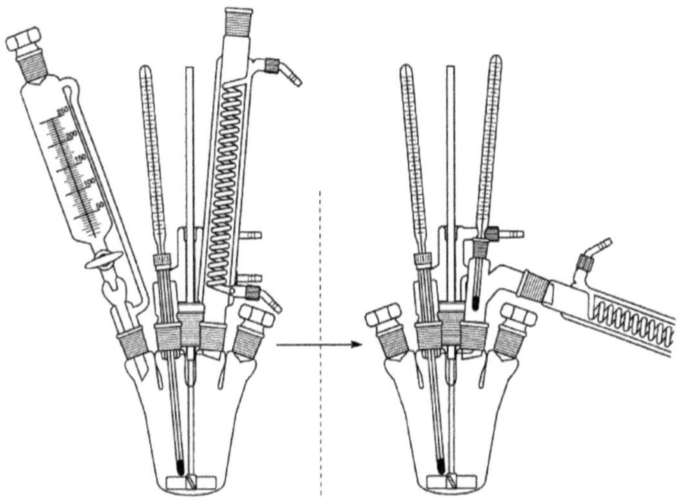

◘ **Abb. 12.7** Ein kleiner apparativer Umbau ermöglicht das Abdestillieren aus dem Reaktionsgefäss

Das Abdestillieren kann auch mit Einschränkungen bei vermindertem Druck erfolgen.

Das Abdestillieren von Lösemittel erfolgt üblicherweise rascher, als dies bei einer normalen Destillation der Fall ist. Es empfiehlt sich die Verwendung eines Intensivkühlers.

12.4 Kugelrohrdestillation

Die Kugelrohrdestillation ist eine besondere Art der Gleichstromdestillation. Sie ist ein Beispiel einer Kurzwegdestillation.

Wie im ► Abschn. 8.1 „Gleichstromdestillation" beschrieben erfolgt die Trennung durch einmaliges Verdampfen und Kondensieren.

12.4.1 Eignung

Eine Kugelrohrdestillation eignet sich wegen des geringen Massenverlusts gut für kleine Mengen, jedoch nur bei grossen Siedepunkt-Unterschieden. Eine Fraktionierung ist nur bedingt möglich.

12.4.2 Apparatur

Wie die ◘ Abb. 12.8 und 12.10 zeigen, umfasst die kompakte Apparatur:

- einen Verdampfungsteil (1), der Ofen ist transparent, so dass allfällige Verfärbungen die auf eine Zersetzung hindeuten könnten, erkannt werden
- einen Kondensationsteil (2), der idealerweise mit Wasser, Eis oder Trockeneis gekühlt wird
- Anschlüsse für Vakuum und Inertgas-Belüftung (3), in den meisten Fällen wird unter Vakuum gearbeitet
- einen Drehmotor (4) der Siedeverzüge verhindert und eine gleichmässige Wärmeverteilung gewährleistet
- eine Blende (5), die den Wärmeverlust gering hält
- eine elektronische Steuereinheit

Die Messung der Innentemperatur ist nicht möglich.

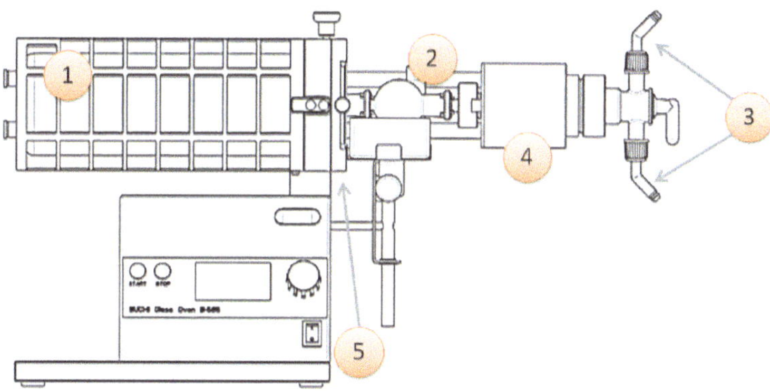

◘ **Abb. 12.8** Aufbau einer Kugelrohr-Destillations-Apparatur. (Mit freundlicher Genehmigung von BÜCHI Labortechnik AG, Flawil, Schweiz)

12.4.3 Handhabung

In Endkolben A, siehe ◘ Abb. 12.9, wird das Gemisch vorgelegt. Dann werden Endkugel (A) und Mittelkugel (B) im Ofen aufgeheizt, Mittelkugel (C) verbleibt ausserhalb des Ofens und dient als Vorlage. Sie wird gekühlt. Die Hohlwelle (D) ist mit dem Motor verbunden und rotiert. Es wird stufenweise aufgeheizt. Sobald sich in der Mittelkugel (C) niedersiedendes Destillat gesammelt hat, jedoch nichts mehr destilliert wird die Mittelkugel (B) zur Vorlage für das höhersiedende. Hierzu wird die Blende geöffnet, Kugel (B) aus dem Ofen geführt, die Blende wieder verschlossen und weiter aufgeheizt.

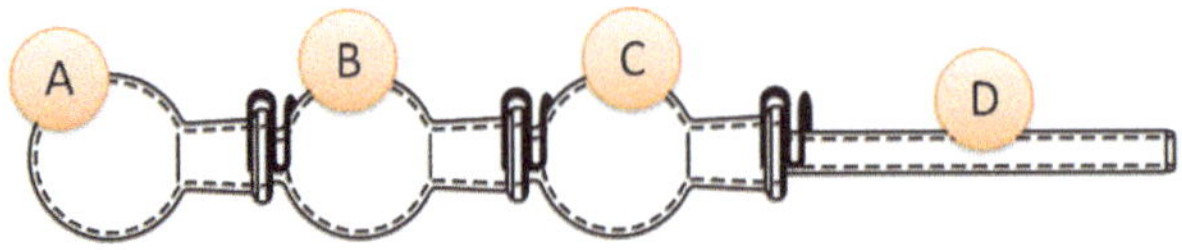

Abb. 12.9 Das Kugelrohr

Eine Mehrfachdestillation ist für relativ reine Substanzen möglich. Dabei wird zuerst die Endkugel (A) in den Ofen geschoben. Wenn alles destilliert wurde, wird die Mittelkugel (B) in den Ofen geschoben und die Substanz in die Mittelkugel (C) destilliert.

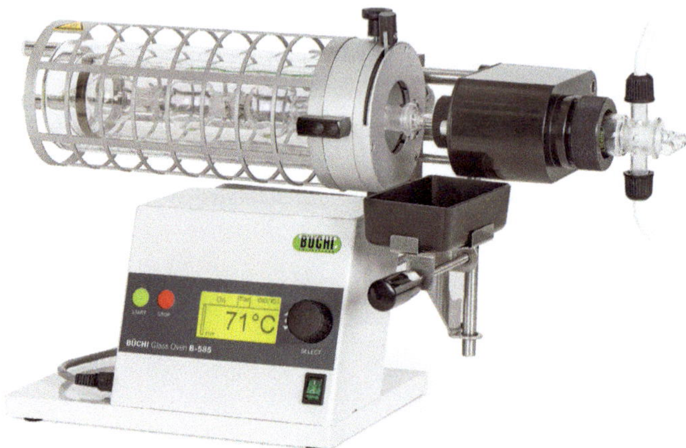

Abb. 12.10 Kugelrohrofen B-585. (Mit freundlicher Genehmigung von BÜCHI Labortechnik AG, Flawil, Schweiz)

12.5 Zusammenfassung

Die Destillation von oxidationsempfindlichen, feuchtigkeitsempfindlichen oder hygroskopischen Flüssigkeiten oder Feststoffen fordert spezielle Massnahmen, die in diesem Kapitel aufgeführt werden. Ausserdem werden das Abdestillieren aus einem Reaktionsgefäss, sowie die Kugelrohrdestillation beschrieben.

Weiterführende Literatur

Schwister K (2007) Taschenbuch der Verfahrenstechnik. Hanser Verlag, München

Sublimieren

aprentas (Hrsg.), *Laborpraxis Band 3: Trennungsmethoden,* DOI 10.1007/978-3-0348-0970-2_13

Unter Sublimieren wird der *direkte Übergang vom festen in den gasförmigen Aggregatzustand* verstanden.

Einige Beispiele aus dem häuslichen Alltag:

- Campher sublimiert zur Mottenbekämpfung im Kleiderschrank,
- Schnee sublimiert ohne zu schmelzen,
- im Winter trocknet im Freien aufgehängte, steifgefrorene Wäsche,
- Lebensmittel wie frische Gewürzkräuter oder Kaffee können gefriergetrocknet werden.

Im chemischen Labor wird die Sublimation zum Reinigen von Feststoffen oder zum Trennen von Feststoffgemischen benützt.

Die Vorteile der Sublimation sind:

- schonende thermische Behandlung der Substanz,
- geringer Verlust, deshalb speziell geeignet zum Reinigen kleinster Stoffmengen.

13.1 Physikalische Grundlagen

Die Sublimation eignet sich zum Trennen von Feststoffgemischen, wenn diese aus sublimierbaren und wenig flüchtigen Anteilen bestehen. Viele sublimierbare Feststoffe weisen einen charakteristischen Geruch auf.

13.1.1 Dampfdruck von Feststoffen

Moleküle und Ionen in Feststoffen schwingen um ihren räumlich festgelegten Aufenthaltsort. Die temperaturabhängige Schwingungsenergie wird dabei von Teilchen zu Teilchen übertragen.

Die Schwingungsenergie einzelner Teilchen kann so hoch sein, dass sie die zwischenmolekularen Anziehungskräfte übersteigen und somit als Moleküle oder Ionen den Feststoff dampfförmig verlassen.

Da die Anziehungskräfte unter den Teilchen von Ionenverbindungen im Vergleich zu nichtionischen Verbindungen sehr hoch sind, besitzen Ionenverbindungen sehr geringe Dampfdrücke und sublimieren deshalb nur schlecht.

13.1.2 Temperaturabhängigkeit des Dampfdrucks

Wie die ◘ Abb. 13.1 zeigt, bildet sich zwischen dem Feststoff und den überstehenden Dämpfen ein Gleichgewichtszustand, wenn ein sublimierbarer Stoff in einem Gefäss eingeschlossen ist. Es verlassen pro Zeiteinheit gleich viele Teilchen die Substanz, wie wieder zur Substanz zurückkehren.

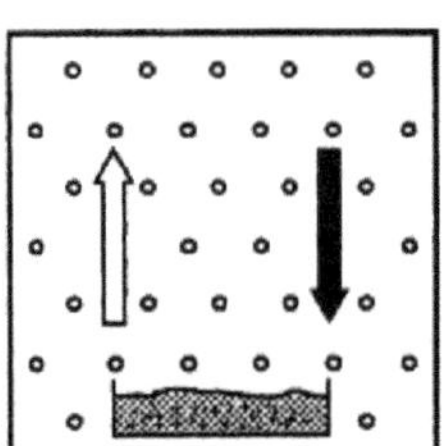

◘ **Abb. 13.1** Dampfdruck eines Feststoffes bei Raumtemperatur

Wie die ◘ Abb. 13.2 zeigt, sublimiert beim Erwärmen mehr Substanz, was den Dampfdruck erhöht.

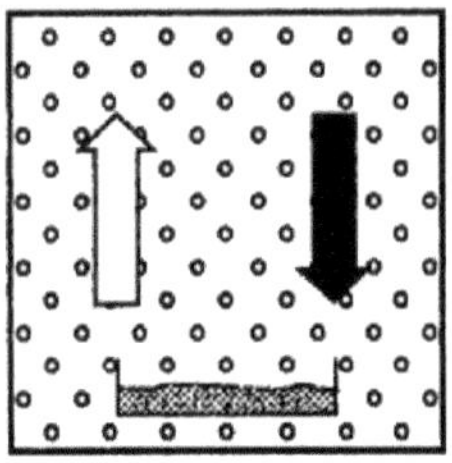

◘ **Abb. 13.2** Dampfdruck eines Feststoffes bei erhöhter Temperatur

Wie die ◘ Abb. 13.3 zeigt, schlägt sich beim Abkühlen ein Teil des Dampfes als Sublimat nieder.

◘ **Abb. 13.3** Der Feststoff resublimiert an den kühlen Ecken

Mit zunehmender Temperatur erhöht sich der Dampfdruck des festen Stoffes bis der Sublimationspunkt erreicht ist. Beim Sublimationspunkt ist der Dampfdruck gleich gross wie der Umgebungsdruck.

Bei der Sublimationstemperatur sublimieren die Kristalle auch im Innern und zerplatzen. Die Sublimation soll jedoch nur an der Oberfläche der einzelnen Feststoffteilchen stattfinden. Deshalb wird bei Temperaturen unterhalb des Sublimationspunkts gearbeitet.

Wie die ◘ Abb. 13.4 zeigt, muss zwischen der Heiz- und der Kühlfläche eine möglichst grosse Temperaturdifferenz herbeigeführt werden, um das Gleichgewicht einer Sublimation in Richtung Sublimat zu beeinflussen.

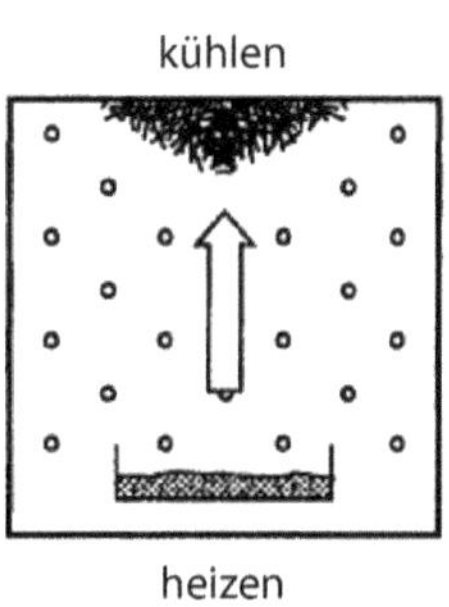

◘ **Abb. 13.4** Das Sublimat resublimiert am kühlsten Ort

13.1.3 Druckabhängigkeit des Sublimationspunkts und der Sublimationsgeschwindigkeit

Durch das Herabsetzen des Umgebungsdruckes können die Teilchen aus einem Feststoff ungehinderter austreten. Erreichen Umgebungsdruck und Dampfdruck des Feststoffes denselben Betrag, so ist der Sublimationspunkt erreicht. Durch das Absenken des Umgebungsdruckes können somit auch Stoffe sublimiert werden, die sonst nur durch Überschreiten der Schmelztemperatur in ausreichender Menge in den gasförmigen Zustand gebracht werden könnten.

◘ Abb. 13.5 zeigt den Übergang in den gasförmigen Zustand.

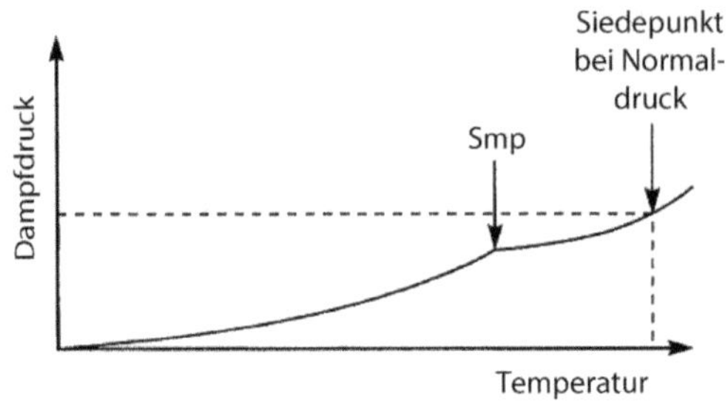

◘ **Abb. 13.5** Übergang in den gasförmigen Zustand durch Sieden bei Normaldruck

Wie die ◘ Abb. 13.5 und die ◘ Abb. 13.6 zeigen, kann durch das Absenken des Umgebungsdruckes auch die Sublimationsgeschwindigkeit erhöht werden.

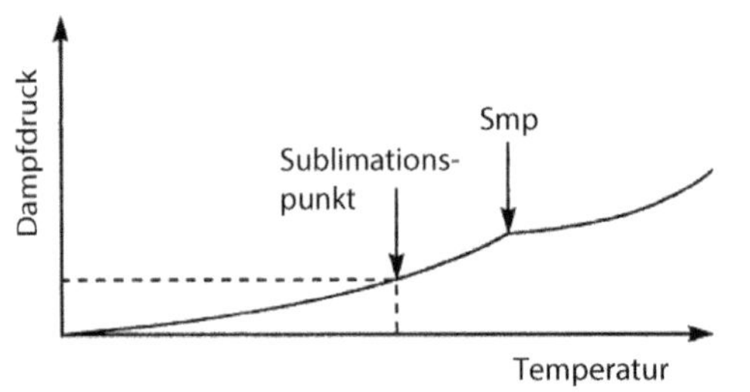

◘ **Abb. 13.6** Übergang in den gasförmigen Zustand durch Sublimieren bei vermindertem Druck

13.1.4 Sublimation eines Feststoffgemisches

Beim Trennen oder Reinigen von Feststoffgemischen kann die Geschwindigkeit der Sublimation beeinflusst werden durch:

- Vergrössern der Substanzoberfläche
- gute Wärmeverteilung zwischen Substanz und der beheizten Fläche
- Reduzieren des Umgebungsdruckes
- Erhöhen der Temperatur des zu trennenden Gemisches bis unterhalb des Schmelzpunkts
- Verschieben des Gleichgewichts auf die Seite des Sublimats durch gute Kühlung und gelegentliches Abkratzen vom Kühlfinger

13.1.5 Lyophilisation oder Gefriertrocknung

Die Gefriertrocknung beruht auf der Sublimation von Wasser unter Fein- oder Hochvakuum. Sie dient beispielsweise zur *Trocknung von wasserhaltigen Mustern* wie Früchten vor einer Analyse. Wasserhaltigen Mustern aus der biotechnologischen Herstellung von Impfstoffen oder Fraktionen aus dem HPLC können auf diese Weise schonend und rasch das Wasser entzogen werden. Zurück bleibt ein trockener Rückstand, wie er von löslichem Kaffee bekannt ist. Die Stabilität und die Wasserlöslichkeit von Edukten für Synthesen können so erhöht werden. Die trockenen Produkte sind deutlich stabiler, als wenn sie in Lösung aufbewahrt werden. Das geringere Volumen und das reduzierte Gewicht sind vorteilhaft und das Entfernen des Wassers beeinflusst die (biologische) Aktivität des Produkts nicht. Das Produkt wird auf einer Platte normalerweise auf −40 bis −50 °C unter Vakuum abgekühlt und anschliessend langsam erwärmt, um das Eis zu sublimieren. Dadurch wird der Wassergehalt des Produkts gesenkt.

Während der Gefriertrocknung sind die Temperatur des Produkts und der Druck die *kritischen Parameter*. Diese werden während jedem Sublimationszyklus überwacht. Sie zeigen den Endpunkt an. Zusätzlich müssen Lyophilisatoren regelmässig validiert werden. Die Gefriertrocknung ist ein eher teurer Prozess, weil er grosse Anforderungen an die Apparatur stellt und viel Energie verbraucht. Deshalb ist Lyophilisation im Labor nur für kleine Mengen sinnvoll.

13.2 Sublimationsapparatur

Die ◘ Abb. 13.7 zeigt eine Sublimationsapparatur, wie sie für die Reinigung von organischen Feststoffen dient.

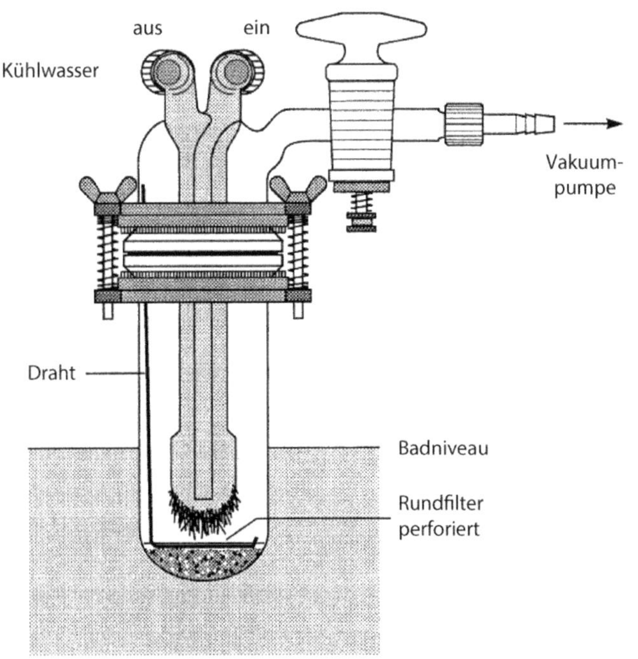

◘ **Abb. 13.7** Beispiel einer Sublimationsapparatur

13.2.1 Sublimation von Einzelkomponenten

Stoffe, welche nichtsublimierende Verunreinigungen enthalten, können auf diese Weise gereinigt werden.

Bevor die Sublimation durchgeführt wird, muss der Schmelzpunkt des Feststoffgemisches bestimmt werden.

- Zuerst muss die Apparatur montiert und auf Dichtigkeit geprüft werden.
- Substanz pulverisieren.
- Pulverisierte Substanz einfüllen, auf der ganzen Fläche verteilen und mit Rundfilter abdecken.
- Apparatur verschliessen und bis zum gewünschten Unterdruck evakuieren.
- Kühlwasser oder -medium einstellen.
- Die Apparatur beheizen.
- Die richtige Eintauchtiefe beachten.
- Die Badtemperatur maximal 10 °C unter der Schmelztemperatur des Stoffgemisches halten.
- Bei deutlichem Beginn der Sublimation Apparatur zur Pumpe hin verschliessen und nur bei Bedarf nachevakuieren.
- Sublimat von Zeit zu Zeit vom Kühlfinger entfernen und dieses verschlossen aufbewahren.
- Zur Verhinderung der Bildung von Kondenswasser am Kühlfinger muss vor dem Öffnen des Apparates das Kühlwasser abgestellt werden.

Die Sublimation ist beendet, wenn sich am Kühlfinger kein Sublimat mehr bildet.

13.2.2 Fraktionierte Sublimation

Unterscheiden sich die sublimierbaren Komponenten eines Gemisches wesentlich in ihrer Flüchtigkeit, kann fraktioniert sublimiert werden.

Bevor die Sublimation durchgeführt wird, muss der Schmelzpunkt des Feststoffgemisches bestimmt werden.

- Durchführung der Sublimation wie oben beschrieben.

Bildet sich am Kühlfinger kein Sublimat mehr, werden jetzt Druck und Temperatur von Fraktion zu Fraktion schrittweise verändert; die Fraktionen werden getrennt aufbewahrt.

Die Sublimation ist beendet, wenn sich am Kühlfinger kein Sublimat mehr bildet.

13.2.3 Reinheitskontrolle

Die Sublimate sind mit analytischen Methoden wie Dünnschichtchromatographie, Schmelzpunktbestimmung, HPLC oder NMR auf Reinheit zu prüfen.

13.3 Zusammenfassung

Das Sublimieren von organischen Feststoffen ist eine Reinigungsmethode, welche oft einen sehr hohen Reinigungseffekt liefert, wenn sich die zu reinigende Substanz sublimieren lässt. Im Labor Verwendung findet auch die Lyophilisation, welche auch unter dem Begriff Gefriertrocknen bekannt ist. Diese Methode ist sehr effizient, wenn Muster rasch und möglichst vollständig in wasserfreiem Zustand vorliegen sollen.

Weiterführende Literatur

Becker HG et al (2009) Organikum, 23. Aufl. Wiley-VCH, Weinheim, S 57
http://www.ellab.de/anwendungen/medizinisch/pharma/lyophilisation.aspx Aufgerufen am 13.6.2016
http://www.carbagas.ch/de/marktbereiche/pharma-chemie/lyophilisation.html Aufgerufen am 13.6.2016

Zentrifugieren

aprentas (Hrsg.), *Laborpraxis Band 3: Trennungsmethoden*, DOI 10.1007/978-3-0348-0970-2_14

Zentrifugieren oder Schleudern ist die Bezeichnung für ein Verfahren zum Trennen von zwei- oder mehrphasigen Stoffgemischen mit Hilfe der Zentrifugalkraft oder *Fliehkraft*.

Die Zentrifugalwirkung hat auch im Alltag verschiedene Anwendungen. Beispiele sind:

- Entwässern von feuchter Wäsche beim Wäscheschleudern
- Entfernen von Honig aus den Waben beim Honigschleudern
- Entrahmen von Milch
- Trennen von Blutbestandteilen
- Abtrennen von festen und flüssigen Teilchen in einer Suspension

14.1 Physikalische Grundlagen

14.1.1 Gewichtskraft

Wird in einem mit Wasser gefüllten Gefäss Sand aufgewirbelt, kann man beobachten, dass sich der Sand am Boden wieder absetzt, wie das die Abb. 14.1 zeigt. Dies beruht darauf, dass die Dichte, und bei gleichen Volumen auch die Gewichtskraft, des Sandes grösser sind als beim Wasser. Diese Beobachtung gilt im Allgemeinen für alle Suspensionen.

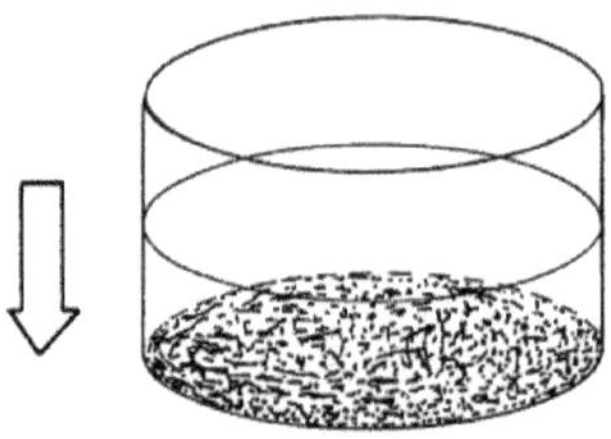

Abb. 14.1 Die Wirkung der Schwerkraft auf eine Suspension

14.1.2 Zentrifugalkraft oder Fliehkraft

Wenn auf ein Teilchen *anstelle der Gravitation eine grössere Kraft*, in diesem Fall die Zentrifugalkraft einwirkt, beschleunigt das die Trennung der Teilchen, wie die Abb. 14.2 zeigt. Die Zentrifugalkraft zeigt Wirkung, wenn ein Teilchen einer Kreisbewegung, welche auch Rotation genannt wird, unterworfen wird.

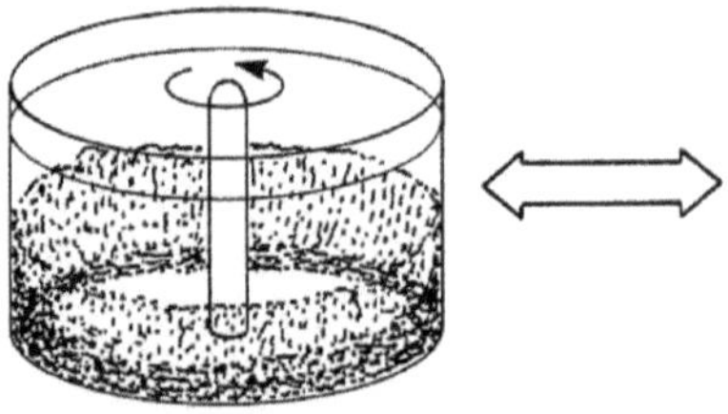

Abb. 14.2 Die Wirkung der Zentrifugalkraft auf eine Suspension

Bewegt sich ein Körper auf einer Kreisbahn, so erfährt er ständig eine zum Kreismittelpunkt gerichtete Änderung der Geschwindigkeitsrichtung, die Radialbeschleunigung a_{rad}.

14.1.3 Kräfte bei der Rotation

Sobald eine Zentrifuge auf konstanter Drehzahl läuft, führt sie eine gleichförmige Kreisbewegung aus.

Eine gleichförmige Kreisbewegung erfährt eine dauernde Richtungsänderung der Geschwindigkeit, was eine Radialbeschleunigung a_{rad} bewirkt. Der Betrag der Geschwindigkeit bleibt dabei konstant.

Die Radialbeschleunigung berechnet sich nach

$$a_{\text{rad}} = \frac{v^2}{r}$$

a_{rad} = Radialbeschleunigung m/s^2,
v = Geschwindigkeit m/s,
r = Radius m.

Nach dem Aktionsprinzip gilt, dass Kraft gleich Masse mal Beschleunigung ist

$$F = m \cdot a$$

F = Kraft N,
m = Masse kg,
a = Beschleunigung m/s^2.

Wie die Abb. 14.3 und 14.4 zeigen, wirken bei einer Rotation zwei Kräfte gegeneinander:

Erstens die Zentripetalkraft welche zum Zentrum hin gerichtet ist und den Körper auf seine Bahn zwingt (Zentripetalkraft F_r).

Zweitens wirkt die Zentrifugalkraft der Zentripetalkraft entgegen und ist somit nach aussen gerichtet. Sie ist gleich gross wie die Zentripetalkraft (Zentrifugalkraft F_z).

Abb. 14.3 Zentripetalkraft F_r und Zentrifugalkraft F_z am Beispiel des Hammerwerfens

Die Grösse dieser Kräfte ist abhängig von:
- der Rotationsgeschwindigkeit
- dem Radius des Kreises
- der Masse des rotierenden Körpers

Diese „Kraft" berechnet sich nach

$$F = \frac{m \cdot v^2}{r}$$

F = Zentripetal- oder Zentrifugalkraft N
m = Masse kg
v = Geschwindigkeit m/s
r = Radius m

Beispiele, wo diese Kräfte spürbar sind:
- Ein Auto fährt mit hoher Geschwindigkeit in eine Kurve mit engem Radius
- Ein leichter und ein schwerer Mensch sitzen im gleichen rotierenden Karussell

Fliegt der Körper infolge seiner Trägheit tangential weg, so sind Zentripetal- und Zentrifugalkraft aufgehoben, da beide Kräfte gleich gross, aber einander entgegengerichtet sind.

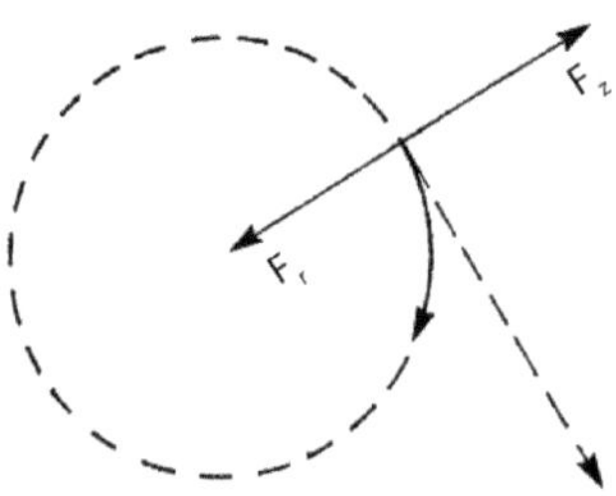

Abb. 14.4 Wirkung von Zentripetalkraft F_r und Zentrifugalkraft F_z im Schema

14.1.4 Wirkung einer Zentrifuge

Die Wirkung einer Zentrifuge beruht auf der Radialbeschleunigung, die ein Teilchen in dem *von der Maschine erzeugten Schwerefeld* erfährt. Die Radialbeschleunigung bezieht sich auf die Erdbeschleunigung g und drückt sich als Vielfaches dieses Wertes aus.

$$g = \frac{v^2}{r \cdot 9{,}81\ \mathrm{m/s^2}}$$

Erdbeschleunigung = $9{,}81\ \mathrm{m/s^2} = 1\ \mathrm{g}$
r = Radius m
v = Geschwindigkeit m/s

Eine Beispielrechnung: Ein Gegenstand von 0,001 kg wird in einer Zentrifuge mit 0,1 m Radius bei 3'000 Umdrehungen pro Minute zentrifugiert. Wie gross ist die Zentrifugalkraft in N und die Radialbeschleunigung in g?

Erstens Berechnung der Geschwindigkeit v in m/s

$$v = \frac{2 \cdot 0{,}1\,\text{m} \cdot \pi \cdot 3000}{60\,\text{s}} = 31{,}416\,\text{m/s}$$

Zweitens Berechnung der Zentrifugalkraft in N

$$F = \frac{0{,}001\,\text{kg} \cdot \left(\frac{31{,}416\,\text{m}}{\text{s}}\right)^2}{0{,}1\,\text{m}} = 9{,}870\,\text{kg} \cdot \frac{\text{m}}{\text{s}^2} = 9{,}870\,\text{N}$$

Radialbeschleunigung a_{rad} in g

$$a_{\text{rad}} = \frac{\left(\frac{31{,}416\,\text{m}}{\text{s}}\right)^2}{0{,}1\,\text{m} \cdot 9{,}81\,\text{m/s}^2} = 1'006\,\text{g}$$

Wird mit denselben Parametern aber mit 15′000 Umdrehungen pro Minuten gerechnet, wird eine Radialbeschleunigung von 25′152 g erreicht.

Eine Erhöhung der Drehzahl bewirkt eine exponentielle Erhöhung der Radialbeschleunigung. Dieser Umstand macht das Zentrifugieren so effektiv.

Wie die ◘ Abb. 14.5 zeigt, ist eine weitere Möglichkeit zur Ermittlung der g-Zahl von Zentrifugen die Verwendung eines Nomogramms.

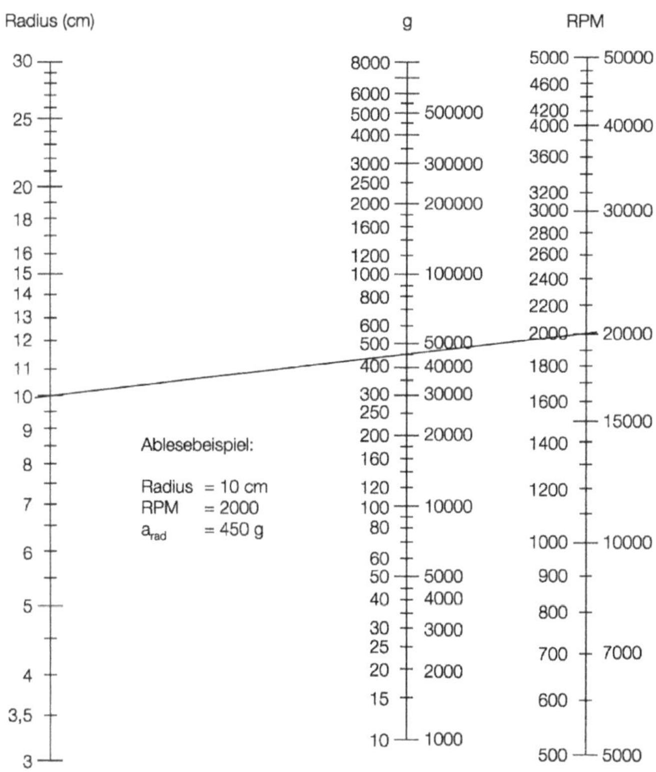

◘ **Abb. 14.5** Nomogramm zur Ermittlung der g-Zahl von Zentrifugen

Wird eine Gerade durch die linke Skala, welche den Wert des Radius abbildet, durch die rechte Skala, welche den Wert der Umdrehungen pro Minute (RPM) abbildet, gezogen, ergibt der Schnittpunkt der Geraden mit der mittleren Skala die *g*-Zahl.

14.2 Laborzentrifugen

14.2.1 Vorgehen beim Einsatz von Zentrifugen

Vor dem Einschalten der Zentrifuge Schleuderraum auf Fremdkörper wie Glassplitter oder Flüssigkeit kontrollieren.
Vor dem Einsetzen der Gläser in die Stahlbecher Gummipolster einlegen, um Glasbruch zu vermeiden.
Die Zentrifuge muss mit Stahlbecher, Gummipolster und Glaseinsatz genau ausgewogen sein.
Die Zentrifuge gleichmässig beladen. Das bedeutet, dass gleiche Massen in den gegenüberliegenden Einsätzen vorhanden sind.
Das Nennvolumen der Glaseinsätze in Millilitern entspricht auch der höchstzulässigen Füllmasse in Gramm.
Die vorgeschriebene Maximaldrehzahl des Geräts darf in keinem Fall überschritten werden. Sie richtet sich nach den verwendeten Einsätzen.

Der Trennvorgang kann verbessert werden durch:
- Vergrössern der Drehzahl
- Verlängern der Laufzeit
- Vergrössern des Dichteunterschieds zwischen den Phasen

14.2.2 Tischzentrifugen

Tischzentrifugen, die ◘ Abb. 14.6 zeigt ein Beispiel dafür, sind die einfachsten Laborzentrifugen. Sie werden meist zur Konzentrierung schnell sedimentierender Substanzen benutzt. Die Drehgeschwindigkeit vieler Tischzentrifugen kann bis 18'000 Umdrehungen pro Minute betragen. Die meisten arbeiten bei Raumtemperatur mit in integrierter Kühlung. Manche Modelle können beheizt, evakuiert oder unter Inertgas betrieben werden.

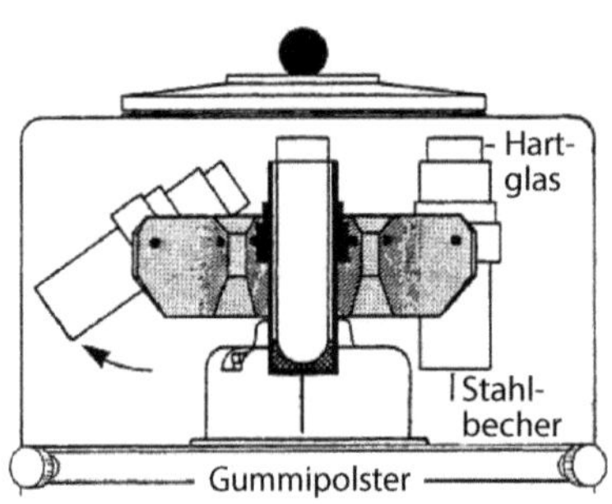

◘ **Abb. 14.6** Schematische Darstellung einer Ausschwingzentrifuge

Eine Becherzentrifuge hat frei ausschwingende Stahlbecher, in welchen sich die Zentrifugierröhrchen auf Gummipolstern befinden.

In einer Winkelzentrifuge, wie die ◘ Abb. 14.7 ein Beispiel zeigt, ist die Schräglage der Becher fixiert. Sie erreichen höhere Drehzahlen und damit höhere *g*-Werte als Becherzentrifugen.

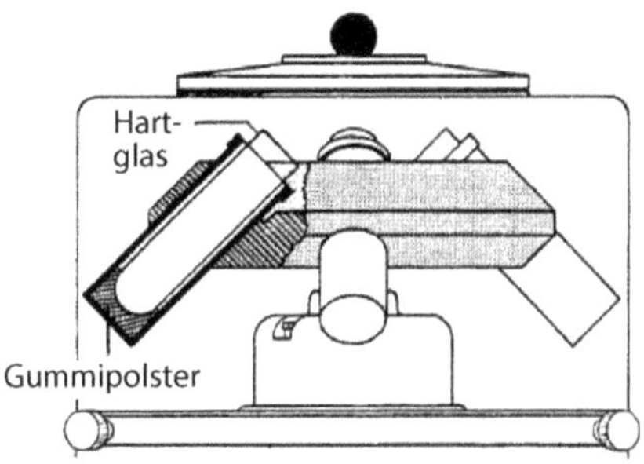

◘ **Abb. 14.7** Schematische Darstellung einer Winkelzentrifuge

14.2.3 Hochgeschwindigkeitszentrifuge

In fast jedem biochemischen Labor hat es Hochgeschwindigkeitszentrifugen. Sie dienen meist für präparative Zwecke. Sie verfügen über eine Bremsvorrichtung, um die Auslaufzeit zu verkürzen. Es gibt auch Hochleistungs-Tischzentrifugen mit einer Leistung bis 30'000 Umdrehungen pro Minute.

14.2.4 Ultrazentrifuge

Hauptsächlich Labors in der Agro- und Pharmabiologie verwenden Ultrazentrifugen. Sie dienen oft zum Trennen oder Reinigen von Zellbestandteilen und Makromolekülen, welche sich durch Zentrifugieren mit geringerer Drehzahl nicht abtrennen lassen.

Im Unterschied zu anderen Zentrifugen-Systemen sind damit bis zu 800'000-fache Erdbeschleunigung erreichbar und die rotierenden Teile befinden sich in einem evakuierten Behälter.

Die ◘ Abb. 14.8 zeigt ein Beispiel einer Ultrazentrifuge. Die wichtigsten Teile sind:

- Rotorkammer
- Panzerplatte zum Schutz der Rotorkammer
- Elektronik zur Kontrolle von Temperatur, Geschwindigkeit und Unterdruck
- Vakuumpumpe
- Diffusionspumpe
- Kühlvorrichtung

Geräteparameter am Beispiel des Ultrazentrifugen-Modells Beckmann – Coulter XPN-100

- Maximale Drehzahl: 100'000 min^{-1}
- Maximales Schwerefeld: 802'400 g
- Probenvolumina von 0,2 mL bis 1,500 mL
- Maximales Rotorvolumen: 1'675 mL
- kühlmittelfreies Kühlsystem für Temperaturen von 0–40 °C
- Regeneratives Bremssystem (Energie-Rückgewinnung)

- Wartungsfreie Öl-Diffusionspumpe
- Gewicht 485 kg

Abb. 14.8 Eine Ultra-Zentrifuge nimmt einigen Platz ein

Vakuumsystem

Ein wichtiger qualitativer Unterschied zwischen einer Hochgeschwindigkeitszentrifuge und einer Ultrazentrifuge ist das Vakuumsystem, welches nur die Ultrazentrifuge besitzt.

Bei Geschwindigkeiten unterhalb von 20'000 Umdrehungen pro Minute (rpm) wird durch die Reibung zwischen dem sich drehenden Rotor und der umgebenden Luft nur wenig Wärme erzeugt. Bei Geschwindigkeiten ab 40'000 rpm würde der Luftwiderstand jedoch zu einem Problem. Um die dabei entstehende Reibungswärme zu eliminieren, wird die Rotorkammer luftdicht verschlossen und durch zwei Pumpensysteme auf Hochvakuum evakuiert.

Temperaturkontrolle

In der evakuierten Rotorkammer lässt sich die Temperatur nur mit einem Infrarot-Sensor direkt neben dem Rotor messen und kontrollieren.

Arbeitstechnische Hinweise

Wie die Abb. 14.9 zeigt, verlangen die hohen Kräfte von Ultrazentrifugen Röhrchen aus Kunststoff mit einem Fassungsvermögen zwischen 1 mL bis 500 mL. Im Gegensatz zu den niedertourigen Zentrifugen werden in hochtourigen Zentrifugen die Röhrchen verschlossen eingesetzt. Dazu lassen sie sich in speziellen Behältern mit Schraubverschluss einschliessen, verschweissen, mit einem Adapter abdecken oder mit einem Falzdeckel verschliessen.

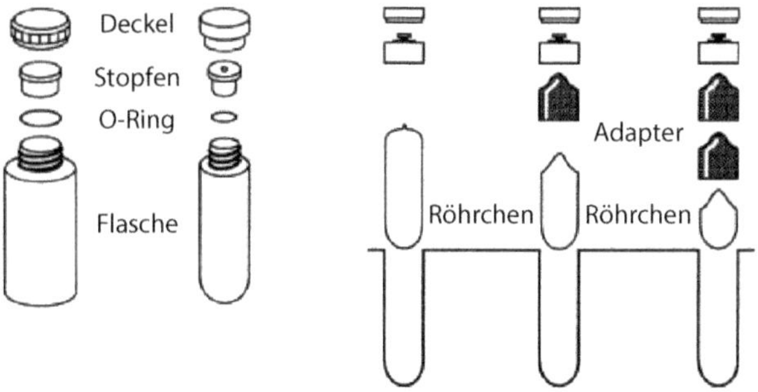

Abb. 14.9 Möglichkeiten um Zentrifugen-Röhrchen zu verschliessen

14.2.5 Rotoren

Zentrifugen können mit unterschiedlichen Rotoren betrieben werden. Wie die Abb. 14.10 zeigt, gibt es zwei Sorten:

- Ausschwing-Rotoren (oder Schwingbecher-Rotoren) und
- Festwinkel-Rotoren.

Meistens sind sie, wenn sie für niedrige bis mittlere Geschwindigkeiten ausgelegt sind, aus Aluminiumlegierungen oder, wenn sie für hohe Geschwindigkeiten ausgelegt sind, aus Titan gefertigt.

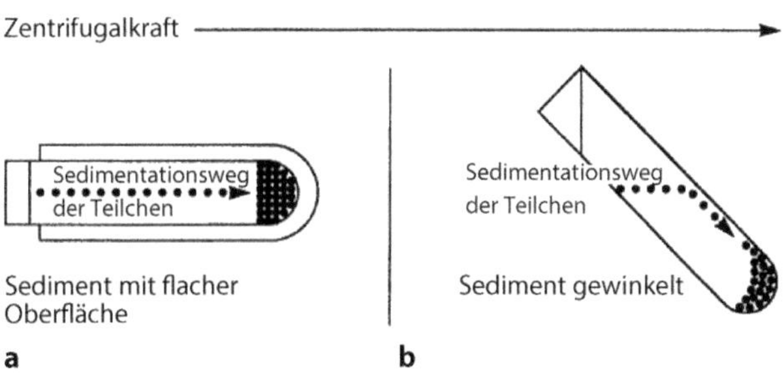

Abb. 14.10 Unterschiedliche Sedimentation bei (**a**) Ausschwing- und (**b**) Festwinkel-Rotoren

Festwinkel-Rotoren bestehen aus einem Metallblock, in dem sich sechs bis zwölf Löcher in einem Winkel von 20–45° zur Rotationsachse befinden. Diese Rotoren erlauben meistens eine vollständige Sedimentierung bestimmter Bestandteile. Ihr grösster Vorteil ist ihre hohe Volumenkapazität.

Der Ausschwing-Rotor besitzt drei bis sechs Halterungen. Daran werden die Becher, welche die Zentrifugierröhrchen aufnehmen, angehängt. Diese Becher hängen frei beweglich und haben in der Ruhestellung eine vertikale Lage. Während des Zentrifugierens schwingen sie ab 200–800 rpm durch den Einfluss der Zentrifugalbeschleunigung in einem Winkel von 90° aus, so dass sie sich in horizontaler Lage befinden.

Diese Rotoren wurden für unvollständige Sedimentierung in einem Gradienten konstruiert. Der Vorteil dieser Rotoren ist, dass der Gradient sich vor dem Zentrifugieren in senkrechter Position in den Zentrifugierröhrchen befindet, jedoch während dem Zentrifugieren in horizontale Position gebracht wird. In dieser Lage bewegt sich das sedimentierende Material in Form von geraden Banden durch das Röhrchen.

14.2.6 Laden der Rotoren

Wie die ◘ Abb. 14.11, ◘ Abb. 14.12 und ◘ Abb. 14.13 zeigen, müssen Rotoren so beladen werden, dass während dem Zentrifugieren keine Unwucht entsteht. Die austarierten Röhrchen respektive die Röhrchen enthaltenden Becher werden symmetrisch über die Rotationsachse in der Mitte des Rotors und die Ausschwingachse der Halterung angeordnet.

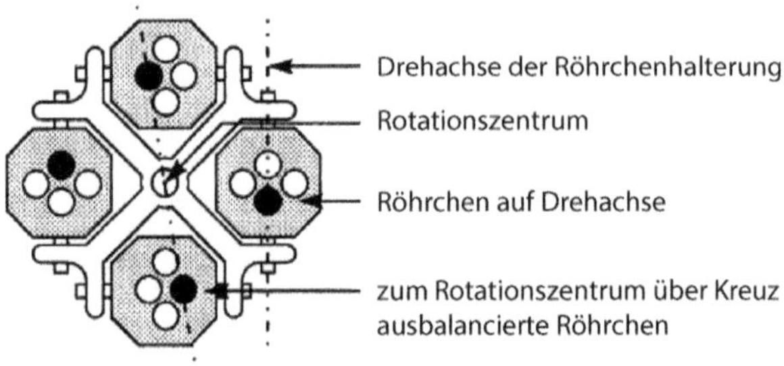

◘ **Abb. 14.11** Schema für korrektes Beladen des Rotors

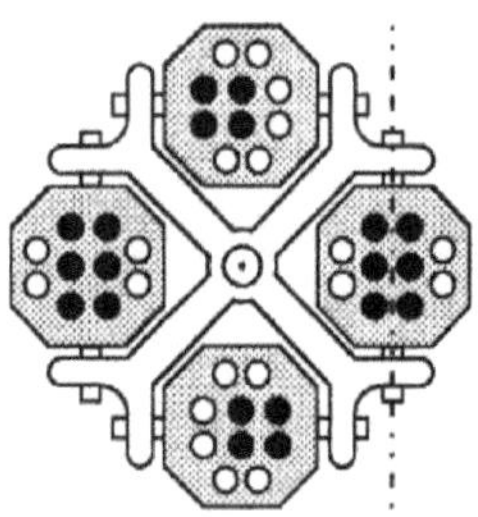

◘ **Abb. 14.12** Beispiel für einen, bezogen auf die Rotationsachse, symmetrisch beladenen Rotor

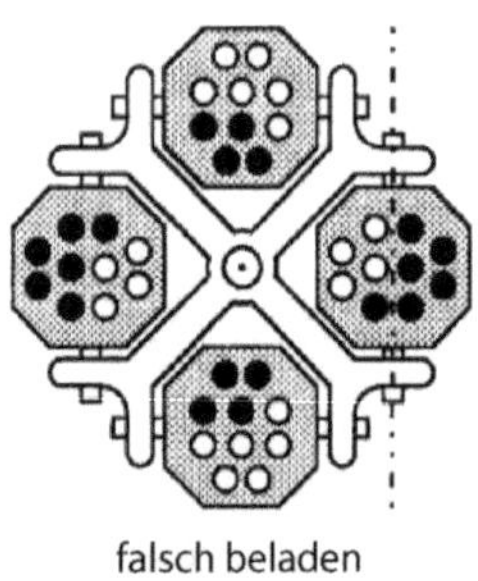

◘ **Abb. 14.13** Beispiel für einen, bezogen auf die Rotationsachse, asymmetrisch beladenen Rotor. Röhrchen zum Rotationszentrum nicht übers Kreuz ausbalanciert

14.2.7 Siebzentrifuge

Siebzentrifugen, die ◘ Abb. 14.14 zeigt ein Beispiel dafür, sind Feststoffabscheider und dienen vor allem zum Isolieren von Kristallisaten und schlechtfiltrierbaren Niederschlägen aus ihren Mutterlaugen.

Bei diesen Zentrifugen bildet der umlaufende Zylindermantel das Sieb. Filtereinsätze zum Auswechseln halten feste Anteile der zentrifugierten Suspension zurück, während die flüssige Phase Filter und Sieb passiert und in eine Auffangvorrichtung abläuft.

Siebzentrifugen müssen robust gebaut sein, da das Füllen des Filtereinsatzes mit Feststoffen stets bis zu einem gewissen Grad ungleichmässig erfolgt. Das kann einen unregelmässigen Lauf der Zentrifuge bewirken und zu Vibrationen führen.

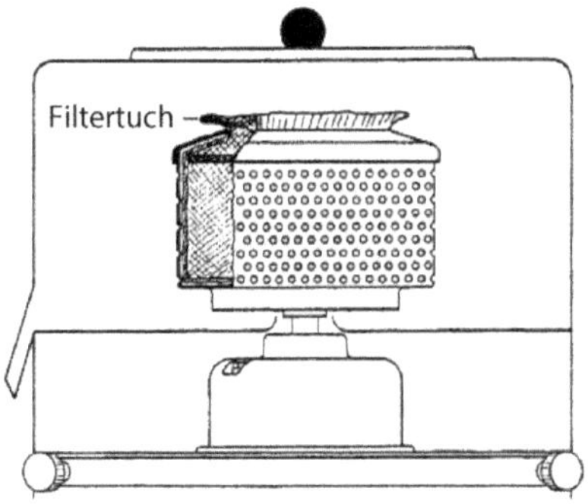

Abb. 14.14 Schematische Darstellung einer Siebzentrifuge

14.3 Zusammenfassung

Zentrifugieren oder Schleudern ist die Bezeichnung für ein Verfahren zum Trennen von zwei- oder mehrphasigen Stoffgemischen mit Hilfe der Zentrifugal- oder Fliehkraft.

Die Zentrifugalwirkung hat auch im Alltag verschiedene Anwendungen. Beispiele sind:

- Entwässern von feuchter Wäsche beim Wäscheschleudern,
- Entfernen von Honig aus den Waben beim Honigschleudern,
- Entrahmen von Milch,
- Trennen von Blutbestandteilen,
- Abtrennen von festen und flüssigen Teilchen in einer Suspension.

Weiterführende Literatur

Brink, Fastert, Ignatowitz (2005) Technische Mathematik und Datenauswertung für Laborberufe. Verlag Europa-Lehrmittel, Haan-Gruiten

Becker et al (2009) Organikum, 23. Aufl. Wiley-VCH, Weinheim, S 555

http://www.beckmancoulter.de/Life+Science/Zentrifugation/Ultrazentrifugen/Optima+XPN_100.html, aufgerufen am 13.4.2015

Chromatographie Grundlagen

aprentas (Hrsg.), *Laborpraxis Band 3: Trennungsmethoden*, DOI 10.1007/978-3-0348-0970-2_15

15.1 Einleitung

15.1.1 Chromatographie, eine Definition

Chromatographie bezeichnet das Verfahren, dass die Auftrennung eines Stoffgemisches in einer zu bearbeitenden Probe durch unterschiedliche *Verteilung seiner Einzelbestandteile* zwischen einer *stationären* und einer *mobilen* Phase erlaubt. Dieses Prinzip wurde erstmals 1903 vom russischen Botaniker Michail Tswett öffentlich beschrieben. Ab 1906 benutzte er den Begriff „Chromatographie", welcher er aus den griechischen Wörtern *chromos* (= Farben) und *graphein* (= schreiben) zusammensetzte.

Tswett untersuchte gefärbte pflanzliche Extrakte, zum Beispiel aus Blattmaterial, und konnte daraus durch Chromatographie verschiedene Farbstoffe isolieren. Praktische Anwendung findet diese Methode im chemischen oder pharmazeutischen Labor zur Isolierung oder Reinigung von Substanzen (= präparative Chromatographie) sowie in der chemischen Analytik, um Stoffgemische zu trennen, die Inhaltsstoffe zu identifizieren und die Quantität der identifizierten Substanzen zu bestimmen (= analytische Chromatographie).

15.1.2 Einsatzgebiete, Unterteilung der Chromatographie

Chromatographische Methoden sind im Allgemeinen schonend, schnell, sehr empfindlich und universell anwendbar.

Einige Einsatzbeispiele:
- Reaktionsüberwachung und Routineanalysen qualitativer und quantitativer Art
- Charakterisieren und Identifizieren von Substanzen
- Nachweis von Stoffen im Spurenbereich
- Umweltschutz, klinische Chemie, Lebensmittelchemie
- Gewinnen von Wirkstoffen aus komplexen Gemischen im präparativen Massstab

Verschiedene chromatographischen Methoden (siehe ◘ Abb. 15.1) können aufgrund der Beschaffenheit der mobilen und stationären Phase eingeteilt werden in:
- Dünnschichtchromatographie (DC)
- Säulenchromatographie (SC)
- Flüssigchromatographie (LC)
- Gaschromatographie (GC)
- Überkritische Fluidchromatographie, auf Englisch heisst das *supercritical fluid chromatography* (SFC)

Weitere Einteilungskriterien sind:

nach Aggregatzustand der mobilen und der stationären Phase:
- Gaschromatographie (Verteilungschromatographie), mobile Phase gasförmig, stationäre Phase flüssig
- Gaschromatographie (Adsorptionschromatographie), mobile Phase gasförmig, stationäre Phase fest
- Flüssigkeitschromatographie (Verteilungschromatographie), mobile Phase flüssig, stationäre Phase flüssig

- Flüssigkeitschromatographie (Adsorptionschromatographie), mobile Phase flüssig, stationäre Phase fest
- Überkritische Fluidchromatographie, mobile Phase überkritisches Fluid, stationäre Phase fest oder flüssig

nach Arbeitstechnik
- Schichtchromatographie
- Säulenchromatographie

nach Trennmechanismen
- Adsorptionschromatographie
- Verteilungschromatographie
- Grössenausschlusschromatographie
- Ionenaustauschchromatographie
- Ionenpaarchromatographie
- Affinitätschromatographie

Eine eindeutige Einteilung nach Trennmechanismus ist nur im Falle der Grössenausschluss- und der Ionenaustauschchromatographie möglich, bei allen anderen Methoden kommen immer mehrere Trennmechanismen nebeneinander vor.

15.1.3 Einteilung chromatographischer Techniken nach dem Aggregatszustand der mobilen Phase

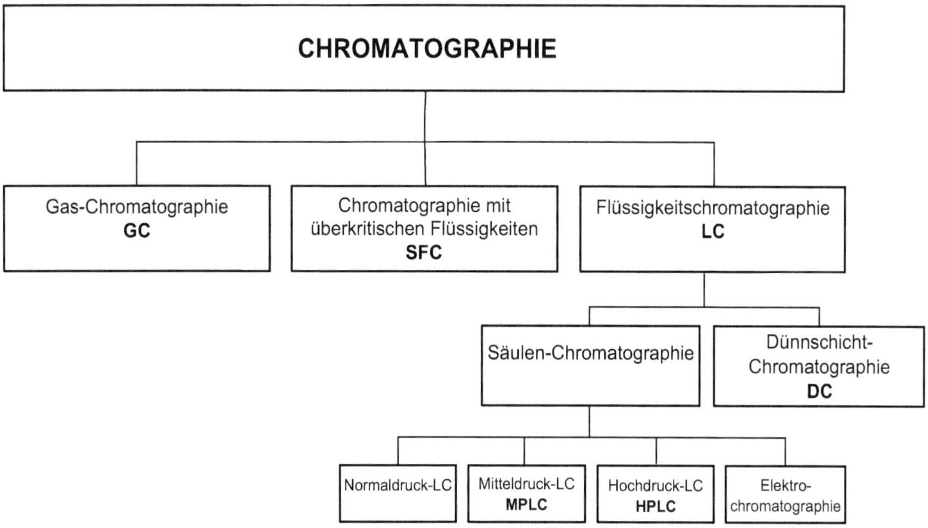

Abb. 15.1 Übersicht über gebräuchliche chromatographische Techniken

15.2 Die chromatographische Trennung

15.2.1 Prinzip der Trennungen

Unter dem Begriff „Chromatographie" werden Trennverfahren zusammengefasst, bei welchen eine Trennung von Stoffgemischen durch unterschiedliche Verteilung der einzelnen Komponenten zwischen einer ruhenden oder stationären und einer sich bewegenden oder mobilen Phase erfolgt. Im Gegensatz zur flüssig/flüssig Extraktion wird also *nur eine Phase bewegt.*

Wie die ◘ Abb. 15.2 zeigt, wird in allen chromatographischen Verfahren das zu trennende Stoffgemisch am Anfang einer Trennstrecke, die aus der stationären Phase besteht, aufgetragen.

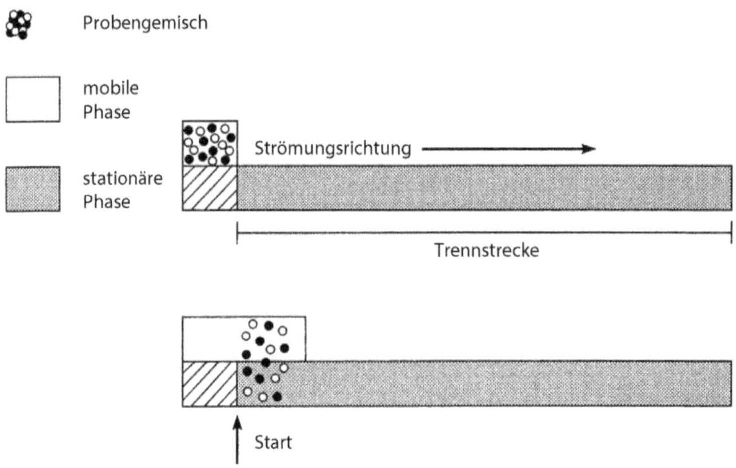

◘ **Abb. 15.2** Die Situation zu Beginn und kurz nach dem Start einer chromatographischen Trennung am Beispiel der Dünnschichtchromatographie

15.3 Begriffe und Erklärungen

15.3.1 Mobile Phase

Die mobile Phase ist der Teil im chromatographischen System, welcher sich über die stationäre Phase bewegt. Flüssigkeitschromatographie hat eine flüssige mobile Phase welche oft *Eluent, Fliess- oder Laufmittel* genannt wird. In der Gaschromatographie ist sie gasförmig und heisst dort *Trägergas.*

15.3.2 Probe

Als Probe wird das Gemisch aus den verschiedenen *Analyten* respektive *Komponenten* bezeichnet, welches mittels Chromatographie getrennt werden soll.

15.3.3 Stationäre Phase

Die stationäre Phase ist der ruhende Teil des chromatographischen Systems. Dabei kann es sich um eine *feste Phase*, eine *flüssige Phase* oder ein *Gel* handeln. Flüssige Phasen sind auf einen

Träger aufgezogen, welcher ebenfalls am Trennprozess teilnehmen kann. Feste Phasen bestehen oft aus *Kieselgel* als Grundlage. Kieselgel ist amorphes *Siliziumdioxid mit poröser Oberfläche* und wird als *Normalphase* bezeichnet. Wurde die Oberfläche des Kieselgels durch Anhängen von unpolaren Kohlenwasserstoffresten derivatisiert, wird die stationäre Phase als *Umkehrphase* oder *Reversed Phase* bezeichnet.

In allen Systemen dürfen die stationäre und die mobile Phasen nicht mischbar sein.

15.3.4 Chromatographische Trennung

Eine Probe kann tel quel, als Lösung oder als Feststoff auf die stationäre Phase aufgetragen werden. Die Probenaufgabe ist je nach Chromatographiemethode unterschiedlich.

Die einzelnen Komponenten der Probe werden von der mobilen Phase entlang der stationären Phase transportiert und es kommt zu einer Verteilung der Stoffe zwischen den beiden Phasen. Die Stoffmoleküle der Probe können mit der stationären Phase in Wechselwirkungen treten und verringern dadurch ihre Wandergeschwindigkeit.

Da diese Wechselwirkungen stark substanzabhängig sind, bewegen sich die einzelnen Komponenten der Probe unterschiedlich schnell entlang der stationären Phase. Wie die ◘ Abb. 15.3 zeigt, kommt es zu einer Auftrennung des Gemisches in ihre einzelnen Bestandsteile.

Das Verzögern der Fliessgeschwindigkeit durch den Aufenthalt in der stationären Phase wird als Retention bezeichnet. Auf Deutsch bedeutet das englische Wort *retention* Rückhaltevermögen. Die Retentionszeit ist bei konstanten Bedingungen eine charakteristische Grösse in der Chromatographie und wird zur Identifikation einer Komponente und für die Berechnung von chromatographischen Kenngrössen eingesetzt.

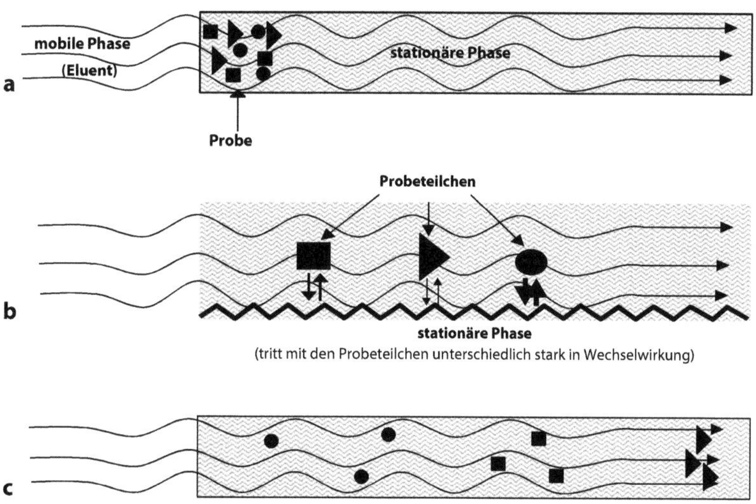

◘ Abb. 15.3 Da unterschiedlich aufgebaute Moleküle von der stationären Phase unterschiedlich stark zurückgehalten und somit von der mobilen Phase (Eluent) unterschiedlich schnell über die stationäre Phase geschoben werden (*b*), kommt es zur Auftrennung des Substanzgemisches (*c*). (Mit freundlicher Genehmigung von Daniel Stauffer, F. Hoffmann-La Roche AG, Basel)

15.4 Physikalische und chemische Effekte

In den Unterkapiteln folgt eine Beschreibung von verschiedenen Methoden basierend auf physikalischen-chemischen Effekten und deren Trennmechanismen.

15.4.1 Adsorptionschromatographie

Die Adsorptionschromatographie wird sowohl in der Gas-, als auch in der Flüssigkeitschromatographie eingesetzt. Die Retention der Probeteilchen erfolgt durch unterschiedliche Adhäsion aufgrund von elektrostatischen oder van-der-Waals-Kräften der Probeteilchen an der Oberfläche einer *festen* stationären Phase.

Eine weitere Beschreibung befindet sich im Kapitel *Trennmechanismen*.

15.4.2 Verteilungschromatographie

Die Verteilungschromatographie wird hauptsächlich in der Gaschromatographie angewendet. Hier erfolgt die Trennung aufgrund der unterschiedlichen Löslichkeit der Probekomponenten in der *flüssigen* stationären Phase, welche entweder auf ein pulverförmiges, festes Trägermaterial wie Siliziumdioxid, Aluminiumoxid, Kohle oder Teflon oder auf der Innenwand einer Kapillare angebracht ist.

Eine weitere Beschreibung befindet sich im Kapitel *Trennmechanismen*.

15.4.3 Grössenausschlusschromatographie

Die SEC = Size Exclusion Chromatography kann auch GPC = Gel Permeation Chromatography oder Gelfiltration heissen.

Die SEC wird vorwiegend zur Trennung von Makromolekülen mittels einer flüssig-chromatographischen Methode verwendet. Als stationäre Phase werden modifizierte Polysaccharide, vernetzte Polystyrole oder Kieselgele verwendet. Beim Durchgang durch die stationäre Phase diffundieren kleine Moleküle relativ rasch in die Poren des gequollenen Gels. Sie können sich im gesamten Säulenvolumen verteilen das für den Eluenten zugänglich ist. Je grösser die Moleküle sind, umso kleiner wird das Volumen, in welchem sie sich aufhalten können, wie die ◘ Abb. 15.4 zeigt. Grössere Moleküle eluieren darum schneller und haben somit eine kürzere Retentionszeit als die Totzeit, wie die ◘ Abb. 15.5 zeigt. Ab einer für die verwendete stationäre Phase festgelegten Molekülgrösse, *der Ausschlussgrösse*, können sich diese grossen Moleküle nur noch im Zwischenkornvolumen der stationären Phase aufhalten. Diese Moleküle eluieren folglich alle mit der gleichen Retentionszeit.

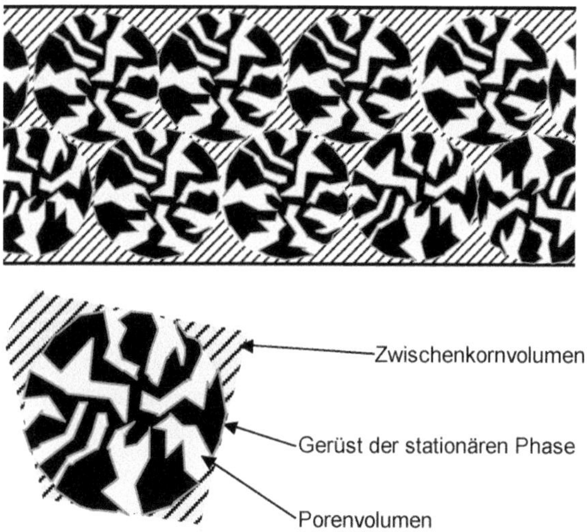

Abb. 15.4 Das Volumen der mobilen Phase setzt sich zusammen aus dem Zwischenkornvolumen und dem Porenvolumen. (Mit freundlicher Genehmigung von Daniel Stauffer, F. Hoffmann-La Roche AG, Basel)

> Je grösser die Moleküle sind, umso kürzer ist die Retentionszeit in der SEC.

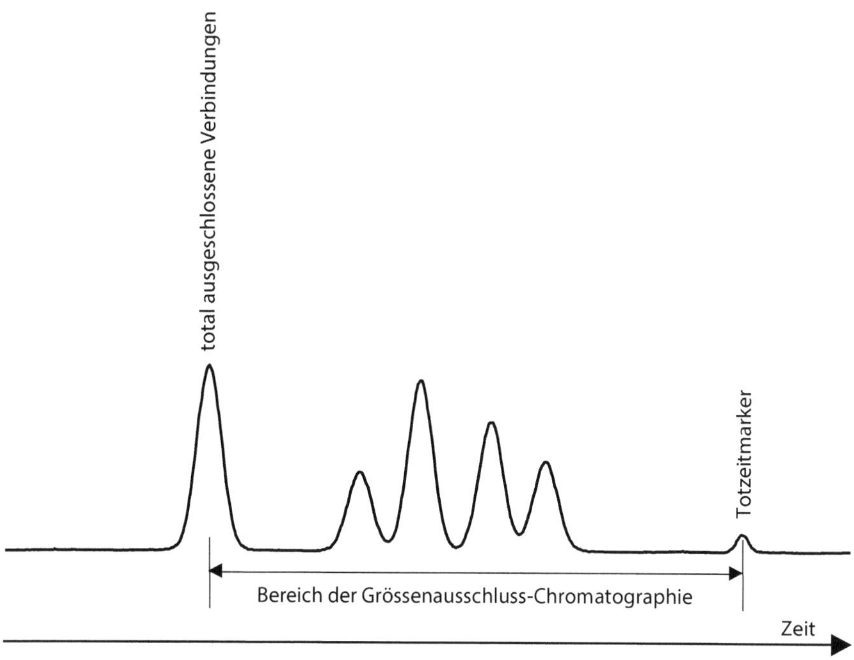

Abb. 15.5 Bei der Grössenausschluss-Chromatographie findet die Trennung zwischen der Retentionszeit der total ausgeschlossenen Moleküle und der Totzeit statt. (Mit freundlicher Genehmigung von Daniel Stauffer, F. Hoffmann-La Roche AG, Basel)

Typische Anwendungen der SEC und der GPC sind:
- Trennung von Proteinen
- Bestimmung des Polymerisationsgrades von Polymeren
- Bestimmung der Molmasse von Makromolekülen

15.4.4 Ionenaustauschchromatographie

Die Ionenaustauschchromatographie dient zur *Trennung von geladenen Molekülen* wie beispielsweise von Aminosäuren, Peptiden oder Salzen. Die Oberfläche der stationären Phase besteht aus aktiven Zentren mit ionischen Gruppen, an welchen die Probemoleküle zurückgehalten werden (siehe ◘ Abb. 15.6). Diese ionischen Gruppen sind chemisch an ein Gel oder an ein Harz gebunden. Die Ladungen dieser ionischen Gruppen werden durch bewegliche Gegenionen kompensiert.

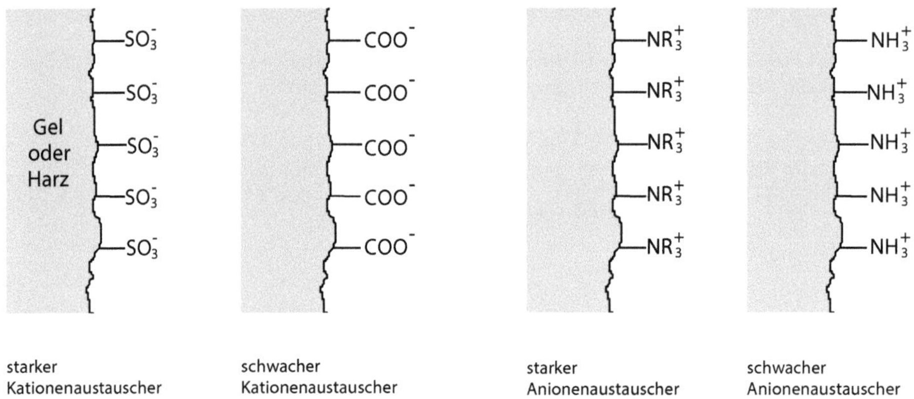

◘ **Abb. 15.6** Je nach Art der funktionellen Gruppe ist der Anionen- oder Kationenaustauscher stärker oder schwächer. (Mit freundlicher Genehmigung von Daniel Stauffer, F. Hoffmann-La Roche AG, Basel)

Ähnlich wie in der Adsorptionschromatographie kommt bei der Ionenaustauschchromatographie eine Trennung dadurch zustande, dass Eluenten- und Probeteilchen miteinander um die Wechselwirkung mit den aktiven Zentren der stationären Phase konkurrieren.

Es gibt verschiedene Möglichkeiten, die Wechselwirkung und somit die Selektivität des Systems zu beeinflussen:
- Der pH-Werts beeinflusst die Aktivität der ionischen Gruppe auf der stationären Phase und somit die Austauschkapazität.
- Die Art und die Konzentration der Gegenionen ändert die Konkurrenzsituation der Eluenten- und Probeionen.
- Organische Zusätze im Eluenten beeinflussen Adsorptionsvorgänge an der stationären Phase.

Ein Anwendungsbeispiel ist die Auftrennung und Reinigung von Aminosäuren.

Spezielle Formen der Ionenaustauschchromatographie, welche hier nicht weiter beschrieben werden, sind die Ionen- und die Ionenausschlusschromatographie.

15.4.5 Ionenpaarchromatographie

Die Ionenpaarchromatographie wird hauptsächlich in der Flüssigkeitschromatographie mit Umkehrphasen durchgeführt. Substanzen, welche in wässriger Lösung dissoziieren, werden von der unpolaren stationären Phase nur wenig zurückgehalten. Durch Zugabe von organischen Ionenpaarbildnern mit hydrophoben Resten zum Eluenten, können solche Verbindungen stärker retardiert oder zurückgehalten werden.

Die Ionenpaarchromatographie kann durch zwei Extreme beschrieben werden.

Das Ionenpaarreagenz bildet mit den Probeteilchen assoziierte Ionenpaare, welche hydrophober also wasserabstossender als die freien Probemoleküle sind und somit mehr Wechselwirkungen mit der stationären Phase eingehen (siehe ◘ Tab. 15.1 links)

Das Ionenpaarreagenz lagert sich an die stationäre Phase an. Die Probeteilchen treten mit diesen absorbierten Gegenionen in Wechselwirkung und werden somit stärker zurückgehalten (siehe ◘ Tab. 15.1 rechts)

In der Praxis sind beide Mechanismen mehr oder weniger stark für die Retention verantwortlich.

Das Retentionsverhalten kann zusätzlich beeinflusst werden durch:

- den pH-Wert (Beeinflussung des Dissoziationsgrades)
- die Art des Ionenpaarreagenz
- die Konzentration an Ionenpaarreagenz (Aktivität der gebildeten Ionenpaare)

◘ **Tab. 15.1** (Mit freundlicher Genehmigung von Daniel Stauffer, F. Hoffmann-La Roche AG, Basel)

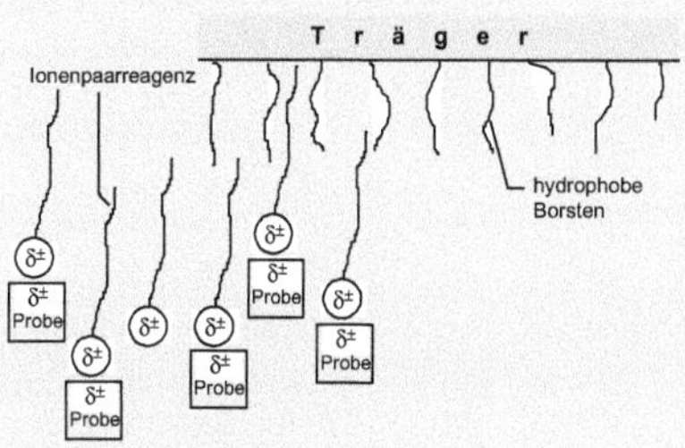

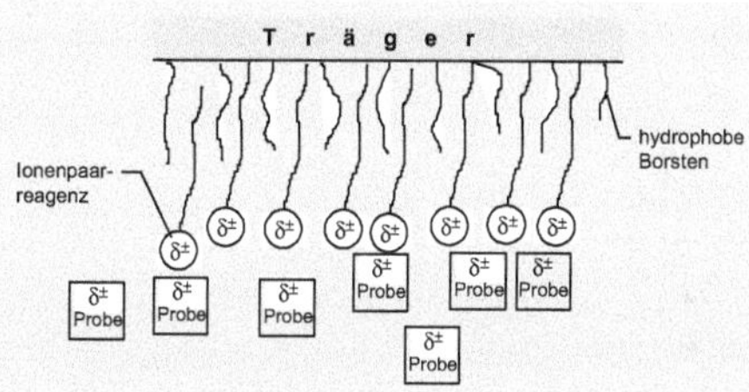

Die Probemoleküle bilden mit dem Ionenpaarreagenz hydrophobere Ionenpaare und werden dadurch stärker retardiert.	Das Ionenpaarreagenz wird an die stationäre Phase adsorbiert. Die Probemoleküle werden durch elektrostatische Wechselwirkungen zurückgehalten.

◘ Tab. 15.1 Beispiele der Ionenpaarchromatographie.

Anwendungen sind beispielsweise die Trennung von dissoziierbaren Proben in der Abwasser- oder Nahrungsmittelanalytik.

15.4.6 Affinitätschromatographie

Die Affinitätschromatographie ist eine äusserst selektive chromatographische Methode. Die grosse Spezifität kommt dadurch zustande, dass an ein Trägermaterial chemisch gebundene Liganden nur mit Teilchen in Wechselwirkung treten, welche räumlich und elektrostatisch *genau* zu ihnen *passen*.

Im ersten Schritt werden die gewünschten Probeteilchen durch eine entsprechende Wahl der chromatographischen Bedingungen fest an die Liganden gebunden. Unerwünschte Teilchen passieren die stationäre Phase praktisch ungehindert, weil sie keine Wechselwirkungen eingehen. Im zweiten Schritt, wie die ◘ Abb. 15.7 zeigt, wird durch Zugabe einer Komponente zum Eluenten, welche pH- oder Salzgradient genannt wird, und welche stärker an die Liganden gebunden wird als die Probe, die gewünschten Probeteilchen von der stationären Phase gewaschen.

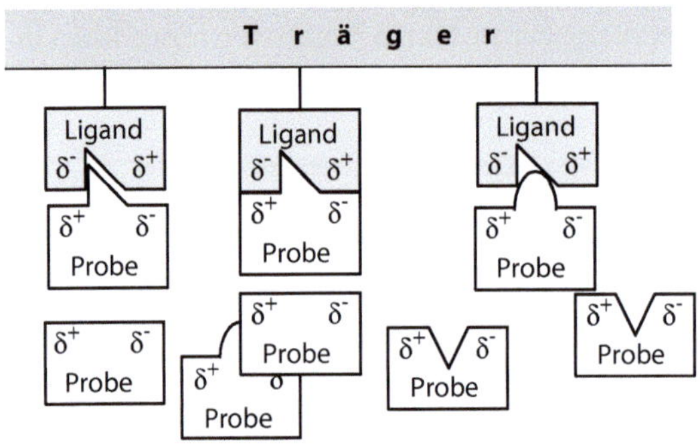

◘ **Abb. 15.7** Nur Probemoleküle welche genau zum Liganden passen, werden gebunden, die Verunreinigungen werden ausgewaschen. (Mit freundlicher Genehmigung von Daniel Stauffer, F. Hoffmann-La Roche AG, Basel)

Ein Anwendungsbeispiel ist die Reinigung von Antikörpern.

15.4.7 Trennung von Enantiomeren

Enantiomere, welche auch optische Isomere genannt werden, sind Verbindungen, welche sich in ihrem räumlichen, chemischen Aufbau wie Bild und Spiegelbild verhalten.

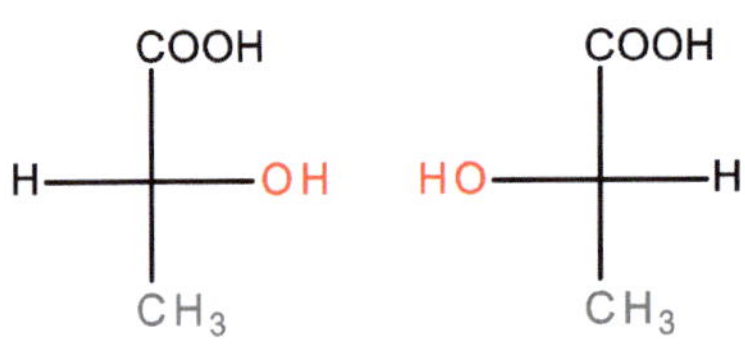

D(-)-Milchsäure L(+)-Milchsäure

◘ **Abb. 15.8** Die beiden Formen der Milchsäure verhalten sich wie Bild und Spiegelbild; sie sind chiral

Enantiomere unterscheiden sich weder in ihrem chemischen noch in ihrem physikalischen Verhalten.

Enantiomere unterscheiden sich in ihrem biologischen Verhalten.

Wie die ◘ Abb. 15.8 zeigt, sind sie einzig in der Art wie sie polarisiertes Licht drehen – ob nach links oder ob nach rechts – zu unterscheiden. Damit Enantiomerenpaare trotzdem chromatographisch getrennt werden können, muss das chromatographische System ebenfalls chiral sein. Diese Asymmetrie des chromatographischen Systems kann auf folgende Weise erreicht werden:

- Die mobile Phase ist durch die Zugabe eines chiralen Reagenz zum Eluenten chiral. Die stationäre Phase ist achiral
- Die flüssige stationäre Phase ist chiral, die mobile Phase ist achiral
- Die feste stationäre Phase ist chiral, die mobile Phase achiral

Alle drei Methoden basieren darauf, dass sich zwischen den chiralen Probekomponenten und der chiralen stationären Phase diastereomere Komplexe bilden, welche vom chromatographischen System unterschiedlich stark retardiert werden.

15.5 Trennmechanismen

15.5.1 Trennung nach Adsorption

Die Adsorption bedeutet die *Anlagerung eines Stoffes an einen anderen.* Sie wird durch Anziehungskräfte, die zwischen Stoffen bestehen können, verursacht. Diese elektrostatischen oder van-der-Waals-Kräfte bilden Anziehungskräfte welche zu Anlagerungen führen, ohne dass dabei eine feste chemische Bindung entsteht.

Die Trennung der Stoffe beruht zum einen auf der unterschiedlichen Adsorption der Stoffe an der stationären Phase und zum anderen auf der Affinität der Stoffe zur mobilen Phase. Substanzen, welche weniger stark von der stationären Phase adsorbiert werden und/oder welche eine stärkere Affinität zur mobilen Phase haben, wandern daher schneller durch das System

Verschiedene Stoffe werden aufgrund der *Polarität* zwischen den beteiligten Stoffen an andere verschieden stark adsorbiert.

In der Adsorptionschromatographie ist die stationäre Phase fest, die mobile Phase kann flüssig, gasförmig oder in der SFC ein überkritisches Fluid sein.

Beispiele:
- Trennungen von Gemischen mittels DC auf trockenen Kieselgelplatten
- Säulen- oder Flashchromatographe
- HPLC mit und ohne Reversed Phase

15.5.2 Trennung nach Verteilung

Das Verteilungsprinzip aus der Extraktion mit nicht mischbaren Flüssigkeiten bildet die Grundlage der Verteilungschromatographie.

Verteilungschromatographische Effekte beruhen auf der *ungleichen Verteilung* der Probenmoleküle aufgrund *unterschiedlicher Löslichkeiten in zwei Flüssigkeiten* oder in einer Flüssigkeit und in einem Gas. Eine meist sehr viskose Flüssigkeit bildet die stationäre Phase. Die andere Flüssigkeit oder das Gas ist die mobile Phase. Probenmoleküle welche sich besser in der stationären Phase lösen, werden dadurch zurückgehalten und wandern langsamer. Probenmoleküle welche sich kaum in der stationären Phase lösen, wandern rasch mit der mobilen Phase mit. Je nachdem zu welcher Phase der Stoff mehr Affinität hat, desto schneller oder langsamer wandert er durch das System.

In der Verteilungschromatographie ist die stationäre Phase flüssig. Meist handelt es sich um hochviskose Öle welche auf einen Träger wie eine Kapillare oder einem Trägermaterial aufgetragen werden, wie die ◘ Abb. 15.9 zeigt. Die mobile Phase ist nicht mit der stationären Phase mischbar.

Beispiele:
- Trennungen von Gemischen mittels Kapillar GC
- SFC

Oft erfolgt eine Trennung sowohl mittels Adsorptions-, als auch mit Verteilungschromatographie in einem Zusammenspiel von beidem. So hat in der Gaschromatographie die Polarität des Trägermaterials, auf welchem die flüssige stationäre Phase aufgebracht ist, einen nicht zu unterschätzenden Einfluss auf die Trennung. In der Flüssigkeitschromatographie bildet der Eluent in unmittelbarer Umgebung der stationären Phase durch die Konditionierung des Systems einen stabilen Flüssigkeitsfilm, so dass die Trennung auch durch eine unterschiedliche Löslichkeit der Probeteilchen erfolgt.

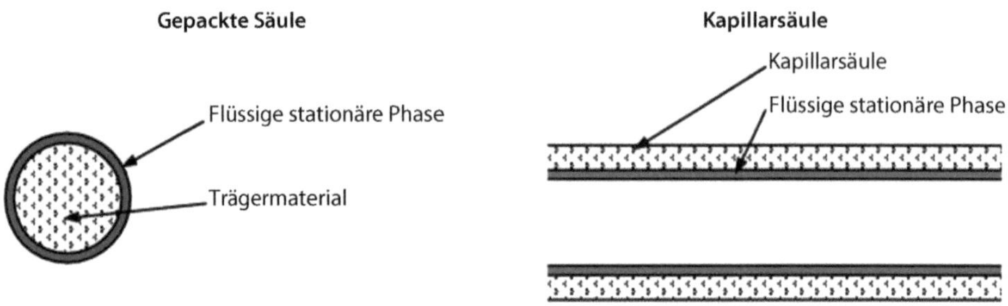

Abb. 15.9 Aufbau von stationären Phasen für die Verteilungschromatographie. (Mit freundlicher Genehmigung von Daniel Stauffer, F. Hoffmann-La Roche AG, Basel)

15.6 Stationäre Phasen

Die stationären Phasen lassen sich in der Chromatographie mit den unten aufgeführten Parametern beschreiben und in Normal- und Umkehrphase unterteilen.

15.6.1 Normalphase

Die stationäre Phase der Normalphasenchromatographie ist in der Regel Kieselgel, SiO_2. Es wird je nach Methode auf Platten aus unterschiedlichen Materialien aufgetragen oder in eine Säule gefüllt. Das Kieselgel, welches auf Englisch Silicagel genannt wird, ist aufgrund seiner chemischen Struktur mit Silanolgruppen *an der Oberfläche polar*. Eine detaillierte Beschreibung der Normalphasenchromatographie ist im ► Kap. 16 „Dünnschichtchromatographie" zu finden.

15

In der Normalphasenchromatographie gilt: Je *unpolarer* ein Stoff, desto rascher wandert er durch das chromatographische System und umso kürzer ist seine Retentionszeit.

15.6.2 Umkehrphase

Bei der Reversed-Phase-Chromatographie, auch als Umkehrphasenchromatographie bezeichnet, werden durch Derivatisierung der Oberfläche *schwach polare bis unpolare* funktionelle Gruppen chemisch an das Trägermaterial beispielsweise an Kieselgel gebunden. Dadurch erhält man eine schwach- bis unpolare stationäre Phase, welche bei der Flüssigchromatographie beispielsweise in der HPLC mit einer polaren mobilen Phase kombiniert wird. Eine detaillierte Beschreibung der Umkehrphasenchromatographie ist im Kapitel HPLC zu finden.

In der Umkehrphasenchromatographie gilt: Je *polarer* ein Stoff, desto rascher wandert er durch das chromatographische System und umso kürzer ist seine Retentionszeit.

Wie die ◘ Abb. 15.10 zeigt, werden beispielsweise Silanolgruppen (–Si–OH) von Kieselgelphasen chemisch verändert respektive derivatisiert um die Eigenschaft einer stationären Phase zu verändern.

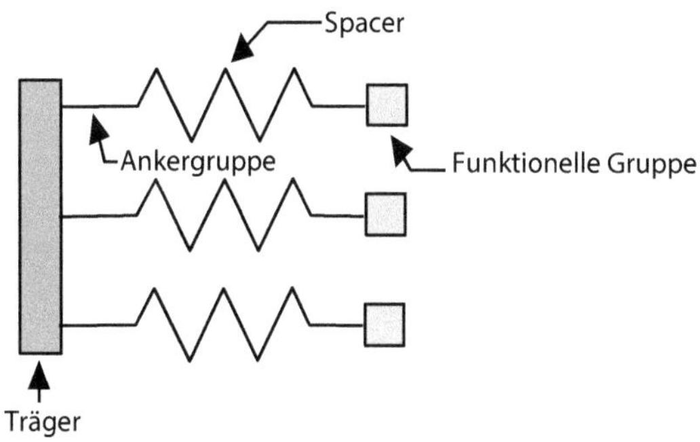

◘ **Abb. 15.10** Derivatisierung von Oberflächen des Trägermaterials. (Mit freundlicher Genehmigung von Daniel Stauffer, F. Hoffmann-La Roche AG, Basel)

Durch Verändern der Oberfläche einer stationären Phase, können deren *Eigenschaften gezielt angepasst* werden. In der Praxis werden meist unpolare Kohlenstoffreste an die polare Oberfläche des Kieselgels angehängt, dadurch entstehen unpolare stationäre Phasen. In der Praxis werden solche Phase als RP = *Reversed Phase* bezeichnet.

15.6.3 Druckbeständigkeit

Stationäre Phasen auf der Grundlage von Kieselgel sind in der Regel sehr druckstabil. Die Druckstabilität ist auf der Packung der Säule angegeben. In der RP-HPLC kann diese mehrere hundert Bar betragen. Beim Arbeiten ist die Druckbeständigkeit der verwendeten Phase zu beachten.

15.6.4 Oberfläche

Bedingt durch die Porenstruktur, befindet sich der grösste Teil der (aktiven) Oberfläche der stationären Phase *auf den Innenwänden der Poren*. Die Oberfläche wird normalerweise in m^2/g Phase angegeben.

15.6.5 Porengrösse

Die meisten festen stationären Phasen bestehen aus sehr porösem Material. Nur zirka 20 % des Volumens ist festes Material, 80 % ist für den *Eluenten zugänglich.* Als Porengrösse wird der mittlere Durchmesser dieser Poren in Å oder nm angegeben.

15.6.6 Teilchendurchmesser

Als Teilchendurchmesser wird der mittlere Durchmesser in µm eines Teilchens der stationären Phase angegeben.

15.6.7 Teilchenform

Feste stationäre Phasen sind als gebrochenes oder als sphärisches, das bedeutet kugelförmiges, Trägermaterial erhältlich. Wird die Phase bei der Herstellung gemahlen, werden die Partikel gebrochen und man erhält ein Pulver mit unregelmässig geformten Partikeln. Zur Herstellung von sphärischen Partikeln wird der Herstellungsprozess so optimiert, dass die Partikel direkt kugelförmig wachsen. *Je gleichmässiger* das Material vorliegt, *desto besser ist die Trennleistung* der stationären Phase.

15.6.8 Flüssigkeit auf Trägermaterial

Bei der Verwendung von flüssigen stationären Phasen hat die Beschaffenheit des Trägermaterials auf das die Flüssigkeit aufgetragen wird, einen bedeutenden Einfluss auf die Trennung.

Für eine flüssige stationäre Phase, welche auf ein körniges Trägermaterial aufgebracht ist, wird die Belegung meistens in % angegeben. Die Bezeichnung „10 % FFAP auf Chromosorb ..." bedeutet, dass 100 g stationäre Phase aus 90 g Trägermaterial Chromosorb und 10 g flüssiger Phase, in diesem Beispiel ist es „FFAP", bestehen.

Die Verwendung von Kapillaren in der Kapillar-GC oder -HPLC bedingt, dass die flüssige stationäre Phase direkt auf die Innenwand der Kapillare angebracht wird. In diesem Fall wird meistens die Filmdicke der stationären Phase in µm angegeben.

15.7 Mobile Phasen

Die mobile Phase ist je nach Methode flüssig, gasförmig oder ein superkritisches Fluid. Die Anforderungen an die Qualität der mobilen Phase müssen abhängig von der chromatographischen Methode beachtet werden.

15.7.1 Polarität der mobilen Phase

Wie es in der ◘ Tab. 15.2 aufgeführt ist, spielt die Polarität der mobilen Phase bei allen flüssigchromatographischen Methoden eine entscheidende Rolle, da diese die *Trennung beeinflusst.* In der Gaschromatographie kann die Polarität der mobilen Phase vernachlässigt werden.

Tab. 15.2 Die eluotrope Reihe von Lösemitteln

Eluotrope Reihe	Polarität des Lösemittels	Elutionsvermögen Normalphasen	Elutionsvermögen Reversed Phase
n-Hexan Cyclohexan Tetrachlorkohlenstoff Toluol Dichlormethan Chloroform Isopropylether 1-Octanol Diethylehter Essigsäureethylester 1-Butanol Ethyl-methylketon 2-Butanol Isobutanol Tetrahydrofuran 1,4-Dioxan 1-Propanol Ethanol Essigsäure Acetonitril Methanol Ameisensäure Formamid Wasser	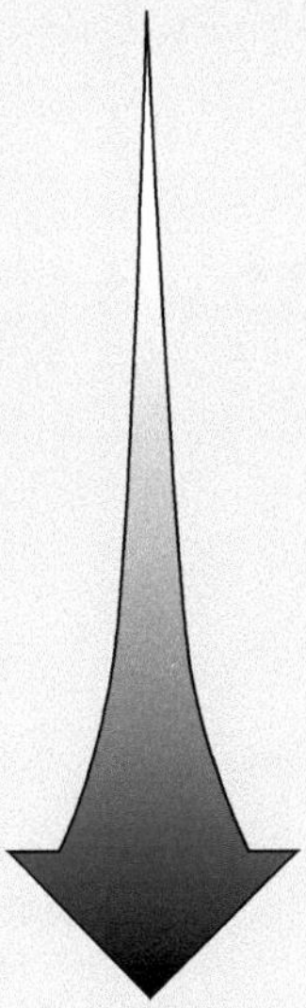	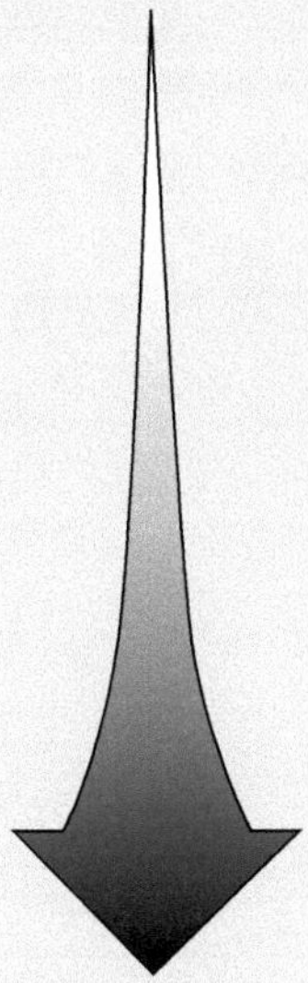	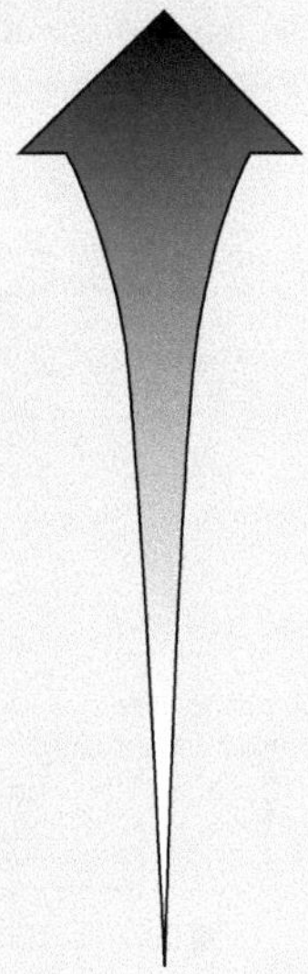

15.8 Entstehung und Verbreiterung von Peaks

Je *länger* sich die Stoffmoleküle der Probe im chromatographischen System befinden, desto *breiter* werden die beobachteten Peaks. Dafür sind die drei folgenden Effekte verantwortlich:

- Eddy-Diffusion (Streudiffusion, Strömungsverteilung), siehe Tab. 15.3
- Längsdiffusion (Longitudinaldiffusion), siehe Tab. 15.4
- Massenaustausch (Massenübertragung), siehe Tab. 15.5

15.8.1 Eddy-Diffusion

▫ Tab. 15.3 zeigt Effekte, welche zur Eddy Diffusion beitragen.

▫ **Tab. 15.3** Effekte, welche zur Eddy Diffusion beitragen. (Mit freundlicher Genehmigung von Daniel Stauffer, F. Hoffmann-La Roche AG, Basel)

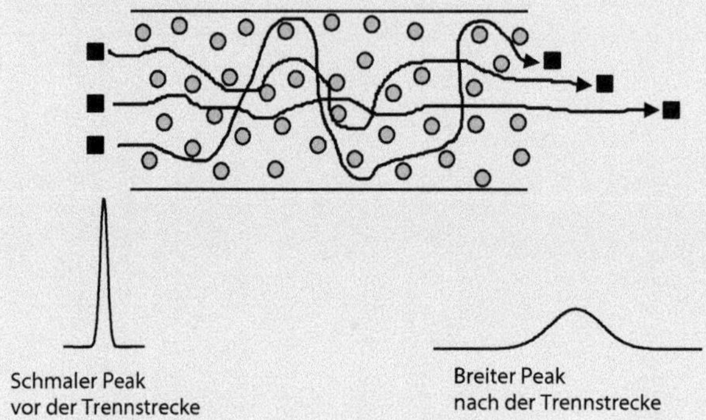	Effekt, welcher zur Eddy Diffusion beiträgt: Gleichartige Teilchen finden unterschiedlich lange Wege durch die Trennstrecke.
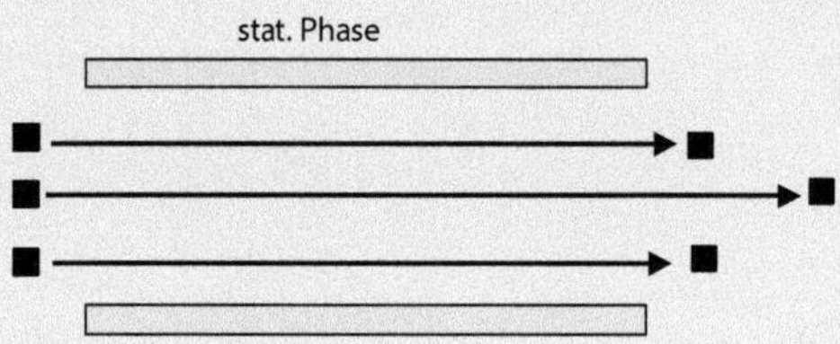	Effekt, welcher zur Eddy Diffusion beiträgt: In der Mitte einer Kapillare ist die Eluentengeschwindigkeit grösser als an der Kapillarwand. Teilchen, welche sich in der Mitte der Kapillare aufhalten, werden daher schneller transportiert.
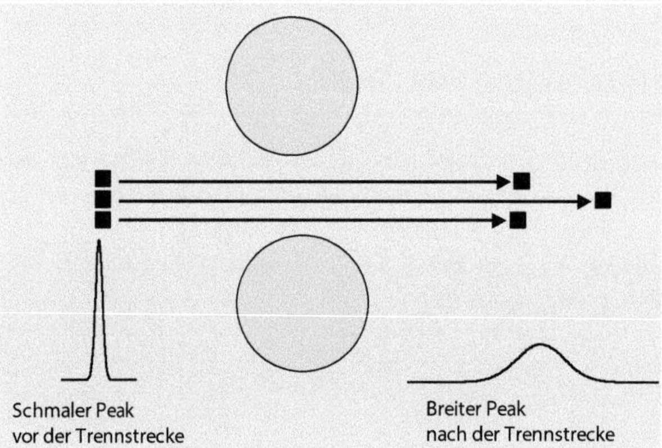	Das Gleiche wie oben gilt auch, wenn die Teilchen zwischen zwei Körnern der stationären Phase durchfliessen.

15.8.2 Längsdiffusion

Tab. 15.4 zeigt den Effekt, welcher zur Längsdiffusion beiträgt.

Tab. 15.4 Je länger sich ein Substanzpfropfen in einer Röhre aufhält, desto breiter wird er durch die Längsdiffusion. (Mit freundlicher Genehmigung von Daniel Stauffer, F. Hoffmann-La Roche AG, Basel)

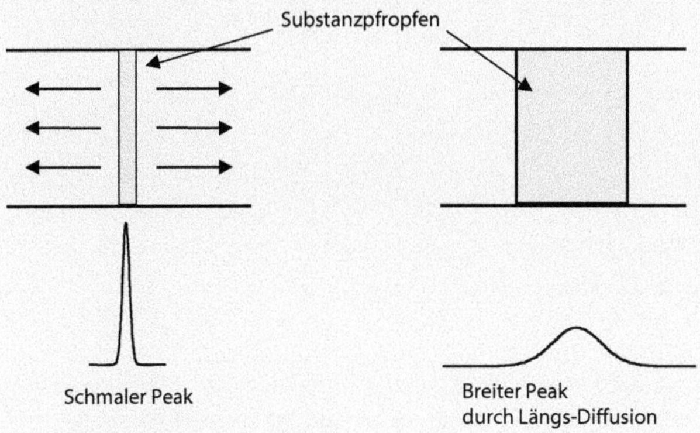

Effekt, welcher zur Längsdiffusion beiträgt:
Die Zone mit erhöhter Substanzkonzentration, der Substanzpfropfen hat das Bestreben, in alle Richtungen zu diffundieren. Sowohl in Flussrichtung als auch gegen die Flussrichtung gibt es keine Beschränkung durch die Wand. Jeder Substanzpfropfen fliesst daher stetig in diese Richtungen auseinander.

15.8.3 Massenaustauschverzögerung

Tab. 15.5 zeigt Effekte, welche zur Massenaustauschverzögerung beitragen.

Tab. 15.5 Effekte, welche zur Massenaustauschverzögerung beitragen. (Mit freundlicher Genehmigung von Daniel Stauffer, F. Hoffmann-La Roche AG, Basel)

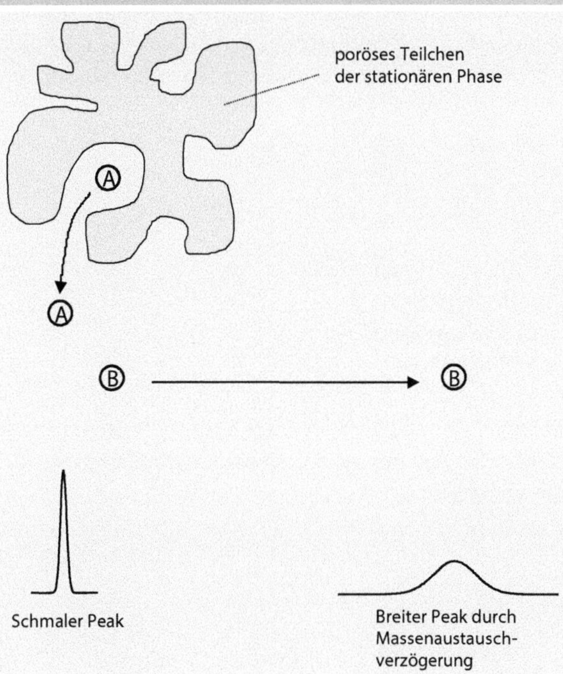

Effekte, welcher zur Massenaustauschverzögerung beiträgt.
Die Teilchen diffundieren in die Poren der stationären Phase, jedoch diffundieren nicht alle Teilchen gleich oft in die Poren, daher gilt:
In der Zeit, welche Teilchen A braucht um aus der Pore mit stehendem Eluent in den strömenden Eluenten zu diffundieren, ist das gleichartige Teilchen B ungehindert ein Stück weiter gewandert.

Tab. 15.5 (*Fortsetzung*) Effekte, welche zur Massenaustauschverzögerung beitragen. (Mit freundlicher Genehmigung von Daniel Stauffer, F. Hoffmann-La Roche AG, Basel)

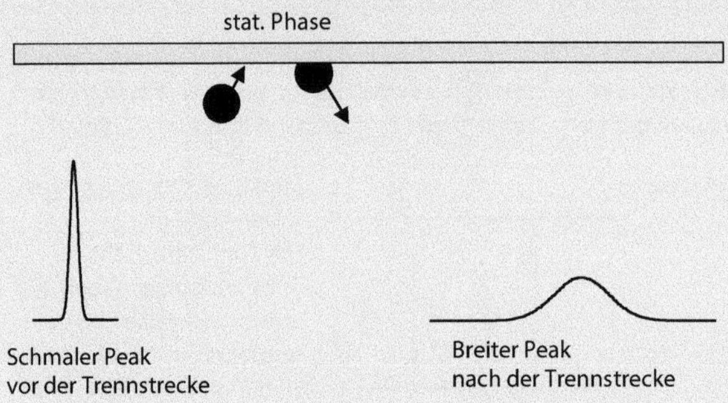	Effekt, welcher zur Massenaustauschverzögerung beiträgt: Auch gleichartige Teilchen benötigen zur Adsorption an die stationäre Phase und die folgende Desorption unterschiedlich lange.

Für die Praxis bedeuten die drei beschriebenen Einflüsse:

Je länger eine Substanz auf der Säule verweilt, desto mehr wirken die Eddy-Diffusion, der Massenaustausch sowie die Längsdiffusion und umso breiter wird der Peak am Ende der Trennstrecke.

15.8.4 Van Deemter Gleichung

Die Van Deemter Golay Gleichung beschreibt den Zusammenhang zwischen der Höhe eines theoretischen Bodens und der Strömungsgeschwindigkeit der mobilen Phase in der Chromatographie. Dabei werden die Eddy-Diffusion, die Längsdiffusion und der Massenaustausch berücksichtigt. Diese drei Grössen fliessen in die Gleichung ein und werden wie folgt berücksichtigt:

$$H = A + \frac{B}{u} + C \times u$$

H = Höhe eines theoretischen Bodens
A = Peakverbreiterung durch Eddy-Diffusion (Streudiffusion)
B = Peakverbreiterung durch Längsdiffusion
C = Peakverbreiterung durch Stoffaustauschverzögerung
u = Strömungsgeschwindigkeit der mobilen Phase

Im Van-Deemter Diagramm der Abb. 15.11 wird die errechnete Bodenhöhe in Abhängigkeit der Strömungsgeschwindigkeit dargestellt. Anhand der Kurve kann der ideale Fluss für ein chromatographisches System bestimmt werden.

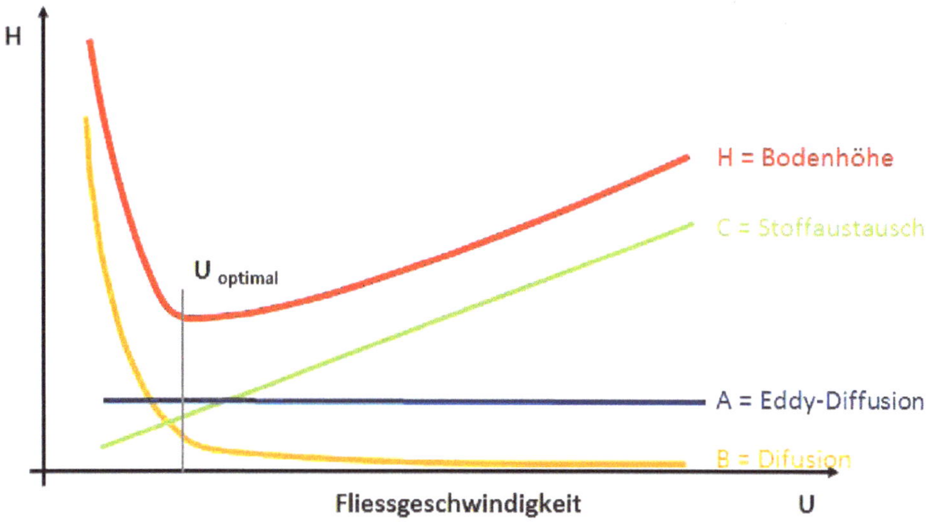

Abb. 15.11 Die *rote Kurve* zeigt die Van Deemter Kurve eines flüssigchromatographischen Systems. Am tiefsten Punkt wird die ideale Fliessgeschwindigkeit abgelesen. Dieser Punkt heisst $u_{optimal}$

Wie die Abb. 15.12 zeigt, wird in der Gaschromatographie ersichtlich, dass mit Wasserstoff als Trägergas mit einer grösseren Fliessgeschwindigkeit gearbeitet werden kann, als mit Stickstoff. Das bedeutet in der Praxis eine kürzere Chromatographie Zeit und somit mehr Probendurchsatz.

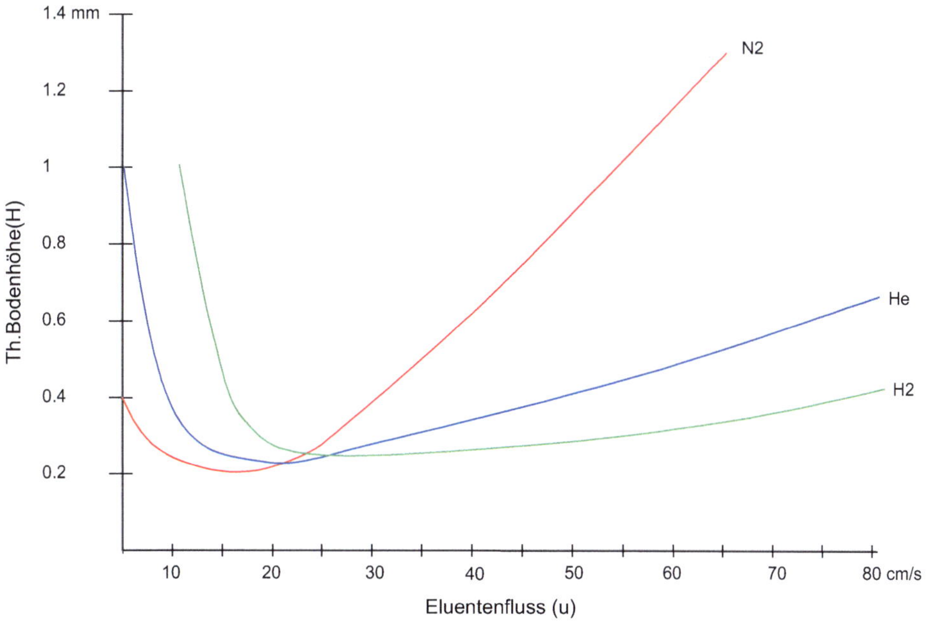

Abb. 15.12 Die Abbildung zeigt die Abhängigkeit der Effizienz in einem gaschromatographischen System von der Fliessgeschwindigkeit und dem Trägergas. (Mit freundlicher Genehmigung von Daniel Stauffer, F. Hoffmann-La Roche AG, Basel)

15.9 Chromatogramm

Ein Chromatogramm ist eine *Aufzeichnung* der gemessenen Signalstärke auf der y- und der Zeit auf der x-Achse und liefert eine Vielzahl von Informationen.

15.9.1 Retentionsgrössen

Die Retentionsgrössen bieten die Möglichkeit, qualitative Aussagen bezüglich einer Probenkomponente zu machen, wie in ◘ Abb. 15.13 dargestellt.

Die Retentionsgrösse wird im Chromatogramm immer dort bestimmt, wo die *höchste Probekonzentration* registriert wird. Das heisst an der Peakspitze.

15.9.2 Totzeit (t_m; t_0)

Die Totzeit bezeichnet die Zeit, welche ein nicht-retardiertes Teilchen braucht um die Trennstrecke zu durchqueren. Ein solches Teilchen geht *keine Wechselwirkungen mit der stationären Phase* ein. Die genaue Bestimmung der Totzeit ist nicht so einfach. Für die meisten Zwecke genügt es, die Totzeit mit einem Totzeitmarker wie Methan in der GC, Nitromethan oder Thioharnstoff in der LC zu bestimmen.

Der Totzeitmarker ist eine Substanz die praktisch keine Wechselwirkung mit der stationären Phase eingeht. Bei den heutigen GC Systemen wird die Totzeit rechnerisch bestimmt, bei LC Systemen ist dies nicht möglich.

15.9.3 Bruttoretentionszeit (t_{ms}; t_R)

Die Bruttoretentionszeit bezeichnet die durchschnittliche Zeit, welche ein Probeteilchen braucht um die *gesamte Trennstrecke* zu durchqueren. Die Bruttoretentionszeit setzt sich aus den Zeiten, während der sich ein Probeteilchen in der mobilen Phase und auf der stationären Phase aufgehalten hat, zusammen.

15.9.4 Nettoretentionszeit (t_s; t'_R)

Die Nettoretentionszeit sagt aus, wie lange sich eine Probekomponente *auf der stationären Phase aufgehalten* hat.

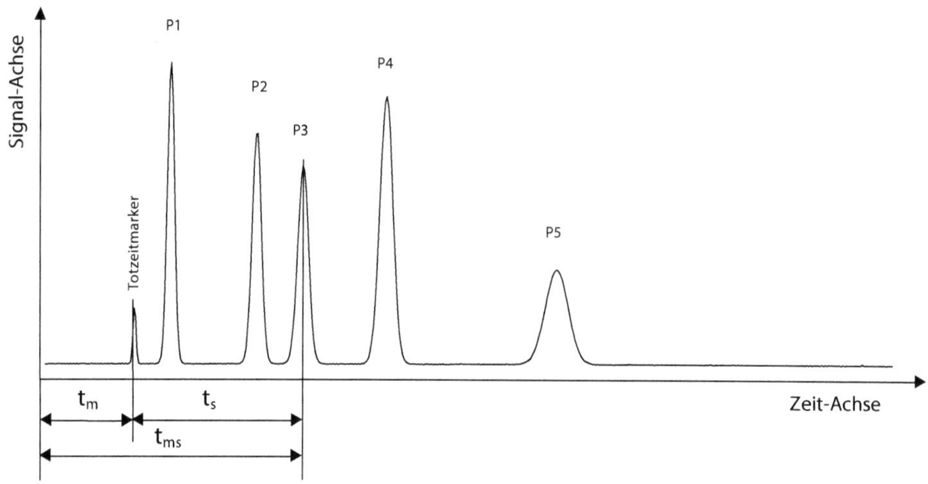

Abb. 15.13 Totzeit und Brutto- respektive Nettoretentionszeit von Peak Nr. 3. (Mit freundlicher Genehmigung von Daniel Stauffer, F. Hoffmann-La Roche AG, Basel)

$$t_{\mathrm{ms}} = t_{\mathrm{m}} + t_{\mathrm{s}}$$

$t_{\mathrm{m}} =$ Totzeit. Aufenthaltszeit der Substanz in der mobilen Phase
$t_{\mathrm{ms}} =$ Bruttoretentionszeit. Aufenthaltszeit der Substanz in der mobilen und stationären Phase
$t_{\mathrm{s}} =$ Nettoretentionszeit. Aufenthaltszeit der Substanz in der stationären Phase

Diese drei Grössen werden zur Berechnungen der Kenngrössen benötigt.

15.9.5 Retentionsvolumen

An Stelle der Retentionszeit kann auch das Retentionsvolumen verwendet werden.

$$V_{\mathrm{R}} = t_{\mathrm{R}} \cdot F$$

$V_{\mathrm{R}} =$ Retentionsvolumen
$t_{\mathrm{R}} =$ Retentionszeit
$F =$ Eluentenfluss

15.10 Kenngrössen

Zur *Beurteilung der Trennung* in einem Chromatogramm und der Qualität von Peakformen dienen verschiedene Kenngrössen, wie in ◘ Abb. 15.14 dargestellt.

15.10.1 Peakausdehnung und Peakform

Basispeakbreite (*w*)

Die Basispeakbreite wird zwischen den Schnittpunkten der auf- und der absteigenden Wendetangente mit der Basislinie gemessen. Bei idealen chromatographischen Peaks befindet sich die Basispeakbreite in 13,4 % der Peakhöhe.

Peakbreite in halber Höhe ($b_{0,5}$, $w_{1/2}$)

Je nach Peakform kann die Basispeakbreite schlecht bestimmt werden. Aus diesem Grund wird oft die Peakbreite in halber Höhe, welche auch Halbwertsbreite genannt wird, in den Berechnungen eingesetzt. Die Berechnungsformel muss entsprechend korrigiert werden. Die Verwendung von $b_{0,5}$ anstelle von w ist nur für praktisch symmetrische Peaks zulässig.

Peakhöhe (*h*)

Die Peakhöhe ist die Ausdehnung des Peaks, von der Peakspitze bis zum Schnittpunkt mit der Basislinie senkrecht zur Zeitachse gemessen.

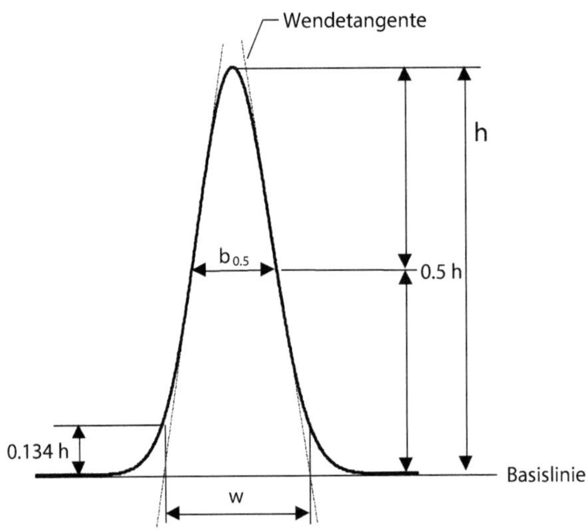

■ **Abb. 15.14** Graphische Darstellung von w, $b_{0,5}$ und h

15.10.2 Zusammenstellung von Kenngrössen zur Beurteilung der Trennung

■ Tab. 15.6 zeigt eine Übersicht über die chromatographischen Kenngrössen.

■ **Tab. 15.6** Eine Übersicht über chromatographische Kenngrössen

Grösse	Symbol	Einheit	Berechnungsformel	Bemerkung
Retentions-faktor	k	ohne Einheit	$k = \frac{t'_R}{t_0} = \frac{t_R - t_0}{t_0} = \frac{t_R}{t_0} - 1$	Der Retentionsfaktor k gibt an wie viel Mal langsamer eine Substanz gegenüber der mobilen Phase eluiert wird.

Tab. 15.6 (*Fortsetzung*) Eine Übersicht über chromatographische Kenngrössen.

Grösse	Symbol	Einheit	Berechnungsformel	Bemerkung
Trennfaktor (Relative Retention)	*α* (Alpha)	ohne Einheit	$\alpha = \frac{k_2}{k_1}$	Der Trennfaktor *α* ist ein Mass für das Vermögen zwei Stoffe zu trennen (Selektivität).
Auflösung (*Resolution*)	*R*	ohne Einheit	$R = \frac{2(t_{R_2} - t_{R_1})}{w_1 + w_2}$ $R = 1{,}18 \frac{t_{R_2} - t_{R_1}}{w_{1_{1/2}} + w_{2_{1/2}}}$	Die Auflösung *R* ist ein Mass für die Trennung zweier Substanzen. Berücksichtigt hierfür, im Gegensatz zum Trennfaktor, auch die Peakbreite.
Bodenzahl oder Trennstufenzahl	*N*	ohne Einheit	$N = 16\left(\frac{t_R}{w}\right)^2$ $N = 5{,}545\left(\frac{t_R}{w_{1/2}}\right)^2$	Die Bodenzahl *N* ist ein Mass für die Güte einer Trennsäule.
Bodenhöhe (Trennstufenhöhe)	*H*	µm, mm	$H = \frac{L}{N}$	Höhe eines theoretischen Bodens (HETP = height equivalent to a theoretical plate)
Peakbreite an der Basis (Basispeakbreite)	*w*	s, min, mm, cm		Distanz zwischen den Schnittpunkten der Wendetangenten mit der Basislinie.
Peakbreite auf halber Höhe	$w_{1/2}$	s, min, mm, cm		Peakbreite auf halber Höhe des Peaks.
Peakhöhe	*h*	µV, mV, pA, mAU		Senkrechte Distanz zwischen der Basislinie und dem Peakmaximum.
Peakfläche	*A*	µVs, mVs, pAs, mAUs		Peakfläche wird vom Integrator als „Areacounts" angegeben.
Länge	*L*	mm, cm, m		Länge der Säule

15.10.3 Retentionsfaktor oder *k*-Wert

Der Retentionsfaktor ist ein Zahlenwert, der die *Nettoretentionszeit ausgedrückt in Anzahl Totzeiten* angibt. Der Retentionsfaktor ist praktisch unabhängig vom Eluentenfluss und von der Säulendimension. Aus diesem Grund können anhand der *k*-Werte Chromatogramme, welche mit der gleichen Zusammensetzung des Eluenten aber mit unterschiedlichem Fluss oder verschiedenen Säulendimensionen aufgezeichnet wurden, miteinander verglichen werden.

Beispiel:
Wenn der Retentionsfaktor 2,1 min beträgt und die Totzeit bei 0,8 min liegt, dann hat sich die Substanz 1,6 min in der stationären Phase aufgehalten. Der *k*-Wert beträgt in diesem Fall 2,125.

In der Praxis wird eher selten mit dem *k*-Wert gearbeitet. Der *k*-Wert kann mit dem R_f-Wert in der DC verglichen werden.

Im Idealfall sollten die k-Werte der einzelnen Peaks zwischen 1 und 10 liegen. Somit wird die Chromatographiedauer eingeschränkt.

15.10.4 Die Auflösung *R*

Die Auflösung, sie heisst auf Englisch resolution, ist ein Mass dafür, wie gut zwei Komponenten voneinander getrennt sind. Als Auflösung wird das Verhältnis von der *Selektivität* und *Effizienz* eines Systems bezeichnet, wie die ◘ Abb. 15.15 zeigt. Die Auflösung sagt nichts darüber aus, wie breit die Peaks sind.

Dabei gilt:

> Effizienz = Mass für die Peakverbreiterung einer Komponente
> schmale Peaks → effizientes System
> Selektivität = Mass für den Retentionsunterschied zweier Komponenten
> grosser Retentionszeit-Unterschied → selektives System

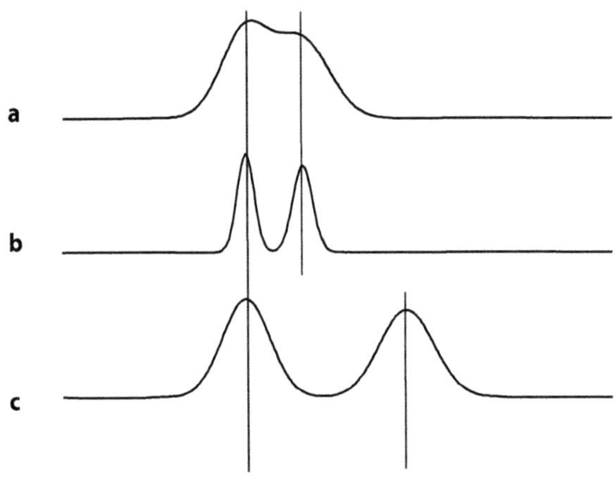

◘ **Abb. 15.15** Schlecht aufgelöste Peaks wie im Beispiel *A* können durch das Vergrössern der Effizienz des Trennsystems wie im Beispiel *B* oder durch das Vergrössern der Selektivität wie im Beispiel *C* getrennt werden. (Mit freundlicher Genehmigung von Daniel Stauffer, F. Hoffmann-La Roche AG, Basel)

Beträgt der Auflösungswert 1 sind die Peaks noch nicht getrennt. Beträgt er zirka 1,4 ist auf dem Chromatogramm eine Basislinientrennung erkennbar. In der Analytik wird, wenn das immer möglich ist, eine Auflösung von ≥ 2 wie in der ◘ Abb. 15.16 angestrebt. Das bedeutet, dass jeder Peak von der Basislinie aus startet und wieder zur Basislinie zurückkehrt.

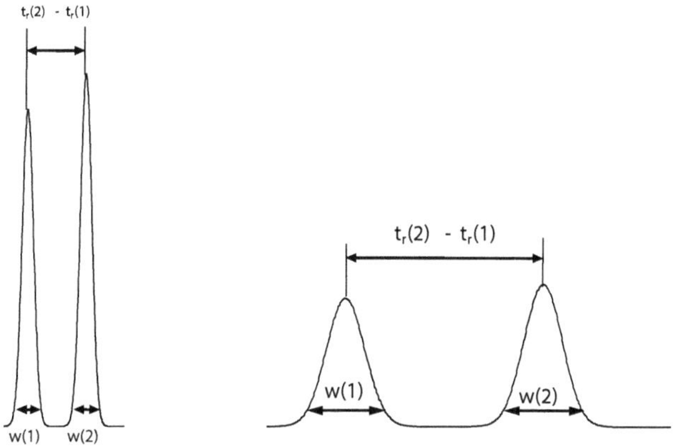

Abb. 15.16 Der Wert der Auflösung sagt nichts aus über die Qualität der Trennung in Bezug auf die Effizienz des Systems. Beide Peakpaare in diesem Beispiel sind gleich gut aufgelöst. (Mit freundlicher Genehmigung von Daniel Stauffer, F. Hoffmann-La Roche AG, Basel)

15.10.5 Kenngrössen zur Beurteilung der Peakform

Wie die Abb. 15.17 und die Tab. 15.7 zeigen, lässt Die Peakform mathematisch erfassen und sagt etwas über die Qualität der verwendeten chromatographischen Technik aus.

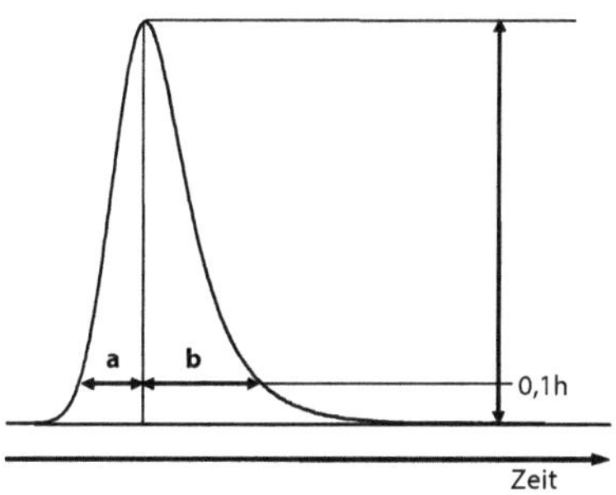

Abb. 15.17 Musterpeak für die Bestimmung der Peakasymetrie

Tab. 15.7 Eine Übersicht über Kenngrössen zur Beurteilung der Peakform

Grösse	Symbol	Einheit	Formel	Bemerkung
Aufsteigende oder absteigende Peakbreite bei 5 oder 10 % der Peakhöhe	a b	s, min, mm, cm		Entfernung zwischen der durch das Maximum des Peaks gezogenen Senkrechten und dem aufsteigenden oder absteigenden Kurvenast bei 5 oder 10 % der Peakhöhe.
Peakbreite bei 5 oder 10 % der Peakhöhe	$w_{0,05}$ $w_{0,1}$	s, min, mm, cm		Peakbreite bei 5 oder 10 % der Peakhöhe.

Tab. 15.7 *(Fortsetzung)*Eine Übersicht über Kenngrössen zur Beurteilung der Peakform

Grösse	Symbol	Einheit	Formel	Bemerkung
Symmetriefaktor Tailingfaktor $T>1$: Peak-Tailing $T<1$: Peak-Fronting $T=1$: Symmetrischer Peak	T	ohne Einheit	$T=\frac{w_{0,05}}{2a}$ $T=\frac{a_{0,05}+b_{0,05}}{2a_{0,05}}$ oder $T=\frac{a_{0,1}+b_{0,1}}{2a_{0,1}}$	T ist ein Mass für die Peaksymmetrie respektive die Übereinstimmung der Peakform mit der Idealform eines chromatographischen Peaks. 0,05 = gemessen bei 5 % Peakhöhe 0,1 = gemessen bei 10 % Peakhöhe

Die Peakform kann durch verschiedene Parameter beeinflusst werden. Diese sind bei den einzelnen Methoden beschrieben. Bei allen Methoden wird immer ein möglichst symmetrischer Peak angestrebt. Je symmetrischer der Peak, desto einfacher wird die Integration und somit die Stabilität der Methode. In der Praxis lassen sich Fronting oder Tailing (siehe Abb. 15.18) nicht immer vermeiden.

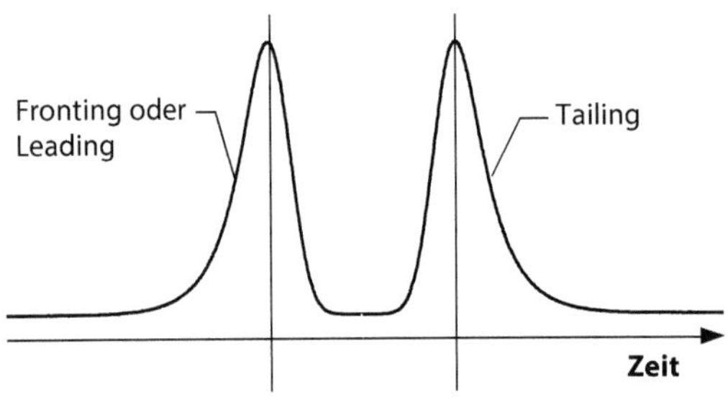

Abb. 15.18 Darstellung von Fronting und Tailing. (Mit freundlicher Genehmigung von Daniel Stauffer, F. Hoffmann-La Roche AG, Basel)

15.11 Integration von Chromatogrammen

15.11.1 Bestimmung der Peakfläche

Die Integration mit einem Integrator hat in der instrumentellen Chromatographie die Aufgabe, die Fläche eines Peaks und die Retentionszeit einer Komponente zu berechnen. Zu diesem Zweck wird periodisch mit einer Frequenz zwischen zirka 0,1 und 100 Hz die Werte des Detektorsignals als Rohdaten abgespeichert. Die entsprechenden Frequenzen sind vom chromatographischen System wie GC, HPLC oder RRLC abhängig. Die trapezförmigen Flächen zwischen zwei Datenpunkten, welche in der Graphik in der Abb. 15.19 schraffiert markiert sind, lassen sich relativ einfach berechnen. Die Summe aller dieser Flächen entspricht der Peakfläche. Damit der Integrator eine genaue Peakfläche bestimmen kann, muss der Anwender durch Eingabe der entsprechenden Integrationsparameter dem Gerät mitteilen, wo der Peakanfang und wo das Peakende gesetzt werden müssen und den Verlauf der Basislinie festlegen. Die Basislinie ist das Detektorsignal, welches nicht von der Analysenprobe stammt.

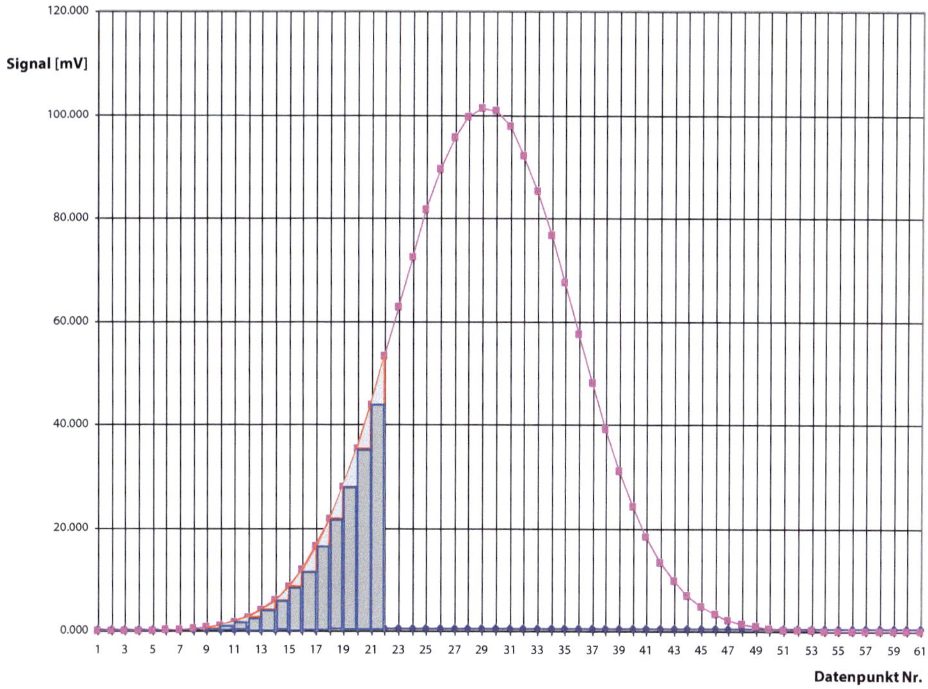

Abb. 15.19 Berechnung der Peakfläche. (Mit freundlicher Genehmigung von Daniel Stauffer, F. Hoffmann-La Roche AG, Basel)

15.11.2 Peakerkennung

Die Peakerkennung beschreibt die Einstellung der *Integrationsparameter*, welche für die Erkennung von Peak-Beginn und Peak-Ende verantwortlich sind.

Anschliessend sind einige oft verwendete Begriffe und ihre mögliche Bedeutung aufgeführt. Je nach Gerätehersteller oder Autor kann ein Begriff eine etwas unterschiedliche Bedeutung oder Bezeichnung haben.

15.11.3 Sampling rate, Datensammelrate

Als Datensammelrate wird meistens die Anzahl der Datenpunkte bezeichnet, welche pro Sekunde aufgenommen werden. Einige Gerätehersteller messen die Signaldaten mit einer bestimmten relativ hohen Frequenz wie 100 Hz und speichern dann beispielsweise bei einer „Sampling rate" von 5 Hz immer den Mittelwert aus 20 Messungen ab.

15.11.4 Sampling period

Der reziproke Wert der Datensammelrate, die Zeitdauer zwischen der Messung von zwei Datenpunkten, wird oft als „Sampling period" bezeichnet.

15.11.5 Slope, Steilheit

Zur Ermittlung des Peakanfangs respektive des Peakendes wird oft die Steilheit des Signals verwendet. Eine grosse Spannungsänderung zwischen zwei Datenpunkten pro Sekunde bedeutet eine grosse Steilheit.

15.11.6 Threshold, Schwellenwert

Oft wird zwischen einem Peak Threshold und einem Area Threshold unterschieden. Mit *Peak Threshold* ist meistens die Signalsteigung, welche über oder unterschritten werden muss, damit der Peakanfang respektive das Peakende erkannt wird, gemeint. Als *Area Threshold*, je nach Hersteller auch *Area Sensitivity* genannt, wird die Peakfläche zwischen einer bestimmten Anzahl Datenpunkten welche überschritten werden muss, damit der Peakanfang erkannt respektive bestätigt wird, bezeichnet. Dies erfolgt manchmal unter der Bedingung, dass innerhalb dieser Datenpunkte die Steigung des Signals positiv sein muss.

15.11.7 Bunching factor

Als Bunching factor oder Bunching rate wird die Anzahl der Daten bezeichnet, welche zu einem „bunch", also einem Bündel zusammengefasst und gemittelt werden.

15.11.8 Peakwidth

Anstelle des „Bunching factor" verwenden einige Gerätehersteller oder Autoren die Peakwidth. Der Benutzer kann dann die minimale Peakbreite des schmalsten Peaks in halber Höhe als Wert für die Peakwidth eingeben, ab der ein Peak vom System erkannt wird. Die Integrationssoftware berechnet daraus den geeigneten „Bunching factor", so dass die Peaks mit einer genügenden Anzahl an Datenpunkten dargestellt werden.

15.12 Nachweisgrenze und Bestimmungsgrenze

15.12.1 Signal zu Rauschen-Verhältnis

In der instrumentellen Chromatographie ist es oft wichtig zu ermitteln, welche Peakhöhe im Chromatogramm noch ersichtlich ist und welche Höhe das Grundrauschen der Basislinie aufweist. In der Praxis wird dies als *Signal zu Rauschen-Verhältnis*, was auf Englisch signal to noise ratio heisst, bezeichnet. Aus diesem Verhältnis leiten sich die Nachweis- und die Bestimmungsgrenze für einen Peak ab.

15.12.2 Nachweisgrenze (LOD)

Die Nachweisgrenze, welche auf Englisch LOD = Limit of detection heisst, ist die Konzentration, bei welcher die *Signalhöhe eines Peaks das 3-fache des Signalrauschens der Basislinie* einer

Leerprobe an der Stelle des Peaks oder in seiner direkten Umgebung erreicht. Bestimmt wird dies visuell anhand eines gezoomten Chromatogramms oder direkt mit der Gerätesoftware.

15.12.3 Bestimmungsgrenze (LOQ)

Die Bestimmungsgrenze, welche auf Englisch LOQ = Limit of quantification heisst, ist die Konzentration, bei der die *Signalhöhe eines Peaks das 10-fache des Signalrauschens der Basislinie* einer Leerprobe an der Stelle des Peaks oder in seiner direkten Umgebung erreicht. Bestimmt wird dies visuell anhand eines gezoomten Chromatogramms oder direkt mit der entsprechenden Geräte Software. In der Praxis werden oft höhere Verhältnisse als 1:10 verwendet, da Peaks in einem Chromatogramm oft nicht symmetrisch sind.

15.13 Quantifizierungsmethoden

In der instrumentellen Chromatographie existieren verschiedene Methoden zur quantitativen Bestimmung einzelner Komponenten in einer Probe. Die Wahl der entsprechenden Methode ist abhängig von verschiedenen Einflussgrössen und der gewünschten Präzision des Resultates.

Die Anzahl Bestimmungen können je nach Auftrag variieren. In der instrumentellen Analytik wird oft mit Dreifachbestimmungen gearbeitet. Drei unabhängig hergestellte Lösungen werden bestimmt und berechnet (Siehe Kapitel Statistik, Wiederholbarkeit und Wiederfindung).

15.13.1 Einpunktkalibration

Liegen die Konzentrationen der gesuchten Komponenten in der Probe immer im selben Bereich, kann mit einer Einpunktkalibration gearbeitet werden. Dabei wird zuerst eine *Vergleichslösung mit der erwarteten Konzentration* der einzelnen Komponenten hergestellt, gemessen und die Peakflächen oder Peakhöhen bestimmt. Danach wird eine Probelösung hergestellt und gemessen. Anhand der ermittelten Peakflächen oder Peakhöhen der einzelnen Komponenten wird mit Hilfe der Peakflächen oder Peakhöhen in der Vergleichslösung die Konzentration der Komponenten in der Probe berechnet.

Die Voraussetzung ist, dass die Peakflächen oder Peakhöhen in der Probe und im Vergleich in einem ähnlichen Bereich liegen und dass sich das Detektorsignal im Messbereich linear verhält.

15.13.2 Mehrpunktkalibration

Liegen die Konzentrationen der gesuchten Komponenten in einer Probe über einen bestimmten Bereich verteilt, wird eine Mehrpunkt Kalibration eingesetzt. Dabei werden mindestens drei *Vergleichslösungen mit unterschiedlichen Konzentrationen* der einzelnen Komponenten hergestellt, gemessen und die Peakflächen oder Peakhöhen bestimmt. In der Praxis variieren die Anzahl der gewählten Vergleichslösungen je nach Anforderung an die Präzision der Kurve. Daraus wird eine Kalibrationskurve respektive Kalibrationskurve erstellt. Bei der Erstellung der

Kalibrationskurve ist es wichtig zu wissen, ob sich das Signal in Bezug auf die Konzentration linear, quadratisch oder kubisch verhält.

Lineare Anpassung

Aus den Kalibrationspunkten wird mittels der Formel $f(x) = ax + b$ die Kalibrationskurve mit der linearen Regression berechnet, wie die ◘ Abb. 15.20 zeigt. Sofern die Kalibriergerade nicht durch den Ursprung läuft, müssen mindestens zwei Kalibrationspunkte bestimmt werden. Bei den meisten Integrationsprogrammen kann die Kalibriergerade, wie im Beispiel in der ◘ Abb. 15.21 gezeigt, durch den Nullpunkt gezwungen werden. Bei dieser Berechnungsart wird mit dem durchschnittlichen Responsefaktor oder mit der durchschnittlichen Steigung der Geraden gerechnet ($f(x) = ax + 0 = ax$).

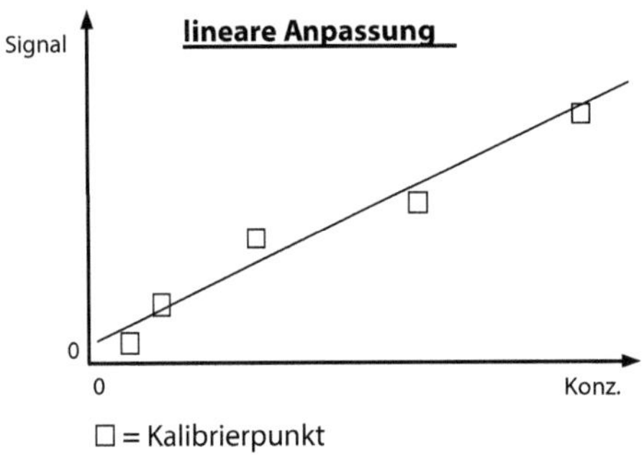

◘ **Abb. 15.20** Kalibriergerade mit linearer Regression. (Mit freundlicher Genehmigung von Daniel Stauffer, F. Hoffmann-La Roche AG, Basel)

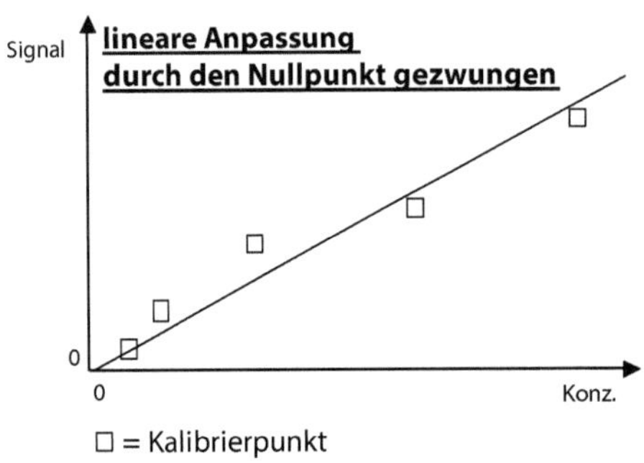

◘ **Abb. 15.21** Kalibriergerade mit linearer Regression, welche durch den Nullpunkt gezwungen wurde. (Mit freundlicher Genehmigung von Daniel Stauffer, F. Hoffmann-La Roche AG, Basel)

Quadratische Anpassung

Wie die ◘ Abb. 15.22 zeigt, wird mittels der Formel $f(x) = ax + bx^2 + c$ aus den Kalibrationspunkten die Kalibrationskurve berechnet. Für eine quadratische Kurvenanpassung benötigt man mindestens drei Kalibrationspunkte.

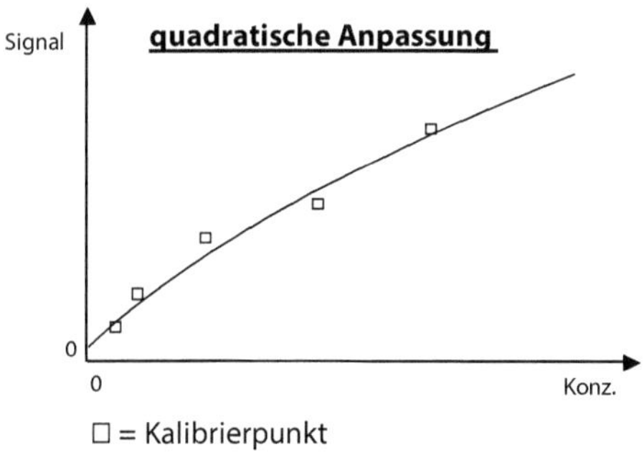

Abb. 15.22 Quadratische Kurvenanpassung. (Mit freundlicher Genehmigung von Daniel Stauffer, F. Hoffmann-La Roche AG, Basel)

Kubische Anpassung

Wie in der Abb. 15.23 gezeigt, wird mittels der Formel $f(x) = ax + bx^2 + cx^3 + d$ aus den Kalibrationspunkten die Kalibrationskurve berechnet. Für eine kubische Kurvenanpassung benötigt man mindestens vier Kalibrationspunkte.

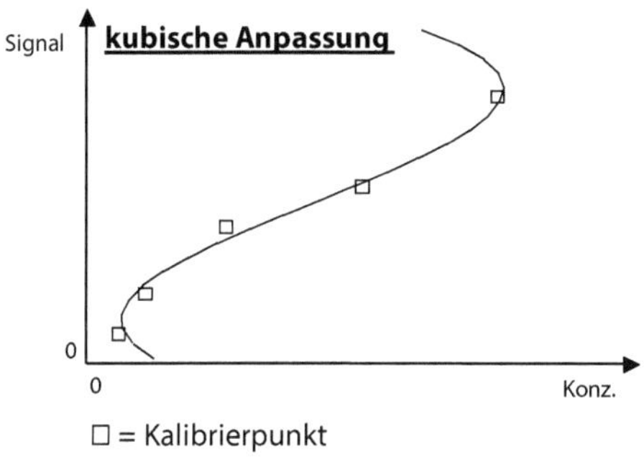

Abb. 15.23 Kubische Kurvenanpassung

In der Praxis wird meistens mit einer linearen Anpassung respektive mit der linearen Regression gearbeitet. Dabei wird berücksichtigt, dass sich die meisten Substanzen in einem bestimmten Bereich linear verhalten.

15.13.3 Flächenprozent

Die Flächenprozent werden in der Praxis auch als Area-% bezeichnet. Area ist Englisch und bedeutet auf Deutsch Fläche. Dabei gilt folgendes:

> Die Summe aller Peakflächen im Chromatogramm = 100 Area-%.

Bei vielen chromatographischen Detektionsmethoden erzeugen bei gleicher Konzentration nicht alle Komponenten in der Probe die gleiche Signalstärke. Daher ist diese Methode zur Quantifizierung nur sehr eingeschränkt geeignet.

Die Flächenprozentmethode kann eingesetzt werden, wenn keine absoluten Mengen bestimmt werden müssen, sondern wenn nur vergleichende Werte gefragt sind.

Anwendungsbeispiel: Ein regeneriertes Lösemittel darf dann eingesetzt werden, wenn die Konzentration der grössten Verunreinigung weniger als 0,2 Area-% beträgt.

Vorteile:
- Einfach
- Die Einspritzmenge hat kaum einen Einfluss auf das Ergebnis

Nachteile:
- Alle zur Probe gehörenden Substanzen müssen detektiert werden
- Als Ergebnis erhält man *Flächenverhältnisse*, welche nichts mit Massen- oder Volumenverhältnissen gemeinsam haben und nur zufälligerweise (je nach Responsefaktor, welche eine Substanz gegenüber der verwendeten Detektionsmethode aufweist) in der Grösse mit diesen übereinstimmen kann

15.13.4 Norm %- oder Flächenprozent mit Korrekturfaktor Methode

Mit der Norm %- oder Flächenprozent mit Korrektur- oder Responsefaktor-Methode gilt folgendes:
Die Summe aller Produkte aus Peakfläche · Responsefaktor = 100 %

Der Responsefaktor (f_R)
Der Responsefaktor ist ein Mass für die Empfindlichkeit eines Detektionssystem in Bezug auf einen Analyten. Wir unterscheiden zwischen einem absoluten- und einem relativen Responsefaktor.

Der absolute Responsefaktor fR(abs)

Unter dem absoluten Responsefaktor versteht man die Substanzmenge, welche von einer Peakflächeneinheit angezeigt wird.

$$f_{R(abs)} = \frac{\text{Masse Substanz}}{\text{Peakfläche Substanz}} = \frac{m_S}{A_S}$$

Der Responsefaktor wird oft einfach als *Faktor* oder *Korrekturfaktor* bezeichnet. In der Literatur oder in den Handbüchern der Integrator-Hersteller ist häufig der reziproke Wert des Responsefaktors – Peakfläche geteilt durch Substanzmenge – unter der gleichen Bezeichnung beschrieben.

Der relative Responsefaktor (f_R(rel))

Werden mehrere Analyten in einer Standardlösung gleichzeitig kalibriert, wird oft nicht mit absoluten Responsefaktoren gearbeitet, sondern für den Hauptpeak oder einen anderen Referenzpeak wird der Responsefaktor = 1 gesetzt.

$$f_{rel} = \frac{m_A \cdot A_V}{A_A \cdot m_V} = \frac{f_{R_{Analyt}}}{f_{R_{Vergleich}}}$$

m_A = Substanzmenge des Analyten (bei gleichem Einspritzvolumen Analyt/Vergleich kann auch die Konzentration eingesetzt werden)

m_V = Substanzmenge der Hauptkomponenten
A_A = Peakfläche des Analyten
A_V = Peakfläche der Hauptkomponente

Ob mit absoluten- oder relativen Responsefaktoren gearbeitet wird, hat keinen Einfluss auf das Ergebnis.

Vorteile der Norm %- oder Flächenprozent mit Korrekturfaktor Methode

- Resultate sind keine *Flächen*verhältnisse
- Sofern mit relativen Responsefaktoren gearbeitet wird, hat die Einspritzmenge sowohl bei der Bestimmung der Responsefaktoren als auch bei der Gehaltsbestimmung der Probe praktisch keinen Einfluss auf das Ergebnis

Nachteile der Norm %- oder Flächenprozent mit Korrekturfaktor Methode

- Es müssen alle Komponenten detektiert werden
- Die Responsefaktoren dürfen im kalibrierten Bereich nicht konzentrationsabhängig sein

15.13.5 Externer Standard, ESTD

Bei der externen Standardmethode wird mit einer oder mehreren Vergleichslösungen eine Kalibration erstellt. Mit den Daten aus dem Chromatogramm der Probelösung kann der Substanzgehalt im Vergleich mit dem Chromatogramm der Vergleichslösung ermittelt werden (s. Band 3, ► Abschn. 15.13.1 und 15.13.2).

Vorteile der Quantifizierung mit externem Standard sind:

- Das Ergebnis der Substanzkonzentration erscheint in der gleichen Einheit, in welcher man die Kalibration erstellt hat.
- Nur die gesuchte Komponente muss im Chromatogramm erscheinen.

Nachteile der Quantifizierung mit externem Standard sind:

- Die Einspritzmenge muss genau bekannt und reproduzierbar sein.
- Unter dem für die Messung herangezogenen Peak darf sich kein Nebenkörper verstecken.

15.13.6 Interner Standard, ISTD

Die Quantifizierung mit einem internen Standard ist dann angezeigt, wenn die *Reproduzierbarkeit der Einspritzmengen im Einspritzsystem nicht gewährleistet ist.* Ferner ist diese Methode nützlich wenn nicht alle Komponenten das gleiche Verhältnis von Konzentration zu Signal aufweisen oder sich nicht alle Komponenten in der Probe mit der gewählten Methode detektieren lassen. In der Regel wird zu allen Lösungen, sowohl zu allen Vergleichen, als auch zu allen Proben, eine weitere Substanz zugesetzt. Diese Komponente wird als *interner Standard* oder abgekürzt ISTD bezeichnet. Auf diese Substanz bezieht sich die Kalibration aller anderen Komponenten.

Anforderungen an einen internen Standard

- Der interne Standard sollte an einer freien Stelle im Chromatogramm aber möglichst nahe an der zu bestimmenden Substanz eluieren.
- Die Substanz sollte ein ähnliches chromatographisches Verhalten wie die gesuchten Komponenten zeigen und unter den vorhandenen chromatographischen Bedingungen stabil sein.

- Die Konzentration sollte so gewählt werden, dass die Peakflächen vom internen Standard und von der zu bestimmenden Substanz eine ähnliche Grösse aufweisen.

Der interne Standard wird zudem mit dem Vergleich in der Vergleichslösung gelöst. Diese Lösung wird auch Faktorlösung genannt, weil damit das Verhältnis von den Konzentrationen zu den Signalen ausgerechnet und in einem Faktor ausgedrückt werden kann. Zur Berechnung des Responsefaktors f_A gilt die gleiche Grössengleichung wie bei der Norm-% Methode, wobei dem ISTD der Faktor 1,0 zugeordnet wird.

$$f_A = \frac{m_A \cdot A_{ISTD}}{A_A \cdot m_{ISTD}} = \frac{f_{R_{Analyt}}}{f_{R_{ISTD}}}$$

f_A = berechneter Responsefaktor des Analyten
m_A = Substanzmenge des Analyten (bei gleicher Einspritzmenge Analyt/Vergleich kann auch die Konzentration eingesetzt werden)
m_{ISTD} = Substanzmenge interner Standard
A_A = Peakfläche des Analyten
A_{ISTD} = Peakfläche interner Standard

Muss eine Probe in einem aufwändigen Probenaufbereitungsprozess aufbereitet werden, wird der interne Standard zuvor beigefügt. Messschwankungen, welche durch den Probenaufbereitungsprozess bedingt sind, fallen damit ausser Betracht, weil das Verhältnis zwischen Analyt und internem Standard gleich bleibt. Zur Berechnung des Gehaltes der Komponente in der Probe wird folgende Grössengleichung eingesetzt:

$$w_A = \frac{m_{ISTD} \cdot f_A \cdot A_A}{m_{Probe} \cdot A_{ISTD}}$$

w_A = Massenanteil des Analyten in der Probe
m_{Probe} = eingewogene Menge der Probe
m_{ISTD} = Substanzmenge interner Standard
A_A = Peakfläche des Analyten
A_{ISTD} = Peakfläche des internen Standards
f_A = berechneter Responsefaktor des Analyten

15

In der Praxis wird das Chromatogramm der Probe nicht auf die Peakfläche des internen Standards in der Faktorlösung bezogen, sondern auf eine Peakfläche von 1,0000.

Möglichkeiten zur Zugabe des internen Standards

- Die Probe- und Faktorlösung werden in Messkolben hergestellt und mit Lösemittel zur Marke aufgefüllt. Dazu wird sowohl zur Faktor- als auch zur Probelösung ein gleiches Volumen an interner Standardlösung pipettiert
- Die Probe- und Faktorlösung werden in Messkolben hergestellt und mit einem gleichen Volumen an interner Standardlösung oder einer genau gewogenen Masse an internem Standard versetzt und zur Marke aufgefüllt
- Der interne Standard wird dem Lösemittel zugesetzt, mit welchem die Lösungen verdünnt werden. Mit dieser Lösung wird zur Marke aufgefüllt oder ein definiertes Volumen zugegeben. Diese Methode liefert nur richtige Werte, wenn Probe und Vergleichssubstanz

ungefähr die gleiche Konzentration aufweisen und wenn die gleiche Lösemittelmenge zur Verdünnung verwendet wird

So wie die Quantifizierung mit *internem Standard* meistens angewendet wird, liegt der ganze Unterschied dieser Methode zur Quantifizierung mit *externem Standard* darin, dass zur Darstellung der Kalibrationskurve nicht die Peakfläche in Abhängigkeit der Konzentration verwendet wird, sondern der Quotient aus Peakfläche des Analyten geteilt durch die Peakfläche des internen Standards.

Vorteile der Methode mit einem internen Standard sind:

- Resultate sind sehr genau und präzise
- Schwankungen der Einspritzmengen beispielsweise wegen dem Split werden kompensiert
- Verluste an Analyt bei der Probenaufarbeitung werden kompensiert
- Nicht alle Komponenten in der Probe müssen detektiert werden können

Nachteile der Methode mit einem internen Standard sind:

- Geeignete Substanz als ISTD muss vorhanden sein
- Etwas aufwändigere Methode als ESTD oder Norm-%

15.13.7 Aufstock- oder Standardadditionsmethode

Die Aufstock- oder Standardadditionsmethode ist eine spezielle Form der externen Standardmethode. Bei dieser Methode wird ausser der Probelösung auch eine mit einer definierten Menge an Vergleich aufgestockte Probelösung gemessen. Aus den Peakflächen des reinen Vergleichs, der Peakfläche der aufgestockten Lösung und der bekannten Aufstockmenge kann der ursprüngliche Gehalt der Komponente in der Probe berechnet werden.

Anstelle von aufstocken wird oft das Englische Verb *to spike* in deutscher Konjugation verwendet. Man sagt dann: Die Probe wird mit Vergleich *gespikt.*

Die Methode der Standardaddition wird eingesetzt, wenn das Signal stark durch die Probenmatrix beeinflusst wird und wenn sehr komplexe, zudem häufig wechselnde Probenmatrices vorliegen.

15.14 Zusammenfassung

Chromatographische Methoden sind in heutigen chemischen, biologischen und medizinischen Labors weit verbreitet. Dieses Kapitel liefert eine Übersicht über die physikalischen Grundlagen von chromatographischen Techniken und über wichtige mit diesen verbundene Auswertungsmethoden.

Weiterführende Literatur

Stauffer D (2015) Skript Chromatographie. F. Hoffmann-La Roche AG, Basel

Otto M (2000) Analytische Chemie, 2. Aufl. Wiley-VCH, Weinheim

http://www.chemgapedia.de/vsengine/vlu/vsc/de/ch/3/anc/croma/chromatographie_grundlagen.vlu/Page/vsc/de/ch/3/anc/croma/basics/saulen_chr/deemter/van_deemterm57ht0500.vscml.html, aufgerufen am 27. November 2015

Dünnschichtchromatographie DC

aprentas (Hrsg.), *Laborpraxis Band 3: Trennungsmethoden*, DOI 10.1007/978-3-0348-0970-2_16

16.1 Einsatzbereich

Die Dünnschichtchromatographie DC (Englisch: thin-layer chromatography TLC) gehört zu den planaren chromatographischen Methoden. Diese nutzt eine dünne Schicht eines Materials, das selbsttragend oder auf einer Hilfsoberfläche aufgetragen ist, als *stationäre Phase*. Die Bewegung der *mobilen Phase* durch die stationäre Phase beruht auf Kapillarkräften.

Aufgrund der verwendeten stationären und mobilen Phasen sind sich die Dünnschicht- und Flüssigkeitschromatographie theoretisch sehr ähnlich. Ein wichtiges Einsatzgebiet der Dünnschichtchromatographie ist die Ausarbeitung geeigneter Bedingungen für die Durchführung von säulenchromatographischen, präparativen Trennungen. Die Dünnschichtchromatographie ist gegenüber anderen chromatographischen Methoden vorteilhaft, weil sie schnell, apparativ einfach und billig ist.

Dünnschichtchromatographie dient auch als qualitative und quantitative Analysenmethode. Dabei gelangen Identitäts-, Reaktions- und Reinheitskontrollen am häufigsten zum Einsatz.

16.2 Dünnschichtplatten

Die Platten bestehen meistens aus flachem Kunststoff, Aluminium oder Glas, welche mit einer dünnen, festhaftenden *Schicht feinverteilter Partikel* beschichtet sind. Als Bindemittel für die stationäre Phase wird meist Gips verwendet. Die stationäre Phase kann in der Dünnschichtchromatographie auch Sorptionsschicht heissen.

Konventionelle Dünnschichtplatten mit einer Beschichtungsdicke von 200 bis 250 µm und Partikelgrössen grösser 20 µm sind meist in verschiedenen Grössen erhältlich. Wichtig für die Reproduzierbarkeit ist, dass die Schicht überall gleich dick aufgetragen ist.

16.2.1 Stationäre Phase

Bei der Verwendung von anorganischen stationären Phasen wie Kieselgel oder Aluminiumoxid spielt die, von der Luftfeuchtigkeit abhängige, Aktivität (Wassergehalt) der stationären Phase eine wichtige Rolle.

Je geringer der Wasseranteil, desto höher die Aktivität. Deshalb sind DC-Platten unter Feuchtigkeitsausschluss zu lagern.

Kieselgel (Standard-Beschichtung)

Als Standardbeschichtung dient Kieselgel. Es leistet ungefähr 90 % der Trennungen in der Dünnschichtchromatographie und ist speziell geeignet für Substanzgemische mit verschiedener Polarität und chemischer Struktur. Kieselgel (SiO_2) ist ein amorpher, polarer Feststoff mit freien –OH Gruppen an der Oberfläche. Dadurch bildet das Kieselgel mit polaren Probemolekülen vor allem Wasserstoffbrücken nach dem Trennprinzip der Adsorptionschromatographie und hält sie mehr zurück. Dadurch haben in der Regel apolare Substanzen eine grössere Fliessstrecke respektive grössere R_f-Werte als polare.

Wasser oder wasserhaltige Eluiermittel können das Kieselgel vom Trägermaterial ablösen. In diesen Fällen bietet sich modifiziertes Kieselgel an.

Die Standard-Kieselgelplatten enthalten Fluoreszenzindikatoren: F_{366} für langwelliges und F_{254} für kurzwelliges UV-Licht (s. Band 3, ► Abschn. 16.6.1).

Modifiziertes Kieselgel

Diese stationäre Phase wird hergestellt durch Silanisieren mit Alkyl-Chlorsilanen, welche beliebige Kettenlängen haben können. Dadurch wird die stationäre Phase apolar. Das hat zur Folge, dass nun die polaren Substanzen geringere Wechselwirkungen eingehen und dadurch grössere R_f-Werte als apolare Substanzen erhalten. Das Trennprinzip ist hier Adsorptionschromatographie.

Als Eluiermittel werden vor allem Mischungen mit Wasser verwendet, wie beispielsweise Acetonitril-Wasser oder Methanol-Wasser.

Aluminiumoxid

Aluminiumoxid, welches nach dem Trennprinzip der Adsorptionschromatographie funktioniert, kann als neutral, sauer oder basisch eingesetzt werden und dessen Aktivität ist je nach Wassergehalt unterschiedlich. Der Einsatz von Aluminiumoxid ist wegen möglichen chemischen Reaktionen der Probemoleküle problematisch. So können Verseifungen von Estern, Autooxidation von Fettsäuren und Wanderung von C=C-Doppelbindungen vorkommen.

Cellulose

Diese stationäre Phase verhält sich ähnlich wie die früher übliche Papierchromatographie und ist besonders für hydrophile Substanzen wie Aminosäuren und Kohlenhydrate geeignet und beruht auf dem Trennprinzip der Verteilungschromatographie. Als Eluiermittel werden vor allem Mischungen aus Alkoholen und Wasser mit sauren oder basischen Zusätzen verwendet.

16.2.2 Trennleistung

Kleine *Partikeldurchmesser* und eine enge *Korngrössenverteilung* sind ausschlaggebend für eine gute Trennleistung.

Eine konventionelle DC-Platte hat bei einer Trennstrecke von 12 cm und einer Entwicklungszeit von 25 min rund 2000 theoretische Böden.

Hochleistungs-DC-Platten mit einer Schichtdicke von 100 µm und einem Partikeldurchmesser von 5 µm erreichen bei einer Laufstrecke von 3 cm und Entwicklungsdauer von 10 min 4000 theoretische Böden.

16.2.3 Vorbereitung der Dünnschichtplatte

- Die Dünnschichtplatte ist vor Gebrauch auf Schäden der stationären Phase wie auch auf Kontaminationen unter UV-Licht zu prüfen
- Die DC-Platte kann mit einem weichen Bleistift beschriftet werden
- Die Startpunkte werden vom unteren Plattenrand fein eingezeichnet. Damit das Eluiermittel ungehindert und gleichmässig aufsteigen kann, darf die Schicht der stationären Phase nicht beschädigt werden
- Zu den Rändern wie auch von den einzelnen Auftragungspositionen ist genügend Abstand zu halten, wie ◘ Abb. 16.1 zeigt

- Beschriftungen für die Identifizierung sind mittels Bleistift am oberen Rand der DC-Platte hinzuschreiben.

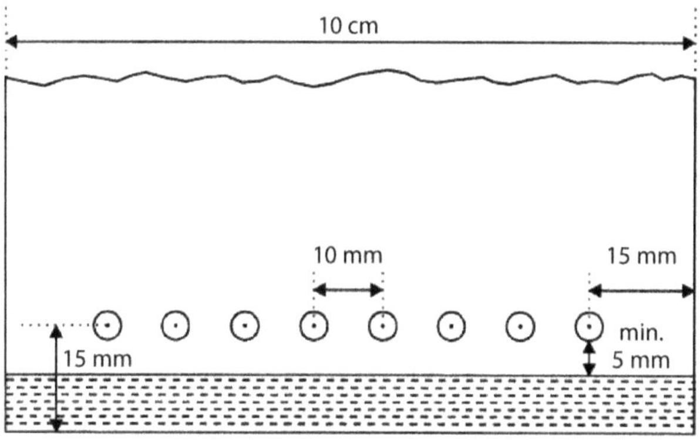

Abb. 16.1 Beispiel einer DC-Plattenvorbereitung

16.3 Probelösung und Probenauftragung

16.3.1 Probe- und Vergleichslösungen

Die Probesubstanzen werden vor dem Auftragen in einem Lösemittel gelöst. Dabei werden sie auf 0,1 bis 5 % konzentriert. Für ein rasches Orientierungs-DC kann die Lösung auch ohne genaue Konzentrationsangabe hergestellt und verwendet werden. Jedoch ist immer darauf zu achten, dass die fertigen Lösungen verschlossen aufbewahrt werden, um Konzentrationsverschiebungen zu vermeiden.

Anforderungen an das Lösemittel für die Probesubstanzen:
- Das Lösemittel muss inert sein gegenüber den Probesubstanzen und dem Eluiermittel
- Das Lösemittel muss möglichst rein und soll leicht zu verdampfen sein
- Das Lösemittel kann Bestandteil des Eluiermittels sein, muss aber nicht

16.3.2 Das Auftragen der Probe- und Vergleichslösungen

Probe- und Vergleichslösungen werden in den meisten Fällen punktförmig mit Microcaps (Kapillarpipetten) auf der *Startlinie* der vorbereiteten DC-Platte aufgetragen, wie Abb. 16.2 zeigt. Die Auftragung ist auch möglich mit Mikropipetten oder wenn eine Probelösung bandförmig aufgetragen werden soll, mit Auftragegeräten.

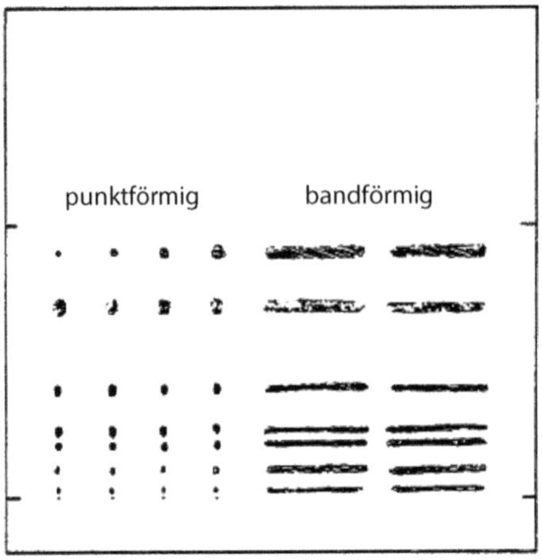

Abb. 16.2 Auftragungsvarianten

Um eine gute Trennleistung zu erhalten, sollte der Fleck bei qualitativen Arbeiten einen *minimalen Durchmesser* aufweisen. Im Falle von verdünnten Probelösungen sind mehrere Auftragungen auf den gleichen Startpunkt notwendig, wobei die Schicht dazwischen getrocknet werden muss. Dies kann bei nichtflüchtigen Substanzen mit kalter Luft aus einem Fön beschleunigt werden.

16.4 Eluiermittel

Als Eluiermittel werden reine Lösemittel und Lösemittelgemische eingesetzt. Die verwendeten Eluiermittel müssen mischbar sein und dürfen die Sorptionsschicht mit der stationären Phase nicht von der Trägerplatte ablösen. Das Eluiermittel eluiert die Probesubstanzen aus der stationären Phase und transportiert sie weiter.

Zur Wahl eines geeigneten Eluiermittels wird in der Regel mit Vorversuchen *zuerst mit einem unpolaren* Eluiermittel begonnen, welches die Adsorptionskräfte der stationären Phase voll zur Wirkung kommen lässt. Hierbei wird die Auftrennung der schwach adsorbierten Substanzen ermöglicht. Durch *Steigern der Polarität* der verwendeten Eluiermittel analog der eluotropen Reihe (s. Band 3, ▶ Kap. 7), werden auch stark adsorbierte Komponenten zur Elution gebracht.

Ist die Trennung mit einzelnen Eluiermitteln nicht befriedigend, führen oft Eluiermittelgemische zum Ziel. Es werden Mischungen von zwei oder mehreren ineinander mischbaren Eluiermitteln verschiedener Polarität hergestellt. Die einzelnen Komponenten eines Eluiermittelgemisches dürfen nicht miteinander reagieren. Um reproduzierbare Resultate zu erhalten, müssen für jedes Chromatogramm *frische Mischungen* eingesetzt werden.

Anforderungen an das Eluiermittel:
- ausreichende Reinheit
- inert
- geringe Viskosität
- mittlerer Dampfdruck
- geringe Toxizität

16.4.1 Vorversuch mittels Mikrozirkulationstechnik

Auf einer Dünnschichtplatte werden die zu trennenden Probengemische in gelöstem Zustand im Abstand von einigen Zentimetern mehrmals punktförmig nebeneinander aufgetragen. Nach dem Trocknen wird auf das Zentrum jedes Punktes eine dünne, mit Eluiermittel gefüllte Kapillare aufgesetzt. Es muss für jeden Punkt gleich viel Eluiermittel verwendet werden. Die austretende Flüssigkeit breitet sich rasch kreisförmig aus und kann eine Trennung des Gemisches bewirken, wie die ◘ Abb. 16.3 zeigt.

Nach diesem Vorversuch wird die Trennung mit dem so ermittelten, geeigneten Eluiermittel auf einer Dünnschichtplatte durchgeführt.

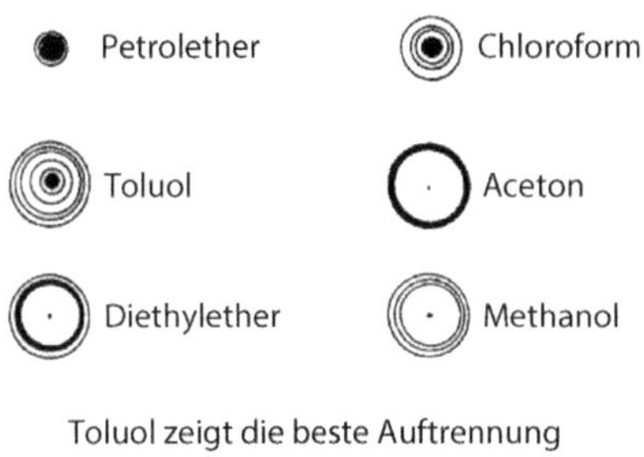

◘ **Abb. 16.3** Mikrozirkulationstechnik

16.4.2 Vorversuch mittels DC-Entwicklung

Das Eluiermittel ist so zu ermitteln, dass sich die Probesubstanzen auf der Laufstrecke gut unterscheiden, nicht am Start bleiben und nicht an der Front mitlaufen, wie ◘ Tab. 16.1 zeigt.

Es sollen möglichst gleichmässige und runde Flecken entstehen.

Carbonsäuren neigen zu Schweifbildungen durch eine mögliche Dissoziation. Die Säure liegt in diesem Fall parallel protoniert und deprotoniert vor. Dies kann verhindert werden, indem ungefähr 1 % einer Säure wie Essigsäure oder Ameisensäure zum Eluiermittel gegeben wird. Basische Probekomponenten wie Amine erfordern beispielsweise die Zugabe von Ammoniak.

Tab. 16.1 Vorversuche mit unterschiedlichen Eluiermittel

<table>
<tr>
<td>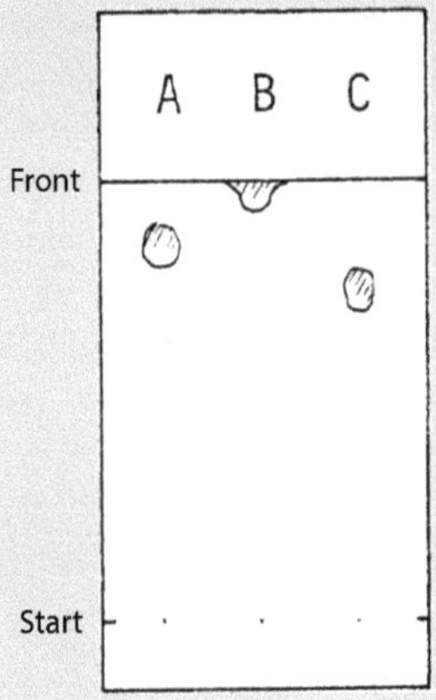
</td>
<td>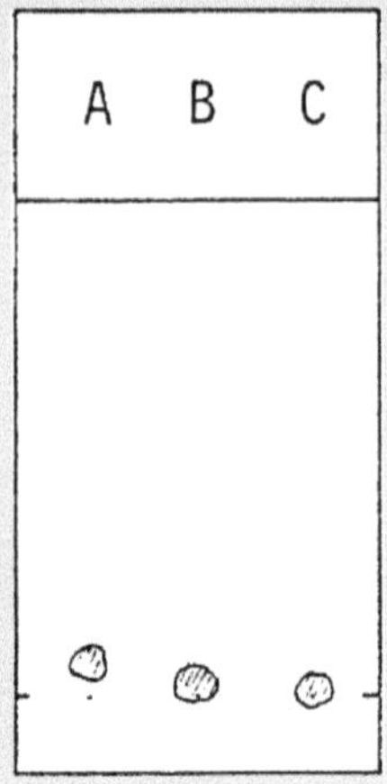
</td>
<td>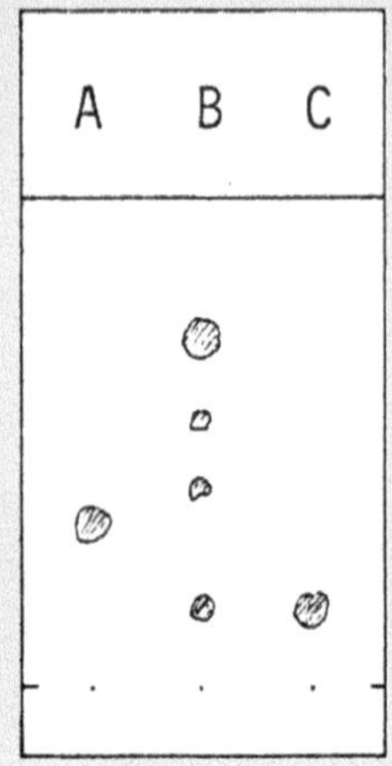
</td>
</tr>
<tr>
<td>Eluiermittel ungeeignet
Substanzen laufen zu weit:
Schlechte Auftrennung
Eluiermittel zu polar</td>
<td>Eluiermittel ungeeignet
Substanzen laufen zu wenig weit: Schlechte Auftrennung
Eluiermittel zu apolar</td>
<td>Eluiermittel geeignet
Gute Auftrennung, ideale Laufstrecken</td>
</tr>
</table>

16.4.3 Vorversuche mit Hilfe der Selektivitätsgruppen nach Snyder

Die Wahl des Laufmittels ist entscheidend für die Trennung, wie die Abb. 16.4 zeigt. Je stärker das Laufmittel selber an der stationären Phase adsorbiert, desto grösser ist die Elutionskraft respektive desto grösser wird der R_f-Wert der zu trennenden Substanzen. Ein Extremfall entsteht, wenn die Substanzen gar nicht mehr adsorbieren, da das Laufmittel bereits alle aktiven Stellen der stationären Phase besetzt.

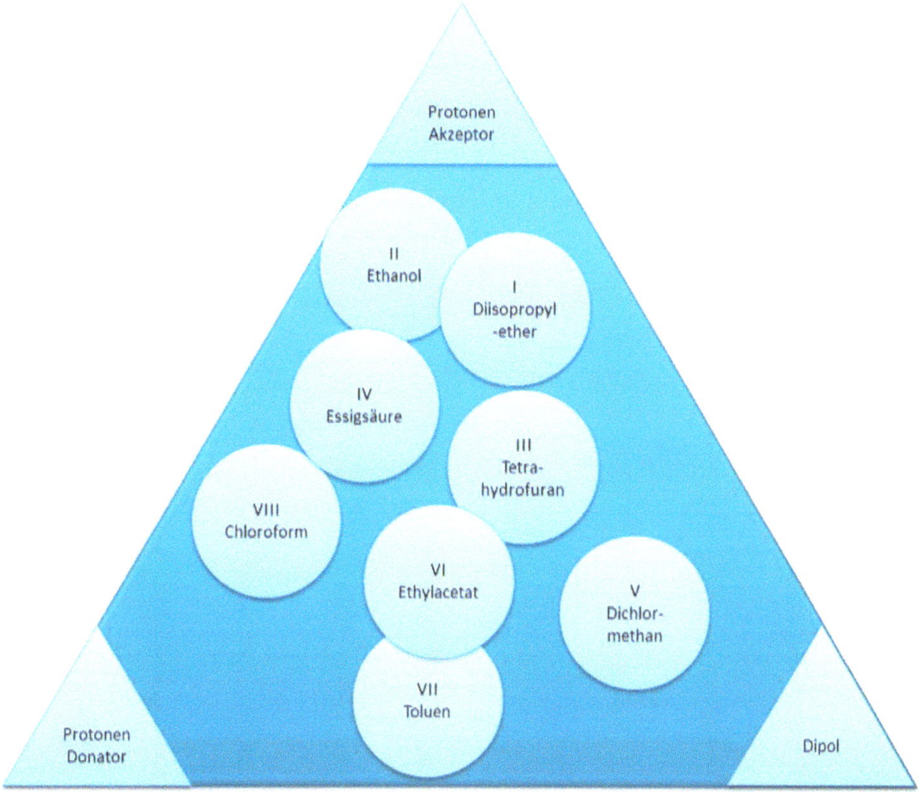

Abb. 16.4 Selektivitätsdreieck nach Snyder. (Angepasst aus Quelle: Laboratory Chromatography Guide, Büchi). (Mit freundlicher Genehmigung von BÜCHI Labortechnik AG, Flawil, Schweiz)

Ein Hilfsmittel zur Evaluation einer optimalen mobilen Phase ist die von Snyder erstellte Einteilung gebräuchlicher Eluiermittel in acht so genannte Selektivitätsgruppen, wie die Tab. 16.2 zeigt. Die nachfolgenden Betrachtungen gelten für Kieselgel als stationäre Phase.

Bei der Auswahl der Eluiermittel ist zudem auch die Ökologie und Ökonomie zu berücksichtigen.

Tab. 16.2 Selektivitätsgruppen nach Snyder

Selektivitätsgruppe	Eluiermittel
I	Isopropylether, Triethylamin, Diethylether
II	Ethanol, Methanol, Propanol
III	Tetrahydrofuran
IV	Essigsäure, Formamid
V	Dichlormethan
VI	Ethylacetat, Aceton, Methylethylketon, Acetonitril, Dioxan
VII	Toluen
VIII	Chloroform, Wasser
Bremser	Heptan, Hexan, Pentan, Petrolether, Cyclohexan

Beispiel einer Eluiermittel-Evaluation, wie in ◘ Abb. 16.5 gezeigt

1. Schritt Aus den Selektivitätsgruppen I, II, V, VI und VIII wird je ein Eluiermittel ausgesucht und damit ein DC entwickelt.

2. Schritt Eluiermittel, welche zu einen R_f-Wert über 0,8 führten, werden mit einem Bremser (normalerweise Heptan) im Verhältnis 1:3 bis 1:4 gemischt.

3. Schritt Bestes Eluiermittel auswählen. Findet man Eluiermittel, die bei der Trennung jeweils spezifische Vorteile zeigen, werden diese in gleichen Volumenteilen gemischt und für ein weiteres Chromatogramm verwendet.

Bei guter Trennung die R_f-Werte gegebenenfalls durch Zugeben oder Weglassen von Bremser optimieren.

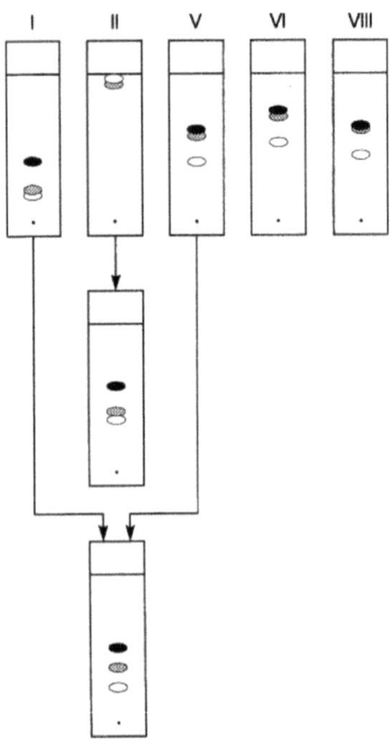

◘ **Abb. 16.5** Beispiel einer Eluiermittel-Evaluation

16.5 Entwicklung der DC-Platte

Die Entwicklung der DC-Platte ist der Prozess, bei dem Probesubstanzen mit Hilfe der mobilen Phase respektive dem Eluiermittel durch die stationäre Phase *transportiert* werden. Das Entwickeln des Chromatogramms erfolgt in einer abgedeckten Trennkammer aus Glas.

16.5.1 Trennkammer und Kammersättigung

Das Eluiermittel wird in die Trennkammer eingefüllt und diese zugedeckt. Die Füllhöhe darf nicht höher sein als die Auftragspunkte.

Die Atmosphäre in der Trennkammer muss sich, je nach Dampfdruck und Kammergrösse, 10 bis 60 Minuten mit Eluiermitteldämpfen *sättigen* können. Die Kammersättigung ermöglicht lineare R_f-Werte.

Bei ungenügender Kammersättigung kann das Chromatogramm ein verzerrtes Bild zeigen, wie ◘ Abb. 16.6 zeigt. Das ist so, weil die Durchflussmenge am Rand der Dünnschichtplatte infolge der Verdunstung des Eluiermittels grösser ist. Die Substanzen werden am Rand weiter transportiert als in der Mitte der Platte. Dieses Phänomen an den Plattenrändern wird speziell bei Eluiermittelgemischen beobachtet, weil sich die einzelnen Eluiermittel des Gemisches in Polarität, Dampfdruck und Dichte unterscheiden.

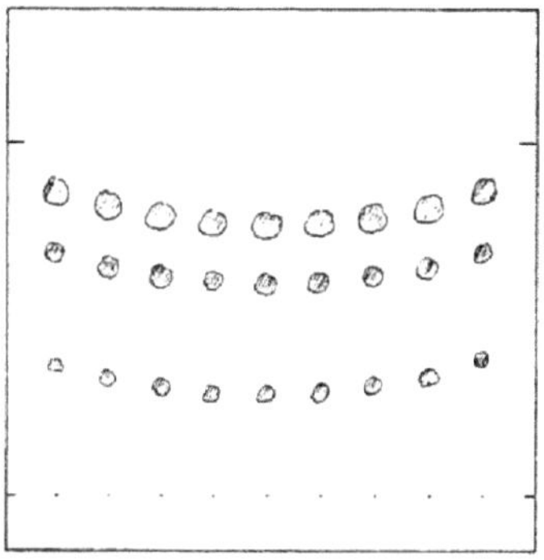

◘ **Abb. 16.6** Die Folge einer schlechten Kammersättigung

Die Auflösung der Probesubstanzflecken ist mit Kammersättigung oft besser. Es hilft, die Trennkammer mit einem Filterpapier auszukleiden, wie die ◘ Abb. 16.7 zeigt. Das Filterpapier taucht in das Eluiermittel ein, saugt sich voll, und das verdampfende Eluiermittel sättigt auf diese Weise die Atmosphäre in der Trennkammer gleichmässig.

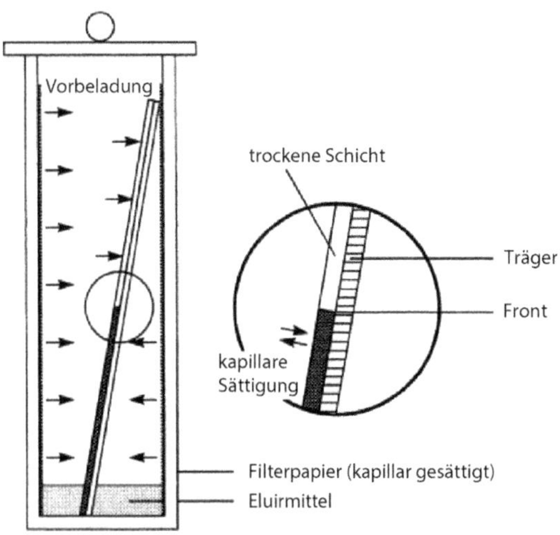

◘ **Abb. 16.7** Kammersättigung mit Filterpapier an der inwendigen Glaswand

16.5.2 Temperatur in der Trennkammer

Der Standort für die Trennkammer muss so gewählt werden, dass diese nicht einseitig erwärmt oder abgekühlt wird, beispielsweise durch Sonneneinstrahlung oder Zugluft.

Schon geringe Temperaturdifferenzen innerhalb der Kammer können zu einem *Schräglaufen* der Eluiermittelfront führen, wie die ◘ Abb. 16.8 zeigt.

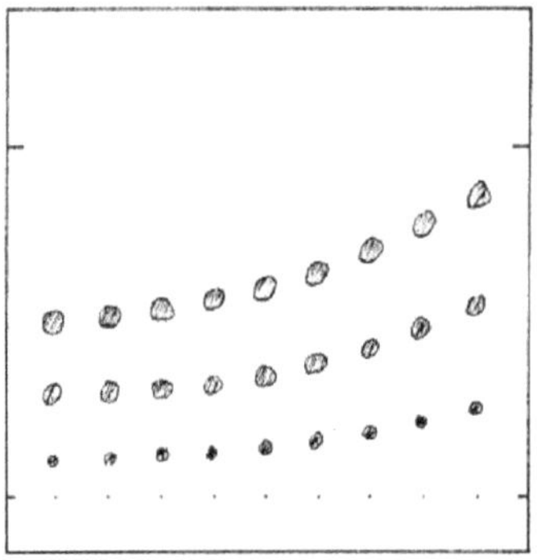

◘ **Abb. 16.8** Beispiel einer schrägen Eluiermittelfront durch äussere Einflüsse

16.5.3 Entwicklung

Die vorbereitete DC-Platte ist in die gesättigte Kammer zu stellen, wobei ein direkter Kontakt zwischen aufgetragenen Proben und Eluiermittel zu vermeiden ist. Anschliessend muss man die *Kammer schnell schliessen* und nicht mehr bewegen.

Je nach benötigter Trennstrecke lässt man das DC solange entwickeln, bis die Eluiermittelfront die Hälfte bis zwei Drittel der Plattenlänge erreicht hat.

Die DC-Platte ist anschliessend aus der Kammer zu entfernen und die Eluiermittelfront zügig mit Bleistift zu kennzeichnen, damit die R_f-Werte berechnet werden können.

Eine schnelle Trocknung der DC-Platte verhindert nachträgliche Diffusion, welche die Flecken vergrössern und die Qualität verschlechtern würde. Das Trocknen erfolgt waagerecht und wird mit kalter Luft, meistens mit einem Fön, durchgeführt.

Es gibt auch Kammern welche eine DC-Platte horizontal entwickeln können. In der Literatur werden solche Kammern als Sandwichkammern bezeichnet.

16.6 Lokalisierung der Analyten auf der DC-Platte

Um eine *optische Auswertung* nach der Auftrennung auf der stationären Phase durchführen zu können, müssen farblose Probesubstanzen sichtbar gemacht werden. Dazu werden die Flecken unter ultravioletter Strahlung betrachtet und mit Bleistift markiert oder mit spezifischen Reagenzien durch Farbreaktionen sichtbar gemacht.

16.6.1 Ultraviolette Strahlung

Durch das fluoreszierende Material auf der DC-Platte kann diese nach der Entwicklung unter UV-Licht betrachtet werden.

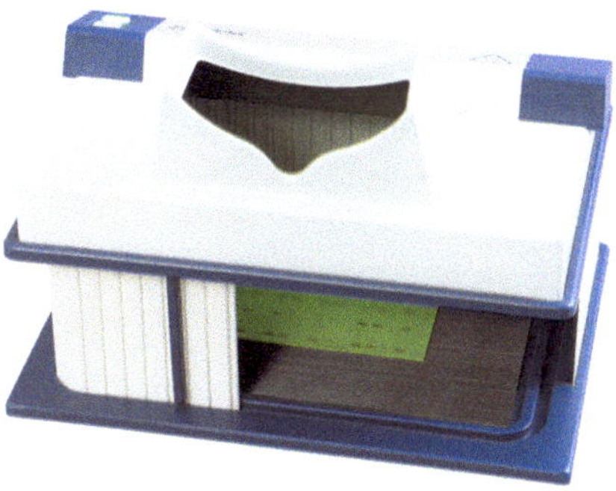

■ **Abb. 16.9** UV-Betrachtungsgerät. (Quelle: ▸ www.camag.com) (Mit freundlicher Genehmigung von CAMAG, Muttenz, Schweiz)

In der oberen Gehäuseöffnung, die ■ Abb. 16.9 zeigt ein solches Gehäuse, befindet sich eine UV-Lampe mit zwei separat einstellbaren Wellenlängen, 366 und 254 nm. Ein Glasfilter schützt die Augen des Betrachters vor reflektierter kurzwelliger UV-Strahlung.

Die langwellige UV-Strahlung bei 366 nm eignet sich zum Erkennen von fluoreszierenden Substanzen. Die Substanzflecken erscheinen als hell leuchtende, farbige Flecken oder Spots auf der dunklen Platte.

Die kurzwellige UV-Strahlung 254 nm dient zum Erkennen von Substanzen, die ultraviolette Strahlung absorbieren. Die Probensubstanzen oder Analyten decken das fluoreszierende Material ab und erscheinen als dunkle Flecken oder Spots.

16.6.2 Derivatisierungs-Reagenzien

Eine weitere Möglichkeit der Visualisierung der Probensubstanzen ist diese mittels einer *chemischen Derivatisierungs-Reaktion* sichtbar zu machen. Dabei werden die Proben in farbige oder ultraviolettaktive Substanzen umgewandelt. Dies kann durch das Aufsprühen, das Eintauchen, das Bepinseln oder das Bedampfen mit Nachweisreagenzien auf entwickelte DC-Platten gemacht werden. Auf dem Markt gibt es zudem spezielle Entwicklungskammern zu kaufen.

Derivatisierung durch Aufsprühen

Das Besprühen muss aufgrund der meist giftigen und aggressiven Reagenzien im Abzug oder in einer Sprühbox durchgeführt werden. Dabei wird die DC-Platte schräg gestellt und anschliessend gleichmässig mit Sprühnebel aus einer Sprühflasche, wie sie beispielsweise in ■ Abb. 16.10 gezeigt wird, besprüht. Dabei sollten ein *Aerosol* und keine Tröpfchen gebildet werden.

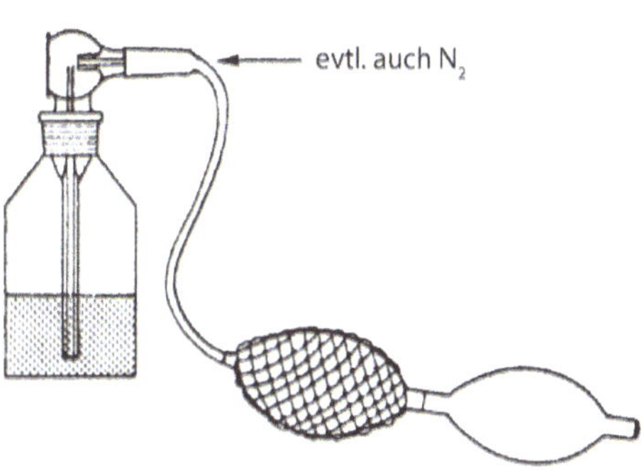

■ **Abb. 16.10** Variante für eine einfache Laborsprühflasche

Tab. 16.3 Eine Auswahl an Sprüh-Reagenzien für bestimmte Verbindungsklassen

Verbindungsklasse	Sprüh-Lösung	Hauptkomponente
Säuren	Zu einer 0,05-prozentigen Lösung von Bromkresolgrün in Ethanol gibt man bis zum Umschlag nach blau verdünnte Natronlauge mit (NaOH) = 0,1 mol/L dazu und besprüht damit die DC-Platte. Säuren geben gelbe Flecken auf blauem Grund.	Bromkresolgrün 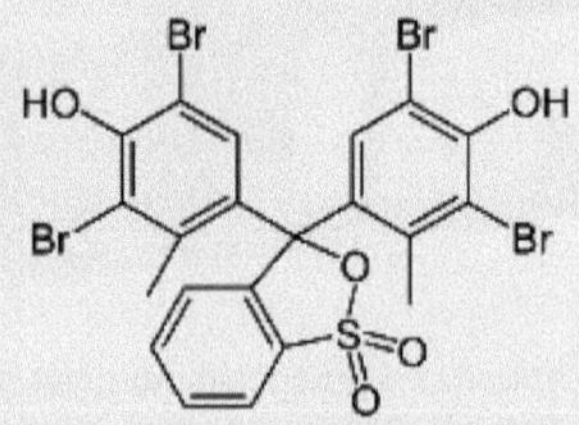
Aminosäuren, Peptide, primäre aromatische Amine	Zu einer 0,1-prozentigen Lösung von Ninhydrin in wässriggesättigtem 1-Butanol gibt man einige Tropfen Essigsäure und besprüht damit die DC-Platte. Beim Erwärmen mit einem Föhn oder einer elektrischen Heizplatte entsteht eine blaue bis braun-violette Färbung.	Ninhydrin 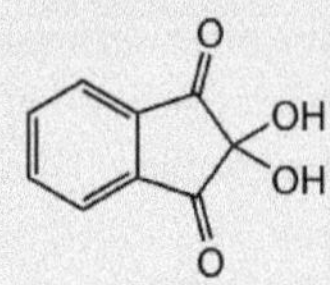
Amine	4-Dimethylaminobenzaldehyd (Ehrlichs Reagenz) erzeugt gelbe bis violette Färbungen.	4-Dimethylaminobenzaldehyd 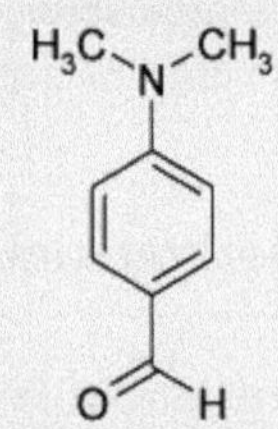
Aldehyde, Ketone	Man besprüht mit einer Lösung von 2,4-Dinitrophenylhydrazin (500 mg) und konz. Schwefelsäure (2 mL) in Ethanol (100 mL). Man erhält langsam (schneller beim Erwärmen) rotorange Flecken auf gelbem Grund.	2,4-Dinitrophenylhydrazin 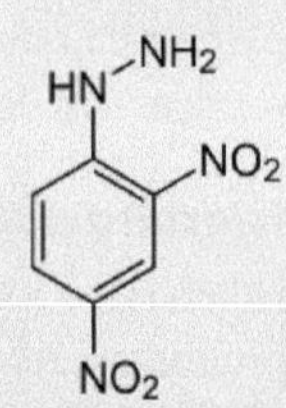
β-Diketone, β-Ketoester, Phenole	Man besprüht mit einer Lösung aus $FeCl_3$ (1 g) in Ethanol (200 mL), Wasser (50 mL) und konz. Salzsäure (2 mL). Man beobachtet rote-violette Flecken (Bildung der Eisen(III)-Komplexe).	
Konjugierte Doppelbindungen	Bedampfen mit Iod. Man beobachtet braungelbe, permanente Flecken. Andere organische Substanzen bilden temporäre gelbe Flecken.	
Unspezifisch für nicht flüchtige organische Substanzen	Aufsprühen von konzentrierter Schwefelsäure. Man beobachtet dunkle, verkohlte Flecken. Manchmal kann mit einem Heissluftföhn die Reaktion beschleunigt werden.	

▪ Tab. 16.3 zeigt eine Auswahl an Sprüh-Reagenzien.

Derivatisierung durch Eintauchen

Der Vorteil gegenüber dem Besprühen ist die gleichmässige Belegung der Schicht, dadurch bessere Auswertung und Reproduzierbarkeit, vor allem bei automatischen Tauchgeräten.

Die Tauchreagenzien entsprechen meist den Sprühreagenzien, sind jedoch geringer konzentriert und Ethanol wird meistens durch Wasser ersetzt. Oft müssen die Platten nach dem Trocknen anschliessend noch erwärmt werden, um die Reaktion zu beschleunigen. Die entstandenen Flecken müssen sogleich gekennzeichnet werden, da diese oft rasch verblassen.

Derivatisierung durch Bedampfen mit Iod

Einige Iodkörner in einer DC-Kammer entwickeln Ioddampf, der auf einer entwickelten DC-Platte Substanzen mit konjugierten Doppelbindungssystemen stark und permanent gelbbraun sichtbar macht. Andere organische Substanzen können ein wenig Iod adsorbieren und sind deshalb temporär sichtbar.

16.7 Auswertung von verschiedenen DC-Anwendungen

16.7.1 Qualitative Auswertung mittels Retentionsfaktor R_f

Die qualitative Auswertung erfolgt durch Vergleichen der R_f-Werte, wie das in ▪ Abb. 16.11 gezeigt wird. Beträgt der R_f-Wert einer Substanz 0,35, wandert die Substanz 0,35 cm, wenn das Eluiermittel 1 cm gewandert ist. Im Falle einer Identifizierung von Syntheseprodukten oder bei Reinheitsüberprüfungen sind, falls sie vorhanden sind, *Vergleichssubstanzen* auf demselben DC mitlaufen zu lassen, da die R_f-Werte nicht immer genau reproduzierbar sind.

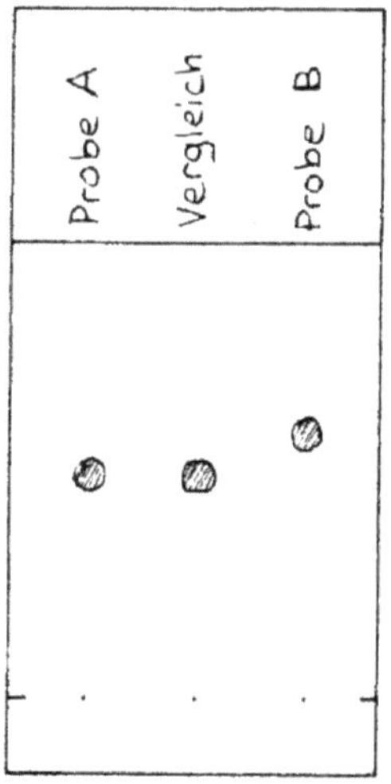

▪ **Abb. 16.11** Qualitative Auswertung mittels Vergleichslösungen

R_f-Werte sind immer kleiner als 1,0 und werden auf zwei Dezimalen berechnet. Der R_f-Wert ist unter anderem abhängig von

- der Art der stationären Phase (Hersteller, Vorbehandlung)
- der Korngrösse der stationären Phase
- den Eigenschaften des Eluiermittels
- der Kammersättigung
- der Arbeitstechnik
- der Temperatur
- der Menge der aufgetragenen Probe (Kapazität der stationären Phase)

$$\text{Berechnung } R_f\text{-Wert} = \frac{\text{Entfernung vom Fleckenmittelpunkt zum Start}}{\text{Entfernung der Eluiermittelfront zum Start}}$$

16.7.2 Halbquantitative Auswertung durch visuellen Vergleich

Die halbquantitative Auswertung eines Chromatogramms beschränkt sich in den meisten Fällen auf das Bestimmen des prozentualen Anteils einer bekannten Verunreinigung in einem Gemisch. Verunreinigungen von ungefähr 0,01 bis 10 % werden visuell aufgrund der *Fleckengrösse* ausgewertet.

Neben der zu untersuchenden Probe wird die Vergleichssubstanz in einer Verdünnungsreihe auf der gleichen Platte chromatographiert. Stimmt ein Fleck der Verdünnungsreihe in Grösse und Farbintensität mit dem zu bestimmenden Fleck des Gemisches überein, kann dessen prozentualer Anteil visuell geschätzt werden. Damit sich die Flecken in Grösse und Intensität unterscheiden, muss ein günstiger Substanzmengenbereich gewählt werden.

In ◘ Abb. 16.12 werden die Musterlösung und die Vergleichslösungen abwechselnd auf eine Dünnschichtplatte aufgetragen, getrocknet und mit einem geeigneten Eluiermittel entwickelt. Durch Vergleichen der Grösse und der Farbintensität der korrespondierenden Flecken wird der prozentuale Anteil an Verunreinigung geschätzt. In diesem Beispiel liegt der Gehalt an Verunreinigung zwischen 5 und 7,5 %.

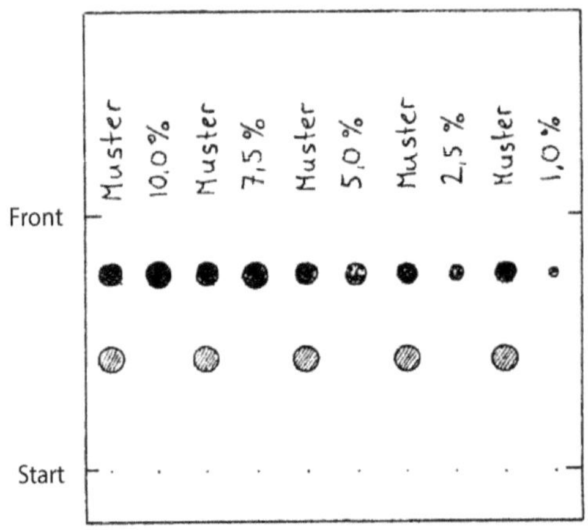

◘ **Abb. 16.12** Halbquantitative Methode zur Gehaltsbestimmung

Mit einem zweiten Chromatogramm kann der prozentuale Anteil mit einer weiteren Verdünnungsreihe präziser bestimmt werden (beispielsweise 5,0 %, 5,5 %, 6,0 %, 6,5 %, 7,0 %, 7,5 %).

16.7.3 Quantitative Auswertung

Auswertung mittels Scanner

Mit dem optischen Scanner werden die Substanzflecken direkt auf der Platte gemessen. Durch das Vergleichen der Flecken kann der prozentuale Anteil direkt ermittelt werden.

Die am meisten verwendeten Methoden sind die Fluoreszenz- und die Remissionsmessung, bei welchen die stationäre Phase mit monochromatischem Licht bestrahlt wird. Das von der Substanz reflektierte Licht (Remission) wird mit dem von der Schicht reflektierten Licht verglichen und ausgewertet.

Auswertung mit UV-Photometer

Die zu bestimmende Substanz wird nach dem Entwickeln des Chromatogramms auf der Platte markiert und diese Zone abgekratzt. Danach wird die an der stationären Phase adsorbierte Substanz mit einem geeigneten Lösemittel eluiert. Der prozentuale Anteil an Substanz wird anschliessend mit spektroskopischen Methoden ermittelt.

16.8 Interpretation von DC-Anwendungen

Das entwickelte Chromatogramm muss sofort interpretiert werden. Die ◘ Tab. 16.4 zeigt vier, voneinander unabhängige Interpretationsbeispiele.

◘ Tab. 16.4 Interpretationsbeispiele von Dünnschichtchromatogrammen

Verfolgung eines Reaktionsverlaufs	Das Reaktionsgemisch enthält nebst dem Produkt noch wenig Edukt B, Nebenprodukte sind keine sichtbar: Die Reaktion ist beendet.	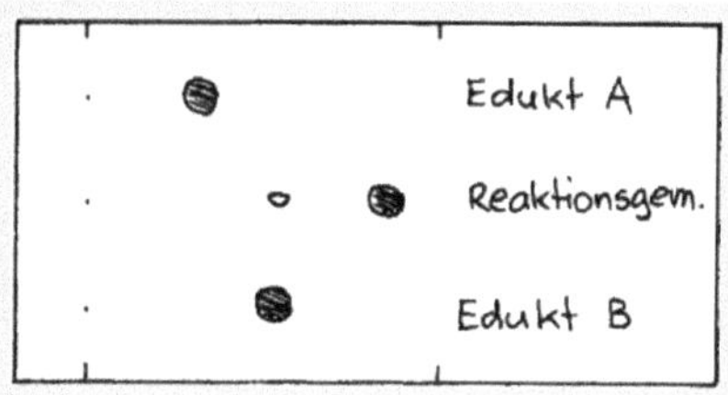
	Im Reaktionsgemisch sind noch beide Edukte, das Produkt und ein Nebenprodukt zu erkennen; das Edukt B enthält eine Verunreinigung, welche im Reaktionsgemisch nicht mehr sichtbar ist: Die Reaktion ist noch nicht beendet.	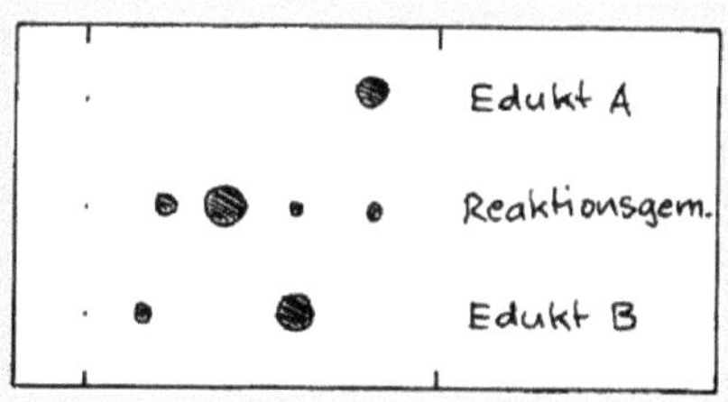
Reinheitskontrolle	Das Rohprodukt enthält nebst wenig Edukt noch Nebenprodukte, das Reinprodukt enthält immer noch etwas Nebenprodukt: Nochmals reinigen.	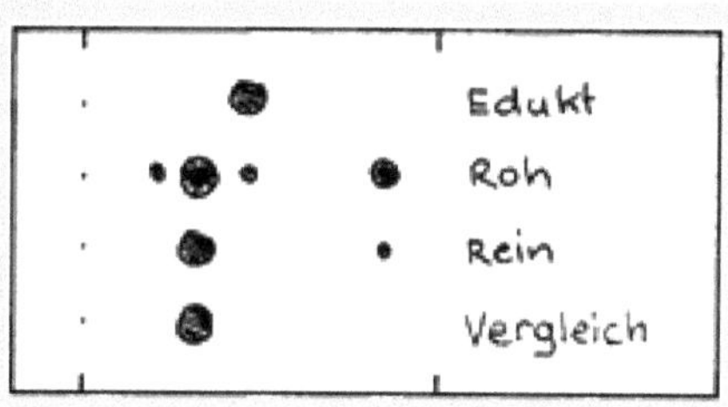

Tab. 16.4 (*Fortsetzung*) Interpretationsbeispiele von Dünnschichtchromatogrammen

Identifikation	Die unbekannte Substanz E ist identisch mit der Substanz A und enthält zusätzlich eine unbekannte Verunreinigung.	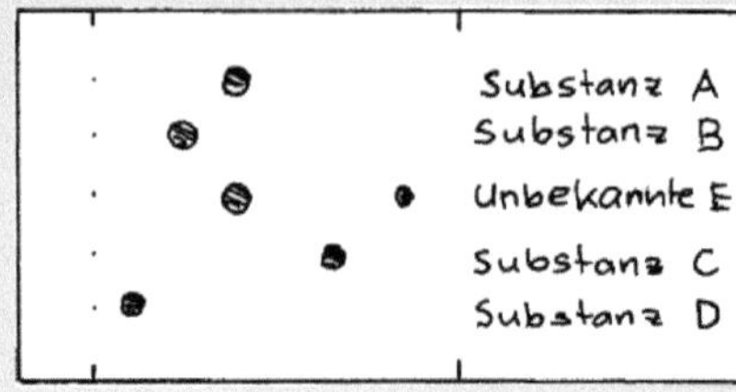
Mangelhafte Chromatogramme	Die Substanzen sind in zu hoher Konzentration aufgetragen worden. Die Platte ist überladen, die Flecken laufen ineinander.	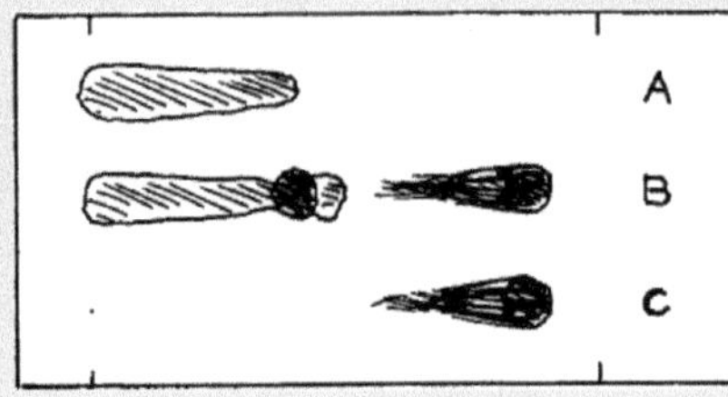
	Die Substanzen zersetzen sich beim Entwickeln. Stationäre Phase oder Eluiermittel sind ungeeignet.	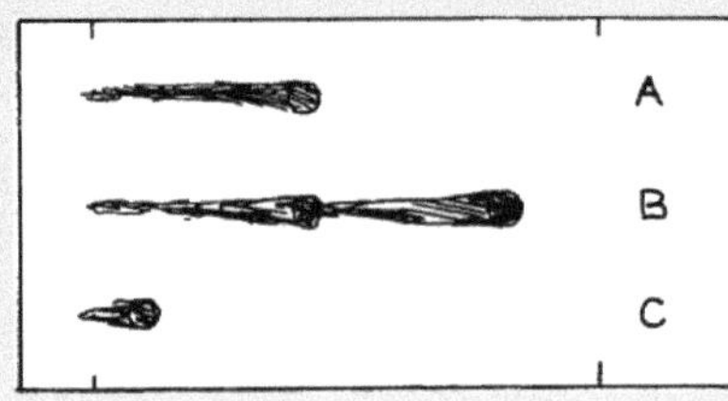

16.9 Dokumentation

Chromatogramme müssen unmittelbar nach dem Sichtbarmachen dokumentiert werden. Heutzutage werden DC-Platten meist fotografiert und elektronisch oder als Ausdruck ins Protokoll eingefügt. Das Foto kann unter UV- oder unter sichtbarem Licht aufgenommen werden.

16.10 Spezielle DC-Techniken

16.10.1 Mehrfachentwicklungen

Diese Methode gelangt dann zur Anwendung, wenn in einem Gemisch die R_f-Werte der Probemoleküle nur sehr wenig voneinander abweichen und kein geeignetes Eluiermittel ermittelt werden konnte.

Im Falle der Mehrfachentwicklung wird das Chromatogramm mehrmals mit dem gleichen Eluiermittel entwickelt, wie die ■ Abb. 16.13 zeigt. Zwischen jeder Entwicklung wird die Platte getrocknet.

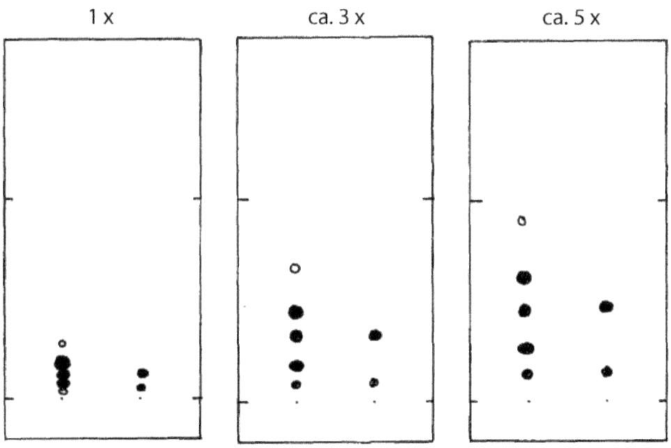

Abb. 16.13 Mehrfachentwicklung

16.10.2 Stufentechnik

Liegen in einem Probengemisch mehrere Substanzgruppen vor, die sich in ihrem Adsorptions- oder Verteilungsverhalten erheblich voneinander unterscheiden, gelingt keine zufriedenstellende Trennung aller Substanzen.

Wie die Abb. 16.14 zeigt, lässt sich oft eine Trennung erzielen, wenn die DC Platte nacheinander mit zwei verschiedenen Eluiermitteln unterschiedlich hoch entwickelt wird.

In der ersten Stufe wird ein Teil des Gemisches in seine Komponenten aufgeteilt. Der Rest des Gemisches läuft als einheitlicher Fleck mehr oder weniger an der Eluiermittelfront mit und wird erst in der zweiten Stufe mit einem anderen Eluiermittel in seine Bestandteile zerlegt.

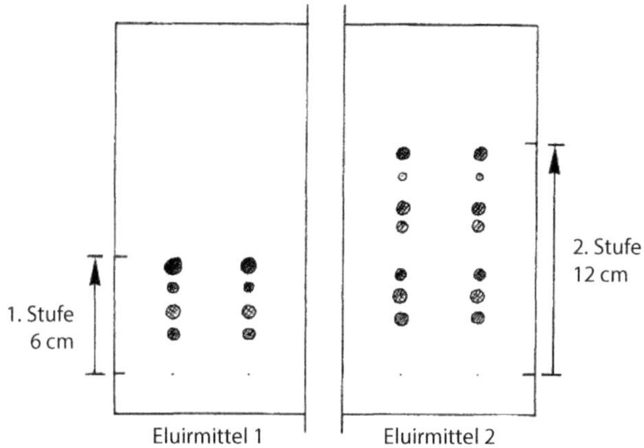

Abb. 16.14 Stufentechnik

16.10.3 Zweidimensionale Trennung

Stoffgemische mit vielen Komponenten können, wie die ◘ Abb. 16.15 zeigt, mit einer zweidimensionalen Entwicklung klarer und besser getrennt werden. Dazu wird das Gemisch im Abstand von 3 bis 4 cm von einer Ecke der Platte aufgetragen, wie üblich entwickelt und anschliessend getrocknet. Danach wird die Platte um 90° gekippt und in der zweiten Laufrichtung mit einem anderen Eluiermittel entwickelt.

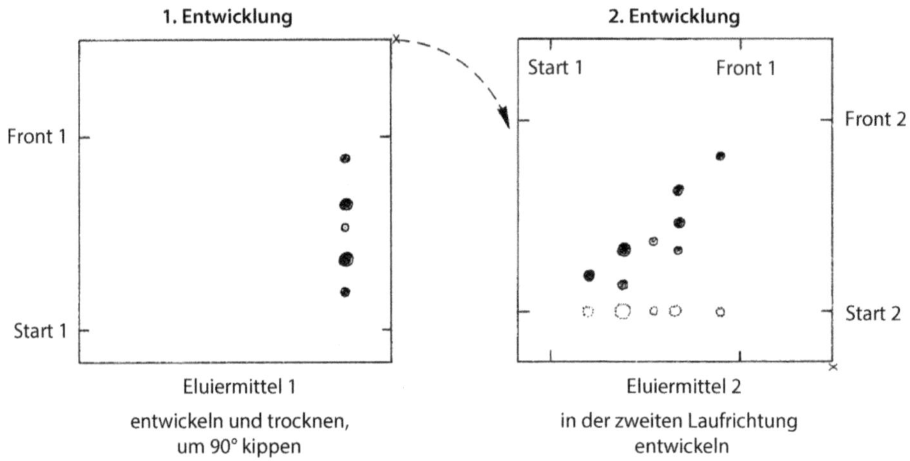

◘ **Abb. 16.15** Zweidimensionale Trennung

16.10.4 TRT-Technik

Wie die ◘ Abb. 16.16 zeigt, kann mit der TRT-Technik (Trennung-Reaktion-Trennung) auf einfache Art festgestellt werden, ob sich die Probesubstanzen während des Entwickelns durch Licht, durch Luft oder durch Eluiermittel chemisch verändern. Dazu wird das Gemisch im Abstand von 3 bis 4 cm von einer Ecke der Platte aufgetragen, wie üblich entwickelt und anschliessend getrocknet. Danach wird die Platte um 90° gekippt und in der zweiten Laufrichtung mit dem gleichen Eluiermittel entwickelt. Wenn sich die Substanzen während des Entwickelns nicht zersetzt haben, werden die Flecken auf einer diagonal verlaufenden Linie liegen.

16

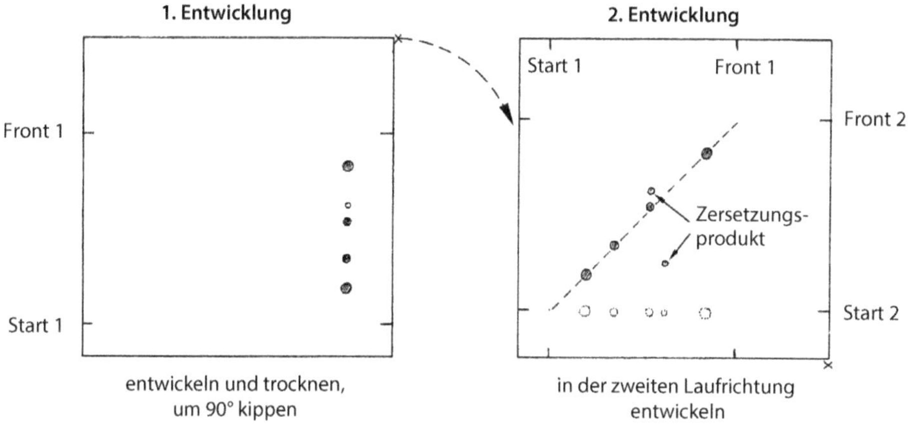

Abb. 16.16 TRT-Technik

16.11 Präparative Dünnschichtchromatographie

Je nach Dicke der stationären Phase ist es möglich, Substanzgemische in der Grössenordnung von einigen Milligrammen bis zu Grammen zu trennen und zu isolieren.

Das zu trennende Gemisch wird möglichst konzentriert, strichförmig aufgetragen. Die Laufzeit des Chromatogramms verlängert sich durch eine dickere stationäre Phase um ein Mehrfaches. Beim Sichtbarmachen der getrennten Zonen ist darauf zu achten, dass die einzelnen Substanzen nicht chemisch verändert werden. Geeignet ist oftmals die Verwendung von UV-aktiven stationären Phasen.

Die einzelnen Zonen werden mit einem Spatel vorsichtig von der Platte geschabt und die Substanz anschliessend aus der stationären Phase extrahiert.

16.12 Zusammenfassung

Ein wichtiges Einsatzgebiet der Dünnschichtchromatographie ist die Entwicklung optimaler Bedingungen zur Durchführung von säulenchromatographischen Trennungen und zur qualitativen Auswertung von Reaktions- und Identifikationskontrollen.

Weiterführende Literatur

Skoog DA, Leary JJ (1996) Instrumentelle Analytik. Springer, Berlin Heidelberg

Stadlbauer, W (1988–2007) CHROMATOGRAPHISCHE TRENNVERFAHREN IN DER ORGANISCHEN CHEMIE, TEIL: DÜNNSCHICHTCHROMATOGRAPHIE

http://boch35.uni-graz.at/~sta/lehre/chrom_seminar/files/sta-chrom-skriptum.pdf, aufgerufen am 19.12.2015

Büchi Labortechnik AG (2005) Laboratory Chromatography Guide. Büchi Labortechnik AG, Flawil

swwhttp://www.camag.com/en/home.cfm

Flash-Chromatographie

aprentas (Hrsg.), *Laborpraxis Band 3: Trennungsmethoden*, DOI 10.1007/978-3-0348-0970-2_17

Die Flashchromatographie, auch Niederdruck-Säulenchromatographie genannt, wurde von Still, Kahn und Mitra an der Columbia Universität New York entwickelt und erstmal 1978 im Journal of Organic Chemistry erwähnt. Diese Methode hat, die bis dahin gebräuchliche, Normaldruck-Säulenchromatographie vollständig verdrängt.

Durch die Verwendung von Pressluft oder Stickstoff kann *feinkörnigeres Sorptionsmittel* verwendet und somit eine *bessere Auflösung* erreicht werden. Um vergleichbare Trennleistungen wie bei der Normaldruck-Säulenchromatographie zu erreichen, benötigt man weniger Eluiermittel, nur etwa ein Drittel der Sorptionsmittelmenge und viel weniger Zeit.

Flash-Automaten verdrängen zunehmend die manuelle Flash-Chromatographie. Dabei wird der benötigte Druck durch Gradientenpumpen erzeugt und die Auswertung erfolgt mit integrierten Detektoren.

17.1 Mobile Phase

Es können alle Lösemittel oder Lösemittelgemische verwendet werden, die mit dem entsprechenden Sorptionsmittel in der Dünnschichtchromatographie eingesetzt werden. Zusätzlich besteht die Möglichkeit, das Verhältnis des Lösemittelgemisches während der Trennung zu verändern.

17.1.1 Wahl des Eluiermittels

Das geeignete Eluiermittel zur Trennung eines Substanzgemisches über eine Säule kann *mittels Dünnschichtchromatographie* gefunden und optimiert werden, da sich die Trennung auf der Flash-Säule ähnlich verhält. Grosse Unterschiede im R_f-Wert ergeben meist eine erfolgreiche Trennung auf der Säule.

Die zu isolierenden Komponenten sollten im gewählten Eluiermittel einen R_f-Wert von maximal 0,4 und eine R_f-Differenz von mindestens 0,1 haben.

17.1.2 Anwendung des R_f-Wertes

In der Säulenchromatographie gibt es den R_f-Wert nicht. Die Säulenchromatographie verwendet den Ausdruck Kapazitäts- oder Retentionsfaktor k.

$$k = \frac{t'_R}{t_0} = \frac{t_R - t_0}{t_0}$$

17

k = Kapazitäts- oder Retentionsfaktor
t'_R = Nettoretentionszeit
t_R = Bruttoretentionszeit
t_0 = Totzeit oder Durchbruchzeit

Da ein DC keine Zeitangaben liefert, kann kein Retentionsfaktor k bestimmt werden. Damit der R_f-Wert trotzdem genutzt werden kann, wird der Begriff Säulenvolumen verwendet.

Der R_f-Wert einer Substanz von 0,35 besagt, dass die Substanz 35 % der Strecke des Eluiermittels gewandert ist. Auf die Säulenchromatographie umgelegt heisst dies, die Substanz hat

35 % der Säulenlänge durchwandert. Die Substanz benötigt die 2,86-fache Zeit des Eluiermittels um die Säule zu passieren. Dies entspricht einem Säulenvolumen von 2,86.

$$\text{Säulenvolumen} = \frac{1}{R_f} = \frac{1}{0{,}35} = 2{,}86$$

Säulenvolumen-Differenzen von < 1 gelten als schwierige Trennungen.

Beispiel 1

R_f Substanz A = 0,40 → 1 ÷ 0,40 = 2,50 Säulenvolumen
R_f Substanz B = 0,30 → 1 ÷ 0,30 = 3,33 Säulenvolumen
Differenz = 3,33 – 2,50 = 0,83 Säulenvolumen = schwierige Trennung

Beispiel 2

R_f Substanz A = 0,35 → 1 ÷ 0,35 = 2,86 Säulenvolumen
R_f Substanz B = 0,25 → 1 ÷ 0,25 = 4,00 Säulenvolumen
Differenz = 4,00 – 2,86 = 1,14 Säulenvolumen = gute Trennung

17.1.3 Gradient

Substanzen mit sehr kleinen R_f-Werten benötigen sehr lange, bis sie die gesamte Länge der Säule passiert haben. Dieser langsame Trennungsvorgang kann beschleunigt werden, indem stufenweise auf ein polareres Eluiermittel gewechselt wird. Bedingung dafür ist, dass beide Eluiermittel in jedem Verhältnis ineinander löslich sind. Ein nicht stufenweiser Wechsel kann eine Spaltung der Säulenfüllung zur Folge haben oder die Elutionswirkung ungünstig beeinflussen.

Beispiel

Eluiermittel A = Toluol
Eluiermittel B = Methanol

Vorgehen:
Toluol → Toluol/Methanol 8 + 2 → Toluol/Methanol 6 + 4 → Toluol/Methanol 4 + 6 → Toluol/Methanol 2 + 8 → Methanol

Bei Flash-Automaten kann ein stufenloser Gradient programmiert werden.

17.2 Stationäre Phase

Die stationäre Phase besteht aus einem feinkörnigen Pulver mit einem definierten Korngrössenbereich und wird auch Sorptionsmittel genannt. Die zu trennenden Substanzen werden von der Oberfläche des Sorptionsmittels verschieden stark zurückgehalten, was eine Trennung bewirkt. *Die Trennwirkung wird besser, je feiner und gleichmässiger die Körnung des Sorptionsmittels ist.* Für eine gleichbleibende Durchflussrate muss dann jedoch mehr Druck aufgebracht werden.

Die Trennleistung einer Säule ist sehr unterschiedlich. Sie ist abhängig

- von der Aktivität und der Korngrösse des Sorptionsmittels,
- vom Mengenverhältnis (Substanz/Sorptionsmittel),
- von der Fliessgeschwindigkeit,
- vom Durchmesser und der Länge der Trennstrecke.

17.2.1 Sorptionsmittel

Bei der manuellen Flash-Chromatographie werden die gleichen Sorptionsmittel eingesetzt wie bei der Dünnschichtchromatographie. Sie enthalten jedoch keine Zusätze wie Bindemittel oder Fluoreszenzindikator. Es wird hauptsächlich Kieselgel in unterschiedlicher Korngrösse verwendet.

Bei der automatisierten Flash-Chromatographie werden ähnliche Sorptionsmittel eingesetzt wie bei der HPLC.

17.2.2 Aktivität der Sorptionsschicht

Für anorganische Sorptionsmittel wie Kieselgel oder Aluminiumoxid spielt die von der Luftfeuchtigkeit abhängige Aktivität (Wassergehalt) der Sorptionsschicht eine wichtige Rolle.

Je geringer der Wasseranteil auf der Sorptionsschicht, desto höher die Aktivität.

Sorptionsmittel müssen trocken gelagert werden.

17.2.3 Wahl des Sorptionsmittels

Um für eine erfolgreiche Trennung das geeignete Sorptionsmittel zu finden, sind Abklärungen mittels DC oder Vorversuche notwendig. Es gelten dabei die gleichen Auswahlkriterien wie für die Dünnschichtchromatographie.

Bei der manuellen Säulen-Chromatographie erreicht das Sorptionsmittel mit der Korngrösse von 0,040–0,063 mm (230–400 *mesh*) die beste Auflösung bei gleichbleibenden Parametern.

Bei der automatisierten Säulen-Chromatographie wird ebenfalls die Korngrösse von 0,040–0,063 mm verwendet, aber die apparativen Bestandteile erlauben auch kleinere Korngrössen von bis zu 0,015 mm.

17.3 Manuelle Flash-Chromatographie

17.3.1 Chromatographie-Säulen

Als Säulen werden auf Druck geprüfte Glasrohre mit Auslaufhahn verwendet. Der übliche Arbeitsdruck beträgt 0,1 bis 1,0 bar. Wie die ◘ Abb. 17.1 zeigt, ist der Auslauf verjüngt. Dadurch werden Totvolumen und seitliche Spritzer verhindert. Das Durchrieseln des Sorptionsmittels wird mit einer Sinterplatte, Glaswatte oder Papierfilter verhindert.

Bei diesen Säulen ist zu beachten, dass das Volumen zwischen Sinterplatte und Auslaufhahn (Totvolumen) möglichst klein ist, um eine Vermischung der aufgetrennten Substanzen möglichst zu vermeiden.

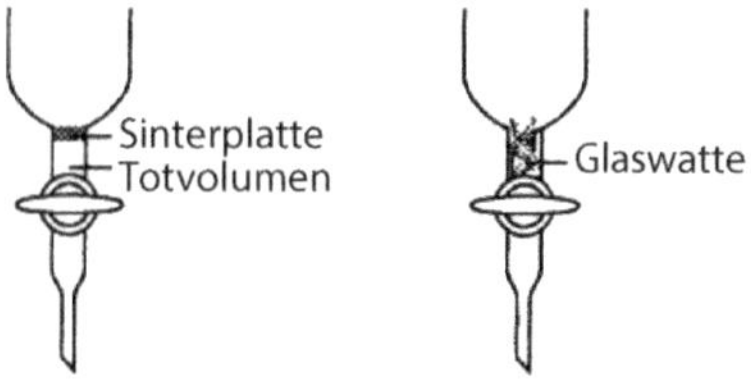

Abb. 17.1 Flash-Chromatographiesäule für den manuellen Betrieb

17.3.2 Wahl der Säule

Der Durchmesser der Säule richtet sich nach der Menge des zu trennenden Gemisches und wird mit folgender Formel berechnet.

$$\sqrt[2]{\text{Substanzmenge in mg}} = \text{Durchmesser in mm}$$

17.3.3 Menge des Sorptionsmittel

In der Regel wird ein Verhältnis von Gemisch zu Sorptionsmittel von 1 zu 30 angewendet. Bei schwierigen Trennproblemen (geringe Unterschiede der R_f-Werte) kann die Sorptionsmittelmenge erhöht werden, wobei eine Peakverbreiterung entsteht.

17.3.4 Füllen der Säulen, nass

Feinkörniges Kieselgel ist gesundheitsschädigend.

Flash-Säulen werden maximal zu 2/3 ihrer Höhe gefüllt.

Die einfachste und gebräuchlichste Variante das Sorptionsmittel in die Säule zu füllen, ist das Sorptionsmittel im Eluiermittel zu suspendieren und als *Suspension* (Slurry) in die, zu einem Drittel mit Eluiermittel gefüllte, Säule zu geben.

Durch leichtes Klopfen an der Säule wird das Sorptionsmittel verdichtet und die darin enthaltene Luft entweicht nach oben. Das Eluiermittel wird bis an den Rand der Säulenfüllung abgelassen und das Sorptionsmittel mit einer Schutzschicht aus Seesand abgedeckt. Die Säule darf dabei nicht trockenlaufen.

Bei dieser Nassvariante werden immer Spuren von Sorptionsmittel am verwendeten Geschirr haften bleiben und eine Emission von Eluiermittel ist ebenfalls unvermeidbar.

Eine weniger gesundheitsbelastende Alternative ist, das Sorptionsmittel trocken über einen Trichter langsam in die zu ¾ mit Eluiermittel gefüllte Säule zu geben. Durch Klopfen wird ebenfalls eine gleichmässige und blasenfreie Füllung erreicht. Das Eluiermittel wird bis an den Rand der Säulenfüllung abgelassen und das Sorptionsmittel mit einer Schutzschicht aus Seesand abgedeckt. Die Säule darf dabei nicht trockenlaufen.

So gepackte Säulen haben keine optimale Verdichtung und somit keine maximale Trennwirkung.

17.3.5 Füllen der Säulen, trocken

Flash-Säulen werden maximal zu 2/3 ihrer Höhe gefüllt.

Diese Variante ist zeitaufwendiger und benötigt mehr Erfahrung. Dafür liefern trockengefüllte Säulen eine bessere Trennleistung bei gleichen Dimensionen, da sie kompakter und homogener verdichtet sind.

Das Sorptionsmittel wird trocken in die Säule gefüllt und durch leichtes Klopfen wird der obere Rand der Säulenfüllung geglättet. Die oben verschlossene Säule wird unten an das Hausvakuum oder an eine stationäre Pumpe angeschlossen und evakuiert. Durch das schnelle entfernen des Stopfens wird die Füllung verdichtet. Dieser Vorgang wird drei- bis fünf-mal wiederholt.

Anschliessend wird die geglättete Säulenfüllung mit Seesand abgedeckt. Zum Konditionieren wird, bei leicht geöffnetem Auslaufhahn, langsam Eluiermittel zugetropft. Wird die Eluierfront zu stark erwärmt, muss die Tropfgeschwindigkeit reduziert werden. Sobald Eluiermittel unten ausläuft, kann die Zugabegeschwindigkeit erhöht werden. Ist genügend Eluiermittel über der Säulenfüllung, wird der Auslaufhahn vollständig geöffnet und der Überstand mit wenig Druck durch das Sorptionsmittel gepresst bis die Sorptionsschicht homogen benetzt und blasenfrei ist. Dieser Vorgang dauert gegen 60 Minuten. Bei polaren und leichtsiedenden Lösemitteln steigt die Dauer an.

Die Säulenpackung darf niemals trocken laufen.

17.3.6 Auftragen der Substanz

Das Auftragen des zu trennenden Substanzgemisches kann auf zwei verschiedene Arten erfolgen.

Auftragen in flüssiger Form

Feste Proben werden möglichst konzentriert im Eluiermittel gelöst. Wie die Abb. 17.2 zeigt, wird die Lösung mit einer Pipette kreisförmig auf das geschützte Sorptionsmittel gebracht und zwei- bis drei-mal mit wenig Eluiermittel in das Sorptionsmittel gespült. Dabei darf die geglättete Sorptionsschicht nicht beschädigt werden. Im gleichen Arbeitsgang wird auch die Säulenwand gespült.

Sind die Proben schlecht löslich, muss auf ein unpolareres Lösemittel ausgewichen werden.

Flüssige Proben, die im Eluiermittel gut löslich sind, können direkt auf die Säule gegeben werden.

Abb. 17.2 Flüssigauftragung

Auftragen in festem Zustand

Sind die Proben nur in polareren Lösemitteln als das Eluiermittel löslich, werden diese in einem beliebigem Lösemittel gelöst. Zur Lösung wird Kieselgel oder besser Kieselgur in 3- bis 5-facher Menge, bezogen auf die Probemenge, zugegeben und anschliessend das Lösemittel abgedampft. Das erhaltene Pulver wird sorgfältig auf die Säule gebracht und mit etwas Quarzsand abgedeckt. Anschliessend wird die Substanz 2- bis 3-mal mit wenig Eluiermittel in das Sorptionsmittel gespült. Im gleichen Arbeitsgang wird auch die Säulenwand gespült.

17.3.7 Apparatur

Eine Apparatur, wie sie ◘ Abb. 17.3 zeigt, ist rasch aufgebaut. Alle Schliffe müssen mit Klemmen gesichert werden. Das Eluiermittel läuft aus einem Vorratsgefäss auf die Säule. Ist der Vorrat erschöpft, muss die Chromatographie unterbrochen werden. Das Entlasten muss sehr vorsichtig geschehen, damit sich in der Sorptionsmittelschicht keine Risse bilden.

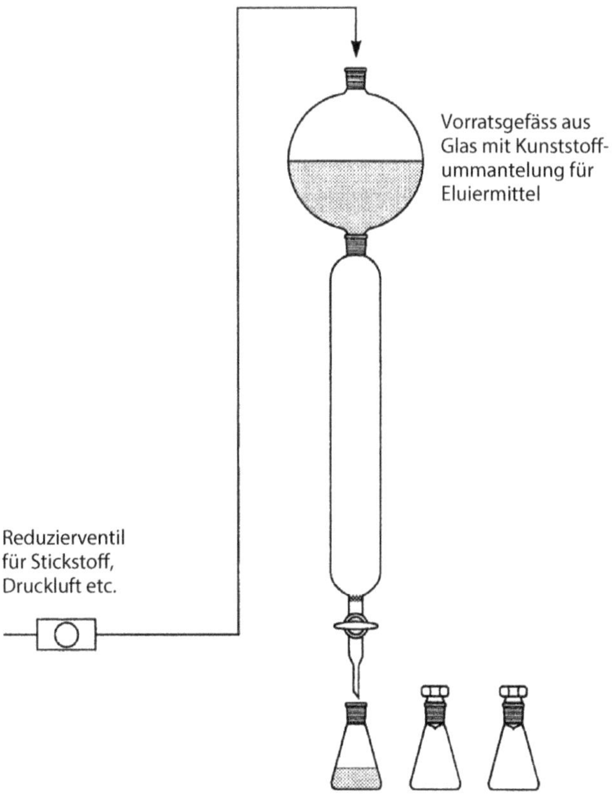

◘ **Abb. 17.3** Beispiel einer einfachen Flash-Säule

Das Beispiel in ◘ Abb. 17.4 zeigt eine komplette Apparatur, wie sie zum routinemässigen Trennen von Substanzgemischen eingesetzt wird.

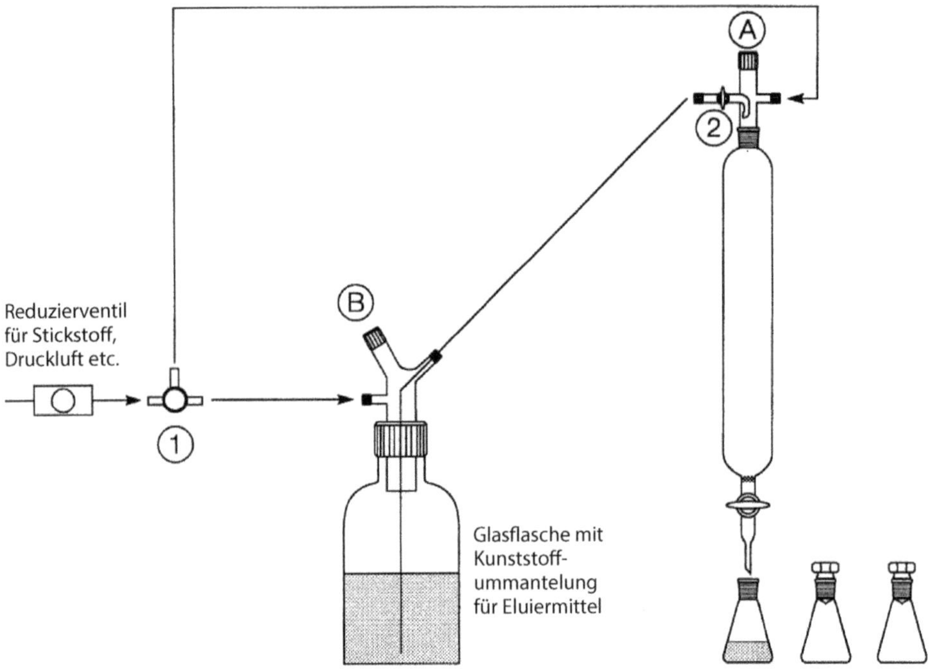

Abb. 17.4 Flash-Apparatur für die routinemässige Trennung

- Die Säule kann über die verschliessbare Öffnung (A) gefüllt werden.
- Ist der Hahn (1) in Richtung Flasche geöffnet, presst das einströmende Gas das Eluiermittel durch die Schlauchleitung und den geöffneten Hahn (2) in die Säule.
- Soll Eluiermittel nachgefüllt werden, oder soll die Polarität des Eluiermittels durch Zugabe eines anderen Eluiermittels verändert werden, wird der Hahn (2) geschlossen und Hahn (1) in Richtung Säule geöffnet; durch die verschliessbare Öffnung (B) kann nun die Flüssigkeit eingefüllt werden (homogenisieren).
- Wird die Öffnung (B) wieder geschlossen und der Hahn (1) in Richtung Flasche geöffnet, kann nach Öffnen von Hahn (2) das neue Gemisch auf die Säule gepresst werden.

17.3.8 Fraktionieren

17

Das Eluiermittel wird mit einem Überdruck von ungefähr 0,1 bis 1,0 bar kontinuierlich durch die Säule gepresst. Durch Druckänderung oder Regulierung des Auslaufhahnes kann die Durchflussgeschwindigkeit eingestellt werden. Der Vorgang darf nicht unterbrochen werden, da sonst die Längsdiffusion zunimmt, was eine schlechtere Trennung zur Folge hat.

Vom auslaufenden Eluat werden in regelmässigen Abständen kleine Proben entnommen, auf eine Dünnschichtplatte aufgetragen, getrocknet und ohne zu entwickeln sichtbar gemacht. Solange das Eluat keine Substanz enthält, ist auf der Platte kein Fleck zu erkennen. Wenn diese Probe Substanz anzeigt, wird das Eluat in einzelnen, gleich grossen Fraktionen gesammelt. Der Beginn der Fraktionensammlung kann auch mittels Kolonnenvolumen berechnet werden

Bei gefärbten Substanzen kann aufgrund des unterschiedlichen Aspekts getrennt werden.

Der Wechsel der Fraktionen kann manuell oder mit einem Fraktionensammler automatisch vorgenommen werden. Die Grösse der einzelnen Fraktionen ist abhängig vom Trennproblem und der aufgetragenen Probemenge.

17.3.9 Auswerten

Zur qualitativen und quantitativen Auswertung der Fraktionen eignen sich folgende Methoden:

- Dünnschichtchromatographie,
- Gaschromatographie,
- HPLC.

Fraktionen gleichen Inhalts und gleicher Qualität werden vereinigt und eingedampft.

17.3.10 Entsorgung des Säulenmaterial

Die nicht mehr benötigte Säulenfüllung wird vor der Entsorgung getrocknet. Dazu wird am Auslauf eine Vakuumpumpe mit vorgeschalteter Auffangflasche und nachgeschaltetem Kondensator verbunden und Luft durch die Säule gezogen.

Weniger aufwändig ist es, die Säulenfüllung von oben mit Druckluft oder Stickstoff trocken zu drücken.

Zur Vermeidung von Emissionen, bei der Weiterleitung zur Entsorgung, wird die trockene Säulenfüllung in einem Plastiksack verschlossen.

17.4 Instrumentelle Flash-Chromatographie

17.4.1 Chromatographiesäulen

Die Säulen für die instrumentelle Flash-Chromatographie sind aus Kunststoff, wie die ◘ Abb. 17.5 zeigt. Sie sind als Kartuschen vorgepackt und der Ein- und Auslauf ist gerätespezifisch geformt. Die Masse an stationärer Phase in der Säulenkartusche reicht von wenigen Grammen bis zu mehreren Kilos Sorptionsmittel. Der Arbeitsdruck beträgt bis zu 100 bar. Einige Hersteller bieten auch Säulen zum selber füllen an.

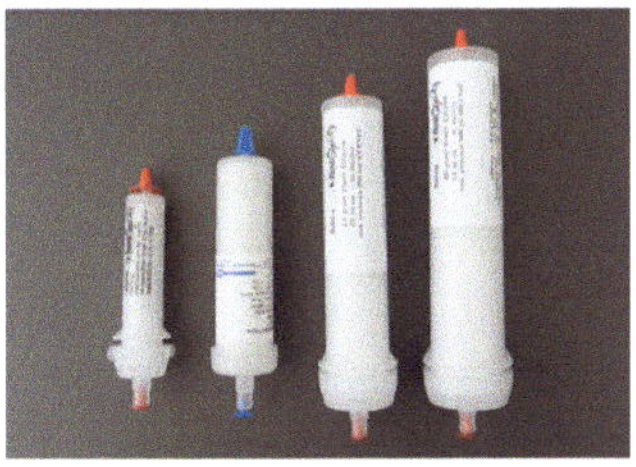

◘ **Abb. 17.5** Vorgefertigte Flash-Säulenkartuschen. (Foto aprentas)

17.4.2 Wahl der Säule

Die Wahl der Säule richtet sich nach der Menge und der Art des Sorptionsmittels. Siehe dazu ► Abschn. 17.2.3.

17.4.3 Menge des Sorptionsmittel

Säulenkartuschen sind für ein Verhältnis von Substanz zu Sorptionsmittel von 1 zu 10 bis 1 zu 200 ausgelegt. Bei komplizierten Trennproblemen, wenn die Säulenvolumen-Differenz < 1 ist, kann die Sorptionsmittelmenge entsprechend erhöht werden. Der längere Weg kann sich wegen der dadurch verursachten Peakverbreiterung nachteilig auswirken.

17.4.4 Auftragen der Substanz

Das Auftragen des zu trennenden Substanzgemisches kann auf zwei verschiedene Arten erfolgen.

Auftragen in flüssiger Form

Feste Proben werden möglichst konzentriert im Eluiermittel gelöst und die Lösung mit einer Spritze auf das Sorptionsmittel gebracht.

Sind die Proben schlecht löslich, muss auf ein unpolareres Lösemittel ausgewichen werden.

Flüssige Proben, die im Eluiermittel gut löslich sind, können direkt auf die Säule gegeben werden.

Auftragen in festem Zustand

Sind die Proben nur in polareren Lösemitteln als das Eluiermittel löslich, werden diese in einem beliebigem Lösemittel gelöst. Zur Lösung wird Kieselgel oder besser Kieselgur in 3- bis 5-facher Menge, bezogen auf die Probemenge, zugegeben und anschliessend das Lösemittel abgedampft. Das erhaltene Pulver wird in eine leere Säulenkartusche gefüllt und diese auf die Trennsäule montiert.

17.4.5 Apparatur

Die Flash-Automaten sind, wie die ■ Abb. 17.6 zeigt, kompakte Maschinen und enthalten:

- Gradientenpumpe,
- Halterung für die Säule,
- Einspritzventil,
- UV/Vis Detektor,
- Fraktionensammler,
- Bedienungsfeld,
- Steuer- und Integrationssoftware.

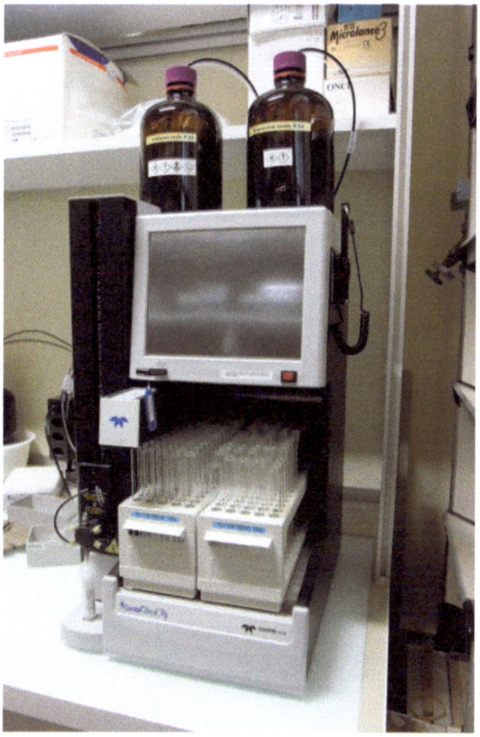

Abb. 17.6 Ein Beispiel für die instrumentelle Flash Chromatographie CombiFlash® Rf 50. (Foto aprentas)

17.4.6 Fraktionieren

Das Fraktionieren verläuft automatisch gemäss den eingestellten Parametern.

17.4.7 Auswerten

Zur qualitativen und quantitativen Auswertung der Fraktionen eignen sich folgende Methoden:

- Integrierter Detektor,
- Dünnschichtchromatographie,
- Gaschromatographie,
- HPLC.

Fraktionen gleichen Inhalts und gleicher Qualität werden vereinigt und eingedampft.

17.4.8 Entsorgung des Säulenmaterial

Die nicht mehr benötigte Säulenfüllung wird mit Druckluft lösemittelfrei gepresst und danach wird die Säule zur Entsorgung weitergeleitet.

17.5 Zusammenfassung

Die Flash Chromatographie ist im organischen, chemischen Labor eine weitverbreitete Trennmethode für präparative Zwecke. Sie lässt sich manuell mit geringem apparativem Aufwand oder automatisiert mit Flash-Automaten durchführen.

Weiterführende Literatur

Schwetlick K (2004) Organikum, 22. Aufl. Wiley VCH, Weinheim, S 70

http://www.isco.com/products/products1.asp?PL=101, aufgerufen am 23.12.2015

Flüssigchromatographie, HPLC

aprentas (Hrsg.), *Laborpraxis Band 3: Trennungsmethoden*, DOI 10.1007/978-3-0348-0970-2_18

18.1 Reversed Phase HPLC

HPLC ist die Abkürzung für *High Performance Liquid Chromatography*, auf Deutsch bedeutet dies Hochleistungsflüssigchromatographie. Bei dieser Methode wird der Eluent mit einem Druck von zirka 10 bis 600 bar durch das Trennsystem gepresst. Die HPLC Methode ist auch für thermisch labile Substanzen und Substanzen mit sehr hohen Siedepunkten geeignet. Es können eine Vielzahl von funktionellen Gruppen analysiert werden, da verschiedene Detektortypen eingesetzt werden können. Heute wird in der Analytik praktisch ausschliesslich mit Umkehrphase, was auf Englisch *Reversed Phase* heisst, gearbeitet. Die Abkürzung dafür wäre RP-HPLC. Im Alltag wird jedoch nur der Begriff HPLC eingesetzt.

18.1.1 Einsatz

HPLC Systeme werden sowohl präparativ als auch analytisch eingesetzt. Ihre Verbreitung in der Analytik ist sehr gross.

Einige Einsatzbeispiele:

- Produktionsüberwachung und Routineanalysen qualitativer und quantitativer Art
- Charakterisierung und Identifizierung von Substanzen
- Nachweis von Stoffen im Spurenbereich
- Umweltschutz, klinische Chemie, Lebensmittelchemie
- Gewinnen von Wirkstoffen aus komplexen Gemischen im präparativen Massstab

18.2 Aufbau HPLC Anlagen

Alle Beschreibungen und Angaben in den folgenden Kapiteln beziehen sich auf HPLC Anlagen für *analytische* Zwecke.

18.2.1 Allgemeines Schema

Eine HPLC-Apparatur, wie Abb. 18.1 zeigt, besteht aus folgenden *Bausteinen*:

- Vorratsgefässe für Eluenten, mobile Phase
- Vakuumentgaser, entzieht dem Lösemittel vor dem Eintritt ins System gelöste Gase
- Pumpe (binäres oder quaternäres Eluentensystem)
- Probengeber oder Autosampler
- Säulenofen mit ein oder mehreren Trennsäulen, stationäre Phase
- Detektor, es können mehrere Detektoren hinter oder nebeneinander angeschlossen sein
- Datenaufnahme und Datenverarbeitung
- Lösemittelabfall (analytisch), Fraktionensammler (präparativ)

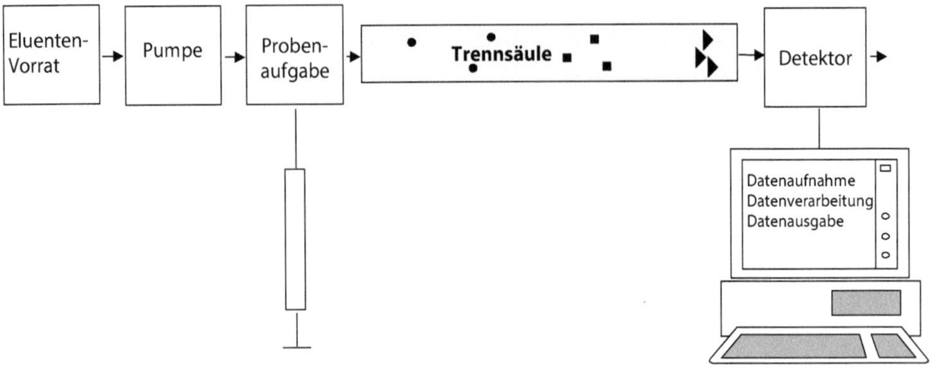

Abb. 18.1 Einfaches Schema einer HPLC-Anlage. (© Daniel Stauffer (2000) Chromatographie, F. Hoffmann-La Roche AG, Basel)

Die einzelnen Systeme werden aufgrund des Eluentensystems unterschieden.

Isokratisches System: Die Eluentenzusammensetzung bleibt während der ganzen Analysenzeit *konstant.*

Gradienten System: Die Eluentenzusammensetzung *ändert* sich im Verlauf eines Runs.

Niederdruck-Gradienten-System: Die Mischung des Eluenten erfolgt *vor* der Pumpe.

Hochdruck-Gradienten-System: Die Mischung des Eluenten erfolgt *nach* den Pumpen.

18.2.2 Niederdruck-Gradienten-System

Abb. 18.2 zeigt ein Niederdruck-Gradienten-System. Es besteht aus mehreren Vorratsgefässen mit Eluenten. Diese werden von der Pumpe angesogen, in einer Mischkammer gemischt und danach in der Pumpe komprimiert. Die Proportionierventile werden im gleichen Zeitverhältnis geöffnet wie das Konzentrationsverhältnis der Eluentenzusammensetzung sein soll.

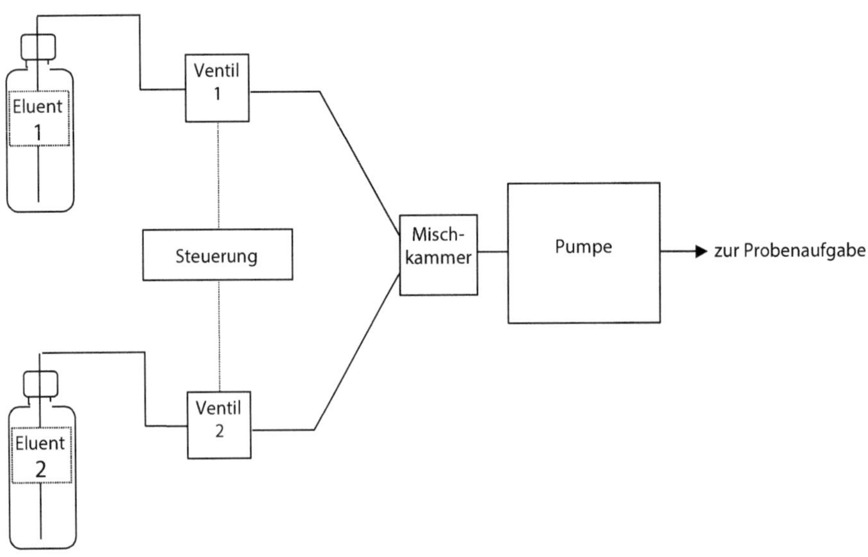

Abb. 18.2 Schema Niederdruck-Gradienten-System. (© Daniel Stauffer (2000) Chromatographie, F. Hoffmann-La Roche AG, Basel)

Vorteile des Niederdruck-Gradienten-Systems:
- Es wird nur eine Pumpe gebraucht, daher ist der Gerätepreis niedriger als bei Hochdruck-Gradienten-Systemen
- Sofern die Mischung der Eluenten vor der Pumpe erfolgt, bleibt der Eluentenfluss ungeachtet der Zusammensetzung konstant

Nachteile des Niederdruck-Gradienten-Systems:
- Die effektive Eluentenzusammensetzung in der Trennsäule entspricht nicht genau der eingestellten Eluentenzusammensetzung. Es ergibt sich eine Verzögerung aufgrund des Volumens der Mischkammer und den Kapillaren bis zur Trennsäule
- Wegen des relativ grossen Verzögerungsvolumens können keine steilen Gradienten gefahren werden
- Grösseres Totvolumen als beim Hochdruck-Gradienten-System
- Ist für die RRLC oder UHPLC Technik nicht geeignet

18.2.3 Hochdruck-Gradienten-Systeme

◘ Abb. 18.3 zeigt ein Hochdruck-Gradienten-System. Dort wird jeder Eluentenbestandteil von einer Pumpe im Verhältnis der gewünschten Volumenkonzentration gefördert. Die Eluenten werden erst nach dem komprimieren gemischt.

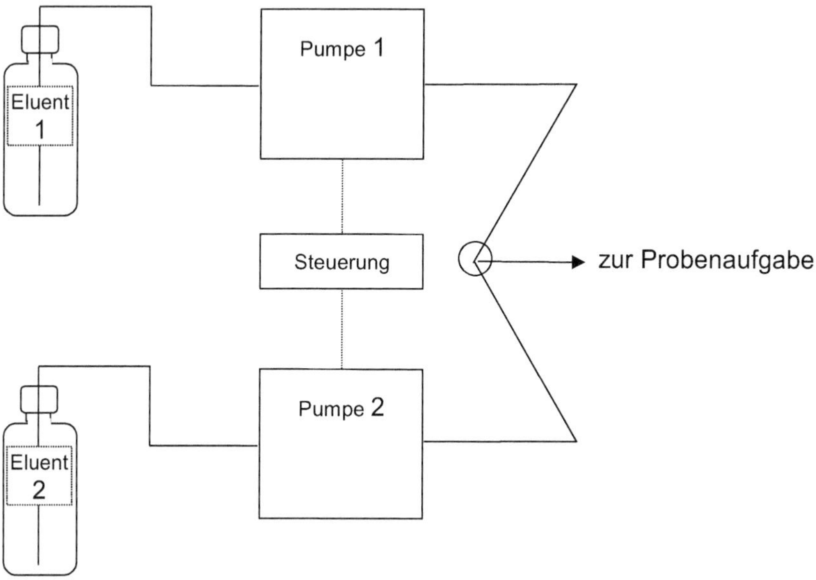

◘ **Abb. 18.3** Schema Hochdruck-Gradienten-System. (© Daniel Stauffer (2000) Chromatographie, F. Hoffmann-La Roche AG, Basel)

Vorteile des Hochdruck-Gradienten-Systems:
- Es sind steile Gradienten möglich, da das Verzögerungsvolumen sehr klein ist
- Schnelle Eluentenwechsel sind möglich
- Die effektive Eluentenzusammensetzung stimmt mit der eingestellten Zusammensetzung annähernd überein
- Einsatz in der Rapid Resolution LC (RRLC), Ultra High Performance LC (UHPLC) Technik

Nachteile des Hochdruck-Gradienten-Systems:
- Pro Eluent ist eine Pumpe notwendig. Daher sind die Gerätepreise höher und die Systeme wartungsintensiver
- Bei Eluentengemischen, welche bei der Mischung eine Volumenkontraktion erfahren, entspricht der effektiv vorhandene Eluentenfluss nicht genau dem eingestellten Wert

18.3 HPLC Pumpen

HPLC Pumpen müssen den Eluenten *präzise, konstant und pulsationsarm*, was möglichst kleine Druckschwankungen bedeutet, fördern.

Die HPLC Pumpen bestehen meist aus zwei Kolbenpumpen mit kurzem Hub. Die Kolben bestehen aus Spahirglas. Die Pumpen laufen leicht versetzt, damit sich nicht beide Kolben zur gleichen Zeit an den Wendepunkten befinden. Um die Pulsation weiter zu reduzieren, ist nach der Pumpe ein Pulsationsdämpfer eingebaut.

Das genaue Aufbauschema und das Funktionsprinzip einer Pumpe sind in den Unterlagen von Geräteherstellern beschrieben und werden hier nicht weiter erläutert.

Je nach System sind heute Pumpen auf dem Markt, die mit einem Druck bis 1200 bar arbeiten können.

18.3.1 Schema einer quaternären HPLC Pumpe

Den schematischen Aufbau einer quarternären HPLC Pumpe zeigt ◘ Abb. 18.4.

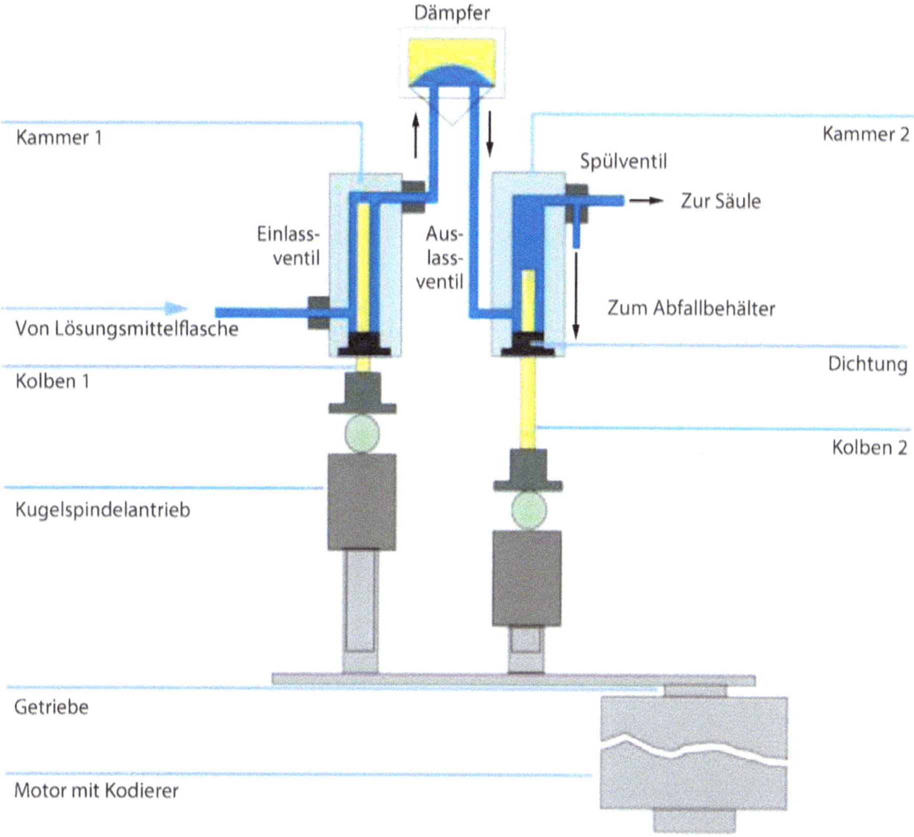

◘ **Abb. 18.4** Beispiel einer Quaternären Pumpe, Agilent System 1200. (Mit freundlicher Genehmigung von Agilent Technologies (Schweiz) AG, Basel)

18.4 Einlasssystem bei der HPLC

Das Einlasssystem beim HPLC muss so konstruiert sein, dass der Druck auf dem System nicht beeinträchtigt wird. Als Einspritzventil wird heute meist ein Sechswegventil (6-Portventil) mit einem variablen Loop verwendet. Je nach Systemen oder Anforderungen ist es möglich, den Autosampler zu thermostatisieren, zu verdunkeln oder anstelle von Vials, direkt aus Wellplates (Mikrotiterplatten) zu injizieren.

18.4.1 Ablauf einer Einspritzung mit einem Sechswegventil

◘ Tab. 18.1 zeigt die Funktionen eines Sechswegventils.

◘ **Tab. 18.1** zeigt die Funktionen eines Sechswegventils. (© Daniel Stauffer (2000) Chromatographie, F. Hoffmann-La Roche AG, Basel)

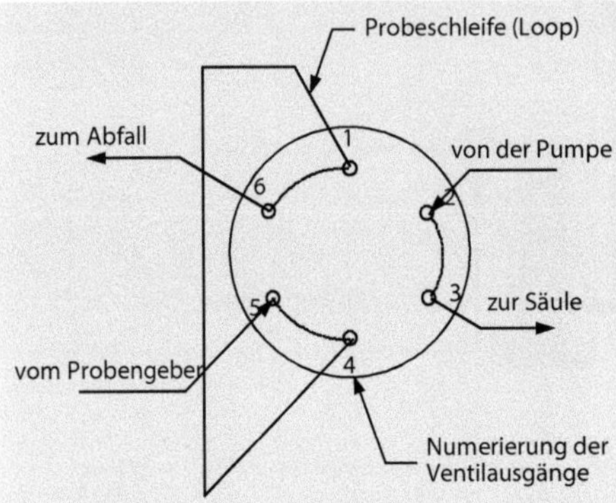

Ventil in „Lade-Stellung“

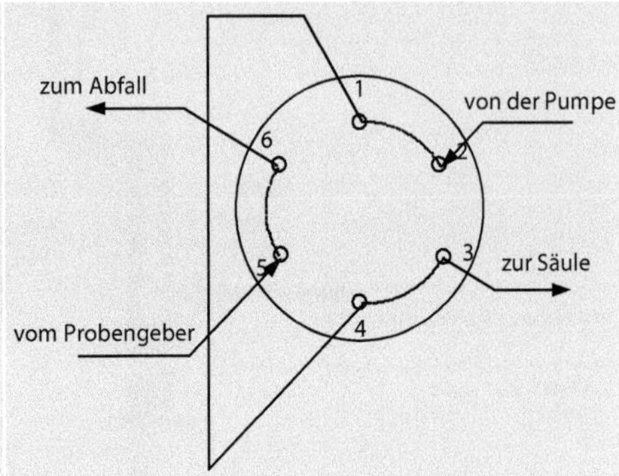

Ventil in „Injektions-Stellung“

1. Schritt	2. Schritt
Die Probeschleife wird gefüllt, der Eluent fliesst von der Pumpe direkt durch die Trennsäule.	Der Rotor wird gedreht, so dass der Eluent nun durch den Loop zur Trennsäule fliesst und somit die Probe auf die Säule spült. Wird mit einem Probegeber gearbeitet, dann ist es ratsam, nach kurzer Zeit (z. B. 10 s) das Ventil wieder in die Lade-Position zu stellen. So wird verhindert, dass nicht noch während längerer Zeit die letzten Reste der Probe auf die Säule gespült werden.

Je nach Gerätehersteller ist das Einlasssystem etwas anders aufgebaut. Siehe hierzu die Unterlagen des jeweiligen Systems.

18.5 Detektion in der HPLC

Die Detektoren, die in der HPLC eingesetzt werden, sollten folgende Anforderungen erfüllen:
- hohe Empfindlichkeit
- grosser linearer Bereich
- stabile Basislinie
- möglichst kleines Detektionsvolumen
- möglichst kleine Zeitkonstante (kurze Ansprechzeit)
- möglichst geringes Grundrauschen

In der HPLC existiert heute eine Vielzahl von möglichen Detektoren, die auf verschiedene Messprinzipien beruhen:
- UV-VIS Spektroskopie
- Massenspektroskopie (MS)
- Lichtbrechung
- Fluoreszenz

- Leitfähigkeit
- Verdampfung-Lichtstreuung
- Elektrochemie

Eine grosse Verbreitung haben UV-VIS Detektoren und Massenspektrometriedetektoren (MS).

In den nächsten Unterkapiteln werden nur die Prinzipien der UV-VIS und MS-Detektoren näher beschrieben. Für den detaillierten Aufbau und die Funktion anderer Detektoren sollte das Gerätehandbuch oder weitere Literatur konsultiert werden.

18.5.1 UV-VIS Detektoren

Der in der HPLC am meisten verwendete Detektor ist der UV-VIS Detektor. *UV* steht für ultraviolettes Licht und entspricht einer elektromagnetischen Strahlung von 200 bis 400 nm. *VIS* ist eine Abkürzung von VISibel, das bedeutet sichtbar, und steht für eine elektromagnetische Strahlung von 400 bis 800 nm. Dabei existieren folgende Typen:

- Detektoren mit einer fixen Wellenlänge
- Detektoren mit variabler Wellenlänge, je nach Modell können mehrere Wellenlängen gleichzeitig registriert werden (Multi Wavelength Detector = MWD)
- Diodenarraydetektoren können entweder Wellenlängen oder Spektren registrieren (Diode Array Detector = DAD)

Alle UV-VIS Detektoren zeichnen sich aus durch:

- hohe Empfindlichkeit
- gute Selektivität
- grosser linearer Bereich, es gilt das Lambert-Beer'sche Gesetz

Da auch der Eluent UV-Strahlung absorbiert, ist darauf zu achten, dass bei der gemessenen Wellenlänge die Grundabsorption des Eluenten möglichst klein ist. Im Idealfall sollte die Durchlässigkeit oder Transmission des Eluenten T > 60 % sein. In der Praxis hat sich daher durchgesetzt, dass bei der Verwendung von Methanol bei $\lambda > 220$ nm und von Acetonitril bei $\lambda > 200$ nm gemessen wird.

Die Lichtquelle bei UV-VIS Detektoren besteht für den UV-Bereich aus einer Deuteriumlampe und für den VIS-Bereich aus einer Wolframlampe.

Der Arbeitsbereich für den Detektor ist abhängig von der Belastung der Säule (Säulendimension) und der Grösse der Durchflusszelle. Das Volumen der Durchflusszelle muss mit der Säulendimension abgestimmt werden. Im Allgemeinen haben UV-VIS Detektoren denselben Arbeitsbereich wie ein UV-VIS-Spektrometer.

Mit UV-VIS Detektoren lassen sich hauptsächlich folgende funktionelle Gruppen detektieren:

- aromatische Ringe oder konjugierte Doppelbindungen (π-Bindungen)
- Doppel- und Mehrfachbindungen
- Carbonylgruppen (C=O)
- –Br, –I
- Schwefelverbindungen
- Stickstoffverbindungen
- Sauerstoffverbindungen

18.5.2 Absorptionsmaxima von Chromophoren

Eine Auswahl der Absorptionsmaxima von Chromophoren sind in der ◼ Abb. 18.5 ersichtlich.

Chromophore Gruppe	Formel	Wellenlänge λ max.
Amin–	$-NH_2$	195 nm
Ethylen–	–C=C–	190 nm
Keton–	>C=O	195 nm
Ester–	–COOR	205 nm
Aldehyd–	–CHO	210 nm
Carboxyl–	–COOH	200–210 nm
Nitro–	$-NO_2$	310 nm
Phenyl–	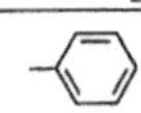	202 nm, 255 nm
Naphthyl–	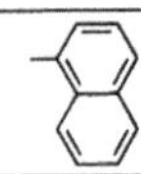	220 nm, 275 nm

◼ **Abb. 18.5** Absorptions-Maxima wichtiger Chromophore für die HPLC

18.5.3 Schematischer Aufbau eines UV-VIS Detektors

Einen schematischen Aufbau eines UV-VIS Detektors zeigt ◼ Abb. 18.6.

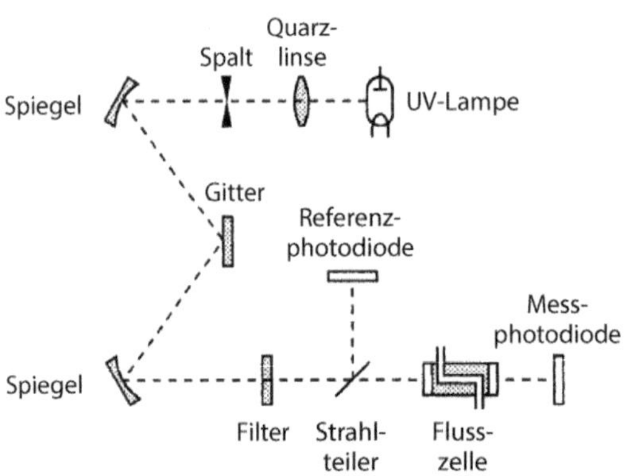

◼ **Abb. 18.6** Ein UV-VIS Detektor sendet einen möglichst schmalen Wellenlängenbereich durch die Durchflusszelle auf die Messphotodiode

18.5.4 Schematischer Aufbau eines Diodenarraydetektors (DAD)

Beim DAD, wie ◼ Abb. 18.7 zeigt, wird ein breiter Wellenlängenbereich (zum Beispiel 210 bis 360 nm) gleichzeitig auf eine Reihe lichtempfindlicher Dioden, auf den *Dioden Array*, gesandt. Jede dieser Dioden wird periodisch abgescannt. Dadurch entsteht ein dreidimensionales Chromatogramm, welches neben Signalhöhe und Retentionszeit zu jedem gewünschten Zeitpunkt auch UV-Spektren liefern kann.

Durch die dritte Dimension kann bei einer bestimmten Retentionszeit (Peak) im Chromatogramm ein Spektrum aufgerufen werden. Dieses kann weitere Informationen bezüglich der Moleküle, welche den Peak verursachen, liefern.

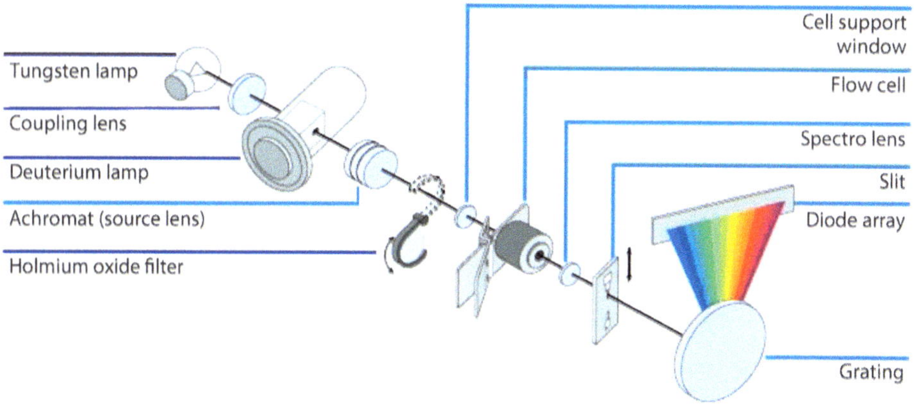

Abb. 18.7 Schema eines Dioden Array Detektors (DAD). (Mit freundlicher Genehmigung von Agilent Technologies (Schweiz) AG, Basel)

18.5.5 Mit einem UV-VIS Detektor Chromatogramme aufnehmen

Chromatogramme, die mit UV-VIS Detektoren aufgenommen wurden, weisen folgende x- und y-Achsen auf:

> Die x-Achse stellt die *Retentionszeit* in Minuten dar.
> Die y-Achse stellt die *Extinktion* (Absorbance) dar. Meistens wird diese in mAU (milli Absorbance Units) angegeben. Dabei entsprechen 1000 mAu einer Extinktion von 1.

Wenn mit einem DAD gearbeitet wird, kann zusätzlich auf der z-Achse die Wellenlänge und somit das *Spektrum* dargestellt werden, wie Abb. 18.8 zeigt. Mit diesem dreidimensionalen Chromatogramm lassen sich Peakreinheiten berechnen und es können Spektrendatenbanken angelegt werden.

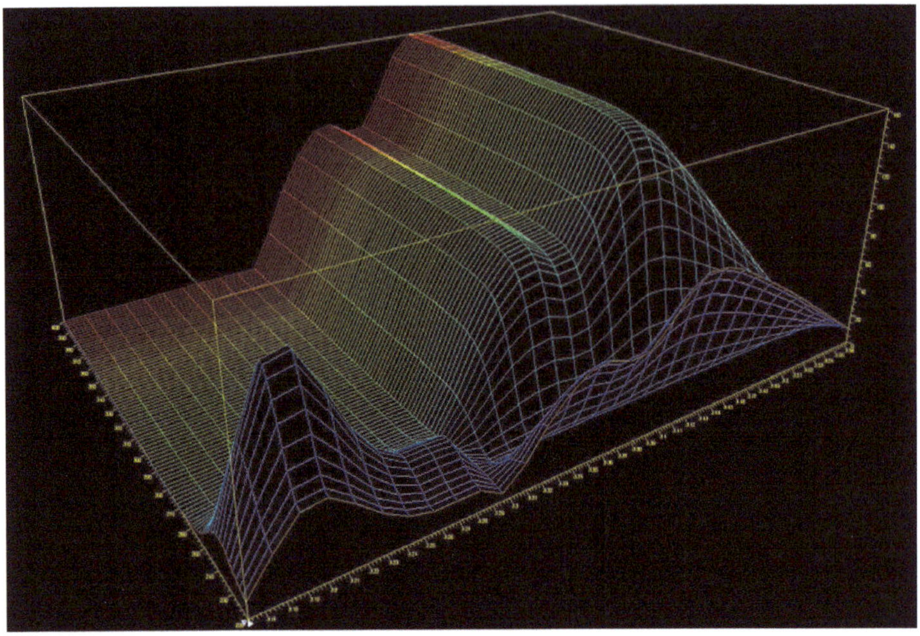

Abb. 18.8 Bespiel eines 3D Chromatogramms. *x-Achse* Retentionszeit in min, *y-Achse* Extinktion (Absorbance) oder mAU (milli Absorbance Units), *z-Achse* Wellenlänge in nm

18.5.6 Die Zeitkonstante

Bei UV-VIS und einigen anderen Detektoren kann eine *Zeitkonstante* für die Erfassung des Detektorsignals eingestellt werden. Diese Zeitkonstante ist eine elektronische Glättung des Signals und sagt aus, wie lange das Signal verzögert wird. Eine falsche Einstellung dieser Zeitkonstante kann, durch die Elektronik bedingt, zu einer schlechten Auflösung oder zu einem grossen Grundrauschen führen.

Tab. 18.2 zeigt die Gegenüberstellung zweier Zeitkonstanten mit gleichen Trennparametern Probe: je 4 µL Ethylbenzol, Butylbenzol, tert.-Butylbenzol in 100 mL 95 % MeOH + 5 % H_2O, Eluent: 95 % MeOH + 5 % H_2O.

Tab. 18.2 Die Auflösung ist mit der grossen Zeitkonstante (8s) wesentlich schlechter. Die Peaks sind nicht mehr getrennt. In der eingesetzten Gerätesoftware wird meistens eine ideale Zeitkonstante vorgeschlagen. (© Daniel Stauffer (2000) Chromatographie, F. Hoffmann-La Roche AG, Basel)

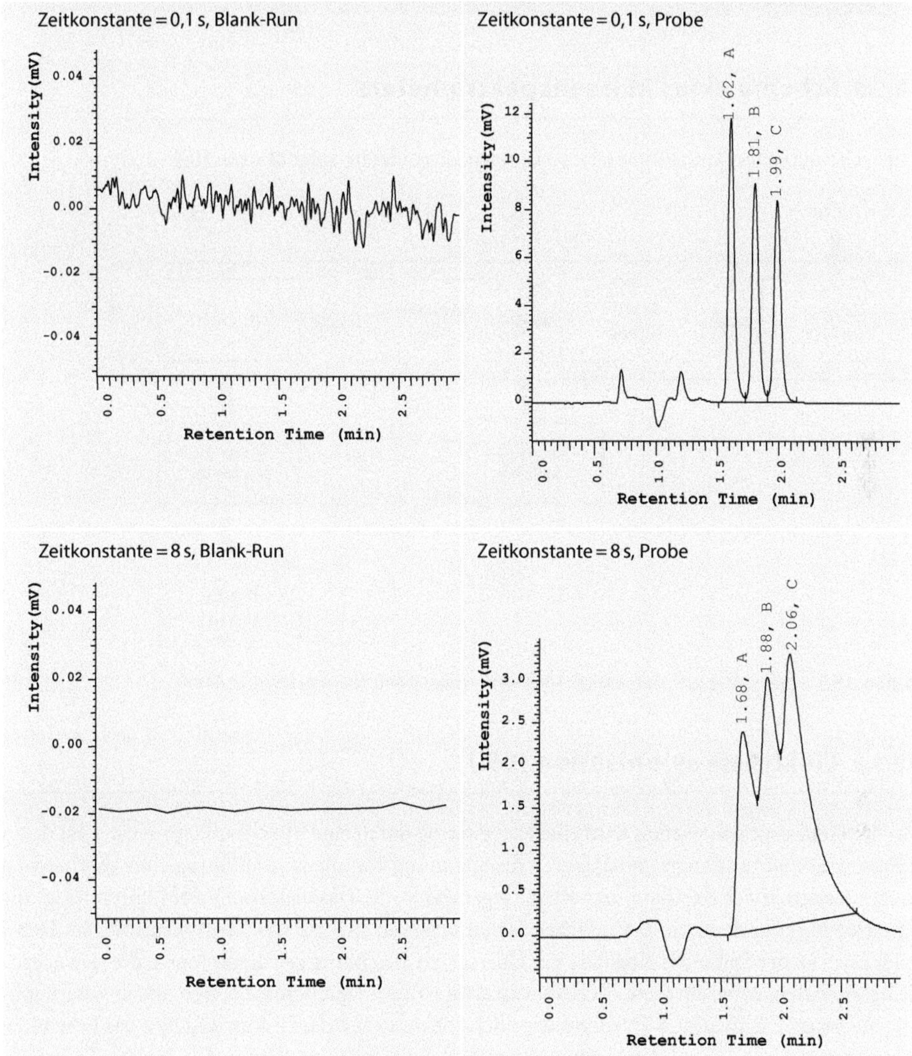

18.5.7 Massenspektroskopie-Detektor

Die Massenspektroskopie (MS) ist ein sehr leistungsfähiges Verfahren zur Detektion in der Chromatographie. Aufgrund der Entwicklungen der Säulendimensionen und der Leistungsfähigkeiten in der Computertechnik hat diese Detektionsmethode an Bedeutung gewonnen.

MS ermöglicht die *qualitative Identifizierung* von Substanzen sowie die massenselektive Detektion und damit eine *Quantifizierung*. Die Schwierigkeit einer direkten Kopplung von HPLC und MS besteht darin, die gelösten Analyten aus dem Eluenten in eine Gasphase zu überführen und den Eluenten abzutrennen.

Für LC-MS Geräte werden beispielsweise folgende Ionisationsmethoden eingesetzt:

- Elektrosprayionisation (ESI)
- chemische Ionisation bei Atmosphärendruck (atmospheric pressure chemical ionisation = APCI)

18.5.8 Schema eines Massenspektrometers

Eine schematische Darstellung eines Massenspektrometers zeigt ◘ Abb. 18.9.

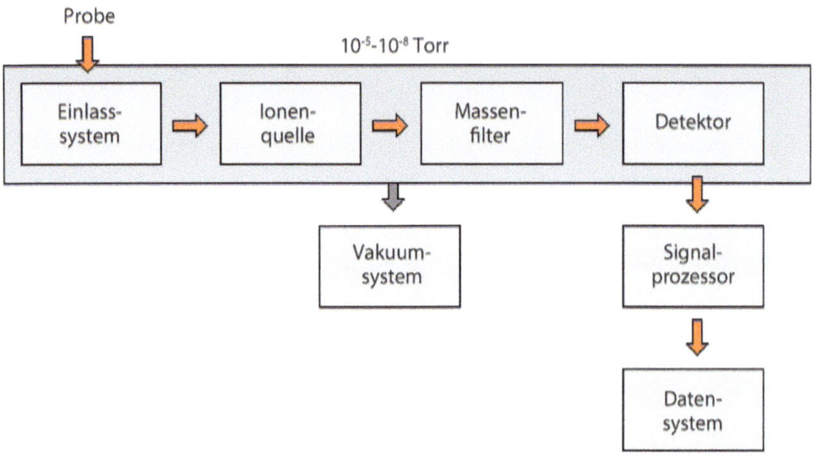

◘ **Abb. 18.9** Schema Massenspektrometer. (Quelle: Christian Beerli, Novartis Pharma, Basel)

18.5.9 Elektrosprayionisation (ESI)

Bei der Elektrosprayionisation wird eine Probelösung durch eine Metallkapillare geleitet, an deren Spitze eine Spannung angelegt ist. Durch die Spannung kommt es zur Bildung eines elektrischen Feldes zwischen der Kapillare und einer Gegenelektrode. Das elektrische Feld durchdringt die Probelösung und die darin befindlichen Ionen bewegen sich auf die Gegenelektrode zu. Dabei bildet sich an der Spitze der Kapillare ein Überschuss gleichartig geladener Ionen, die sich gegenseitig abstossen, dabei ein feines Aerosol von etwa 10 µm Tropfengrösse bilden und aus der Kapillare austreten. Ein neutrales Trägergas wie Stickstoff vernebelt die Lösung und hilft das Lösemittel zu verdampfen. Aufgrund der Verdampfung des Lösemittels verkleinert sich die Tropfengrösse, während die Dichte des elektrischen Feldes auf der Tropfenoberfläche zunimmt. Unterhalb eines bestimmten Durchmessers zerfallen die Tropfen wegen der Abstossung von gleichartigen Ladungen in kleinere Tröpfchen, welche dann als Ionen in den Massenspektrometer gelenkt werden.

Durch eine positive Spannung an der Kapillare werden positiv geladene Ionen erzeugt und durch eine negative Spannung negativ geladene Ionen.

Mit dieser Methode können empfindliche Moleküle ionisiert werden, da dabei die Probe kalt bleibt. Ein Nachteil kann sein, dass sich oft ausschliesslich Molekülionen bilden und nur wenige fragmentierte Ionen entstehen. In diesem Fall ist die Interpretation des aufgenommenen Spektrums schwierig.

Das ESI-Verfahren ist vor allem für polare Moleküle geeignet, insbesondere solche mit funktionellen Gruppen, die sich leicht protonieren oder deprotonieren lassen.

18.5.10 Chemische Ionisation (APCI)

APCI ist eine chemische Ionisierungstechnik bei atmosphärischem Druck. Eine Lösung der Probe aus dem LC wird durch eine Kapillare geleitet und in einem Stickstoffstrom zerstäubt. Der entstandene Spray wird durch eine Keramikdüse, welche 300–400 °C heiss ist, geführt. Dabei verdampft das Lösemittel (respektive der Eluent) vollständig.

Der austretende Dampf wird durch Anlegen einer Hochspannung von zirka 5 kV über eine nadelförmige Elektrode, sie heisst Korona Nadel und auf Englisch *Corona Discharge Needle*, in ein Plasma überführt. In dem Plasma werden zunächst aus dem Lösemittel Ionen gebildet. Die ionisierten Lösemittelmoleküle wiederum ionisieren die Probemoleküle, die dann in den Massenspektrometer überführt werden.

Je nach Lösemittel und Probe sind folgende Reaktionen möglich:

- Protonierung (wie bei der chemischen Ionisation von Aminen)
- Ladungsaustausch
- Deprotonierung (wie bei Carbonsäuren oder Phenolen)
- Elektroneneinfang (wie bei Halogenverbindungen und Aromaten)

Die Methode ist weniger anfällig auf Störeinflüsse, aber weniger schonend als *ESI*. Der Einsatz von *APCI* ist unter den folgenden Voraussetzungen sinnvoll:

- Die Probe ist mit *ESI* schlecht ionisierbar, weil sie zu wenig funktionelle Gruppen oder keinen Stickstoff hat
- Der Analyt enthält nur wenig reaktive funktionelle Gruppen wie Kohlenwasserstoffe, Alkohole, Aldehyde, Ketone oder Ester
- Die Probe ist thermisch stabil und verdampfbar
- Die Probe wird durch Störeffekte wie die Ionensuppression stark beeinflusst

Es können beide Ionisationsarten in einer Ionenquelle kombiniert sein und können alternierend angewendet werden.

18.5.11 Interpretation von LC-MS Spektren

Vereinfacht gesagt, ermöglicht ein Massenspektrum zu jedem Peak in einem LC-MS Chromatogramm eine Aussage über die Molekülstruktur.

Sanfte Ionisationsmethoden ermöglichen eine einfache Interpretation der Spektren. Im einfachsten Fall wird nur die Molekülmasse bestimmt, wie das ein Quadrupol-MS ermöglicht. Dagegen fehlen in dieser Variante die Strukturinformationen, die man beispielsweise mit einem EI-MS aus den Molekülfragmenten erhält.

Moderne Geräte ermöglichen die Durchführung von bis zu 10 Fragmentierungsschritten, was mit MS^{10} oder MS^n bezeichnet wird.

Vertiefte Informationen zur Technik der Massenspektroskopie gibt es in Band 4.

18.6 Mobile Phasen

Die Beschreibung der folgenden Kapitel bezieht sich ausschliesslich auf HPLC mit *Reversed Phase* Säulen.

Die mobile Phase ist zusammen mit dem Säulenmaterial verantwortlich für die Trennung der Probe. Nebst Wasser wird häufig mit Methanol oder Acetonitril, gearbeitet. Isopropanol, Tetrahydrofuran (THF), Dioxan, Ethanol und weitere Lösemittel finden in speziellen Fällen ebenfalls Verwendung.

Allfällige *Zusätze* in Eluenten wie Trifluoressigsäure (TFA) oder Puffersalze können das Elutionsverhalten der Probemoleküle beeinflussen.

Die Anforderungen an die Qualität der Eluenten in der HPLC sind sehr hoch. Ein Lösemittel, welches als Bestandteil eines Eluenten dienen soll, *muss möglichst rein sein und darf keine Schwebestoffe enthalten*. Bei organischen Lösemitteln sollten nur solche ohne Stabilisatoren verwendet werden, weil die Zusätze Licht absorbieren können und somit das Grundrauschen erhöhen. Verunreinigungen im Eluenten können das Grundsignal des Detektors erhöhen und das Signalrauschen verbreitern. Allfällige Zusätze wie Puffer oder Säuren können eine Quelle von Verunreinigungen sein. Deshalb sollten nur sehr reine Substanzen verwendet werden. Geeignete Eluenten werden mit *gradient grade* oder *HPLC grade* bezeichnet.

Wasser als Lösemittel sollte möglichst keine Salze und keine andere organische Stoffe enthalten. Daher wird entweder vor Ort aufbereitetes Wasser wie Milli Q, PURELAB Ultra, nanopure oder gekauftes „HPLC-Wasser" verwendet. Diese Qualitäten an Wasser weisen eine Leitfähigkeit um die 18 MΩ/cm oder ungefähr 0,05 µS/cm und einen TOC-Gehalt (Gesamter organischer Kohlenstoff, Total Organic Carbon) von ungefähr 5 bis 10 ppb, oft sogar <5 ppb auf.

Lösemittel als Bestandteil eines Eluenten dürfen *keine gelösten Gase* enthalten, da Luft oder andere Gase in einem HPLC System zu massiven Problemen führen können. Um dies zu verhindern müssen die Eluenten entgast werden. Meist wird dazu ein Vakuumentgaser in die HPLC-Anlage eingebaut.

Wird mit einem UV-Detektor gearbeitet, muss die Eigenabsorption der verschiedenen Eluenten unterhalb einer bestimmten Wellenlänge berücksichtigt werden. Dabei sollte der Eluent bei der gewählten Messwellenlänge möglichst kein Licht absorbieren.

In der folgenden Tabelle sind die minimalen Messwellenlängen einiger Eluenten aufgeführt. Oberhalb dieser Wellenlänge liegt die Eigenabsorption des Eluenten unter 50 %.

- Wasser: 200 nm
- Acetonitril: 200 nm
- Methanol: 220 nm
- Ethanol: 220 nm
- 2-Propanol: 220 nm

In der Literatur sind auch andere Wellenlängengrenzen zu finden. Für die Quantifizierung sind die obigen Bereiche jedoch massgebend.

18.6.1 Die eluotrope Reihe in der Reversed Phase HPLC

18

In den meisten Fällen wird mit Gemischen aus Wasser und Methanol respektive Wasser und Acetonitril gearbeitet. Massgebend für die Wahl ist die Elutionskraft der verschiedenen Eluenten.

Die Beispiele in ◘ Abb. 18.10 und 18.11 zeigen den Effekt der unterschiedlichen Elutionskraft:

- Eluent: *Methanol : Wasser* Gradient 50 % Methanol, 1 min isokratisch, in 5 min auf 75 % Methanol

- Säule: Nucleosil C_{18}, 50 × 3 mm, 3,0 µm
- Fluss: 0,5 mL/min
- Detektion: 220 nm
- Probe: 10 mg in 100 mL Methanol : Wasser 50:50

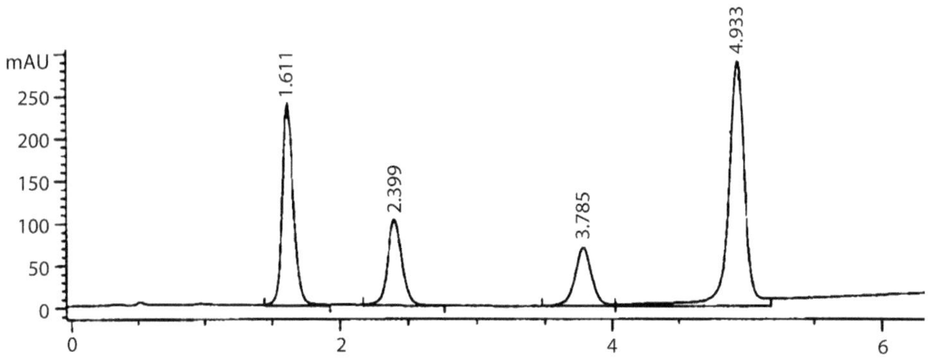

Abb. 18.10 Probegemisch aus vier Substanzen mit Methanol und Wasser eluiert

- Eluent: *Acetonitril : Wasser* Gradient 50 % Acetonitril, 1 min isokratisch, in 5 min auf 75 % Acetonitril
- Fluss: 0,5 mL/min
- Detektion: 220 nm
- Probe: 10 mg in 100 mL Methanol : Wasser 50:50

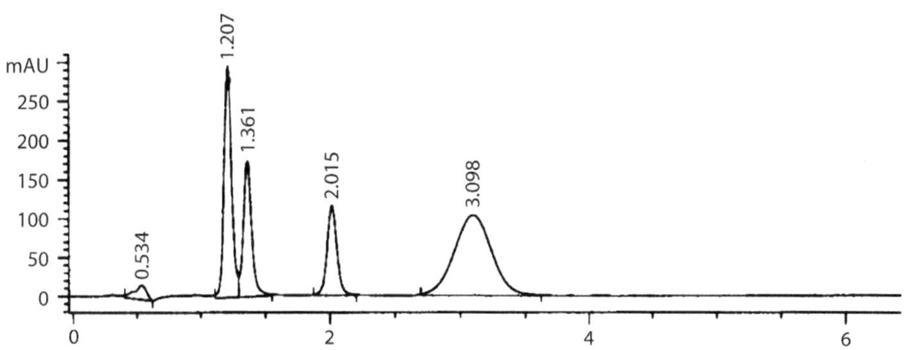

Abb. 18.11 Das selbe Probegemisch wie in . Abb. 18.10 mit Acetonitril und Wasser eluiert

Der in Abb. 18.11 neu sichtbare Peak bei 0,534 min und die stärkere Peakverbreiterung des Peaks bei 3,098 min sind eine Folge davon, dass die Probe in einem anderen Lösemittel als dem Eluenten gelöst wurde (s. auch Band 3, ► Abschn. 18.6.1).

Mit Hilfe der Tab. 18.3 kann die *Elutionskraft* von Lösemitteln als Bestandteil in Eluenten in der Umkehrphasen-HPLC abgeschätzt werden.

Tab. 18.3 Die eluotropen Äquivalente nach Gertz und Fellmann

Polarität	Eluent	eluotrope Äquivalente	Elutionskraft
↑	Wasser	0,0	↓
	Methanol	5,5	
	Ethanol	7,6	
	Acetonitril	7,3	
	Dimethylformamid	8,0	
	Tetrahydrofuran	8,4	
	2-Propanol	8,8	

Die Elutionskraft, welche auch Elutionsvermögen heissen kann, ist definiert als Adsorptionsenergie des Lösemittels pro Oberflächeneinheit relativ zu n-Pentan in der Normalphasenchromatographie und zu Wasser in der Umkehrphasenchromatographie.

Je unpolarer die Eluentenmischung ist, desto schneller werden die Probemoleküle eluiert und desto kürzer werden die Retentionszeiten der entsprechenden Peaks.

18.6.2 Zusätze zur mobilen Phase

Je nach der Zusammensetzung der Probemischung wird das Eluentengemisch mit Zusätzen, wie sie in Tab. 18.4 aufgeführt sind, versetzt. Sind in der Probe Substanzen mit sauren oder basischen funktionellen Gruppen enthalten, können solche Moleküle mit dem wässrigen Teil des Eluenten eine Protolyse eingehen. Carbonsäuren können in der Messlösung sowohl als freie Säure (R-COOH), als auch als Salz ($R\text{-}COO^-$) gleichzeitig vorliegen. Diese beiden Moleküle haben eine unterschiedliche Polarität. Im Chromatogramm wird dies durch asymmetrische Peaks oder sogar durch zwei Peaks erkennbar. Um solche Störungen zu verhindern, werden den Eluenten Zusätze beigegeben, die das Protolysegleichgewicht in eine eindeutige Richtung beeinflussen. Für solche Zusätze gilt:

- *Neutrale* Eluentengemische: Trennung von *neutralen* Stoffen, sehr schwachen Säuren und sehr schwachen Basen
- *Saure* Eluentengemische: Trennung von *Carbonsäuren*, Phenolen oder Amiden
- *Basische* Eluentengemische: Trennung von *Aminen*, Pyridinen und Aniliden

Anmerkung: Amine können sowohl sauer als auch basisch chromatographiert werden.

Der pH-Bereich des Eluenten richtet sich nach dem pK_S- respektive pK_B-Wert der Substanz. Eine Faustregel besagt: „Der pH-Wert des Eluenten sollte ±2 um den pK_S- respektive pK_B-Wert der Substanz liegen."

■ Tab. 18.4 Einige Zusätze mit ihrem typischen pH-Bereich und einer typischen Anwendungskonzentration

Saure Zusätze	**pH-Bereich**	**Konzentration (V/V)**
Trifluoressigsäure (TFA)	< 2,5	0,01–0,1 %
Ameisensäure, Essigsäure	2,8–4,8	0,05–0,2 %
Phosphorsäure	1,1–3,1	pH einstellen
Puffer Kaliumdihydrogenphosphat	1,1–3,1	10–30 mmol/L pH-Wert mit Säure oder Base einstellen
Puffer Natriumacetat	3,8–5,8	
Basische Zusätze	**pH-Bereich**	**Konzentration (V/V)**
Ammoniak (NH_3)	8,2–10,2	0,05–0,1 %
Diethylamin	9,5–11,5	0,05–0,1 %
Triethylamin (TEA)	10–12	0,05–0,1 %
Puffer Dikaliumhydrogenphosphat	6,2–8,2	10–30 mmol/L pH-Wert mit Säure oder Base einstellen
Puffer Kaliumphosphat	11,3–13,3	

Wird mit Säuren oder Basen als Zusätze gearbeitet, dann sollte die entsprechende Menge wenn möglich zu beiden Lösemitteln des Eluenten zugesetzt werden. Damit wird gewährleistet, dass die Konzentration des Zusatzes während der gesamten Analysenzeit stabil bleibt und sich im Falle einer Gradientenelution unabhängig zur Eluentenzusammensetzung verhält. Reine Säuren oder Basen haben keinen Pufferbereich und können den pH-Wert nicht stabil halten. Wird mit Säuren oder Basen als Zusätze nur in einem Lösemittel gearbeitet, dann kann die Basislinie ansteigen oder sinken.

Die Wahl des organischen Eluenten und die Wahl von allfälligen Zusätzen sind immer von den funktionellen Gruppen und somit von der Polarität der einzelnen Probenmoleküle abhängig.

18.7 Stationäre Phasen

Die in der HPLC eingesetzten stationären Phasen werden in Säulen mit unterschiedlichen Dimensionen gepackt. Diese Säulen bestehen aus speziellem, innen glattpoliertem Chrom-Nickel-Molybdän Stahl.

Für analytische Zwecke werden meistens Säulen mit einem Innendurchmesser von 2 bis 5 mm verwendet. Die Länge kann stark variieren und liegt zwischen 5 und 25 cm, wie die ■ Abb. 18.12 zeigt. Die Entwicklung geht in Richtung *möglichst kurze Säulen mit kleinem Innendurchmesser*, gefüllt mit Säulenmaterial dessen Partikelgrössen bis hinunter zu 1,8 µm und möglichst kleiner Porengrösse gehen.

Es gibt auch Kapillarsysteme.

Alle Systeme haben das Ziel möglichst kurze Analysenzeiten zu generieren.

Damit Säulen mit geringen Dimensionen und welche mit Säulenmaterial mit Partikelgrössen bis hinunter zu 1,8 µm gepackt sind, verwendet werden können, geht die Geräteentwicklung weg von der bekannten HPLC welche mit einem Druck bis 400 bar betrieben werden kann. Sie geht hin zur RRLC (Rapid Resolution LC) mit einem maximalen Druck von 600 bar und UHPLC (Ultra High Performance LC) mit einem maximalen Druck von 1200 bar.

Abb. 18.12 HPLC-Säulen Eurospher II. (Mit freundlicher Genehmigung von KNAUER Wissenschaftliche Geräte GmbH, Berlin, Deutschland)

18.7.1 Anforderungen

Die verwendeten Säulen und Materialien sollten über einen grossen Bereich druckstabil sein und einem grossen pH Bereich standhalten können. Die Druckstabilität ist abhängig von der Struktur und der Beschaffenheit der stationären Phase. Je nach Aufbau und Struktur der eingesetzten stationären Phase und je nach dem verwendeten Temperaturbereich ist der nutzbare pH-Bereich unterschiedlich. Bei der Wahl der Säule müssen diese Kriterien berücksichtigt werden.

18.7.2 Derivatisierung von Kieselgel zu Reversed Phase (RP)

Kieselgel besteht aus amorphem Siliziumdioxid mit poröser Oberfläche. Heute ist eine Vielzahl von stationären Phasen im Handel erhältlich und je nach Säulenhersteller tragen dieselben stationären Phasen unterschiedliche Handelsnamen.

Modifizierte Kieselgele (reversed phase, RP-Phasen) entstehen durch die Umsetzung der Kieselgeloberfläche mit Silanen (Organohalogensilane), wie Abb. 18.13 zeigt. Die Alkylierung der Silanolgruppen (Si-OH-Gruppen) auf dem Kieselgel verringert die ursprünglich polaren Eigenschaften. Die stationäre Phase wird damit hydrophobiert. Bei der Alkylierung des Kieselgels können nur ungefähr 50 % der Si-OH-Gruppen umgesetzt werden. Die übrigen sind sterisch abgeschirmt, was Englisch *umbrella effect* heisst. Das führt dazu, dass die stationäre Phase mit Wasser benetzbar bleibt.

Beispiele für organische Reste:
- C2-Gruppen
- C8-Gruppen
- C18-Gruppen
- Phenyl-Gruppen
- Cyclohexan-Gruppen

Mit zunehmender Kettenlänge sinkt die Polarität und die Hydrophobie nimmt zu.

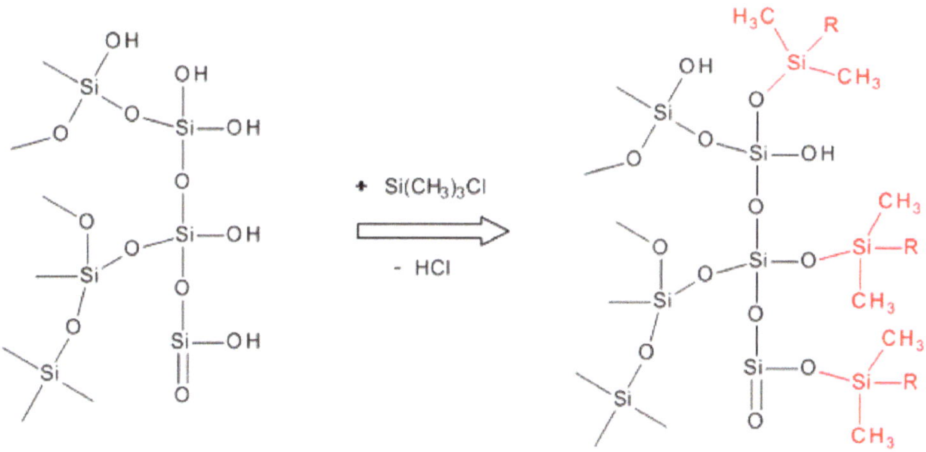

Abb. 18.13 Die Oberflächenmodifizierung von Kieselgel

Die restlichen Si-OH-Gruppen können mit „endcapping" weiter behandelt werden. Das modifizierte Kieselgel kann mit dem wesentlich kleineren Trimethylchlorsilan umgesetzt und somit weitere Si-OH-Gruppen alkyliert werden. Die hydrophoben Eigenschaften werden nochmals verstärkt. Diese Säulen sind noch unpolarer.

18.7.3 Aufbau einiger stationären Phasen

Die stationären Phasen in Tab. 18.5 sind geordnet nach steigender Polarität

Tab. 18.5 Gebräuchliche Oberflächen für die RP-HPLC

Name	Struktur	Einsatzgebiet
C18 High Densitiy	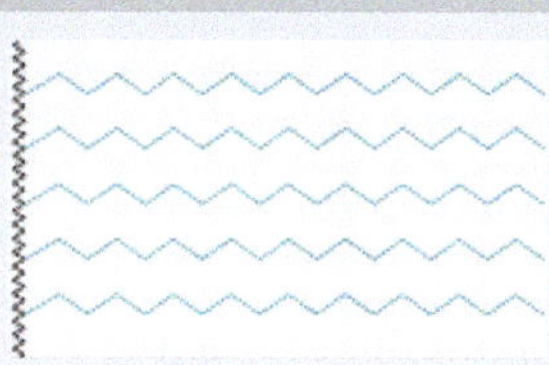	Für unpolare Verbindungen
C18 ohne und mit endcapping	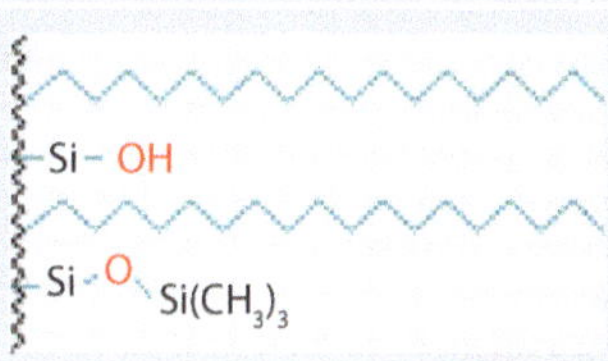	Für unpolare bis mittelpolare Verbindungen. Breites Anwendungsgebiet für alle funktionellen Gruppen

Tab. 18.5 (*Fortsetzung*) Gebräuchliche Oberflächen für die RP-HPLC

Name	Struktur		Einsatzgebiet
C8 Links ohne und rechts mit endcapping	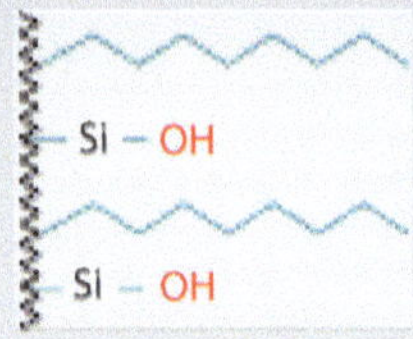	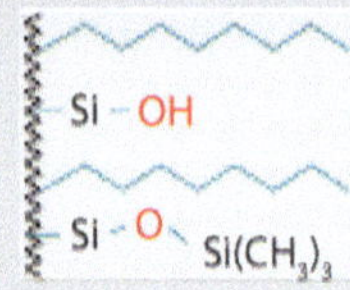	Für mittelpolare Verbindungen. Polarer als C18
Phenyl ohne und mit endcapping	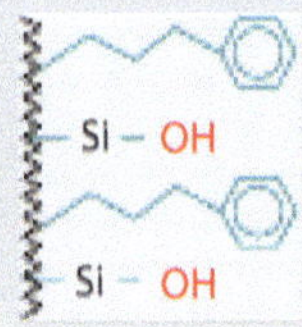		Für mittelpolare Verbindungen, ungesättigte Verbindungen und ideal für aromatische Verbindungen. Polarer als C18

Die meisten stationären Phasen in der RP-HPLC müssen mit Eluenten, welche einen Wassergehalt von mindestens 5 und maximal 95 % haben, betrieben werden.

Alle modifizierten stationären Phasen können sphärisch, was kugelförmig bedeutet, oder als gebrochene Partikel geformt sein. Die Gestalt der stationären Phase hat neben der Derivatisierung auf die Peakform und die Selektivität grossen Einfluss. Aus diesem Grund haben Hersteller neue Materialien entwickelt, auf die sie ihre Phasen aufziehen.

Der allgemeine Aufbau besteht meistens aus einem stabilen inneren Kern aus Kieselgel, manchmal auch aus Kunststoff mit einer Kieselgel Hülle. Verkürzte Diffusionszeiten und somit schmalere Peaks sind Vorteile solcher Phasen.

Abb. 18.14 zeigt eine Phase, welche je nach Hersteller als Core-Shell, Poroshell oder Nucleoshell bezeichnet wird.

Vorteile der Core-Shell-Partikel:

- Kurze Diffusionswege, schneller Stoffaustausch (C-Term der Van Deemter Gleichung)
- Hohe Fliessgeschwindigkeit ohne Peakverbreiterung für schnelle Analytik
- Stabiles Säulenbett, enge Partikelgrössenverteilung (d90/d10 ~ 1,1)
- Hohe Wärmeübertragung, minimaler Einfluss von Reibungswärme

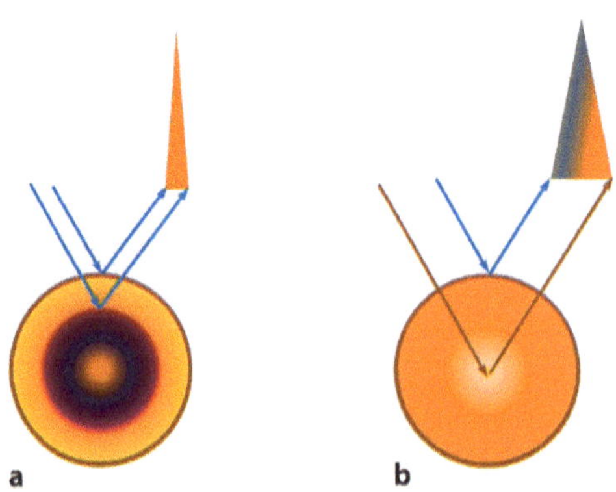

Abb. 18.14 Ein Core-Shell-Partikel (a) im Vergleich mit totalporösem Kieselgel (b)

Neben den beschriebenen unpolaren stationären Phasen können auch polare Phasen eingesetzt werden. Dabei werden Cyanogruppen oder Aminogruppen an das Kieselgel angehängt. Je nach Struktur können sie sogar als polare Phasen dienen.

18.7.4 Wahl der stationären Phase

Die Polarität der einzelnen Probekomponenten sollte möglichst ähnlich wie die der stationären Phase sein. Wenn sich die einzelnen Komponenten über einen grossen Polaritätsbereich verteilen, sind C18 und C8 Phasen, die noch einen Anteil an Restsilanolgruppen enthalten, sehr robust und können über einen grossen Polariätsbereich genutzt werden. Säulenhersteller machen Angaben über die Verwendbarkeit ihrer Säulenmaterialien.

18.8 Trennsysteme

Wasser kann unpolare Kohlenwasserstoffreste nicht benetzen und somit kein Gleichgewicht mit ihnen ausbilden. Das hat zur Folge, dass Wasser die Probemoleküle in der RP-HPLC am langsamsten eluiert. Daher wird in der RP-Chromatographie das Wasser als Bremser bezeichnet.

Je unpolarer das Lösemittel, desto besser wird die unpolare stationäre Phase benetzt und die Probeteilchen eluieren schneller.

Daher gilt, dargestellt in der ◘ Tab. 18.6, bezüglich der RP-HPLC folgende Reihe:

◘ **Tab. 18.6** Die Elutionskraft der wichtigsten Bestandteile von Eluenten in der RP-HPLC

Eluent	Elutionskraft	Retentionszeiten
Wasser Methanol Acetonitril	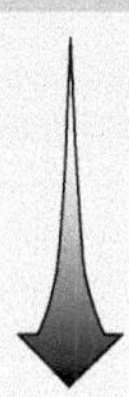	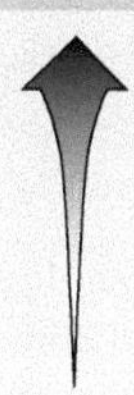

In der Praxis werden Mischungen aus Methanol und Wasser sowie Acetonitril und Wasser eingesetzt. Dabei ist die Trennung vom Wasseranteil in der Mischung abhängig.

- *geringer Wassergehalt* bedeutet kurze Retentionszeiten, wenig Wechselwirkungen zwischen stationärer Phase und Probemolekülen
- *hoher Wassergehalt* bedeutet lange Retentionszeiten, viele Wechselwirkungen zwischen stationärer Phase und Probemolekülen

Wie ◘ Tab. 18.7 zeigt, ist für die Trennung die Polarität der Probemoleküle massgebend. Es gilt ungefähr folgende Reihenfolge auf RP stationären Phasen:

◘ **Tab. 18.7** Probemoleküle eluieren abhängig von ihrer Polarität

Funktionelle Gruppe der Komponenten	Retentionszeiten
Salze	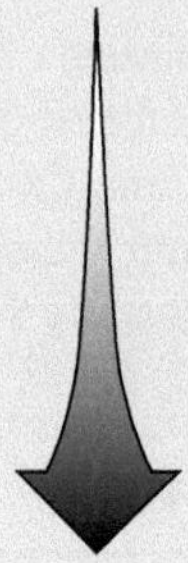
Carbonsäuren	
Alkohole/Phenol	
Amine	
Aldehyde/Ketone	
Ether	
organische Halogenverbindungen	
Aromate/Aliphate	

In homologen Reihen steigt die Retentionszeit von Probemolekülen mit der zunehmenden Länge der Kohlenwasserstoffkette. Eine verzweigte Kette bewirkt eine etwas schnellere Elution als eine unverzweigte Kette. Ionisierbare funktionelle Gruppen wie Amine oder Carbonsäuren dürfen nur in einer Form vorliegen. Dies wird durch Zugabe von Zusätzen ermöglicht, wie in ► Abschn. 18.6.2 beschrieben ist.

Für eine ideale Trennung sollten die Polarität der Probemoleküle und die Polarität der Säule in einem ähnlichen Bereich liegen. In diesem Fall kann die Elutionskraft des Eluenten optimal ausgenutzt werden.

18.8.1 Isokratische Trennung

Bei isokratischen Trennungen ist die Zusammensetzung der Mischung während der gesamten Analysenzeit *konstant*. Dabei ändert die Polarität des Eluenten während des gesamten Runs nicht. Je unterschiedlicher die Polarität der Komponenten, desto leichter lassen sie sich für gewöhnlich trennen. Isokratische Systeme führen, je länger die Chromatographie dauert, zu erhöhter Längsdiffusion und somit zu breiteren Peaks.

18.8.2 Gradiententrennung

Wenn sich die Zusammensetzung des Eluenten während der Analysenzeit *ändert*, heisst diese Technik Gradiententrennung. Dabei gilt folgende Faustregel.

> In einem Gradientensystem wird der Wasseranteil während der Analysenzeit reduziert.

Gradientensysteme haben den Vorteil, dass durch die Erhöhung der Elutionskraft die Analysenzeit gegenüber einem isokratischen System verkürzt und die Peakverbreiterung minimiert wird. Mit einem Gradientensystem gibt es schmalere Peaks.

Bei Trennungen mit einem Gradienten ist es wichtig, das System vor jedem Run wieder zu equilibrieren. Die Equilibrierzeit der stationären Phase ist vom gesamten Systemvolumen und vom Fluss abhängig. Sie kann je nach Gerätesystem stark variieren.

Die meisten stationären Phasen werden desaktiviert wenn mit 100 % Wasser als Eluent gearbeitet wird. Das bedeutet, dass die stationäre Phase dabei stark beschädigt oder gar zerstört wird.

18.9 Probevorbereitung

Messlösungen von Probemolekülen sollen folgende Kriterien erfüllen:

- Klare Lösung (keine unlösliche Anteile oder Schwebestoffe)
- Das ideale Lösemittel hat die gleiche Zusammensetzung wie der Eluent zu Beginn des Gradienten
- Konzentration der Messlösung ist auf die Säulenkapazität und das Volumen der Detektorzelle abgestimmt

Oft können nicht alle Kriterien auf einmal erfüllt werden. Dann sind mehrere Arbeitsschritte nötig, um eine Probe aufzuarbeiten. Es gibt folgende, häufig angewandte Aufbereitungsmethoden:

- Lösen der Probe in reinem organischem Lösemittel und anschliessende Verdünnung im Eluenten
- Reinigen der Probelösungen über Filtersysteme
- Aufarbeitung der Probe durch Feststoffextraktion
- Aufarbeitung der Probe durch Flüssig-Flüssigextraktion
- Aufarbeitung der Probe durch Festphasenextraktion (SPE)
- Aufarbeiten der Probe beispielsweise durch Fällung oder Zentrifugation

Je nach Herkunft und Art der Probe existieren noch weitere Aufarbeitungsmethoden.

18.9.1 Zusammenhang Säule, Detektor, Musterkonzentration

Bei der Bestimmung der Konzentration der Messlösungen sind folgende Parameter zu berücksichtigen:

- Dimension der Säule (Belastungsgrenze, Kapazität)
- Volumen und Durchmesser der Detektormesszelle
- Messbereich des eingesetzten Detektors (Linearitätsbereich)

Diese Bereiche können je nach Säulen- und Detektortyp sehr unterschiedlich sein. Aus diesem Grund wird hier auf eine Angabe von konkreten Konzentrationen verzichtet. Es ist wichtig die Angaben des Geräteherstellers zu prüfen. Die Dimension der Detektorzelle hat einen grossen Einfluss auf die Empfindlichkeit und den Linearitätsbereich des Detektors.

Bei UV-VIS Detektoren ist der Linearitätsbereich sehr ähnlich, wie bei der UV-VIS Spektroskopie. Es gilt das Lambert-Beer'sche Gesetz, wobei in der HPLC meist im unteren Extinktionsbereich gearbeitet wird.

18.9.2 Einfluss des Lösemittels auf das Chromatogramm

Wie bereits in ▶ Abschn. 18.9 Probevorbereitung erwähnt, hat das ideale Lösemittel für die Probelösung die gleiche Zusammensetzung, wie der Eluent zu Beginn des Runs.

Das verwendete Lösemittel in der Probelösung kann die Peakform beeinflussen und unter Umständen zu negativen Peaks führen. Deshalb sollte, wenn das möglich ist, die Anfangszusammensetzung des Eluenten als Lösemittel gewählt werden. Ist dies aus Löslichkeitsgründen nicht möglich, sollte das Lösemittel einen geringen Wasseranteil aufweisen. Der Einfluss des Lösemittels auf das Chromatogramm nimmt je nach Eluentenfluss zu. Bei einer RRLC mit einem Fluss von ungefähr 2,5 mL/min hat das Lösemittel einen grösseren Einfluss als bei einer HPLC mit einem Fluss von ungefähr 0,5 mL/min.

Proben mit sauren oder basischen Bestandteilen ergeben deutlich schmalere und symmetrischere Peaks, wenn sie im gleichen Eluent gelöst respektive verdünnt werden, wie er zu Beginn eines Gradienten (inklusive Zusätze) vorliegt.

18.10 Behebung von Fehlern

Gekürzte Fassung aus ▶ http://hplc-saeule.de/troubleshooting von Altmann Analytik GmbH & Co. KG, München.

18.10.1 Problem: Zu breite Peaks in der HPLC

◘ Tab. 18.8 zeigt Massnahmen gegen das Auftreten von zu breiten Peaks.

◘ **Tab. 18.8** Mögliche Massnahmen gegen zu breite Peaks

Mögliche Ursache	Massnahme
Zu hohes Injektionsvolumen	Injektionsvolumen reduzieren (Konfiguration des Autosamplers beachten)
HPLC-Säule überladen	Injektionsvolumen reduzieren (Konfiguration des Autosamplers beachten) oder Probe verdünnen
Zu hohe Elutionskraft des Lösemittels der Probe	Lösemittel der Probe der mobilen Phase anpassen, gleiche oder idealerweise geringere Elutionskraft (Fokussierung der Probe am Säulenkopf)
Schlechte Trennleistung	Säulentemperatur erhöhen; Flussrate reduzieren; Säule mit kleinerer Partikelgrösse verwenden
Zu grosses Totvolumen des HPLC-Systems	Verwendung von Kapillaren mit kleinerem Innendurchmesser, Vermeidung unnötig langer Kapillarverbindungen; Verwendung passender Fittings

Tab. 18.8 (*Fortsetzung*) Mögliche Massnahmen gegen zu breite Peaks

Mögliche Ursache	Massnahme
Zu lange Retentionszeit	Elutionskraft der mobilen Phase erhöhen; Auf Gradientenelution wechseln
Überlagerung zweier Peaks	Trennleistung der HPLC-Säule mit Standards überprüfen; Auf Kontamination prüfen, gegebenenfalls Probenvorbereitung anpassen
Niedrigere Säulentemperatur	Säulentemperatur und Funktion des Säulenofens überprüfen
Veränderte Zusammensetzung der mobilen Phase	Zusammensetzung und Reinheit des Fliessmittels überprüfen und gegebenenfalls austauschen; Funktion der Pumpe überprüfen und gegebenenfalls warten
Zu geringe Pufferkonzentration	Auf ausreichende Pufferkonzentration achten
Kontamination des inline-Filters oder der Vorsäule	Inline-Filter oder Vorsäule tauschen
Alterung der analytischen Säule	Säule spülen; Säule austauschen; Inline-Filter oder vorzugsweise Vorsäule verwenden

18.10.2 Problem: Peak Fronting

Tab. 18.9 zeigt Massnahmen gegen das Auftreten von Fronting.

Tab. 18.9 Mögliche Massnahmen gegen Fronting (langsam steigende und stark abfallende Peakform)

Mögliche Ursache	Massnahme
HPLC-Säule überladen	Injektionsvolumen reduzieren (Konfiguration des Autosamplers beachten); Probe mehr verdünnen
Zu hohe Elutionskraft des Lösemittels der Probe	Lösemittel der Probe der mobilen Phase anpassen, gleiche oder idealerweise geringere Elutionskraft (Fokussierung der Probe am Säulenkopf)

18.10.3 Problem: Peak Tailing

Tab. 18.10 zeigt Massnahmen gegen das Auftreten von Tailing.

Tab. 18.10 Mögliche Massnahmen gegen Tailing (stark steigende und langsam abfallende Peakform)

Mögliche Ursache	Massnahme
HPLC-Säule überladen	Injektionsvolumen reduzieren (Konfiguration des Autosamplers beachten); Probe mehr verdünnen
Zu hohe Elutionskraft des Lösemittels der Probe	Lösemittel der Probe der mobilen Phase anpassen, gleiche oder idealerweise geringere Elutionskraft (Fokussierung der Probe am Säulenkopf)

Tab. 18.10 (*Fortsetzung*) Mögliche Massnahmen gegen Tailing (stark steigende und langsam abfallende Peakform)

Mögliche Ursache	Massnahme
Geänderter pH-Wert der mobilen Phase	pH-Wert der mobilen Phase überprüfen (pH-Wert zu nahe am pKs-Wert des Analyten?), gegebenenfalls austauschen
Gleichzeitige Elution einer unbekannten, interferierenden Substanz	Probenvorbereitung anpassen; Chromatographieparameter anpassen
Kontamination des inline-Filters oder der Vorsäule	Inline-Filter oder Vorsäule tauschen
Alterung der analytischen Säule	Säule spülen; Säule austauschen; Inline-Filter oder vorzugsweise Vorsäule verwenden
Kontamination der mobilen Phase	Elutionslösung austauschen

18.10.4 Problem: Doppelpeaks

Tab. 18.11 zeigt Massnahmen gegen das Auftreten von Doppelpeaks.

Tab. 18.11 Mögliche Massnahmen gegen Doppelpeaks

Mögliche Ursache	Massnahme
Zu hohes Injektionsvolumen	Injektionsvolumen reduzieren (Konfiguration des Autosamplers beachten)
HPLC-Säule überladen	Injektionsvolumen reduzieren (Konfiguration des Autosamplers beachten); Probe verdünnen
Zu hohe Elutionskraft des Lösemittels der Probe	Lösemittel der Probe der mobilen Phase anpassen, gleiche oder idealerweise geringere Elutionskraft (Fokussierung der Probe am Säulenkopf)
Geänderter pH-Wert der mobilen Phase	pH-Wert der mobilen Phase überprüfen (pH-Wert zu nahe am pKs-Wert des Analyten?); gegebenenfalls austauschen
Gleichzeitige Elution einer unbekannten interferierenden Substanz	Probenvorbereitung anpassen; Chromatographie anpassen
Gleichzeitige späte Elution einer unbekannten Substanz aus dem vorangegangenen Lauf	Säule mit einem starken Eluenten nach jedem Lauf spülen (Blank-Injektion); Bei Gradientenelution, auf höhere Konzentration fahren; Probenvorbereitung anpassen; Mobile Phase auf Kontamination überprüfen und gegebenenfalls austauschen
Probe doppelt injiziert	Funktion des Autosamplers überprüfen, gegebenenfalls warten
Kanalbildung in der HPLC-Säule	Trennsäule tauschen
Kontamination des inline-Filters oder der Vorsäule	Inline-Filter oder Vorsäule tauschen
Alterung der analytischen Säule	Säule spülen; Säule austauschen; Inline-Filter oder vorzugsweise Vorsäule verwenden
Kontamination der mobilen Phase	Fliessmittel austauschen

18.10.5 Problem: Geisterpeaks

▫ Tab. 18.12 zeigt Massnahmen gegen das Auftreten von Geisterpeaks.

▫ **Tab. 18.12** Mögliche Massnahmen gegen Geisterpeaks

Mögliche Ursache	Massnahme
Elution einer unbekannten Substanz	Probenvorbereitung anpassen
Kontamination der mobilen Phase	Fliessmittel austauschen
Gleichzeitige späte Elution einer unbekannten Substanz aus dem vorangegangenen Lauf	Säule mit einem starken Eluenten nach jedem Lauf spülen (Blank-Injektion); Bei Gradientenelution, auf höhere Konzentration fahren; Probenvorbereitung anpassen; Mobile Phase auf Kontamination überprüfen und gegebenenfalls austauschen

18.10.6 Problem: Spikes

▫ Tab. 18.13 zeigt Massnahmen gegen das Auftreten von Spikes.

▫ **Tab. 18.13** Mögliche Massnahmen gegen Spikes

Mögliche Ursache	Massnahme
Luft im System	System spülen und mobile Phase entgasen; Funktion des Entgasers überprüfen
HPLC-Säule ausgetrocknet	Säule tauschen

18.11 Tipps und Tricks rund um die Basislinie

18.11.1 Problem: Erhöhtes Grundrauschen

▫ Tab. 18.14 zeigt Massnahmen gegen das Auftreten von erhöhtem Grundrauschen.

▫ **Tab. 18.14** Mögliche Massnahmen gegen erhöhtes Grundrauschen

Mögliche Ursache	Massnahme
Schwankungen der Raumtemperatur	Änderung der Raumtemperatur vermeiden, gegebenenfalls Säulenofen bei Raumtemperatur betreiben
Anreicherung von Verunreinigungen	Probenvorbereitung anpassen; Mobile Phase auf Kontamination überprüfen, gegebenenfalls frische verwenden oder neu evaluieren

18.11.2 Problem: Drift der Basislinie

Tab. 18.15 zeigt Massnahmen gegen das Auftreten von Basisliniendrift.

Tab. 18.15 Mögliche Massnahmen gegen Basisliniendrift

Mögliche Ursache	Massnahme
Anreicherung von Verunreinigungen	Probenvorbereitung anpassen; Mobile Phase auf Kontamination überprüfen, gegebenenfalls austauschen
Späte, langsame Elution einer unbekannten Substanz aus dem vorangegangenem Lauf	Säule mit einem starken Eluenten nach jedem Lauf spülen (Blank-Injektion); Bei Gradientenelution auf höhere Konzentration fahren und mit einem starken Eluenten nach jedem Lauf spülen oder Gradienten mit einer höheren Konzentration beenden

18.12 Tipps rund um die Retentionszeit

18.12.1 Problem: Verkürzte Retentionszeit

Tab. 18.16 zeigt Massnahmen gegen das Verkürzen von Retentionszeiten.

Tab. 18.16 Mögliche Massnahmen, wenn sich Retentionszeiten laufend verkürzen

Mögliche Ursache	Massnahme
Ansteigende oder erhöhte Flussrate	Flussrate überprüfen, gegebenenfalls anpassen; Pumpe überprüfen, gegebenenfalls warten
Veränderte Zusammensetzung der mobilen Phase	Zusammensetzung überprüfen, gegebenenfalls Eluenten austauschen
Aktivität der stationären Phase baut ab	Trennsäule ersetzen; Mobile Phasen oder Proben auf Materialverträglichkeit laut Herstellerangaben prüfen

18.12.2 Problem: Verlängerte Retentionszeit

Tab. 18.17 zeigt Massnahmen gegen das Erhöhen von Retentionszeiten.

Tab. 18.17 Mögliche Massnahmen, wenn sich Retentionszeiten laufend erhöhen

Mögliche Ursache	Massnahme
Reduzierte Flussrate	Pumpe überprüfen, gegebenenfalls warten; Suche nach Lecks (siehe Lecks) und diese beheben
Veränderte Zusammensetzung der mobilen Phase	Zusammensetzung überprüfen, gegebenenfalls austauschen; Vorratsbehälter des Eluenten verschlossen halten, um ein Abdampfen des organischen Anteils zu verhindern
HPLC-Säule überladen	Injektionsvolumen reduzieren (Konfiguration des Autosamplers beachten), Probe verdünnter auftragen

■ **Tab. 18.17** (*Fortsetzung*) Mögliche Massnahmen, wenn sich Retentionszeiten laufend erhöhen

Mögliche Ursache	Massnahme
Kontamination des inline-Filters oder der Vorsäule	Inline-Filter oder Vorsäule tauschen
Alterung der analytischen Säule	Säule spülen; Säule austauschen; Inline-Filter oder vorzugsweise Vorsäule verwenden

18.12.3 Problem: Schwankende Retentionszeit

■ Tab. 18.18 zeigt Massnahmen gegen schwankende Retentionszeiten.

■ **Tab. 18.18** Mögliche Massnahmen, wenn Retentionszeiten schwanken

Mögliche Ursache	Massnahme
Schwankende Säulentemperatur	Bei Raumtemperatur, sicherstellen, dass diese konstant ist, gegebenenfalls Säulenofen bei Raumtemperatur betreiben; Bei Verwendung eines Säulenofens, Temperatur und Funktion überprüfen
Lecks	Auf Lecks überprüfen, diese beheben (siehe Lecks)
Interaktion der Probe mit dem Säulenmaterial (Retentionszeit bleibt bei späteren Injektionen gleich)	Konditionieren der Trennsäule mit konzentrierter Probe vor Start der Sequenz
Unzureichende Pufferkapazität	Ausreichende Pufferkonzentration verwenden
Unzureichende Mischung der mobilen Phase	Funktion der Pumpe und des Mixers überprüfen, gegebenenfalls warten
Unzureichendes Equilibrieren	Bei Gradientenelution, ausreichend lange equilibrieren auf die Anfangsbedingungen des Gradienten nach jedem Lauf
Luft im System	System spülen und mobile Phase entgasen, Funktion des Entgasers überprüfen, gegebenenfalls warten

18.13 Tipps und Tricks rund um den Druck

Tab. 18.19 bis 18.22 zeigen Massnahmen bei Problemen des Systemsdrucks.

18.13.1 Problem: Kein Druck, zu geringer Druck oder Druckverlust

Tab. 18.19 Massnahmen, wenn kein, konstant zu geringer oder laufend fallender Systemdruck vorliegt

Mögliche Ursache	Massnahme
Unterbrochener Fluss der mobilen Phase	System auf Lecks (siehe Lecks) untersuchen; Vorrat an mobiler Phase überprüfen, gegebenenfalls auffüllen; Fritten der mobilen Phasen auf Verunreinigungen überprüfen, gegebenenfalls tauschen; Funktion der Pumpe überprüfen, gegebenenfalls warten
Aktivität der stationären Phase baut ab	Trennsäule austauschen; Mobile Phasen oder Proben auf Materialverträglichkeit laut Herstellerangaben prüfen
Veränderte Zusammensetzung der mobilen Phase	Zusammensetzung überprüfen, gegebenenfalls austauschen oder neu evaluieren
Änderung der Säulentemperatur (höhere Temperatur)	Säulentemperatur und Funktion des Säulenofens überprüfen
Änderung des Pumpenprogramms	Programm überprüfen, gegebenenfalls anpassen

18.13.2 Problem: Druckschwankungen

Tab. 18.20 Massnahmen, wenn der Systemdruck schwankt

Mögliche Ursache	Massnahme
Luft im System	Mobile Phasen entgasen; System spülen, purgen
Pumpe defekt	Pumpe überprüfen, gegebenenfalls warten

18.13.3 Problem: Zu hoher Druck, Druckanstieg

Tab. 18.21 Massnahmen, wenn der Systemdruck zu hoch ist oder laufend steigt

Mögliche Ursache	Massnahme
Ablagerung von Feststoffen am Säulenkopf	Bei Verwendung eines inline-Filters oder einer Vorsäule diese austauschen; HPLC-Säule spülen, gegebenenfalls entgegengesetzt der Flussrichtung Säule austauschen; Probenvorbereitung bezüglich Aufreinigung anpassen; Bei Verwendung von Pufferlösungen darauf achten, dass der organische Anteil nicht zu hoch ist oder wird, um ein Ausfallen der Salze zu verhindern; Selbst hergestellte Pufferlösungen vor der Verwendung filtrieren; Regelmässiger Wechsel der mobilen Phasen, um mikrobielles Wachstum zu verhindern

■ Tab. 18.21 (*Fortsetzung*) Massnahmen, wenn der Systemdruck zu hoch ist oder laufend steigt

Mögliche Ursache	Massnahme
Injektor oder Zuleitungen verstopft	Bei laufender Pumpe vom Detektor her sukzessive Verschraubungen in Richtung Injektor lösen und Druck beobachten, bis die verstopfte Stelle gefunden ist. Diese reinigen oder gegebenenfalls austauschen
Bei Verwendung von Polymer-Phasen	Material aufgequollen, Säule austauschen; Mobile Phasen oder Proben auf Materialverträglichkeit laut Herstellerangaben prüfen
Veränderte Zusammensetzung der mobilen Phase	Zusammensetzung der mobilen Phase überprüfen, gegebenenfalls austauschen
Zu tiefe Säulentemperatur	Säulentemperatur und Funktion des Säulenofens überprüfen

18.14 Wenn Lecks auftreten

■ Tab. 18.22 Massnahmen, wenn Lecks auftreten

Mögliche Ursache	Massnahme
Zu hoher Druck	System auf Verstopfungen überprüfen (Siehe ■ Tab. 18.21)
Pumpe undicht	Pumpe überprüfen, gegebenenfalls warten
Injektor undicht	Injektor überprüfen, gegebenenfalls warten
Sechswegeventil undicht	Sechswegeventil überprüfen, gegebenenfalls warten oder austauschen
Fittings lose oder nicht passend	Fittings überprüfen, gegebenenfalls nachziehen oder tauschen

18.15 Zusammenfassung

Es gibt im chemischen Labor viele flüssigchromatographische Systeme. Im Zentrum dieses Kapitels steht, aufgrund ihrer weiten Verbreitung, die instrumentelle und analytische RP-HPLC. Der prinzipielle Geräteaufbau, Hinweise zu mobilen Phasen, Hinweise zu stationären Phasen und eine Auswahl von Detektoren wird beschrieben. Dazu finden einige grundlegende Tipps für die Entwicklung von Trennsystemen und die grundlegende Behandlung von Proben Einzug. Den Abschluss macht eine umfangreiche Tabelle zur Behebung allfälliger Probleme.

Weiterführende Literatur

Stauffer D (2000) Chromatographie Skript. F. Hoffmann-La Roche AG, Basel
Gottwald W (1993) RP-HPLC für Anwender. VCH, Weinheim
http://www.chemgapedia.de/vsengine/vlu/vsc/de/ch/3/anc/croma/hplc_1.vlu.html, aufgerufen am 9.12.2015
www.mn-net.com. Macharey Nagel. Aufgerufen am 9.12.2015
https://www.agilent.com/en-us/products/liquid-chromatography. Agilent Technology.
http://hplc-saeule.de/troubleshooting/, aufgerufen am 9.12.2015

Gaschromatographie, GC

aprentas (Hrsg.), *Laborpraxis Band 3: Trennungsmethoden*, DOI 10.1007/978-3-0348-0970-2_19

19.1 Einleitung

Die Gaschromatographie hat als einzige chromatographische Methode eine *gasförmige mobile Phase.*

19.1.1 Definition

Chromatographie ist die Bezeichnung für analytische und präparative Trennungsmethoden, mit der Substanzgemische in ihre einzelnen Komponenten aufgetrennt werden. Eine Phase ist immer unbeweglich und heisst stationäre Phase. Die andere, mobile Phase strömt an der stationären Phase vorbei. Das zu trennende Gemisch wird als Probe der mobilen Phase zugeführt, die sich entlang der stationären Phase bewegt. Die Moleküle der Probe interagieren unterschiedlich stark mit der stationären Phase von der sie zurückgehalten werden, bevor sie von der mobilen Phase wieder aufgenommen und weiter transportiert werden. Durch die unterschiedlich starken Interaktionen oder Wechselwirkungen der Probemoleküle mit der stationären Phase wird das Gemisch aufgetrennt.

19.1.2 Einsatzgebiete, Unterteilung der Gaschromatographie

Die Inhaltsstoffe einer Probe müssen vollständig gelöst und *verdampfbar* sein oder durch Derivatisierung verdampfbar gemacht werden. Die erzielten Ergebnisse sind damit repräsentativ und reproduzierbar.

Einige Einsatzbeispiele:

- Produktionsüberwachung und Routineanalysen qualitativer und quantitativer Art
- Charakterisieren und Identifizieren von Substanzen
- Nachweis von Stoffen im Spurenbereich
- Kombination mit spektroskopischen Methoden wie Infrarot (IR), Massenspektroskopie (MS) und Kernresonanzspektroskopie (NMR)
- Umweltschutz, klinische Chemie, Lebensmittelchemie

19.2 Der Aufbau einer GC Anlage

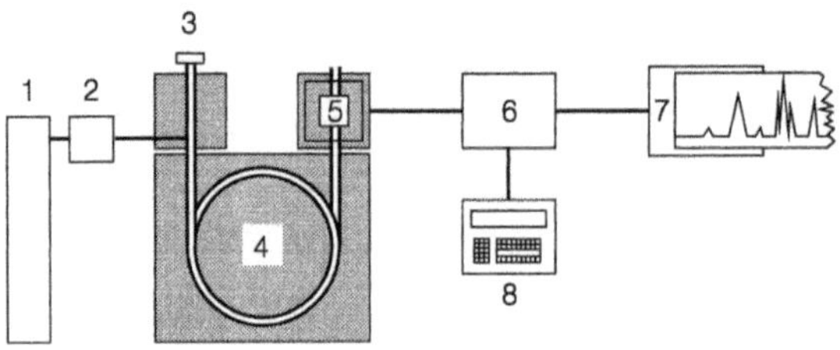

1 Trägergasquelle
2 Trägergasregler
3 Injektor
4 Ofen mit Trennsäule
5 Detektor
6 Verstärker
7 Printer/Plotter
8 Integrator oder Computer

Thermostatisierte Teile (3, 4, 5) des Gaschromatographen mit unabhängiger, verstellbarer Temperatur

Abb. 19.1 Die wichtigsten Bauteile eines Gaschromatographen

Eine Beschreibung der Funktionen der verschiedenen Bauteile, wie sie in ◘ Abb. 19.1 zu sehen sind, findet sich in den folgenden Unterkapiteln.

19.3 Trägergasquelle, mobile Phase

In der Gaschromatographie kann die mobile Phase auch Trägergas genannt werden. Um chemische Reaktionen mit der zu untersuchenden Probe oder der stationären Phase zu vermeiden, muss das Trägergas *inert* sein und eine Gasreinheit von 5, was 99,9990 % Reinheit bedeutet, aufweisen. Weiter muss das Trägergas *sauerstofffrei*, konkret < 0,01 ppm sein, weil sonst die stationäre Phase angegriffen wird. Die oxidierende Wirkung des Sauerstoffs kann zu Änderung der Retentionszeit, schlechterer Auflösung der Peaks und zu einem Tailing führen. Trockene und wasserfreie Trägergase verhindern die hydrolytische Spaltung stationärer Phasen, minimieren das Grundlinienrauschen und senken das Peak-Tailing. Reste von Kohlenwasserstoffen im Trägergas erhöhen das Grundrauschen.

Als Trägergas werden in der Gaschromatographie meist Helium, Wasserstoff oder Stickstoff verwendet. Seltener sind CO_2 und Argon mit 5 % Methan in Gebrauch.

Die Wahl des Trägergases richtet sich meistens nach dem verwendeten Detektor. Helium wird wegen seiner hohen Wärmeleitfähigkeit vor allem bei Wärmeleitfähigkeitsdetektoren (WLD) eingesetzt, kann aber auch bei Flammenionisationsdetektoren (FID) verwendet werden.

Nicht zu vernachlässigen ist zudem die Reinheit von Gasen für den Betrieb von Detektoren wie zum Beispiel FID und WLD. Organische Verunreinigungen im Gas fördern das Grundrauschen. Die Reinheit der eingesetzten Gase, egal ob als Trägergas oder Detektorgas muss umso höher sein, je weniger Trägermaterial vorhanden ist. Heutige Kapillarsäulen mit Längen zwischen 10 bis 100 m und einem Durchmesser von 0,12 bis 5 µm weisen eine stationäre Phase auf, deren Masse zwischen 0,8 und 420 mg liegt.

Bei Hochleistungskapillarsäulen deren Menge an stationärer Phase noch geringer ist, müssen Gase höchste Reinheitsanforderungen aufweisen. Ebenso gilt: Je höher die Arbeitstemperatur, desto höher die Reinheitsanforderung für die eingesetzten Gase. Meist ist eine Gasreinheit von 5 ausreichend, manchmal wird eine Gasreinheit von 5,6, was 99,9996 % bedeutet, benötigt. Um die Reinheit der Gase aus der Druckflasche zu erhöhen, werden Filter vor den Gaschromatographen geschaltet. Feuchtigkeitsfilter holen Restwasser und Ölspuren aus dem Gas und Sauerstofffilter entfernen nebst Sauerstoff auch Spuren von Schwefel und Chlorverbindungen. Für einen FID Detektor ist ein Aktivkohlefilter empfehlenswert, um organische Verunreinigungen zu entfernen.

Die Trennleistung einer Säule wird in geringerem Mass durch das Trägergas beeinflusst, wichtiger ist die Strömungsgeschwindigkeit. Das Trägergas kann entweder mit konstantem Fluss oder konstantem Druck betrieben werden. Die optimale Strömungsgeschwindigkeit ist je nach Trägergas unterschiedlich. Wichtig ist, dass die eingestellte Strömungsgeschwindigkeit in jedem Fall konstant bleibt.

Die Einstellung des Trägergasflusses richtet sich auch nach der Dimension der verwendeten Trennsäule und zwar wie folgt.

- Gepackte Säulen: 20–40 mL/Min
- Megaboresäulen: 6–10 mL/Min
- Kapillarsäulen: 1–5 mL/Min

Bei Verwendung von konstantem Fluss im Split-Modus, siehe dazu ► Abschn. 19.4 zum Thema Injektor, würde der gesamte Primärfluss beim Schliessen des Split auf die Säule gelangen und einen viel zu grossen Druck auf das System ausüben. Der resultierende Rückschlag würde eine Überlastung der Regelsysteme nach sich ziehen. Deshalb bieten Hersteller Rückschlagregler in der Splitleitung mit einem Flussregler in der Trägergaszufuhr und einer umschaltbaren Septumspülung an.

19.3.1 Trägergasregler

Das von einer Druckgasflasche gelieferte Trägergas wird in der Regel auf einen Vordruck von ungefähr 4 bis 5 bar reduziert und danach mit den in den Geräten installierten Regler auf den gewünschten Gasfluss respektive Gasdruck gebracht. Viele Geräte, welche heute in Betrieb sind haben automatisch arbeitende Gasregler. Zu beachten sind die exakten Angaben des Geräteherstellers.

19.4 Injektor, Einlasssystem

Der Injektor ist der komplizierteste Teil eines Gaschromatographen und muss folgende Funktionen erfüllen: Verbindung zur Säule herstellen, Einlass des Trägergases gewährleisten, Einlass der Probe gewährleisten und die beheizbare Verdampfungskammer mit dem Liner für direkte, gesplittete oder splitlose Injektion beinhalten. Sämtliche Verbindungen müssen leckfrei sein und die Probe sollte verlustlos in die Säule überführt werden können. Die Liner für direkte Einspritzung sowie für split/splitless Einspritzungen bestehen alle aus einem Rohr, durch das das Trägergas am oberen Ende eingeführt wird. Die Probe wird *mittels einer Spritze* in den Liner eingeführt und am unteren Ende des Liners ist die Säule angeschlossen. Alle Liner für split/splitless Injektionen haben einen Splitausgang. Folgende Injektoren sind nach Art und Probesubstanzen zu unterscheiden:

Metall-Liner ohne Einsatz oder Insert, Glasliner, Glas-lined Metall-Liner ohne Einsatz, und Metall-Liner mit Glaseinsatz aus Fused Silica. Die ersten beiden Liner werden vorzugsweise für gepackte Säulen aus demselben Material wie die Säule eingesetzt. Die anderen beiden Liner können für gepackte und für Kapillarsäulen eingesetzt werden. Am weitesten verbreitet ist der Metall-Liner mit dem Insert aus Fused Silica.

19.4.1 Split/Splitlos Injektion

Die Aufgaben eines Injektors sind: *Verdampfen der flüssigen Probe*, mischen des Probendampfes mit dem Trägergas und Transport der verdampften Probe auf die Säule. Die Injektortemperatur sollte hoch genug sein, um die Probe so schnell zu verdampfen, dass keine Wirksamkeitseinbusse aufgrund der Einspritztechnik entsteht. Andererseits muss die Verdampfungstemperatur tief genug sein, um Zersetzungen und Veränderung der Probe zu vermeiden. Es hat sich als praktisch erwiesen die Temperatur des Injektor Systems empirisch zu ermitteln, in dem sie schrittweise erhöht wird. Verbessert sich dabei die Trennleistung oder die Peakform, so war die Verdampfungstemperatur zu tief. Eluieren die Peaks früher und verschlechtert sich deren Form, so kann dies ein Hinweis auf zu hohe Temperatur und daraus resultierende Zersetzungseffekte sein. Übliche Temperaturen für Injektoren bei Standardanalysen betragen zwischen 200 bis 300 °C.

Die Kapillar-GC erfordert Probenmengen von 0,01 µL oder weniger. Das ist nicht mehr einfach zu handhaben. Beim Injektor für Kapillarsäulen wird wegen der geringen Belastbarkeit dieses Säulentyps meist mit einem Split von 1:100 gearbeitet. In der Praxis werden je nach Anforderung etwa 0,2 bis 1 μL in den Liner aufgegeben und verdampft. Der grösste Teil der verdampften Probe wird seitlich aus dem Einspritzblock in die Umgebung entlassen und nur ein kleiner Rest gelangt auf die Trennsäule. Das Splitverhältnis wird durch das Splitventil geregelt. Je weiter dieses geöffnet wird, desto weniger Probe gelangt auf die Säule. Das bedeutet, dass bei einem Einspritzvolumen von 1 μL 0,01 μL in die Säule fliesst und 0,99 μL durch das Splitventil aus dem System herausgeleitet werden. Das genaue Verhältnis hängt vom Trägergas, dem Vordruck, den Temperaturen des Einspritzblocks und der Trennsäule ab.

Mit geschlossenem Splitventil kann auch „splitless" gearbeitet werden, was entweder bei gepackten Säulen mit entsprechendem Liner oder bei Wideborekapillarsäulen Anwendung findet. Übliche Kapillarsäulen würden damit überladen werden. Das bedeutet, dass eine zu grosse Menge Probematerial auf die Säule gelangt. Diese splitless Methode wird zum einen angewendet, wenn die zu untersuchende Probe sehr verdünnt ist oder bei speziellen Methoden, bei denen der Injektor schrittweise aufgeheizt wird. Beispielsweise wenn die verdampfte Probe am Säulenkopf kondensiert weil die Säulentemperatur niedriger eingestellt ist als der Siedepunkt der meisten flüchtigen Komponenten. Es tritt ein sogenannter Lösemitteleffekt auf, der zur Aufkonzentrierung der Injektionsbande führt. Die splitless Injektion bedingt den Gebrauch von chemisch gebundenen Phasen, da sich chemisch nicht gebundene Phasen durch die Flüssigkeitsansammlung, Temperatur und dem vorübergehenden hohen Gasfluss ablösen können.

■ Abb. 19.2 zeigt die schematische Darstellung eines Einspritzblocks.

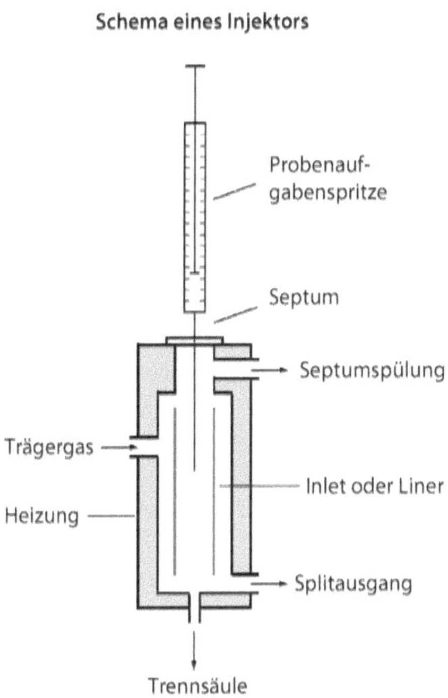

■ **Abb. 19.2** Schematische Darstellung eines gesamten Einspritzblocks.

19.4.2 On-coloumn Injection

Die splitlose Injektion sowie die on-column Injektion sind druckgeregelt. Das Trägergas wird bei diesen Injektionsmethoden mit konstantem Druck betrieben. Bei der on-column Technik wird die flüssige Probe direkt und kalt in die Kapillarsäule eingeführt, wie ▣ Abb. 19.3 zeigt. Hier ist also kein Liner vorhanden, sondern lediglich eine Führung für die Kanüle in die Säule. Die zur Injektion verwendete Kanüle muss einen kleineren Durchmesser aufweisen als der Durchmesser der Kapillarsäule. Bei der kalten Probenaufgabe wird die Temperatur der Säule niedrig eingestellt. Danach erfolgt das Hochheizen, welches über den Säulenofen oder eine zusätzliche Heizung geregelt wird. Diese Methode eignet sich vor allem wenn *geringe Probenmengen von Analyten mit niedrigen Siedepunkten* injiziert werden.

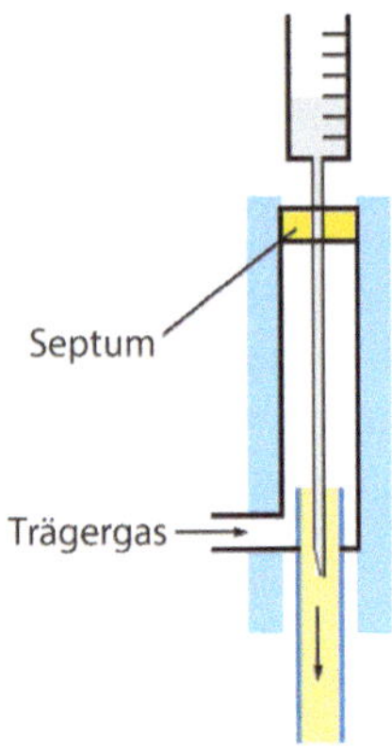

▣ **Abb. 19.3** Schema eines on-column Einspritzblocks

19.4.3 PTV-Injektion („programmed temperature vaporizer")

Es erfolgt mit dieser Methode die Injektion der Probelösung in den kalten Injektor, der anschliessend hochgeheizt wird. Damit lassen sich *niedersiedende Komponenten schon im Injektor vom Gemisch trennen*. Genauso können schwerflüchtige Komponenten konzentriert oder thermisch instabile Analyten schonend in die Trennsäule eingetragen werden. Die PTV-Injektion ist eine Variante der splitless Methode.

19.4.4 Headspace Injektion

Wie die ▣ Abb. 19.4 zeigt, werden mit dieser Methode flüchtige Stoffe analysiert. Diese befinden sich im Gleichgewicht mit einer festen oder flüssigen Probe im Gasraum eines mit einem Septum verschlossenen Gläschen. Damit reproduzierbare Werte entstehen, wird über Druckaufbau ein definiertes Volumen auf die Säule gegeben oder mit beheizbaren Gasspritzen gearbeitet. Headspace kommt vor allem bei *sehr leichtflüchtigen Analyten* beispielsweise in der Umweltanalytik zum Einsatz.

19

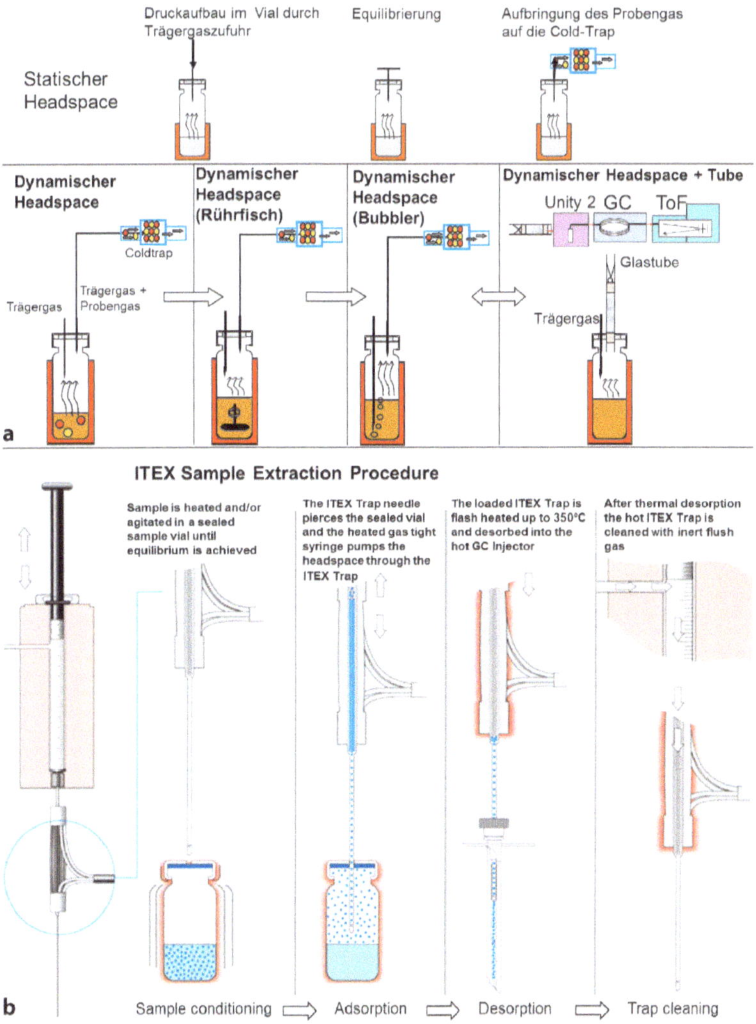

◻ Abb. 19.4 **a** Schematische Darstellung der Headspaceinjektion. (Mit freundlicher Genehmigung von Hr. Priv.-Doz. Dr. rer. nat. P. Boeker, Universität Bonn, Deutschland) **b** Details der Headspaceinjektion. (Mit freundlicher Genehmigung von CTC Analytics AG, Zwingen, Schweiz)

19.5 Trennsäule, stationäre Phase

Gepackte Trennsäulen sind Rohre aus Glas, Metall oder Kunststoff mit Durchmessern von 1 bis 6 mm und Längen von 0,5 bis 5 m, in denen sich die feste stationäre Phase befindet. Die Trennsäule besteht aus einem möglichst inerten Trägermaterial wie Kieselgel und einer fein darauf verteilten flüssigen oder chemisch gebundenen Phase. Die Belegung der Träger variiert zwischen 3 und 30 %. Gepackte Säulen sind heute kaum mehr in Gebrauch, da ihr Trennvermögen gegenüber Kapillarsäulen deutlich schlechter ist.

Kapillarsäulen, die ◻ Abb. 19.5 zeigt ein Beispiel, bestehen meistens aus Quarzglas. Sie sind *von aussen mit Polyimid* beschichtet, was zu einer hohen Biegsamkeit führt. So können die langen

Säulen gut aufgewickelt werden. Auf der *Innenseite* sind sie beispielsweise *mit einem Flüssigkeitsfilm* von 0,1 bis 5 µm beschichtet. Die Standard-Filmdicke liegt bei 0,25 µm. Dünnere Filme von 0,1 bis 0,2 µm eignen sich besonders gut für hochsiedende, thermisch labile oder Substanzgemische mit Komponenten ähnlicher Eigenschaften, welche eine sehr hohe Trennleistung erfordern.

Höhere Filmdicken bedeuten eine höhere Kapazität, ebenso höhere Retentionszeiten und eignen sich für niedersiedende Substanzen. *Kürzere Säulen mit dickerem Film* haben einen positiven Einfluss auf die Trennleistung von Probegemischen, weil diese dort schneller eluieren und durch die grössere Filmschicht praktisch keinen Kontakt mit nicht belegten Stellen auf der Säule haben, was zu weniger Tailing führt. Ein dickerer Säulenfilm bedeutet mehr Masse an stationärer Phase in der Säule. Dies führt zu höherer Trennleistung, tieferen maximalen Arbeitstemperaturen und grösserem Säulenbluten.

Kapillarsäulen haben eine Länge von 10 bis über 100 m, wobei 25 bis 30 m als Standardlänge eingesetzt wird. Komplexere Gemische oder Proben erfordern eine Länge von 50 bis 60 m, weil die Trennleistung einer Säule, respektive ihre Bodenzahl, direkt proportional zu ihrer Länge sind.

Kapillarsäulen haben eine wesentliche *höhere Bodenzahl* gegenüber den gepackten Säulen und ermöglichen somit eine deutlich bessere Trennung.

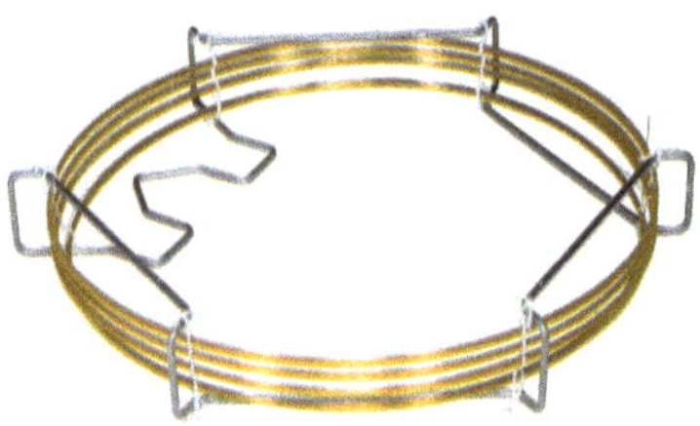

Abb. 19.5 Gebrauchsfertig aufgewickelte Kapillarsäule. (Mit freundlicher Genehmigung von MACHEREY-NAGEL GmbH & Co. KG, Dueren, Deutschland)

> **Die Trennleistung einer Trennsäule in der Gaschromatographie ist abhängig vom verwendeten Trägermaterial, von der Art und der Masse der stationären Phase.**

Heute gewinnt die Technik der *Fast-GC* immer mehr an Bedeutung. Merkmale der Fast-GC sind *kürzere Säulen* von 10 bis 20 m mit *kleinem Säulendurchmesser* für schnelle Trennung mit hoher Auflösung und Trennleistung. Die Verringerung des Innendurchmessers auf 0,1 mm ist mit einem höheren Säuleneingangsdruck und einem geringeren Volumenfluss der mobilen Phase verbunden, was eine rasche Injektion sehr kleiner Probemengen gegen einen hohen Druck erfordert. Der Innendurchmesser der Säule und der dünne Flüssigkeitsfilm von 0,1 bis 0,4 µm begrenzen die Probenaufgabemenge. Kleine Innendurchmesser in Kombination mit sehr schnellen Temperaturprogrammen können die *Analysezeit erheblich verkürzen.* Damit liegt eine Zeitersparnis von bis zu 80 % verglichen mit herkömmlichen Säulen drin. Die Fast-GC verwendet Säulen, die selbst bei längerer Verwendung bei hohen Temperaturen ein geringes Säulenbluten aufweisen. Hochempfindliche Detektoren mit extrem kurzer Ansprechzeit sowie eine äussert schnelle Datenerfassung und -Verarbeitung sind zudem erforderlich.

19.5.1 PLOT-Säule

Eine PLOT-Säule oder „Schichtkapillare“ hat ihren Namen von der Abkürzung *Porous Open Tubular Column*. Die feste stationäre Phase befindet sich, wie ◘ Abb. 19.6 zeigt, an der Kapillarwand. Die Menge der stationären Phase ist sehr gross für Analyten, die nicht an einer flüssigen stationären Phase getrennt werden können, geeignet. Beispiele sind Permanentgase oder kurzkettige Kohlenwasserstoffe.

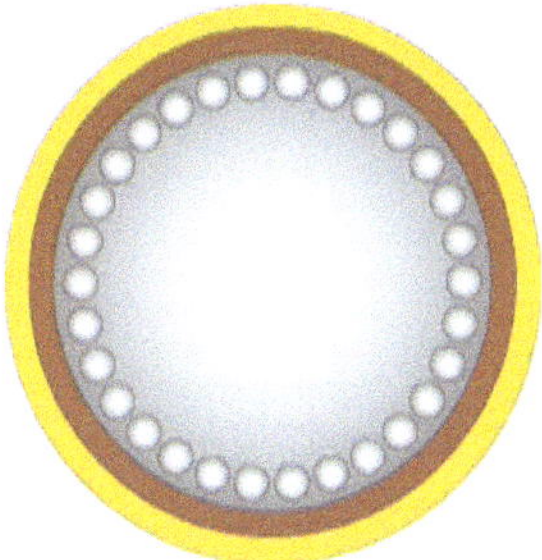

◘ **Abb. 19.6** PLOT Säulen sind ein Beispiel für Adsorptionschromatographie an einer festen stationären Phase. (Mit freundlicher Genehmigung von MACHEREY-NAGEL GmbH & Co. KG, Dueren, Deutschland)

19.5.2 SCOT-Säule

Eine SCOT Säule oder auch „trägerbeschichtete Kapillare“ hat ihren Namen von *Support-Coated Open Tubular Column*. Wie die ◘ Abb. 19.7 zeigt, ist die stationäre Phase ein Flüssigkeitsfilm, der auf einem festen Träger an der Kapillarwand aufgetragen ist. Die Menge der stationären Phase ist grösser, als bei wandbeschichteten Kapillaren. Sie dient zur Trennung von leichtflüchtigen Verbindungen, welche zu stark auf einer PLOT-Säule retardieren und somit die Analysezeit deutlich verlängern würden.

◘ **Abb. 19.7** SCOT Säulen sind ein Beispiel für Verteilungschromatographie an einer flüssigen stationären Phase. (Mit freundlicher Genehmigung von MACHEREY-NAGEL GmbH & Co. KG, Dueren, Deutschland)

19.5.3 WCOT-Säule

Eine WCOT-Säule oder auch Dünnfilm-Kapillare hat ihren Namen von *Wall-Coated Open Tubular Column*. Die stationäre Phase ist, wie ◘ Abb. 19.8 zeigt, als dünner Flüssigkeitsfilm an der Innenseite der Kapillarwand angebracht. Sie besitzt die grösste Trennleistung und wird unter anderem in der Spurenanlytik eingesetzt. Die maximale Probenmenge beträgt 10 μL.

◘ **Abb. 19.8** WCOT Säulen sind ein Beispiel für Verteilungschromatographie an einer flüssigen stationären Phase. (Mit freundlicher Genehmigung von MACHEREY-NAGEL GmbH & Co. KG, Dueren, Deutschland)

19.5.4 Stationäre Phasen in der Gaschromatographie

In der Gaschromatographie wird die Trennung eines Gemisches aufgrund von unterschiedlichen Polaritäten der Einzelkomponenten und der Siedetemperaturen bewerkstelligt. Dabei trennen unpolare Phasen mehr nach Flüchtigkeit, also der Siedetemperatur und polare Phasen verbessern durch zusätzliche Wechselwirkungen die Trennung. Die unten aufgeführte ◘ Tab. 19.1 zeigt die am häufigsten eingesetzten stationären Phasen. Allen gemeinsam ist das Basismaterial Polysiloxan, welches je nach gewünschter Polarität der Säule modifiziert werden kann. Eine Optima® 5 Säule besteht beispielsweise zu 95 % aus Methylpolysiloxan und zu 5 % aus Phenylpolysiloxan. Die Belegung der Stationären Phase liegt zwischen 3–30 %. Genauere Angaben finden sich in der Packungsbeilage oder in den Informationen der Säulenhersteller. Hersteller verwenden zudem für dieselbe stationäre Phase andere Bezeichnungen.

Der angegebene nutzbare Temperaturbereich ist abhängig von der Filmdicke und der Polarität der stationären Phase.

Tab. 19.1 Eine Übersicht über ausgewählte stationäre Phasen in der Gaschromatographie

Name	Struktur	Temp.-Bereich	Eigenschaften	Weitere Bezeichnungen
Optima 1 Dimethyl-polysiloxan (Öl)	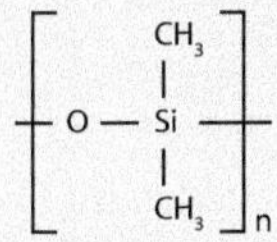	340 bis 360 °C	Unpolare Phase, trennt nach Siedepunkt und wird viel für Lösemittel eingesetzt.	HP1, OV1, DB1, SPB1, RtX1, BP1, ZB1
Optima 5 5 % Polyphenylsiloxan 95 % Methylpolysiloxan	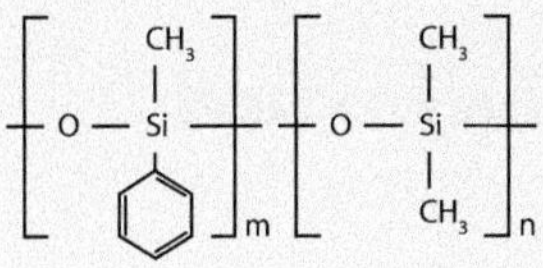	340 bis 360 °C	Unpolare Standardphase geeignet für essentielle Öle, halogenierte Pestizide, diverse Brennkraftstoffe (Diesel) und Parfums	OV5, HP5, CP-Sil 8, SPB5, RtX5, BP5, ZB5
Optima 1301 **6 % Cyanopropylphenyl 94 % Dimethyl-polysiloxan**	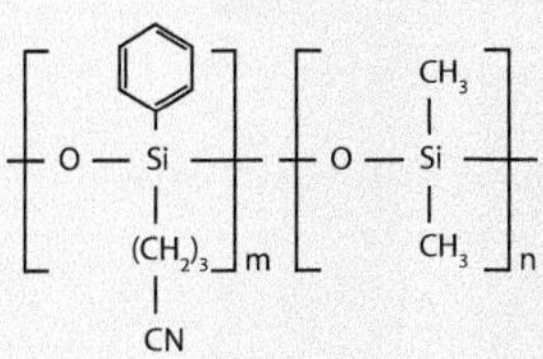	300 bis 320 °C	Mittelpolare Phase Ideal für die Pestizidanalytik	HP-1301, DB-1301, SPB-1301, Rtx-1301
OV17 Phenylmethylpolysiloxan (50 % Phenyl)	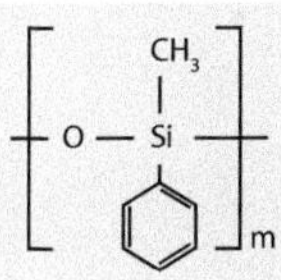	300 bis 320 °C	Steroide, Pestizide Drogenanalytik	DB-17, HP-50+, HP-17, SPB-50, SP-2250, Rtx-50
Optima 225 **50 % Cyanopropylmethyl 50 % Phenylmethyl-polysiloxan**	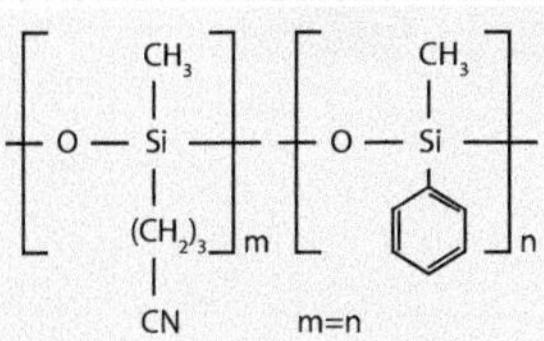	260 bis 280 °C	Mittelpolare Phase Empfohlen für die Fettsäureanalytik	DB-225, HP-225, OV-225, Rtx-225, CP-Sil 43, 007-225, BP225
Optima FFAP Polyethylenglycol 2-Nitroterephthalsäure	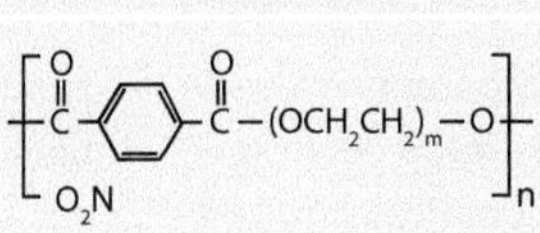	240 bis 250 °C	Polare Phase (FFAP = Free Fatty Acid Phase) Empfohlen für Fettsäuremethylester (FAMEs), freie Carbonsäuren	DB-FFAP, HP-FFAP, CP-Wax 58 (FFAP) CB

19.6 Säulenofen

Die Säule ist, wie die ◻ Abb. 19.9 zeigt, im Säulenofen aufgehängt und kann damit konstant beheizt werden. Die Temperatur nimmt wesentlichen Einfluss auf die Analysendauer und die Trennung der Komponenten im Gemisch.

Die Anforderungen eines Säulenofens sind:

- gute Temperaturkonstanz < 0,1 °C
- nur kleine Temperaturunterschiede an verschiedenen Stellen im Ofenraum durch effektive Umluft
- genaue Temperaturmessung an geeigneter Stelle im Ofen
- schnelle, automatische Abkühlung
- reproduzierbare Aufheizraten im Bereich zwischen 50 und 450 °C
- grosse Öffnung zur Handhabung von Säulen

Der Säulenofen darf nie ohne Gasfluss betrieben werden, weil das die Stationäre Phase in der Säule schädigen würde.

◻ **Abb. 19.9** Ansicht eines Säulenofens. (Foto aprentas)

19.6.1 Isotherme Arbeitsweise

Bei der isothermen Arbeitsweise bleibt die Ofentemperatur *während der ganzen chromatographischen Messung konstant.* Das kann eine gute Trennung bewirken, bedingt aber häufig lange Retentionszeiten. Zudem sind mit dieser Methode die Peaks umso breiter, je später eine Substanz vom Detektor erfasst wird, wie die ◻ Abb. 19.10 zeigt. Der Vorteil ist die Zeitersparnis, die für eine Abkühlung der Ofentemperatur entfällt und die theoretisch sehr hohe Trennkapazität.

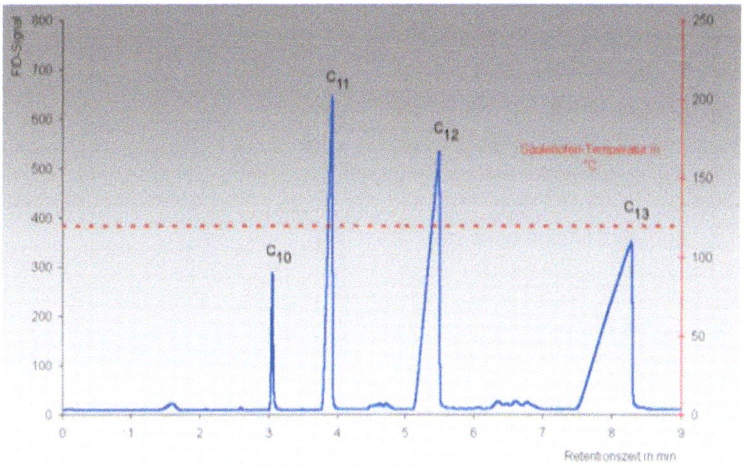

◘ Abb. 19.10 Ein typisches Chromatogramm mit isothermer Arbeitsweise. (Online Portal: Dr. Astrid Zuern: ▸ www.chemgapedia.de. ▸ http://www.chemgapedia.de/vsengine/vlu/vsc/de/ch/3/anc/croma/gc_detail1.vlu/Page/vsc/de/ch/3/anc/croma/gc/ofen/ofengcm64ht0600.vscml.html. 2003. Copyright Wiley-VCH Verlag GmbH & Co. KGaA. Reproduced with permission)

19.6.2 Arbeiten mit Temperaturgradient

Über 90 % der heutigen Analyseverfahren in der Gaschromatographie werden mit einem Temperaturprogramm oder Temperaturgradient getätigt. Vorteilhaft sind die *deutlich kürzere Analysendauer und die schmaleren Peaks*, wie ◘ Abb. 19.11 zeigt. Nachteilig ist die Wartezeit zwischen den einzelnen Einspritzungen, bis der Ofen auf die Anfangstemperatur des Temperaturprogramms heruntergekühlt ist.

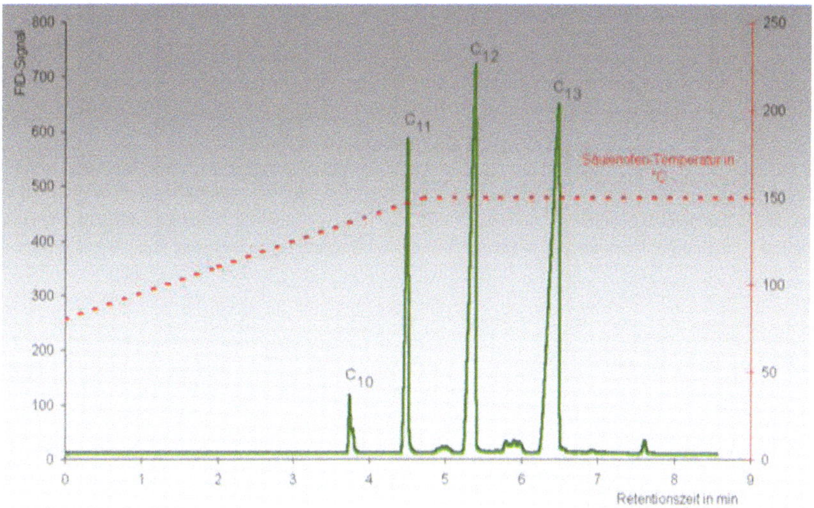

◘ Abb. 19.11 Ein Chromatogramm mit Temperaturgradient mit dem selben Muster wie in . Abb. 19.10. (Online Portal: Dr. Astrid Zuern: ▸ www.chemgapedia.de. ▸ http://www.chemgapedia.de/vsengine/vlu/vsc/de/ch/3/anc/croma/gc_detail1.vlu/Page/vsc/de/ch/3/anc/croma/gc/ofen/ofengcm64ht0600.vscml.html. 2003. Copyright Wiley-VCH Verlag GmbH & Co. KGaA. Reproduced with permission)

19.7 Detektoren

Ein Detektor in einem Gaschromatographen sollte folgende Anforderungen erfüllen:
- beheizbar sein, damit Probenmoleküle nicht kondensieren oder adsorbieren können
- die Messung muss ohne Verzögerung erfolgen
- hohe Empfindlichkeit im Nano- oder Pikogrammbereich
- grosser linearer Bereich
- sämtliche Substanzen sollten detektiert werden
- grosse Reproduzierbarkeit
- breiter Temperaturbereich
- Detektorvolumen sollte klein sein

Da kein Detektor alle diese Bedingungen erfüllt, werden in der Praxis verschiedene Detektoren eingesetzt, die sich in zwei Gruppen einteilen lassen.
- Konzentrationsabhängige Detektoren wie WLD und ECD
- Massenstromabhängige Detektoren wie FID, FPD, MSD und AED

Die ◘ Tab. 19.2 zeigt eine Übersicht an Detektoren für die Gaschromatographie.

Bei den *konzentrationsabhängigen Detektoren* wird eine erhaltene Peakfläche kleiner, wenn der Trägergasstrom erhöht wird. Das passiert, weil sich die Konzentration der Komponente bei grösserem Trägergasstrom verringert. Durch die Vergrösserung des Trägergasstroms verkürzt sich die Retentionszeit, was zu steileren Peaks führt. Einen ähnlichen Effekt erhält man auch, wenn zwischen Säule und Detektor ein zusätzlicher Gasstrom, das make-up-Gas, zur Beschleunigung des Stofftransportes eingesetzt wird. Das ist dann erforderlich, wenn das Detektorvolumen zu gross ist und deshalb die Strömungsgeschwindigkeit des Trägergases allein zu klein wäre. Grosse Detektorvolumina sind für gepackte Säulen mit deutlich grösserem Säulendurchmesser erforderlich. Durch Zugabe des make-up-Gases können ältere Geräte mit neueren Kapillarsäulen betrieben werden.

Bei den *massenstromabhängigen Detektoren* ändert sich die Peakfläche mit einer Veränderung des Trägergasstromes nur unwesentlich. Das passiert, weil das erzeugte Signal nur von der gemessenen Komponente, beispielsweise von den effektiv gemessene Ionen beim FID abhängig ist und nicht von der Eigenschaft des Trägergases. Die Nachweisempfindlichkeit wird mit dem für Kapillarsäulen üblichen Fluss von 0,13 bis 12 mL/min, was vom Trägergas und dem Innendurchmesser der Säule abhängen kann, nicht erreicht. Deshalb muss eine zusätzliche Flussmenge durch make-up Gas geliefert werden.

◘ **Tab. 19.2** Eine Übersicht über ausgewählte Detektoren für die Gaschromatographie

Abk.	Gas	Prinzip	Englische Bezeichnung	Anwendung	Linearer Bereich	Nachweisgrenze
FID	H_2, He, N_2, Ar + 5 % Methan	Flammenionisation	Flame ionization	Selektiv für alle org. Substanzen	$>10^6$	10^{-11} g/s
WLD / TCD	H_2, He, CO_2	Wärmeleitfähigkeit	Thermal conductivity	Universell	10^4	10^{-8} g/s

19

■ **Tab. 19.2** *(Fortsetzung)* Eine Übersicht über ausgewählte Detektoren für die Gaschromatographie

Abk.	Gas	Prinzip	Englische Bezeichnung	Anwendung	Linearer Bereich	Nachweisgrenze
TID / NPD	He, N_2	Thermoionisation	Thermoionization	Selektiv für alle P- und N-haltige Substanzen	10^6	bis 10^{-13} g/s
ECD	N_2, Ar + 5 % Methan	Elektronen Einfang	Elektron capture	Halogene und Nitrohaltige Substanzen	10^4	bis 10^{-14} g/s stark Verbindungsabhängig
MS(D)		Massenspektrometer	Mass spectrometer	Universell oder spezifisch	10^5	Je nach Einstellung und Technik
FPD		Flammenphotometrie	Flame fotometric	Selektiv für S, P, Sn	10^{-3} oder 10^{-4}	10^{-11} g/s

Im Folgenden ist das Funktionsprinzip der oben aufgelisteten Detektoren beschrieben. Genauere Angaben können beim Hersteller oder Händler eingeholt werden.

19.7.1 Wärmeleitfähigkeitsdetektor, WLD oder auf Englisch TCD

Ein Wärmeleitfähigkeitsdetektor (WLD) ist universell einsetzbar. Seine Funktion beruht auf der Messung der *Wärmeleitfähigkeit des aus der Säule strömenden Gases*, wie ■ Abb. 19.12 zeigt. Der Detektor besteht aus einem gut thermostatisierten Metallblock mit vier gleichen Zellen. Zwei Messzellen werden vom Trägergas aus der Trennsäule durchströmt, zwei Vergleichszellen vom reinen Trägergas. In allen vier Zellen befinden sich Platin- oder Wolframheizwendeln, die zu einer Wheatstone'schen-Brückenschaltung zusammengeschlossen sind.

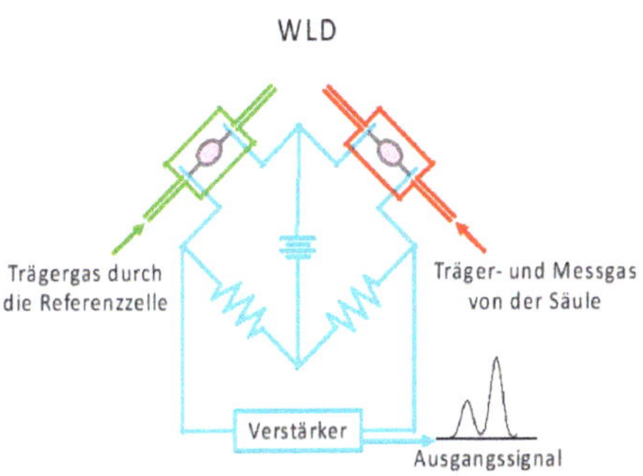

■ **Abb. 19.12** Schematische Darstellung eines WLD Detektors

Alle Heizdrähte werden von elektrischem Strom durchflossen und dadurch erwärmt. Die Temperatur der Drähte, und damit ihr Widerstand hängen von der Wärmeleitfähigkeit der Gase ab, die die Zellen durchströmen und damit Wärme abführen. Veränderungen in der Zusammensetzung des Gases, das die Messzellen durchströmt, verursachen Temperaturänderungen und damit Widerstandsänderungen der Drähte in den Messzellen. Die Veränderung des Widerstandes eines Drahtes ergibt eine Spannungsänderung, die ausgewertet wird. Da alle Zellen zu einer Wheastone'schen Brücke zusammengeschaltet sind, gerät die Schaltung aus dem Gleichgewicht, sobald eine Komponente mit schlechterer Wärmeleitfähigkeit als das Trägergas aus der Trennsäule in die Messzelle strömt. Die Temperatur der Heizdrähte in den Messzellen stabilisiert sich durch die Wärmeabfuhr auf einem höheren Niveau. Die Temperatur der Heizdrähte in den Vergleichszellen ändert sich nicht. Diese Temperaturdifferenz der Heizdrähte in Mess- und Vergleichszellen bewirkt einen Spannungsunterschied, der verstärkt auf ein Ausgabegerät gegeben wird. Die Signale sind der Probenkonzentration im Trägergas proportional.

Der WLD ist grundsätzlich für alle Substanzen verwendbar, die ihn nicht durch Korrosion zerstören. Der Brückenstrom darf nicht einschaltet werden, bevor die Heizdrähte vom Trägergas umspült und dadurch gekühlt werden. Überhitzung kann die Drähte durchbrennen lassen. Der Vorteil gegenüber einem FID Detektor ist, dass er Wasser und CO_2 detektieren kann. Nachteilig ist der Umstand, dass der WLD etwa 1'000 mal weniger empfindlich ist als ein FID. Für WLD Detektoren wird bevorzugt Helium eingesetzt, weil es die beste Wärmeleitfähigkeit besitzt.

19.7.2 Flammenionisationsdetektor (FID)

Der FID misst die *elektrische Leitfähigkeit einer Flamme* im Detektor. Dabei wird dem Trägergas am Säulenende Wasserstoff als Brenngas beigemischt. Gleichzeitig wird synthetische Luft so in den Detektor eingeleitet, dass der Wasserstoff an einer feinen Düse verbrennen kann, wie die ◘ Abb. 19.13 zeigt. Alle organischen Substanzen, die vom Trägergas eluiert werden, verbrennen in der Wasserstoffflamme. Das Detektorsignal beruht auf der Ionenbildung bei der Verbrennung von Substanzen mit C–C und C–H Bindungen, wie die Formel 1 zeigt. Die Wasserstoffflamme selbst ist kaum ionisiert. Der FID ist ein massenabhängiger Detektor, weshalb er unabhängig von der Menge des Trägergases detektiert. Er misst die effektiv vorhandenen Ionen, unabhängig davon wie stark sie vom Gasstrom der mobilen Phase verdünnt sind.

Formel 1 Verbrennung von Kohlenwasserstoff

$$\mathrm{CH} + \mathrm{O} \longrightarrow \mathrm{CHO}^{+} + \mathrm{e}^{-}$$

Gelangen aber Verbindungen in die Flamme, so werden über eine Radikalreaktion Ionen und Elektronen gebildet, die durch das elektrische Feld der Sammelelektrode aufgefangen und damit detektiert werden können.

19

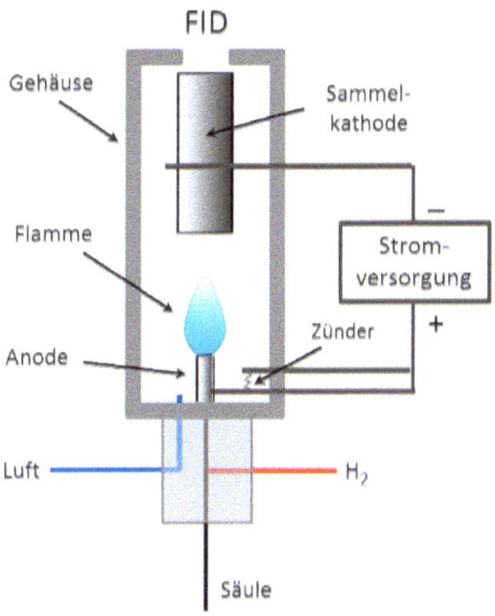

Abb. 19.13 Schematische Darstellung eines FID Detektors

Die Düse, an der Trägergas und Wasserstoff in den Luftstrom eintreten und verbrennen, besitzt ein negatives Potential und ist demnach eine Kathode. Positive Ionen werden dadurch neutralisiert, während die freigesetzten Elektronen an der positiven Sammelelektrode der Anode oder Kollektorelektrode eingefangen werden und den *Signalstrom* liefern. Zwischen Kathode und Anode wird eine Spannung von 300 bis 400 V angelegt. Die bei der Verbrennung von Substanzen fliessenden, elektrischen Ströme im pA-Bereich sind sehr klein. Deshalb werden sie verstärkt und in ein Datensystem übertragen. Die *Ionisierbarkeit* verschiedener Substanzen gleicher Konzentration ist *unterschiedlich*. Deshalb ergeben sich auch unterschiedliche Peakgrössen für unterschiedliche Substanzen gleicher Konzentration.

Damit ein FID einwandfrei arbeitet, müssen Brenngas-, Luft- und Trägergas-Strömung richtig eingestellt werden und konstant sein. Ferner dürfen die Elektroden nicht durch Korrosion oder durch Siliziumdioxidablagerungen aus verbrannten Silikonphasen verschmutzt sein. Damit der FID nicht durch Kondenswasser geschädigt wird, darf die Brennerflamme erst gezündet werden, wenn der Detektor wärmer als 100 °C ist.

Der Flammenionisationsdetektor ist für organische Verbindungen verwendbar. Er spricht auf viele anorganische Verbindungen wie H_2O, SO_2, NH_3, aber auch auf CO_2 oder CO nicht an. Sein linearer Bereich beträgt 10^6. Das bedeutet, er erzeugt ein proportional richtiges Signal für eine Masse die in der Nähe der Nachweisgrenze liegt ebenso wie für eine Masse die eine Million Mal grösser ist. Flammenionisationsdetektoren sind weit verbreitet.

19.7.3 Thermoionischer Detektor (NPD)

Bei diesem Detektor handelt es sich um einen modifizierten FID, der eine Alkaliquelle enthält und bevorzugt die Elemente Stickstoff und Phosphor in organischen Verbindungen detektiert. Der NPD ist ähnlich wie ein FID aufgebaut, nur befindet sich zwischen der Brennerdüse und der Sammelelektrode eine kleine Perle aus Alkalisilikat (Glas oder Keramik) an einem Platindraht. Die Alkaliperle befindet sich immer auf dem negativen Potential im Gegensatz zur positiven Sammelelektrode.

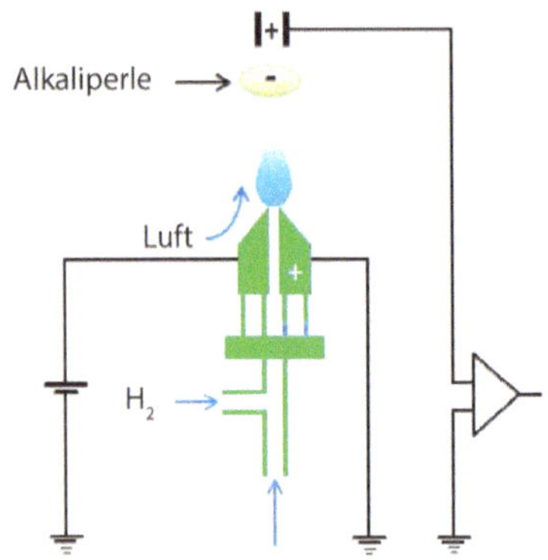

Abb. 19.14 Ein NPD Detektor im Phosphor-Detektionsbetrieb (P-Betrieb)

Der NPD kann in zwei Betriebsarten betrieben werden. Im P-Betrieb, wie in Abb. 19.14 gezeigt, brennt die Flamme wie beim FID auf der Düse. Die Düse ist geerdet, damit Elektronen, die bei der Verbrennung organischer Verbindungen entstehen, abfliessen können. Wäre die Düse nicht geerdet, würden die Elektronen, die bei der Verbrennung der Kohlenwasserstoffe entstehen bis zur negativ geladenen Alkaliperle gelangen, sie aber nicht passieren. Durch die Erdung können die Elektronen an der Düse abfliessen. An der Alkaliperle laufen Reaktionen ab, die den Detektor besonders empfindlich für Phosphorverbindungen machen. Die Glasperle besitzt Halbleitereigenschaften. In kaltem Zustand ist sie ein Isolator, im heissen Zustand hat sie eine gewisse Leitfähigkeit.

Die Elektronen aus der „Alkalireaktion" gelangen ungehindert zur positiv geladenen Sammelelektrode und liefern den Signalstrom.

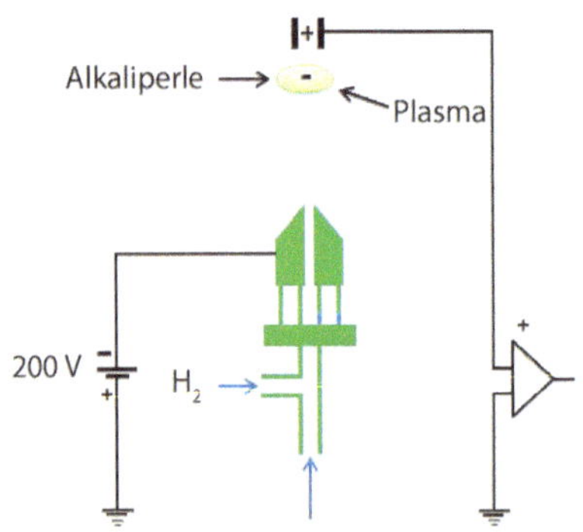

Abb. 19.15 Ein NPD Detektor im Stickstoff-Detektionsbetrieb (N-Betrieb)

Im N-Betrieb wird die Wasserstoff- und Luftzufuhr soweit verringert, dass die Flamme an der Brennerdüse erlischt. Anderseits wird in diesem Modus die Perle elektrisch geheizt. An der glühenden Perle entzündet sich der Wasserstoff und verbrennt als kaltes Plasma rund um die Perle, wie Abb. 19.15 zeigt.

Im kalten reduzierenden Plasma um die Perle können aus organischen Verbindungen mit C–N Bindungen durch thermische Pyrolyse Cyan-Radikale gebildet werden.

Text in ▶ Abschn. 19.7.3 gekürzt aus: Bruno Kolb (2003) **Chromatographie in Bildern (eine Einführung)**

19.7.4 Elektroneneinfang-Detektor (ECD)

Der ECD besitzt besondere Empfindlichkeit für Substanzen, die so genannte langsame Elektronen einfangen können. Dies sind in erster Linie *halogenhaltige organische Verbindungen*. Für diese Verbindungsgruppe ist der ECD um einige Zehnerpotenzen empfindlicher als der FID.

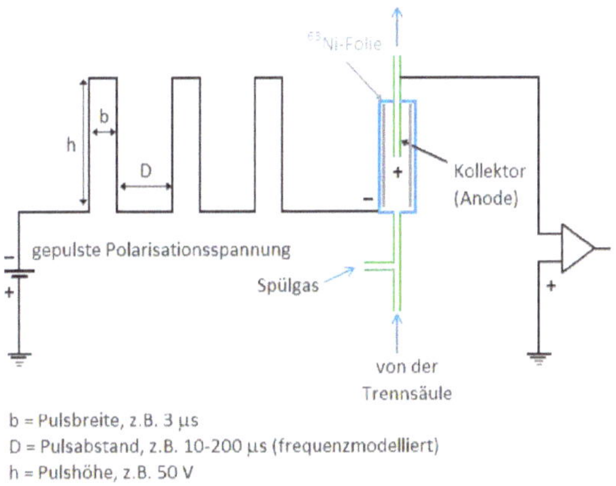

Abb. 19.16 Schematische Darstellung eines ECD Detektors

Der ECD, auch Elektroneneinfangdetektor genannt, ist der am häufigsten verwendete Detektor aus der Familie der Strahlungsionisationsdetektoren. Wie Abb. 19.16 zeigt, besteht der Detektor aus einer Ionisierungskammer, die ein gebogenes Nickelblech enthält, dessen Oberfläche mit einer dünnen Schicht aus ^{63}Ni-Isotop als radioaktive Quelle aufgebracht ist. Das relativ grosse Zellvolumen in Verbindung mit Kapillarsäulen bei kleiner Trägergasströmung bedingt das Verwenden von Spül- oder make-up Gas.

Das Trägergas wird mit *β-Strahlen ionisiert*. Dadurch entstehen Trägergasionen und langsame Elektronen. Die Elektronen wandern zur Anode und ergeben den Grundstrom von 1 bis 3 nA, der im Verstärker kompensiert wird. Das ist deutlich höher als beim FID. Im Grunde genommen entsteht aus einem Elektron ein negativ geladenes Molekül, das im Endeffekt das Detektorsignal erzeugt. Weil die Molekül-Ionen deutlich langsamer sind, reagieren sie auf dem Weg zur Sammelelektrode mit dem positiv geladenen Trägergas zu zwei elektrisch neutralen Produkten nämlich Trägergas und Molekül.

Text in ▶ Abschn. 19.7.4 gekürzt aus: Bruno Kolb (2003) **Chromatographie in Bildern (eine Einführung)**

19.7.5 Massenspektrometer (MS)

Es werden heute viele unterschiedliche Massendetektoren eingesetzt wie beispielsweise Sektorfeld MS, Quadrupol MS, Flugzeit-MS (TOFMS) und verschieden Typen von Ionenfallen MS wie Quadrupol-Ionenfalle, Linear-Trap, Fouriertransformations-Ionenzyklotronresonanz (FT-ICR) und Oribtrap.

Der Einsatz von MS/MS Detektoren ist ferner möglich. Zwei oder mehr Massendetektoren sind hintereinander geschaltet.

Auf zwei für die GC wichtige MS-Detektoren wird in den folgenden Abschnitten eingegangen. Mehr zur Massenspektrometrie gibt es im Band 4.

Der Ion Trap Detektor (ITD)

Der Ion Trap, oder Ionenfallen-Detektor nimmt die Massenspektren der chromatographisch getrennten Substanzen auf. In Verbindung mit einer Massenspektren-Bibliothek kann eine Substanzidentifikation erfolgen. Besonders in der Umweltanalytik spielt die GC-MS Koppelung eine grosse Rolle.

Der ITD wird wie alle Massenspektrometer im Hochvakuum betrieben. Die Messzelle besteht aus zwei rotations-symmetrischen Endkappen und einer Ringelektrode. Moleküle, die in die Messzelle eintreten werden durch einen kurzzeitig eingeschalteten Elektronenstrahl ionisiert. Durch ein stabiles Hochfrequenzfeld in einer Zeitspanne von Millisekunden werden die Ionen in dem Raum zwischen den Polkappen und der Ringelektrode, eben der Ionenfalle, gefangen gehalten. Dadurch werden die Ionenangereichert und es ergibt sich die typisch *hohe Empfindlichkeit* dieser Detektoren. Durch Variation des Hochfrequenzfeldes verlassen die Ionen in der Reihenfolge ihrer m/z-Werte ihre Bewegungsbahn im Raum zwischen den Polkappen und der Ringelektrode und gelangen zum Detektor einem Elektronen-Multiplayer.

Der Quadrupol Detektor

Der Quadrupol (Q) zählt heute zu den wichtigsten Analysatoren in der Praxis der Massenspektrometrie. Er ist kompakt, preiswert und leicht handhabbar. Quadrupol-Massenspektrometer arbeiten über längere Zeiträume stabil und wartungsfrei. Sie sind deshalb ideale Routinegeräte.

Im Quadrupol können sich die Ionen bestimmter Masse/Ladungsverhältnisse je nach Stärke der anliegenden elektrischen Felder auf stabilen oder instabilen Flugbahnen bewegen. Durch Variation dieser Parameter werden Ionen verschiedener Masse nacheinander auf stabile Flugbahnen gebracht und damit durch den Quadrupol gelassen. Sie werden gefiltert – man spricht von *Massenfiltern.*

Mit Hilfe des Quadrupols können komplette Massenspektren innert Millisekunden aufgenommen werden. Deshalb findet dieser Typ Analysator besonders bei der Konstruktion von GC/MS- oder LC/MS-Geräten Anwendung. Einfache Versionen werden als massenselektive Detektoren angeboten.

19.8 Auswertung

In der Detektorzelle wird ein analoges Signal erzeugt, welches vom Analog/Digitalwandler (ADU) in ein digitales Signal umgewandelt wird (siehe ◘ Abb. 19.17). Der ADU kann direkt im Detektor, in einem externen Interface oder als Karte im PC eingebaut sein.

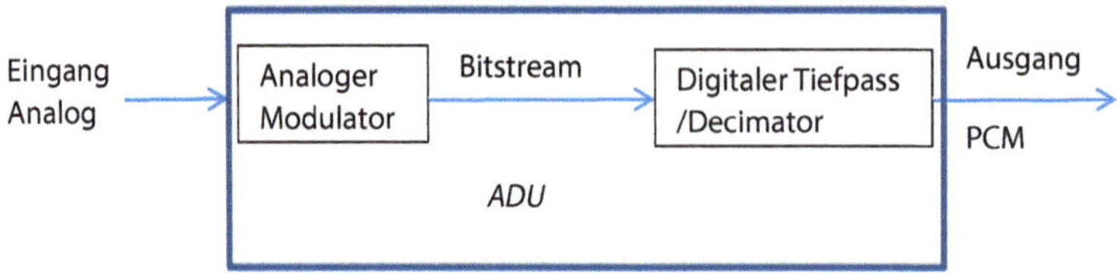

◘ **Abb. 19.17** Die Umwandlung des analogen Detektorsignals in ein digitales Signal in einer ADU

Um eine möglichst *genaue Datenaufzeichnung* zu generieren ist es nicht ratsam eine zu hohe Frequenz an Datenpunkten zu digitalisieren, weil sie zum einen Speicherplatz benötigen und weil zum anderen der Rechner länger braucht, um die Daten auszuwerten. Näheres dazu findet sich im Kapitel Chromatographie Grundlagen. Das Detektorsignal sollte ein möglichst genaues Bild der Konzentrationsverhältnisse respektive der Masse, je nach Detektortyp, in der Detektorzelle wiederspiegeln. Jedes Signal ist mit einem hochfrequentierten, meist elektronischen Signal überlagert. Um aus dem Analogsignal ein digitales Abbild mit teilweise unterdrücktem Rauschen zu berechnen gibt es verschiedene Möglichkeiten. Die Sammelrate wird so eingestellt, dass der schmalste Peak mit beispielsweise 20 Datenpunkten dargestellt wird. Oder es wird eine relativ hohe Sammelrate abgetastet aber nur der Mittelwert einer bestimmten Anzahl Datenpunkte verwendet (Datenbunching). Eine weitere Möglichkeit ist die angepasste Datensammelrate, wobei Peaks mit mehr Datenpunkten dargestellt werden als die Basislinie. Als letztes zu nennen ist, dass nur die Differenz zum vorangehenden Datenpunkt gespeichert wird.

Die Datensammelrate gibt an wie viele Datenpunkte pro Sekunde aufgezeichnet werden sollen. Deren Frequenz wird in Hertz (Hz) angegeben. Das Analogsignal wird immer mit derselben Frequenz beispielsweise 100 Hz abgetastet. Was variiert ist die digitale Frequenz beispielsweise 5 Hz. Aus diesem Beispiel würde also der Mittelwert aus 20 Datenpunkten dargestellt. ◘ Abb. 19.18 und ◘ Abb. 19.19 zeigen unterschiedliche Peakformen aufgrund verwendeter Datenpunkte.

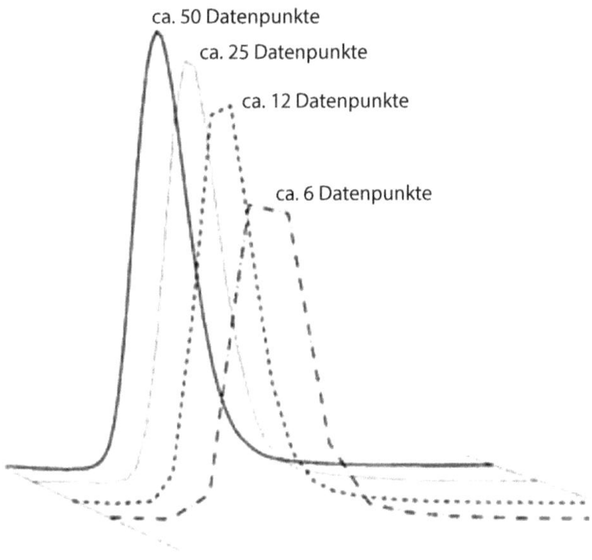

◘ **Abb. 19.18** Die Umwandlung des analogen Detektorsignals in ein digitales Signal in einer ADU Peakformen mit unterschiedlichen Datensammelpunkten

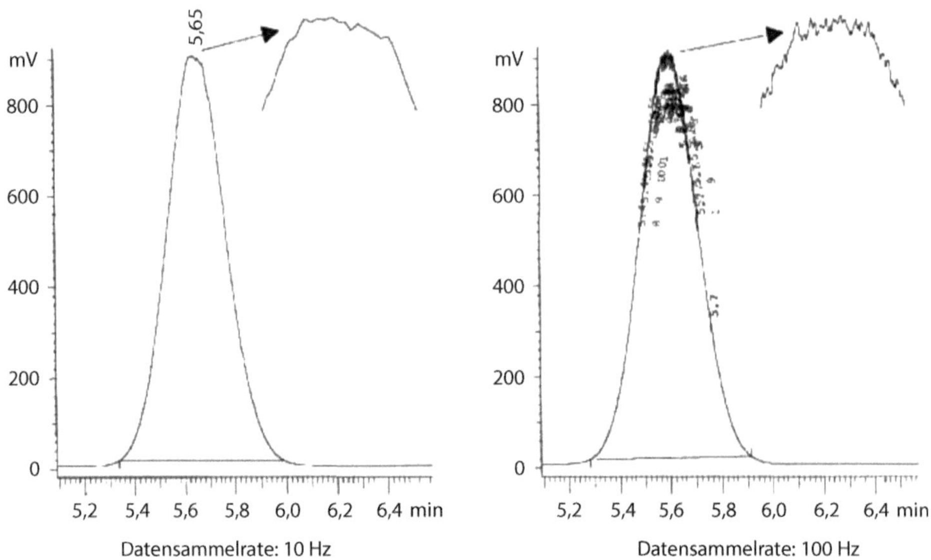

Abb. 19.19 Peakformen mit unterschiedlichen Datensammelraten

19.9 Probenvorbereitung

Um Analysen am GC vornehmen zu können, müssen die Proben entsprechend vorbereitet werden. Dabei ist es wichtig die Grundlage der Injektion zu kennen. Wird die Probe flüssig, kalt oder heiss oder gasförmig eingespritzt? Für die klassische, heisse Flüssiginjektion muss der Analyt vollständig in einem inerten Lösemittel gelöst sein. Des Weiteren muss seine *Siedetemperatur mindestens 20 °C unterhalb der Injektortemperatur* liegen, um ein vollständiges Verdampfen und repräsentative Ergebnisse zu gewährleisten. Entsprechend muss auch die Analytkonzentration angepasst werden, damit der Detektor nicht überladen wird, falls die Konzentration zu hoch gewählt wurde. Bei einer zu geringen Analytkonzentration sind die Peakflächen genauso wie bei zu hohen Konzentrationen nicht mehr proportional zu den Analytmassen und können dann nicht repräsentativ ausgewertet oder quantifiziert werden. Die Analytkonzentrationen sind zudem detektorabhängig.

Müssen Substanzen wie beispielsweise Fette und Öle, deren Siedepunkt deutlich über der Injektortemperatur liegt, analysiert werden, besteht die Möglichkeit der *Derivatisierung*. Das bedeutet, dass die Substanz vollständig mittels chemischer Umsetzung in eine andere Stoffklasse oder chemische Substanz überführt wird, deren Siedepunkt unterhalb der Injektortemperatur liegt und somit analysiert werden kann.

19.10 GC Troubleshooting

Die folgenden Tabellen wurden freundlicherweise von der Firma Macherey Nagel AG zur Verfügung gestellt. Der Inhalt der Tab. 19.3 bis 19.24 wurde ihrer Website entnommen:

► http://www.mn-net.com/tabid/10583/default.aspx aufgerufen am 16.12.2015

19

Folgende Probleme können in der Gaschromatographie auftauchen:

Tab. 19.3 Eine Auswahl an häufig auftretenden Fehlern in der Gaschromatographie. (Mit freundlicher Genehmigung von MACHEREY-NAGEL GmbH & Co. KG, Dueren, Deutschland)

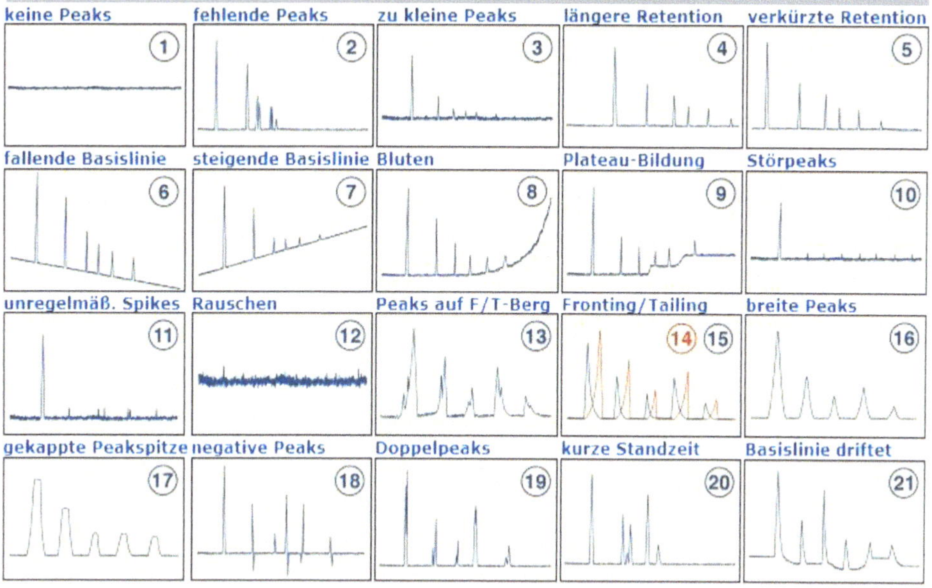

Tab. 19.4 Was ist zu tun, wenn keine Peaks sichtbar werden. (Mit freundlicher Genehmigung von MACHEREY-NAGEL GmbH & Co. KG, Dueren, Deutschland)

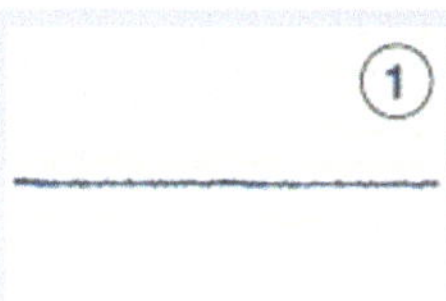

Mögliche Ursachen	Behebung
1. Fehler in der Detektor-Stromversorgung/ Elektronik.	1. Detektor-, Strom-, Anschlusskabel sowie Elektronik überprüfen.
2. FID-Flamme brennt nicht.	2. Prüfen, ob FID arbeitet, neu zünden.
3. Spritze defekt/dicht.	3. Andere Spritze verwenden.
4. Temperatur zu niedrig für die Substanzen, Ofenheizung defekt.	4. Temperaturprogramm, Ofentemperatur (Thermometer) prüfen.
5. Fehler in der Auswerteeinheit.	5. Auswerteeinheit, Steckverbindungen prüfen, Rechner neu starten.
6. kein Trägergasfluss.	6. Trägergaszuleitungen, Manometer, Dichtungen kontrollieren, Gasfluss bestimmen. Säule prüfen, Injektionsseptum wechseln.
7. Säulenanschluss ist undicht (meist Injektorseitig).	7. Neue Ferrules verwenden, Gerät überprüfen.
8. Säule ist gebrochen.	8. Beim Bruch am Anfang oder am Ende, Entfernung des Stückes. Einen Bruch in der Mitte durch einen Glaskapillarsäulen-verbinder schliessen, bei Mehrfachbrüchen: Säulenwechsel.

Tab. 19.5 Was ist zu tun, wenn die Trennleistung oder die Auflösung immer schlechter wird. (Mit freundlicher Genehmigung von MACHEREY-NAGEL GmbH & Co. KG, Dueren, Deutschland)

	Mögliche Ursachen	Behebung
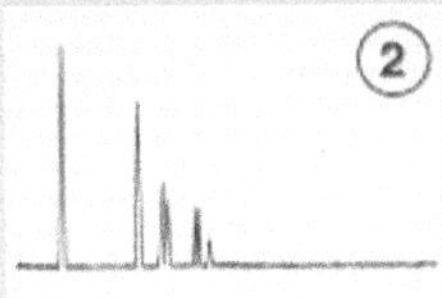	1. Spritze verunreinigt, Verschleppung.	1. Andere Spritze verwenden.
	2. Probe zu verdünnt.	2. Injektionsvolumen erhöhen, Probe aufkonzentrieren.
	3. Probe zu hoch konzentriert.	3. Injektionsvolumen verringern, Probe verdünnen.
	4. Säulenanschluss undicht, Säule nicht richtig eingebaut.	4. Korrektur des Säuleneinbaus, undichte Stellen lokalisieren, Ferrules wechseln.
	5. Injektionsseptum perforiert.	5. Septum tauschen.
	6. Injektortemperatur zu gering.	6. Temperaturprogramm prüfen, Injektortemperatur erhöhen.
	7. Probe zersetzt sich im Injektor.	7. Temperaturprogramm prüfen, Temperatur im Injektor reduzieren. Liner tauschen, Kapillarenden prüfen.
	8. Säulenofen zu heiss.	8. Temperaturprogramm, Ofentemperatur (Thermometer) prüfen, Temperatur verringern.
	9. Falsche Flussgeschwindigkeit.	9. Fliessgeschwindigkeit messen und evtl. korrigieren.
	10. Säule absorbiert Substanzen oder baut sie ab.	10. Kapillarenden prüfen. Mit Testgemisch intakte Desaktivierung überprüfen. Bei schlechtem Ergebnis Säule vorne und hinten um 10 cm kürzen. Ansonsten: Säule ersetzen. Zeigt das Testgemisch keinen Säulenmangel auf: a) Säule mit dickerem Film verwenden b) auf besser desaktivierte Phase zurückgreifen c) Spezialsäule einsetzen.

Tab. 19.6 Was ist zu tun, wenn trotz gleichbleibender Injektionsmenge schwankende Peakflächen angezeigt werden. (Mit freundlicher Genehmigung von MACHEREY-NAGEL GmbH & Co. KG, Dueren, Deutschland)

	Mögliche Ursachen	Behebung
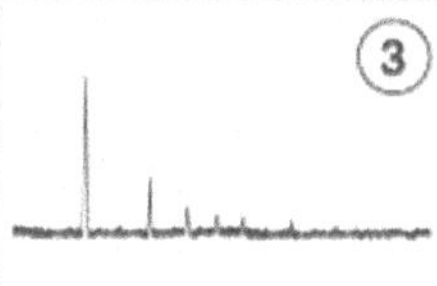	1. Spritze verunreinigt.	1. Andere Spritze verwenden.
	2. Probenkonzentration zu gering.	2. Injektionsvolumen erhöhen, Probe aufkonzentrieren.
	3. Splitverhältnis zu hoch.	3. Splitverhältnis verkleinern.
	4. Detektorempfindlichkeit zu gering.	4. Standard injizieren, um die Detektorempfindlichkeit zu testen.
	5. Säulenanschluss undicht, Säule nicht richtig eingebaut.	5. Korrektur des Säuleneinbaus, undichte Stellen lokalisieren, Ferrules wechseln.
	6. Injektionstemperatur zu gering.	6. Temperaturprogramm prüfen, Injektortemperatur erhöhen.
	7. ECD verunreinigt.	7. ECD gemäss Herstellerangaben reinigen.
	8. FID, WLD, zu geringer Gasdurchfluss (Brenn-/Makeup Gas).	8. Durchfluss gemäss Herstellerangaben korrigieren.
	9. Probe zersetzt sich.	9. Kapillarenden prüfen. Mit Testgemisch intakte Desaktivierung überprüfen. Bei schlechtem Ergebnis Säule vorne und hinten um 10 cm kürzen. Ansonsten: Säule ersetzen. Zeigt das Testgemisch keinen Säulenmangel auf: a) Säule mit dickerer Film wählen, b) auf besser desaktivierte Phase zurückgreifen, c) Spezialsäule einsetzen.

Tab. 19.7 Was ist zu tun, wenn Retentionszeiten schwanken und grösser werden. (Mit freundlicher Genehmigung von MACHEREY-NAGEL GmbH & Co. KG, Dueren, Deutschland)

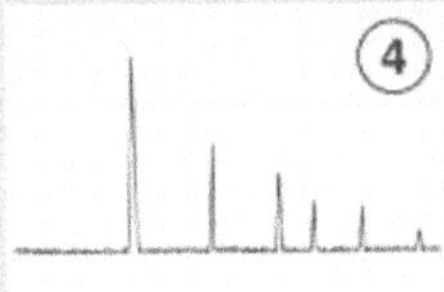

Mögliche Ursachen	Behebung
1. Gasgeschwindigkeit zu gering.	1. Gasdurchfluss erhöhen.
2. Säulenanschluss undicht, Säule nicht richtig eingebaut.	2. Korrektur des Säuleneinbaus, undichte Stellen lokalisieren, Ferrules wechseln.
3. Säulenofentemperatur ist zu niedrig oder schwankt.	3. Temperaturprogramm, Ofentemperatur (Thermometer) prüfen. Wenn es die Stabilität der Substanzen zulassen, Temperatur erhöhen.
4. Hoher Trägergasdruckabfall, eingestellter Vordruck nicht erreicht.	4. Injektionsseptum austauschen. Bei Gerät mit programmierbarer Druck/Temperatursteuerung: Druck muss ca. 15 psi bei konstantem Fluss über dem Bedarf bei der maximalen Temperatur des Programms liegen.
5. Zuleitungen / Säule verengt oder blockiert.	5. Gasfluss am Säuleneingang und am Säulenausgang mit dem voreingestellten Druck vergleichen. Leitungssystem kontrollieren, evtl. spülen. Bei Druckaufbau in der Säule: eine Windung / 20 cm kürzen. Ansonsten: Säule austauschen.

Tab. 19.8 Was ist zu tun, wenn die Retentionszeiten schwanken und kürzer werden. (Mit freundlicher Genehmigung von MACHEREY-NAGEL GmbH & Co. KG, Dueren, Deutschland)

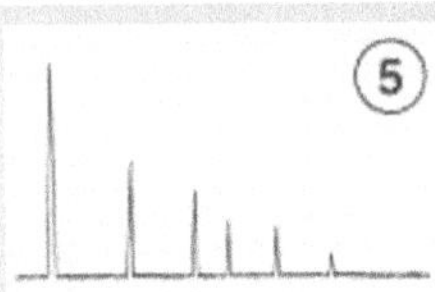

Mögliche Ursachen	Behebung
1. Gasgeschwindigkeit zu hoch.	1. Gasfluss und voreingestellten Druck auf Plausibilität prüfen. Leitungssystem, Manometer kontrollieren. Parameter-Einstellungen überprüfen. Ansonsten: Säule austauschen.
2. Säulenofentemperatur ist zu hoch.	2. Temperaturprogramm, Ofentemperatur kontrollieren, evtl. Verringerung der Temperatur.
3. Säule zu kurz.	3. Säule wechseln.
4. Filmdicke zu klein.	4. Säule wechseln.

19

Tab. 19.9 Was ist zu tun, wenn die Basislinie konstant nach unten driftet. (Mit freundlicher Genehmigung von MACHEREY-NAGEL GmbH & Co. KG, Dueren, Deutschland)

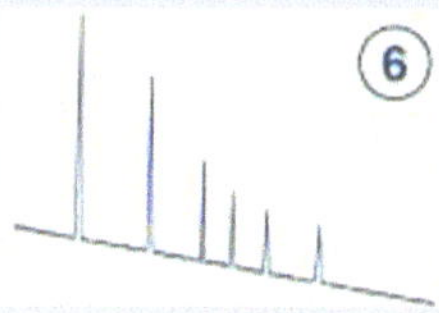

Mögliche Ursachen	Behebung
1. Trägergasdurchfluss ändert sich mit dem Temperatur-Gradienten.	1. Restgasgehalt der Gasflasche kontrollieren. Der Druck in der Flasche muss bei Maximaltemperatur des Programms einige bar über dem Druckbedarf am Säuleneingang liegen; ansonsten: Gasflasche wechseln.
2. verunreinigtes Trägergas (bei konst. Vordruck).	2. Gasversorgung überprüfen.
3. Falscher Säuleneinbau.	3. Säuleneinbau im FID überprüfen.

Tab. 19.10 Was ist zu tun, wenn die Basislinie konstant nach oben driftet. (Mit freundlicher Genehmigung von MACHEREY-NAGEL GmbH & Co. KG, Dueren, Deutschland)

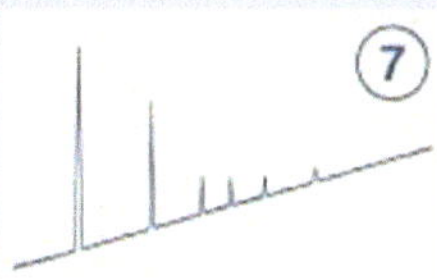

Mögliche Ursachen	Behebung
1. Trägergasleck am Säulenanschluss oder am Injektionsseptum.	1. Korrektur des Säuleneinbaus, undichte Stellen lokalisieren, Ferrules wechseln.
2. Injektorverunreinigung.	2. Chromatogramm mit gering beheiztem Injektorblock fahren. Verringert sich der Grundlinienanstieg: Liner tauschen, temperaturstabilere/blutungsärmer Injektionssepten einsetzen.
3. Verunreinigungen auf der Säule.	3. Zwei Windungen am Säulenanfang abschneiden, Säule mit Lösemittel spülen (nur gebundene Phasen!). Ansonsten: Säule austauschen, evtl. Vorsäule verwenden.
4. Detektor verunreinigt.	4. Detektor nach Herstellerangaben reinigen.
5. Zu schnelles Aufheizprogramm.	5. Temperaturgradienten verringern.
6. Ungenügende Gasqualität.	6. Nur Gasqualitäten für die Gaschromatographie verwenden. Bei langen Zuleitungen: Nachreinigungssystem direkt vor dem Gaschromatographen einsetzen.

Tab. 19.11 Was ist zu tun, wenn die Basislinie während eines Runs exponentiell nach oben driftet. (Mit freundlicher Genehmigung von MACHEREY-NAGEL GmbH & Co. KG, Dueren, Deutschland)

	Mögliche Ursachen	Behebung
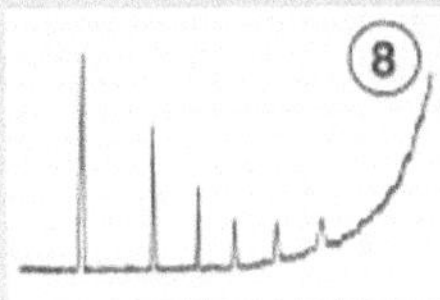	1. Zersetzung der stationären Phase.	1. Dichtigkeit prüfen, Matrix auf Kompatibilität mit der Säule prüfen.
	2. Verunreinigungen auf der Säule.	2. Zwei Windungen am Säulenanfang abschneiden, Säule mit Lösemittel spülen (nur gebundene Phasen!). Ansonsten: Säule austauschen, evtl. Vorsäule verwenden.
	3. Zu schnelles Aufheizprogramm; zu hohe Endtemperatur.	3. Temperaturgradienten und Endtemperatur verringern.
	4. Säulenbluten durch nicht optimal konditionierte Säule.	4. Säule nach Herstellerangaben bei abgekoppeltem Detektor konditionieren.
	5. Detektor verunreinigt.	5. Detektor nach Herstellerangaben reinigen.
	6. Ungenügende Gasqualität.	6. Nur Gasqualitäten für die Gaschromatographie verwenden, Nachreinigungssystem direkt vor dem Gaschromatographen einsetzen.

Tab. 19.12 Was ist zu tun, wenn die Basislinie Plateaus bildet. (Mit freundlicher Genehmigung von MACHEREY-NAGEL GmbH & Co. KG, Dueren, Deutschland)

	Mögliche Ursachen	Behebung
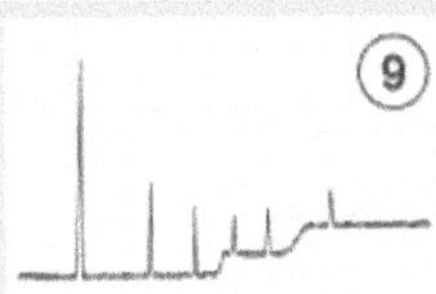	1. Zu drastische Sprünge im Temperaturprogramm.	1. Sehr kurze, sehr starke Aufheizphasen vermeiden.

Tab. 19.13 Was ist zu tun, wenn regelmässig Stör- oder Geisterpeaks sichtbar sind. (Mit freundlicher Genehmigung von MACHEREY-NAGEL GmbH & Co. KG, Dueren, Deutschland)

	Mögliche Ursachen	Behebung
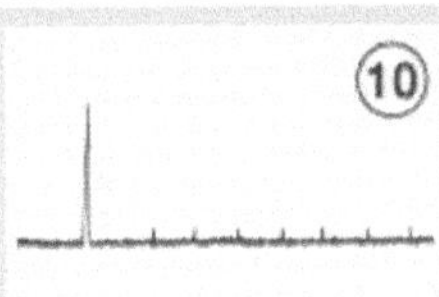	1. Ungenügende Gasqualität.	1. Nur Gasqualitäten für die Gaschromatographie verwenden. Bei langen Zuleitungen: Nachreinigungssystem direkt vor dem Gaschromatographen einsetzen.
	2. FID: Staubteile oder Niederschlag im Detektor.	2. Detektor reinigen. Sind am Säulenende Partikel in der Säule oder ist die Säule nicht sauber abgeschnitten (ausgefranstes Ende): zwei Windungen entfernen.
	3. Defekte Elektronik, defekte Anschluss-kabel, defekter Detektor.	3. Anschlusskabel austauschen, Gerätehersteller kontaktieren.
	4. Bluten des Silikon-Injektionsseptums.	4. Injektionsseptum austauschen, niedriger blutendes Septum verwenden.

Tab. 19.14 Was ist zu tun, wenn unregelmässige Stör- oder Geisterpeaks sichtbar sind. (Mit freundlicher Genehmigung von MACHEREY-NAGEL GmbH & Co. KG, Dueren, Deutschland)

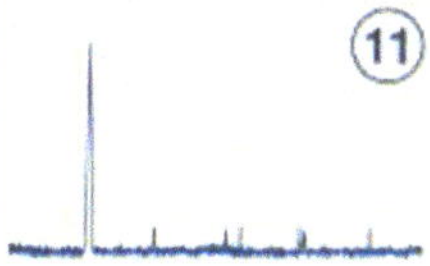

Mögliche Ursachen	Behebung
1. Verunreinigungen aus Vials/Septen oder Probenvorbereitung.	1. SPE und Autosamplergefässe kontrollieren, Septen gegen blutungsärmere austauschen.
2. Nicht-quantitative Derivatisierung.	2. Derivatisierungsprotokoll prüfen, reaktiveres Reagenz verwenden.
3. Spritze verunreinigt.	3. Andere Spritze verwenden.
4. Probe zersetzt sich.	4. Temperaturprogramm, Ofentemperatur (Thermometer) prüfen. Bei thermolabilen Verbindungen Temperatur im Injektor reduzieren, Liner tauschen.
5. Säule oder Injektor adsorbiert Substanzen oder baut sie ab.	5. Kapillarenden prüfen. Mit Testgemisch intakte Desaktivierung überprüfen. Bei schlechtem Ergebnis Säule vorne und hinten um 10 cm kürzen. Ansonsten: Säule ersetzen. Zeigt das Testgemisch keinen Säulenmangel auf: a) Säule mit dickerem Film verwenden, b) auf besser desaktivierte Phase zurückgreifen, c) Spezialsäule einsetzen.
6. Zu hohes Probenvolumen injiziert, Doppelinjektionen.	6. Aufgabevolumen reduzieren.
7. Ungenügende Gasqualität.	7. Nur Gasqualitäten für die Gaschromatographie verwenden. Bei langen Zuleitungen: Nachreinigungssystem direkt vor dem Gaschromatographen einsetzen.

Tab. 19.15 Was ist zu tun, wenn das Basislinienrauschen viel zu breit ist. (Mit freundlicher Genehmigung von MACHEREY-NAGEL GmbH & Co. KG, Dueren, Deutschland)

	Mögliche Ursachen	Behebung
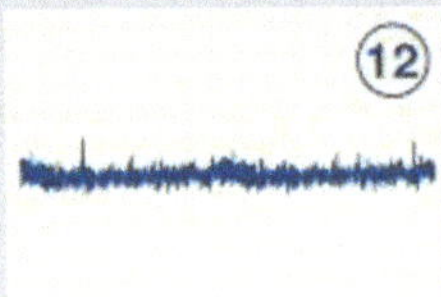	1. Trägergasleck am Säulenanschluss oder am Injektionsseptum.	1. Korrektur des Säuleneinbaus, undichte Stellen lokalisieren, Ferrules wechseln.
	2. Septenbluten, Injektorverunreinigung.	2. Chromatogramm mit gering beheiztem Injektorblock fahren. Verringert sich der Grundlinienanstieg: Liner tauschen, temperaturstabilere/blutungsärmere Injektionssepten einsetzen.
	3. Septumteilchen im Säuleneingang.	3. Vom Säuleneingang eine Windung abschneiden, Injektionssepten wechseln.
	4. Verunreinigung auf der Säule.	4. Zwei Windungen vom Säulenanfang abschneiden, Säule mit Lösemittel spülen (nur gebundene Phasen!). Ansonsten: Säule austauschen, evtl. Vorsäule verwenden.
	5. Schlecht konditionierte Säule.	5. Säule nach Herstellerangaben bei abgekoppeltem Detektor konditionieren.
	6. Gerätedefekt.	6. Temperaturprogramm, Ofentemperatur (Thermometer) prüfen, Gerätehersteller kontaktieren.
	7. Detektor verunreinigt (Elektronik).	7. Detektor nach Herstellerangaben reinigen, Elektronik überprüfen.
	8. Zu schnelles Aufheizprogramm.	8. Temperaturgradienten und Endtemperatur reduzieren.
	9. Ungenügende Gasqualität.	9. Nur Gasqualitäten für die Gaschromatographie verwenden. Bei langen Zuleitungen: Nachreinigungssystem direkt vor dem Gaschromatographen einsetzen.

Tab. 19.16 Was ist zu tun, wenn kleine Peaks fronting- oder tailingseitig auf einem grossen Peaks sichtbar sind. (Mit freundlicher Genehmigung von MACHEREY-NAGEL GmbH & Co. KG, Dueren, Deutschland)

	Mögliche Ursachen	Behebung
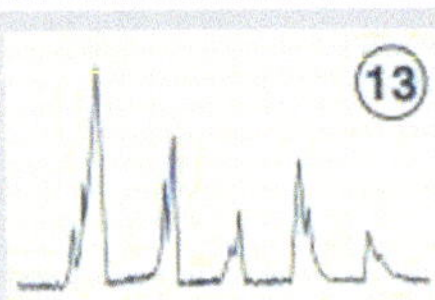	1. Säule schlecht installiert.	1. Kapillarenden und Sitz der Säule im Injektor überprüfen.
	2. Injektionstemperatur zu niedrig.	2. Injektortemperatur prüfen. Wenn Stabilitäten der Verbindungen es zulassen, Temperatur erhöhen.
	3. Lösemittel harmoniert nicht mit Säulenphase.	3. Lösemittel wechseln.
	4. Splitter funktioniert nicht.	4. Durchfluss messen und Splitter justieren.
	5. Schlechte Desaktivierung, Film zu dünn.	5. Kapillarenden prüfen. Mit Testgemisch intakte Desaktivierung überprüfen. Bei schlechtem Ergebnis Säule vorne und hinten um 10 cm kürzen. Ansonsten: Säule ersetzen.

Tab. 19.17 Was ist zu tun, wenn asymmetrische Peaks ein Fronting haben. (Mit freundlicher Genehmigung von MACHEREY-NAGEL GmbH & Co. KG, Dueren, Deutschland)

Fronting	Mögliche Ursachen	Behebung
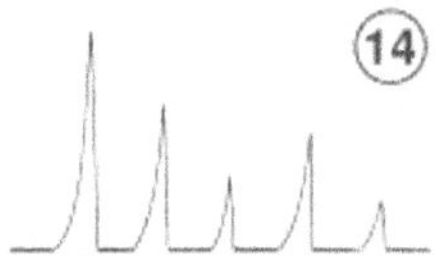	1. Säule ist überladen.	1. Aufgabevolumen reduzieren.
	2. Probe verdampft zu langsam / nicht einheitlich oder kondensiert.	2. Injektionstemperatur erhöhen (maximal erlaubte Temperaturwerte der Säule beachten).
	3. Komponenten fallen zusammen.	3. Temperaturprogramm ändern oder Säule mit einer anderen Selektivität verwenden.
	4. Probe zersetzt sich.	4. Temperaturprogramm, Ofentemperatur (Thermometer) prüfen. Bei thermolabilen Verbindungen Temperatur im Injektor reduzieren, Liner tauschen.
	5. Säule adsorbiert Substanzen oder baut sie ab.	5. Kapillarenden prüfen. Mit Testgemisch intakte Desaktivierung überprüfen. Bei schlechtem Ergebnis Säule vorne und hinten um 10 cm kürzen. Ansonsten: Säule ersetzen. Zeigt das Testgemisch keinen Säulenmangel auf: a) Säule mit dickerem Film verwenden, b) Auf besser desaktivierte Phase zurückgreifen, c) Spezialsäule einsetzen.

Tab. 19.18 Was ist zu tun, wenn asymmetrische Peaks ein Tailing haben. (Mit freundlicher Genehmigung von MACHEREY-NAGEL GmbH & Co. KG, Dueren, Deutschland)

Tailing	Mögliche Ursachen	Behebung
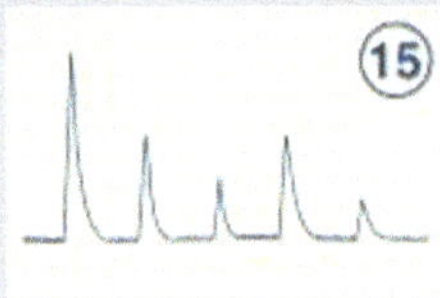	1. Probe verdampft zu langsam / nicht einheitlich oder kondensiert.	1. Injektionstemperatur erhöhen (maximal erlaubte Temperaturwerte der Säule beachten).
	2. Probe siedet sehr hoch.	2. Bei polaren, basischen oder hochsiedenden Proben: derivatisieren.
	3. Das System ist undicht.	3. Korrektur des Säuleneinbaus, undichte Stellen lokalisieren, Ferrules wechseln.
	4. Komponenten fallen zusammen.	4. Temperaturprogramm ändern oder Säule mit einer anderen Selektivität verwenden.
	5. Probe zersetzt sich.	5. Temperaturprogramm, Ofentemperatur (Thermometer) prüfen. Bei thermolabilen Verbindungen Temperatur im Injektor reduzieren, desaktivierten Liner einsetzen.
	6. Säule adsorbiert Substanzen oder baut sie ab.	6. Kapillarenden prüfen. Mit Testgemisch intakte Desaktivierung überprüfen. Bei schlechtem Ergebnis Säule vorne und hinten um 10 cm kürzen. Ansonsten: Säule ersetzen. Zeigt das Testgemisch keinen Säulenmangel auf: a) Säule mit dickerem Film verwenden, b) Auf besser desaktivierte Phase zurückgreifen, c) Spezialsäule einsetzen.
	7. Zu geringe Splitrate.	7. Splitrate erhöhen.
	8. Verbindungen, die immer stark tailen.	8. keine Fehlerbehebung möglich.
	9. Säule ist überladen.	9. Injektionsmenge verringern.

Tab. 19.19 Was ist zu tun, wenn Peaks zu breit sind. (Mit freundlicher Genehmigung von MACHEREY-NAGEL GmbH & Co. KG, Dueren, Deutschland)

	Mögliche Ursachen	Behebung
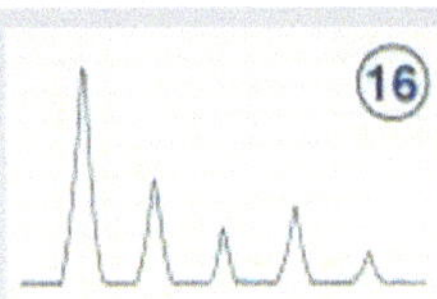	1. Ungenügende Fokussierung.	1. Starttemperatur im Programm herabsetzen.
	2. Trägergasfluss zu hoch oder zu niedrig.	2. Flussrate messen, kontrollieren und korrigieren.
	3. Splittfluss zu gering.	3. Splitfluss erhöhen.
	4. Säule ist überladen.	4. Weniger injizieren oder den Splitfluss erhöhen.

Tab. 19.20 Was ist zu tun, wenn Peaks oben abgeschnitten dargestellt werden. (Mit freundlicher Genehmigung von MACHEREY-NAGEL GmbH & Co. KG, Dueren, Deutschland)

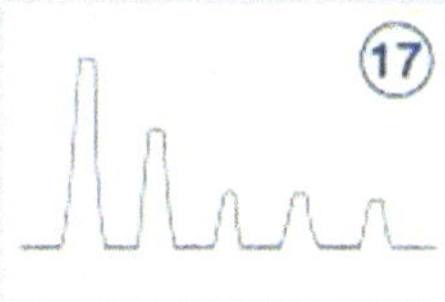

Mögliche Ursachen	Behebung
1. Detektor ist überladen.	1. Probe verdünnen oder weniger injizieren.
2. Säule ist überladen.	2. Weniger injizieren oder Split-Fluss erhöhen.
3. Aufzeichnungsnullpunkt ausserhalb des Anzeigebereichs.	3. Andere Skalierung wählen.

Tab. 19.21 Was ist zu tun, wenn Negativpeaks erscheinen. (Mit freundlicher Genehmigung von MACHEREY-NAGEL GmbH & Co. KG, Dueren, Deutschland)

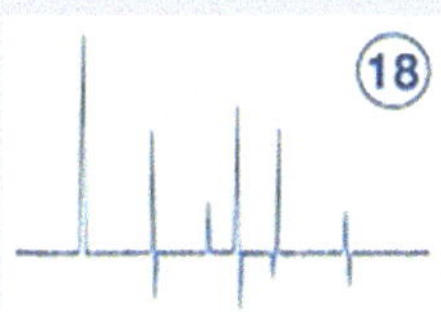

Mögliche Ursachen	Behebung
1. Polarität der Auswerteeinheit ist vertauscht.	1. Polarität am Gerät wechseln.
2. Säule ist überladen.	2. Weniger injizieren oder Splitfluss erhöhen.
3. Druckschwankungen im System.	3. Druckzuleitungen, Manometer kontrollieren, Gerätehersteller kontaktieren.
4. Detektor verunreinigt.	4. Detektor nach Herstellerangaben reinigen.
5. Elektronische Artefakte.	5. Detektor, AD-Wandler überprüfen.

Tab. 19.22 Was ist zu tun, wenn Peakspitzen immer doppelt erscheinen. (Mit freundlicher Genehmigung von MACHEREY-NAGEL GmbH & Co. KG, Dueren, Deutschland)

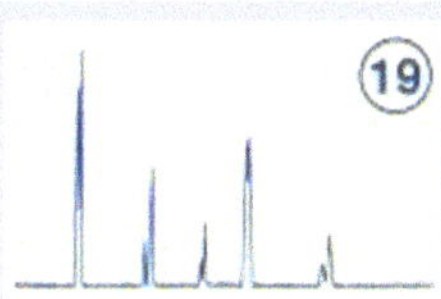

Mögliche Ursachen	Behebung
1. Lösemittel und Säule sind nicht kompatibel.	1. Lösemittel wechseln oder Vorsäule verwenden.
2. Lösemittelgemische mit grossen Unterschieden in Siedepunkt oder Polarität.	2. Nur ein Lösemittel verwenden.
3. Probe zersetzt sich.	3. Temperaturprogramm, Ofentemperatur (Thermometer) prüfen. Bei thermolabilen Verbindungen: Temperatur im Injektor reduzieren, desaktivierten Liner einsetzen.
4. Mehrere Komponenten unter einem Peak.	4. Temperaturprogramm ändern oder längere Säule verwenden, evtl. Wechsel der Säulenpolarität.
5. Detektor ist überladen.	5. Weniger injizieren, make-up-Gasdurchfluss kontrollieren.

Tab. 19.23 Was ist zu tun, wenn sich die Trennleistung und die Auflösung laufend verschlechtert. (Mit freundlicher Genehmigung von MACHEREY-NAGEL GmbH & Co. KG, Dueren, Deutschland)

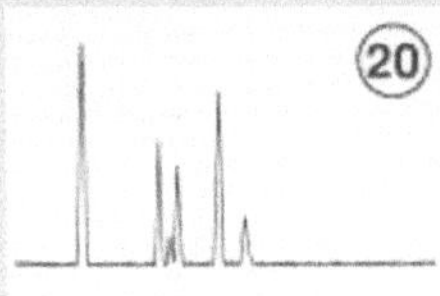

Mögliche Ursachen	Behebung
1. Säule ist verunreinigt, Phase belegt.	1. Zwei Windungen am Säulenanfang abschneiden. Bei keiner Verbesserung: Säule mit Lösemittel spülen (nur gebundene Phasen!). Ansonsten: Säule austauschen, evtl. Vorsäule verwenden.
2. Rückstände in den Proben.	2. Aufarbeitungsmethode verbessern.
3. Polymerisation auf der Säule.	3. Vorsäule ausreichender Länge (10 m) einsetzen.
4. Trennleistung lässt bei Mehrfachinjektionen nach, wird nach Ausheizen wieder besser.	4. Vorsäule einsetzen, Reduktion der Aufgabemenge, Modifizierung des Temperaturprogramms. Bei Reihenanalysen: Ausheiztemperatur und Programmdauer erhöhen.
5. Zu hohe Temperatur/Aufheizraten.	5. Ofentemperatur senken, Temperaturgradienten verringern (nicht über 25 °C/min).
6. Zu schnelles Abkühlen.	6. Nicht den Säulenofen bei hohen Temperaturen öffnen.
7. Zu niedrige Temperatur/Kondensation.	7. Temperatur des Injektors, Anfangstemperatur des Programms erhöhen.
8. Desaktivierung ist zerstört.	8. Kapillarenden prüfen. Mit Testgemisch intakte Desaktivierung überprüfen. Bei schlechtem Ergebnis: Säule vorne und hinten um 10 cm kürzen. Ansonsten: Säule ersetzen. Zeigt das Testgemisch keinen Säulenmangel auf: a) Säule mit dickerem Film verwenden, b) auf besser desaktivierte Säule zurückgreifen, c) Spezialsäule einsetzen.
9. Sauerstoff im System.	9. Sauerstoffabsorber einsetzen, sauerstoffärmere Gasqualität verwenden.
10. Zu hoher Wassergehalt.	10. Wassergehalt reduzieren.
11. Bei Headspace-Analytik: permanente Sauerstoffinjektionen.	11. Den Sauerstoff aus den Ampullen mit inertem Gas verdrängen.

Tab. 19.24 Was ist zu tun, wenn die Basislinie direkt vor einem Peak steigt oder fällt. (Mit freundlicher Genehmigung von MACHEREY-NAGEL GmbH & Co. KG, Dueren, Deutschland)

	Mögliche Ursachen	Behebung
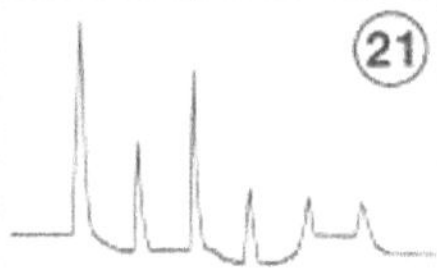	1. Zu hohe Injektionsmenge.	1. Injektionssystem reinigen, Säule spülen (nur gebundene Phasen), Injektionsvolumen reduzieren, Säule kürzen.
	2. Säulenbluten durch nicht optimal konditionierte Säule.	2. Säule nach Herstellerangaben bei abgekoppeltem Detektor konditionieren.
	3. Druckschwankungen.	3. Gerätehersteller kontaktieren.
	4. Injektortemperatur zu niedrig.	4. Injektortemperatur prüfen. Wenn die Stabilitäten der Substanzen es zulassen, Temperatur erhöhen.
	5. Perforiertes Injektionsseptum.	5. Septum tauschen.
	6. WLD: Gasfluss falsch eingestellt.	6. Herstellerangaben mit dem eingestellten Fluss vergleichen.

19.11 Zusammenfassung

Es gibt im chemischen Labor viele gaschromatographische Systeme. Im Zentrum dieses Kapitels steht aufgrund ihrer weiten Verbreitung die instrumentelle und analytische GC. Der prinzipielle Geräteaufbau, Hinweise zu mobilen Phasen, Hinweise zu stationären Phasen und eine Auswahl von Detektoren wird beschrieben. Dazu finden einige grundlegende Tipps für die Entwicklung von Trennsystemen und die grundlegende Behandlung von Proben Einzug. Den Abschluss macht eine umfangreiche Tabelle zur Behebung allfälliger Probleme.

Weiterführende Literatur

Kolb B (2003) Chromatographie in Bildern (eine Einführung), 2. Aufl. Wiley-VCH, Weinheim

Schomburg G (1987) Gaschromatographie, 2. Aufl. VCH, Weinheim

http://www.chemgapedia.de/vsengine/vlu/vsc/de/ch/3/anc/croma/gc_detail1.vlu/Page/vsc/de/ch/3/anc/croma/gc/ofen/ofengcm64ht0600.vscml.html aufgerufen am 3.12.2015

http://hamiltoninstrument.com/index.php?route=product/product&product_id=250 aufgerufen am 04.12.2015

http://www.mn-net.com/tabid/5794/default.aspx und http://www.mn-net.com/tabid/5808/default.aspx aufgerufen am 3.12.2015

http://www.chemgapedia.de/vsengine/vlu/vsc/de/ch/3/anc/croma/gc_detail1.vlu/Page/vsc/de/ch/3/anc/croma/gc/stat_phase/kapillarsaeule/kapillarsaeule2.vscml.html aufgerufen am 12.11.15

http://www.labo.de/chromatographie/bilder/chromatographie---gc-saeule-optima-5-ms-accent-1.htm aufgerufen am 3.12.2015

http://edoc.hu-berlin.de/dissertationen/auwaerter-volker-2006-01-20/HTML/chapter2.html/ aufgerufen 12.11.2015

http://de.slideshare.net/thucnhantruongthi/gas-chromatography-cc-ms-principles-is20080418 aufgerufen am 12.11.2015

http://www.chemgapedia.de/vsengine/vlu/vsc/de/ch/3/anc/croma/gc_probenaufgabe.vlu/Page/vsc/de/ch/3/anc/croma/gc/direkt/column/oncolumngc_m66ht0600.vscml.html aufgerufen am3.12.2015

http://chemieplanet.org/wiki/Gaschromatographie aufgerufen am 04.12.2015

http://www.mn-net.com/tabid/10583/default.aspx aufgerufen am 16.12.2015

Serviceteil

aprentas (Hrsg.), *Laborpraxis Band 3: Trennungsmethoden*, DOI 10.1007/978-3-0348-0970-2

Nachwort zur 6. Auflage

aprentas ist der führende Ausbildungsverbund für Grund- und Weiterbildung für naturwissenschaftliche, technische und kaufmännische Berufe. Das Bildungsangebot sichert langfristig den Berufsnachwuchs der Kunden und unterstützt sie in der Weiterbildung ihrer Mitarbeiterinnen und Mitarbeiter.

Die Stärken von aprentas sind die gezielte Verbindung von Theorie und Praxis in Schule und praktischer Grundausbildung sowie die Zusammenarbeit mit den Lehrbetrieben. Das qualitativ hochstehende Angebot ist auf die Bedürfnisse und Erwartungen der Kunden sowie weiterer Anspruchsgruppen abgestimmt. Die partnerschaftliche Zusammenarbeit mit den Kunden in der Grund- und Weiterbildung schafft hohen Kundennutzen. Aufgrund dieser Zielsetzungen haben der Vorstand und die Geschäftsleitung von aprentas entschieden, die LABORPRAXIS zu aktualisieren und neu herauszugeben.

Erarbeitet wurden die Kapitel der LABORPRAXIS von den Ausbilderinnen und Ausbildern der Laborantenausbildung der Fachrichtung Chemie im aprentas-Ausbildungszentrum Muttenz.

Dabei konnten sie auf die ideelle Hilfe und praktische Unterstützung von Kolleginnen und Kollegen der Berufsfachschule aprentas, der aprentas-Weiterbildung und von Berufsbildner/-innen der aprentas-Trägerfirmen BASF Schweiz AG, Novartis Pharma AG und Syngenta Crop Protection AG zählen.

Spezieller Dank gebührt Dr. Hans-Thomas Schacht für seine Unterstützung bezüglich des Kapitels Massenspektroskopie und Daniel Stauffer, welcher viele Illustrationen für die Chromatographiekapitel erstellt hat.

Folgende Personen, Firmen und Institutionen haben uns freundlicherweise mit Illustrationen unterstützt:

Agilent Technologies (Schweiz) AG	4052 Basel/Schweiz	agilent.com
Anton Paar Switzerland AG	5033 Buchs AG/Schweiz	anton-paar.com
Dr. Ralf Arnold	Deutschland	ir-spektroskopie.de/spec/ftir-prinzip
Asynt Ltd.	Isleham, Ely, Cambridgeshire, UK	asynt.com
Berufsgenossenschaft Nahrungsmittel und Gastgewerbe	68165 Mannheim/Deutschland	bgn.de
Berufsgenossenschaft Rohstoffe und Chemische Industrie	69115 Heidelberg/Deutschland	bgrci.de
BFB Beratungsstelle für Brandverhütung	3011 Bern/Schweiz	vkf.ch
Priv.-Doz. Dr. rer.nat. Peter Boeker, Universität Bonn	53115 Bonn/Deutschland	altrasens.de
Bohlender GmbH	97947 Grünsfeld/Deutschland	bohlender.de
Brabender GmbH & Co. KG	47055 Duisburg/Deutschland	brabender.com
Brand GmbH + CO KG	97877 Wertheim/Deutschland	brand.de
Bruker BioSpin AG	8117 Fällanden/Schweiz	bruker.com
BÜCHI Labortechnik AG	9230 Flawil/Schweiz	buchi.com
CAMAG	4132 Muttenz/Schweiz	camag.com
CEM GmbH	47475 Kamp-Lintfort/Deutschland	cem.de

CTC Analytics AG	4222 Zwingen/Schweiz	palsystem.com
Dräger Schweiz AG	3097 Liebefeld/Schweiz	draeger.com
ETH Zürich, Laboratorium für Organische Chemie	8092 Zürich/Schweiz	analytik.ethz.ch/vorlesungen/biopharm/Spektroskopie/NMR.pdf
Hellma Schweiz AG	8126 Zumikon/Schweiz	hellma.ch
Industriegaseverband e.V.	10117 Berlin/Deutschland	industriegaseverband.de
KNAUER Wissenschaftliche Geräte GmbH	14163 Berlin/Deutschland	knauer.net
KNF Neuberger AG	8362 Balterswil/Schweiz	knf.ch
Macherey-Nagel GmbH	52355 Dueren/Deutschland	mn-net.com
Methrom Schweiz AG	4800 Zofingen/Schweiz	metrohm.ch
Mettler-Toledo (Schweiz) GmbH	8606 Greifensee/Schweiz	mt.com
Müller Optronic, Groß- und Einzelhandel Müller GmbH	99086 Erfurt/Deutschland	mueller-optronic.com
Oxfort Instruments	Tubney Woods, Abingdon, Oxfordshire, UK	oxford-instruments.com
PanGas AG	6252 Dagmersellen/Schweiz	pangas.ch
Radleys	Saffron Walden, Essex, UK	radleys.com
Prof. Wiliam Reusch	USA	chemistry.msu.edu/faculty-research/emeritus-faculty-research/william-reusch
Schweizer-Brandschutz GmbH	8602 Wangen/Schweiz	schweizer-brandschutz.ch
Siemens AG	Deutschland	siemens.com
Sigma-Aldrich Chemie GmbH	9470 Buchs/Schweiz	sigmaaldrich.com
VACUUBRAND GMBH + CO KG	97877 Wertheim/Deutschland	vacuubrand.com
WIKA Alexander Wiegand SE & Co. KG	63911 Klingenberg/Deutschland	wika.de
Wiley-VCH Verlag GmbH & Co. KGaA	69469 Weinheim/Deutschland	wiley-vch.de

Abschliessend möchten wir uns bei Dr. Jutta Lindenborn von Springer Nature, Dr. Hans Detlef Klueber von Springer International Editing AG und Jeannette Krause von le-tex publishing services GmbH für ihre engagierte Mitarbeit und Begleitung bei der Erstellung der vorliegenden 6. Auflage bedanken.

September 2016 aprentas

Stichwortverzeichnis

MIX
Papier aus verantwortungsvollen Quellen
Paper from responsible sources
FSC® C105338

If you have any concerns about our products,
you can contact us on
ProductSafety@springernature.com

In case Publisher is established outside the EU,
the EU authorized representative is:
Springer Nature Customer Service Center GmbH
Europaplatz 3, 69115 Heidelberg, Germany

Printed by Libri Plureos GmbH
in Hamburg, Germany